高职高专系列教材

工 程 制 图

主　编　张利新　孙永华　米　刚
副主编　韩　强　丁明伟　李　庆

山 东 大 学 出 版 社

图书在版编目(CIP)数据

工程制图/张利新,孙永华,米刚主编.—2版.
—济南:山东大学出版社,2013.8(2021.8重印)
ISBN 978-7-5607-4456-8

Ⅰ.①工…
Ⅱ.①张…②孙…③米…
Ⅲ.①工程制图—高等职业教育—教材
Ⅳ.①TB23

中国版本图书馆CIP数据核字(2011)第178893号

山东大学出版社出版发行
(山东省济南市山大南路20号　邮政编码:250100)
新 华 书 店 经 销
济南华林彩印有限公司印刷
787毫米×1092毫米　1/16　18.25印张　414千字
2013年8月第2版　2021年8月第7次印刷
定价:32.20元

高职高专系列教材
编委会成员名单

出版说明

职业教育作为我国教育事业的一个重要的组成部分，改革开放以来，尤其是近年来获得了长足发展。据不完全统计，目前全国各类高等职业学校有两千余所，仅山东省就有近百所，为国家和地方培养了一大批高素质的劳动者和专门人才。与此相适应，教材建设也硕果累累，各出版社先后推出了多部具有高职特色的高职高专教材。但总体上看，与迅猛发展的高职教育相比，教材的出版相对滞后，这不仅表现在教材品种相对较少，更表现在内容的针对性不强，某些方面与高职的专业设置、培养目标相去甚远。同时，地方性、区域性的高职教材也稍嫌不足。以山东省为例，作为一个经济强省、人口大省、教育大省，迄今为止，居然没有一套统编的，与山东省社会、经济、文化发展相适应的高职教材，严重地制约了我省高职高专教育的发展。

有鉴于此，我们在山东省教育厅的领导与支持下，依据教育部《高职高专教育基础课程教学基本要求》和《高职高专教育专业人才培养目标及规格》，并结合我省高职院校及专业设置的特点，组织省内二十余所高职院校长期从事高职高专教学和研究的专家、教授，编写了这套《高职高专系列教材》。该教材充分借鉴近年来国内高职高专院校教材建设的最新成果，认真总结和汲取省内高职院校和成人高校在教育、培养新时期技术应用性专门人才方面所取得的成功经验，以适应高职院校教学改革的需要为目标，重点突出实用性、针对性，力求从内容到形式都有一定的突破和创新。本系列教材拟分批出版，约一百余种，出齐后，将涵盖山东省高职高专教育的基础课程和主干课程。

编写这套教材，是我们一次粗浅的尝试，也是我们一次学习、探索和提高的机会。由于我们水平有限，加之编写时间仓促，本教材无论在内容还是形式上都难免会存在这样那样的缺憾或不足，敬请专家和读者批评指正。

高职高专系列教材编写委员会
2011 年 8 月

前　言

本书是根据国家教育部制定的高职高专“工程制图课程教学基本要求”，在高职高专教学改革的基础上编写而成的。同时，还编写了与之配套使用的《工程制图习题集》。

本书是高职高专系列教材之一。目前，本系列教材已经出版了《机械制造工艺学基础》《工程材料与热处理》《金属切削原理与刀具》《液压与气压传动》《数控机床应用基础》《电气控制与 PLC 技术》等。在编写过程中，本书认真总结吸取有关高校近年来教学改革的经验与成果，精选本学科的传统内容，并增加了许多新知识。本书具有以下特点：

1. 根据高职高专教育培养的目标和特点，在教材内容的选择及课程结构体系方面做到适应高职高专技术教育的要求，充分体现高职高专教育的特点。

2. 全面贯彻、采用技术制图的最新国家标准及与制图有关的其他标准。

3. 在保证能够正确、熟练表达工程图样的前提下，适当降低画法几何中偏深的内容及立体表面交线理论难度，并根据不同专业的要求，或选修或删减。

4. 以增强应用性和注重培养能力与素质为指导，加大绘图训练，提高读图能力，培养学生分析和解决实际工程绘图的能力，以适应高素质技能性人才培养的要求。

5. 内容翔实，文字精练，语言通俗，图例丰富，理论联系实际，便于教学。

本书可作为高职高专机械类各专业教材，也可作为本科院校教材和有关专业岗位培训用书，还可供有关工程技术人员参考。

本书由山东劳动职业技术学院张利新、孙永华、米刚担任主编，韩强、丁明伟、李庆担任副主编。绪论、第一章由张利新编写，第二章、第三章、第五章由韩强编写，第四章、第六章由丁明伟编写，第七章、第九章由孙永华编写，第八章、第十章由李庆编写，附录由米刚编写。

由于时间仓促及编写水平有限，书中难免存在错误和不足之处，恳请专家及广大读者给予批评和指正。

编　者

2011 年 6 月

目　录

绪　论

一、本课程研究的对象和性质

在工程领域中，包含了物体形状、尺寸与技术要求等信息的图形称为工程图样。无论是机器、仪器、仪表，还是工程建筑物的设计、建造和施工等，都离不开工程图样。它是工业生产中重要的技术文件，是工程上用来表达和交流技术思想不可缺少的重要工具。由于它同时具备直观性、形象性和逻辑性的特点，有着其他任何一种语言和文字无法替代的表达功能和现实作用，因而它被誉为"工程技术界的共同语言"。

工程制图课程是一门研究绘制和阅读机械图样的技术基础课，核心内容是以投影几何、投影构型为基础建立起来的工程构型及其图示图解，它的研究对象是以图形为主的工程图样，这是工程设计、制造和施工过程中用来表达设计思想的主要工具，也是解决工程中的定位、度量、计算等问题及进行设计和构思的重要工具之一。

二、本课程的学习目的

学习本课程的主要目的是培养以下几方面的能力：

(1)学习正投影法的基本理论及运用能力。

(2)通过投影制图及画法几何部分的学习，培养对空间图形的想象力和分析能力。

(3)培养绘制机械工程图样的能力，同时具备查阅常用件、标准件及技术要求等国家标准的能力。

(4)培养阅读一般复杂程度的零件图和简单的装配图的能力。

(5)培养严谨细致的工作作风、认真负责的工作态度以及一定的自学能力，为今后专业课程的学习打下良好而扎实的基础。

三、本课程的学习方法

本课程是既要求掌握系统理论又要求具有较强实践能力的技术基础课。学习本课程，既包含对投影理论等知识的理解，又包含绘图与看图基本技能的训练。因此，学好本课程必须要理论联系实际，多画、多想、多看，并通过完成较多的习题作业，来加强学生对投影理论和基本概念的理解，培养他们较强的空间想象力和较高的绘图与看图的技能。

学习本课程时应注意以下几点：

(1)牢固掌握投影理论和投影方法这条主线，重点掌握投影分析和形体分析的基本方法，培养和提高空间思维能力及图形思维能力，并在理解的基础上，由浅入深地由物画图、由图想物，反复训练，从而具备一定的绘图和读图的能力。

(2)认真完成每章习题集中的习题，在做作业过程中，牢牢把握住基本理论和基本方法，严格遵守国家标准的各项规定，做到投影正确、视图选择与配置恰当、尺寸齐全、字体工整、图面整洁、符合《机械制图》国家标准。

因此，只有通过边看边想边画，眼到心到手到，才能培养出较强的空间图形转换能力、空间问题的想象能力和分析能力、扎实的技能功底，以及耐心细致、严肃认真的工作作风。

第一章　制图的基本知识与基本技能

机械图样是技术人员用以表达设计意图和技术交流的工具，是工程界通用的技术语言，而这一功能，是以技术标准的制定和实施为基础来实现的。为此，国家标准对技术图样上的有关内容作出了统一的规定。熟悉和掌握有关标准的规定，是正确绘制和阅读机械图样的基础。本章将简要介绍有关《机械图样》国家标准中的基本规定、绘图工具及仪器的使用、平面图形的画法等内容。

第一节　制图国家标准的基本规定

国家标准《技术制图》与国家标准《机械制图》是绘制和阅读工程图样的共同准则和依据。前者是一项基础技术标准，它适用于各种工程图样，后者则是一项专业技术标准，它适用于机械图样。我们必须认真和遵守这些标准。

国家标准(简称"国标")的代号是"GB"，即"国标"两字拼音首字母的缩写。例如，GB/T 14689—1993，其中标准代号"GB/T"表示推荐性国标，无"T"字表示强制性国标，"14689"是标准顺序号，"1993"是标准发布年份。

一、图纸幅面格式和标题栏

1. 图纸幅面(GB/T 14689—1993)

为了使图纸幅面统一，便于装订和管理，以及符合缩微复制原件的要求，在绘制技术图样时，应优先采用表 1-1 中的图纸基本幅面(表中的 B、L、a、c、e 见图 1-2、图 1-3)。

必要时也允许选用由基本幅面沿短边成整数倍加长，如图 1-1 所示。其中，粗实线表示为第一选择的基本幅面；细实线表示为第二选择的加长幅面；细虚线表示为第三选择的加长幅面。

表 1-1　　**图纸基本幅面尺寸**　　单位:mm

<table>
<tr><th>幅面代号</th><th>B×L</th><th>a</th><th>c</th><th>e</th><th>各基本幅面间的尺寸关系</th></tr>
<tr><td>A0</td><td>841×1189</td><td rowspan="5">25</td><td rowspan="3">10</td><td rowspan="2">20</td><td rowspan="5">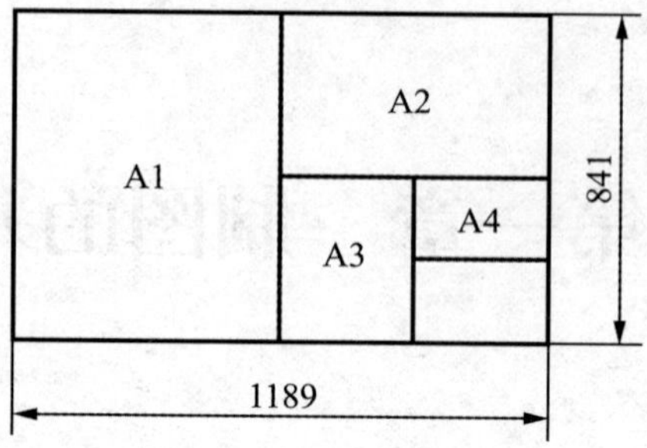</td></tr>
<tr><td>A1</td><td>594×841</td></tr>
<tr><td>A2</td><td>420×594</td><td rowspan="3">10</td></tr>
<tr><td>A3</td><td>297×420</td><td rowspan="2">5</td></tr>
<tr><td>A4</td><td>210×297</td></tr>
</table>

2. 图框格式

在图纸上,必须用粗实线画出限定绘图区域的图框,其格式分为留装订边和不留装订边两种,但同一产品的图样只能采用一种格式。

(1)留有装订边的图纸,其图框格式如图 1-2 所示,尺寸按表 1-1 的规定。

(2)不留装订边的图纸,其图框格式如图 1-3 所示,尺寸按表 1-1 的规定。

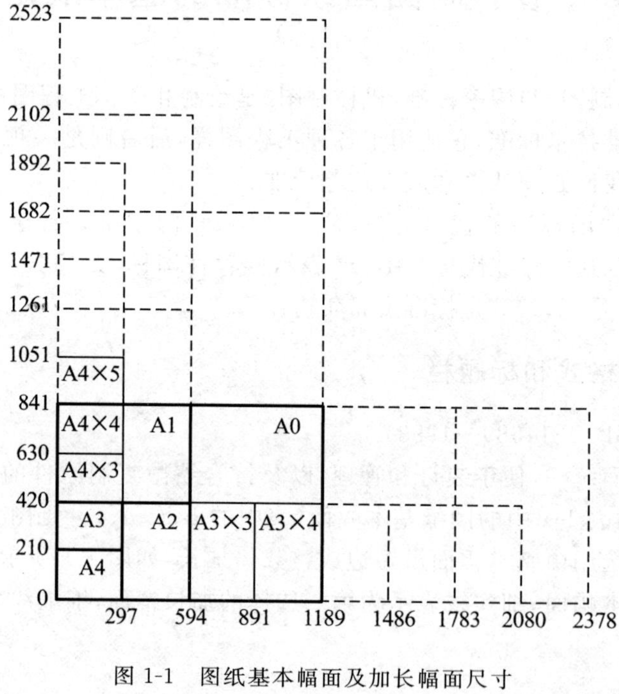

图 1-1　图纸基本幅面及加长幅面尺寸

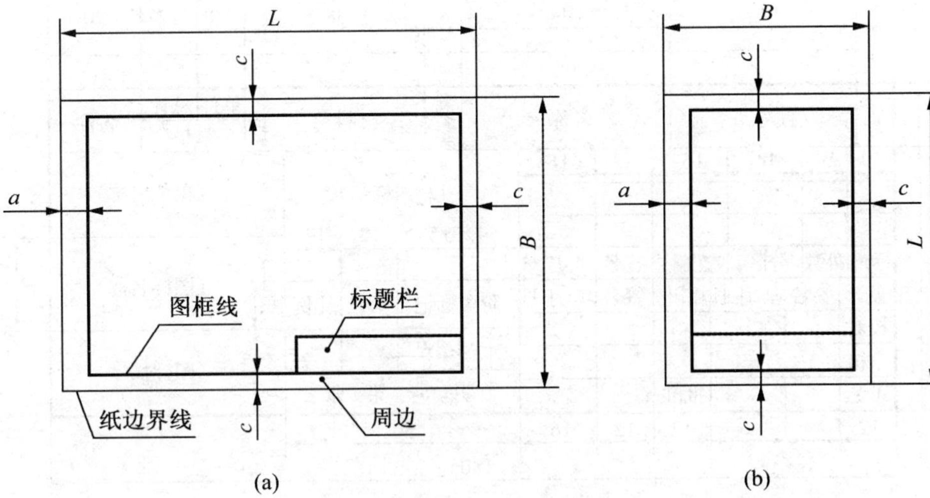

图 1-2　留有装订边的图框格式

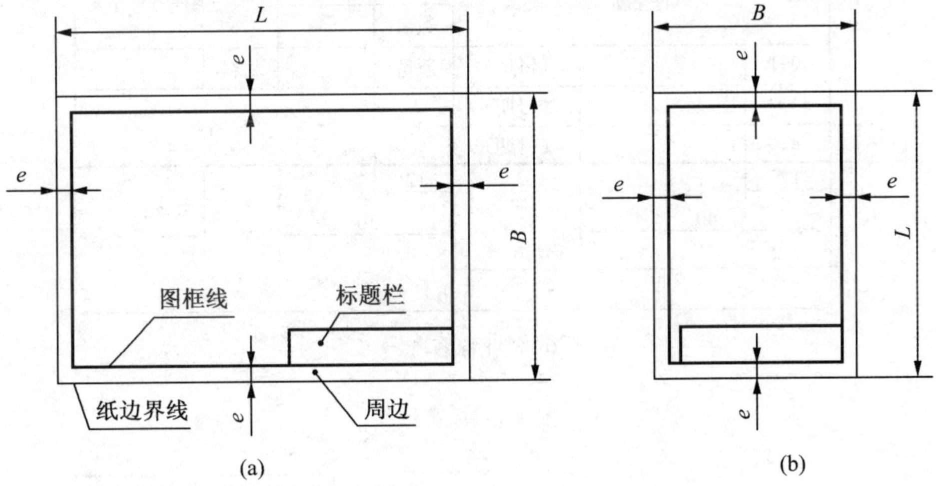

图 1-3　不留装订边的图框格式

3. 标题栏(GB/T 10609.1—1989)

(1)标题栏位于图纸的右下角,右边、底边与图框重合,国家标准对其格式、内容、尺寸等也作了规定。标题栏的文字方向必须和识图方向一致,如图 1-4(a)所示。制图作业中建议采用图 1-4(b)的格式。

(2)标题栏的长边置于水平方向并与图纸长边平行,构成 X 型图纸,如图 1-2(a)、图 1-3(a)所示。若标题栏的长边与图纸长边垂直时,构成 Y 型图纸,如图 1-2(b)、图 1-3(b)所示。

(3)为了利用预先印刷的图纸,允许将 X 型图纸的短边置于水平位置使用,如图 1-5 所示;或将 Y 型图纸的长边置于水平位置使用,如图 1-6 所示。

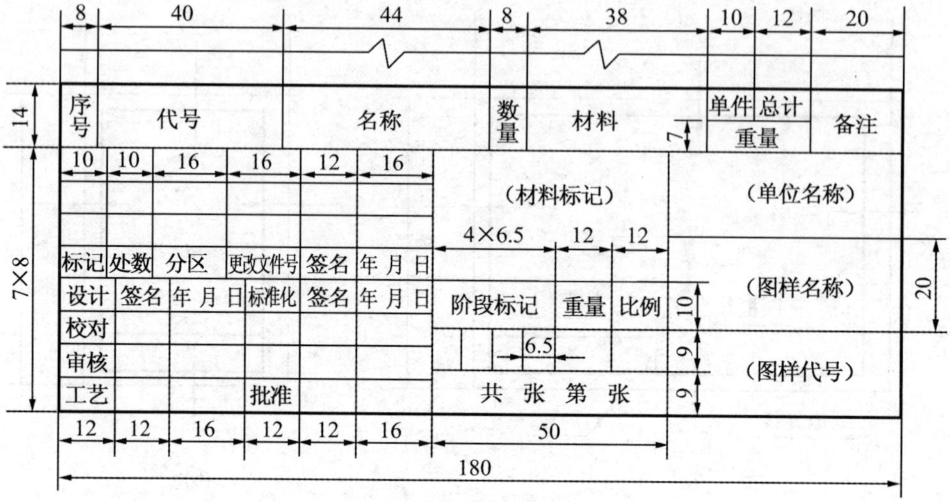

(a) 标题栏格式

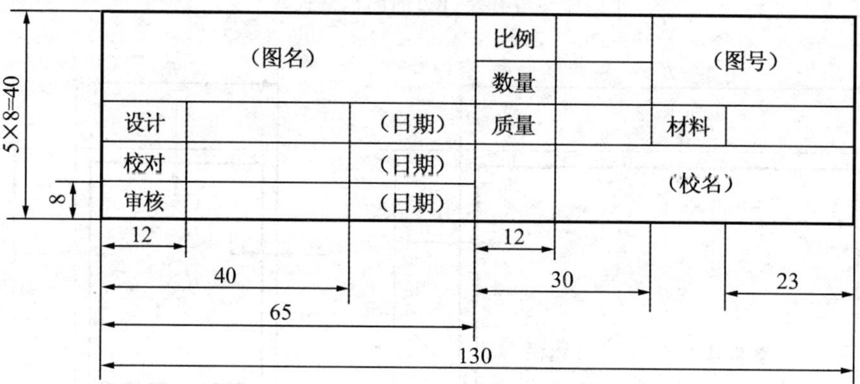

(b) 简化标题栏

图 1-4　标题栏

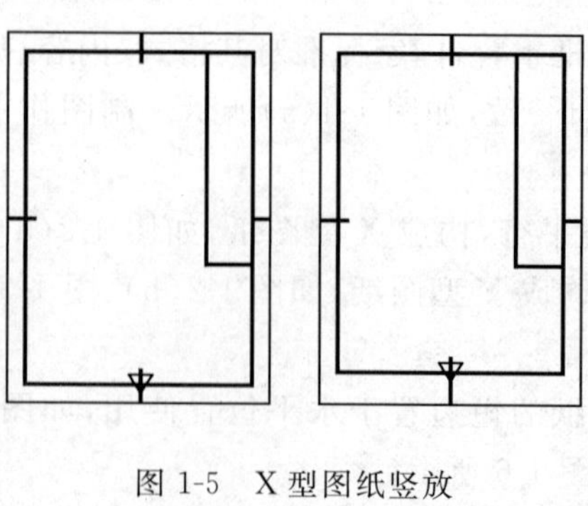

图 1-5　X 型图纸竖放

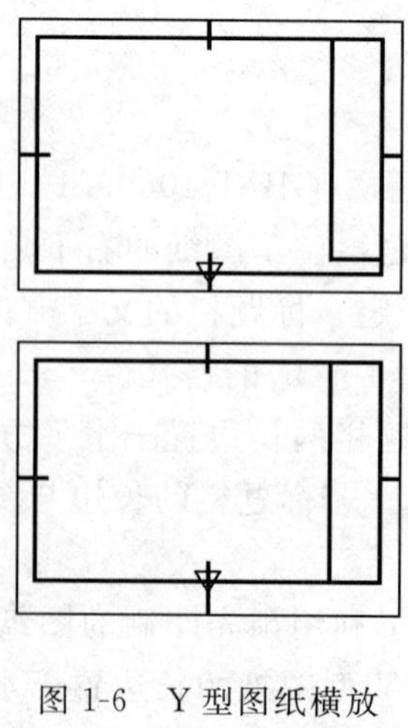

图 1-6　Y 型图纸横放

4. 附加符号

(1)对中符号。为了使图样复制和缩微摄影时定位方便,对基本幅面(含部分加长幅面)的各号图纸,应在图纸各边长的中点处分别画出对中符号。

对中符号用粗实线绘制,线宽不小于 0.5mm,长度从纸边界开始至伸入图框内约 5mm。

对中符号的位置误差应不大于 0.5mm。

当对中符号处在标题栏范围内时,则伸入标题栏部分省略不画,如图 1-5、图 1-6 所示。

(2)方向符号。对于使用预先印刷的 X 型和 Y 型图纸时,为了明确绘图与看图时图纸的方向,应在图纸的下边对中符号处画出一个方向符号。

方向符号是用细实线绘制的等边三角形,其大小和位置如图 1-7 所示。

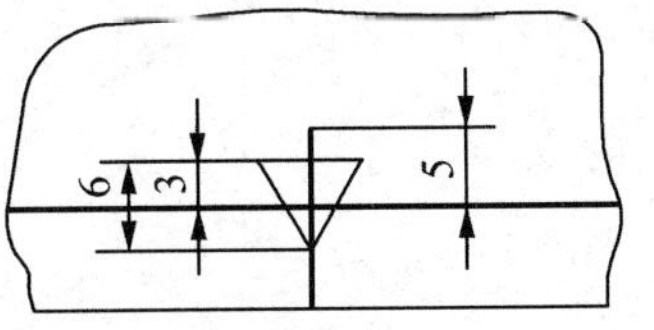

图 1-7　方向符号的大小和位置

5. 看图方向与标题栏

标题栏的方位不仅关系到图样装订后是否便于翻阅查找,还关系着看图时图样是横摆还是竖放。可见,看图方向的规定,与标题栏的方位是紧密联系在一起的。标准规定有两种情况:

(1)按标题栏的方向看图,即以标题栏中的文字方向为看图方向,如图 1-8 所示。当 A4 图纸竖放,其他基本幅面图纸横放,且标题栏位于图纸右下角时,即为正常情况下规定的所绘图样的看图方向。此时,标题栏的长边均置于水平方向,装订边位于图纸左边。

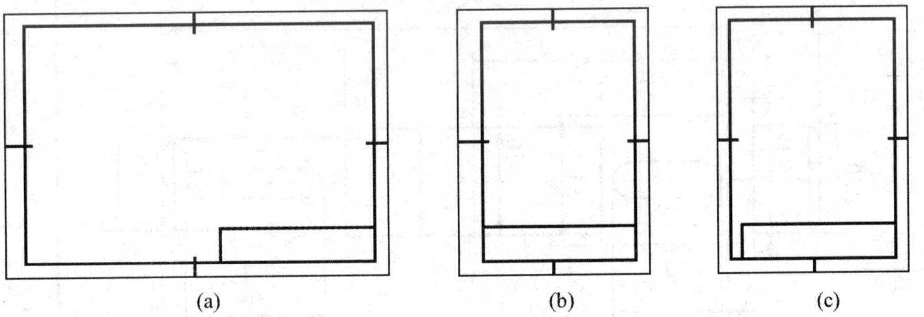

图 1-8　看图方向与标题栏的方位(一)

(2)按方向符号指示的方向看图,即令画在对中符号上的等边三角形(即方向符号)位于图纸下边看图,如图 1-9 所示。当 A4 图纸横放,其他基本幅面图纸竖放,且标题栏位于图纸右上角时即为规定的所绘图样的看图方向。此时,标题栏的长边均置于铅垂方向,画有方向符号的装订边位于图纸下边。

图 1-10 是将 A4 图纸横放后绘制的轴的零件图。

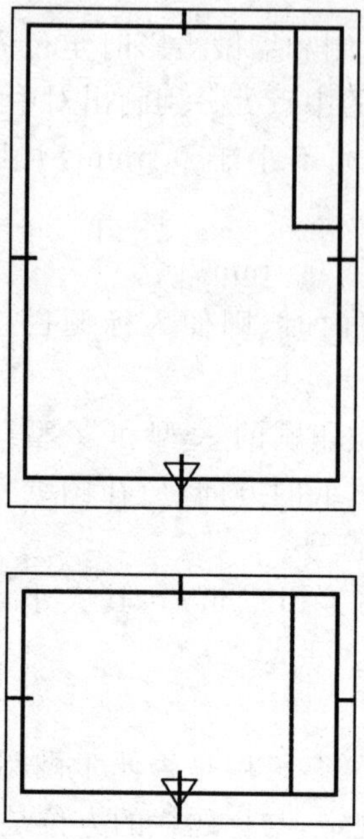

图 1-9　看图方向与标题栏的方位(二)

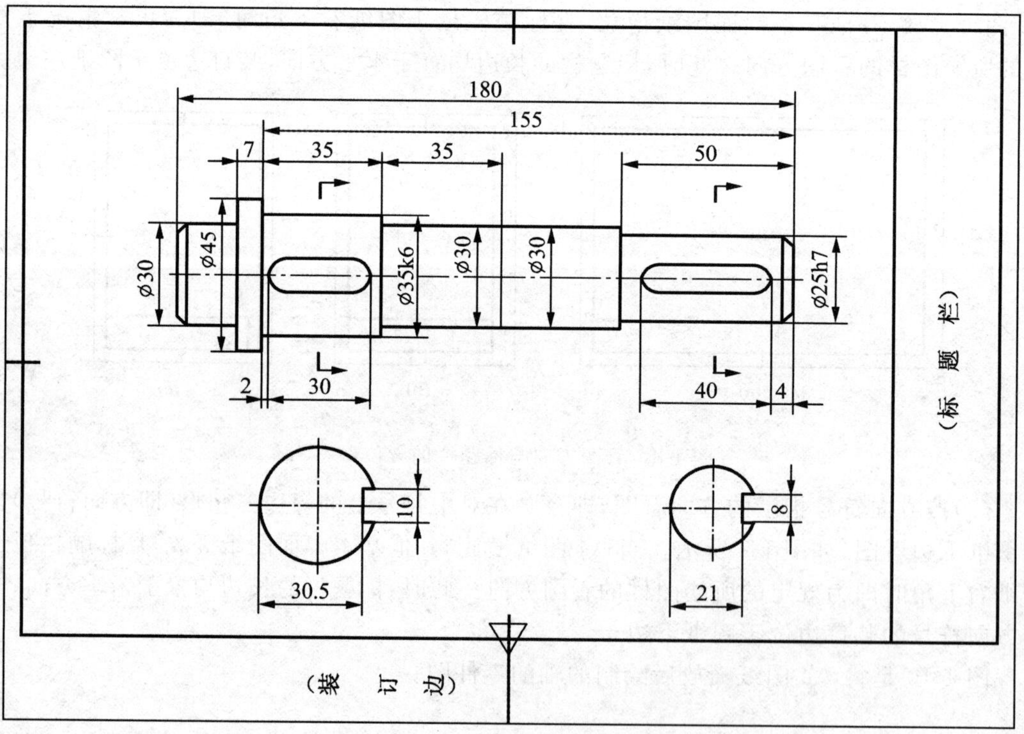

图 1-10　A4 图纸横放看图实例

二、比例(GB/T 14690—1993)

1. 术语

(1)比例。图样中图形与其实物相应要素的线性尺寸之比。

(2)原值比例。比值为 1 的比例,即 1∶1。

(3)放大比例。比值大于 1 的比例,如 2∶1 等。

(4)缩小比例。比值小于 1 的比例,如 1∶2 等。

2. 比例系列

比例的选择,一般应与图纸幅面的选择同时考虑。在既能充分而清晰地表达机件的结构形状,又能合理利用图纸幅面的基本原则下,若条件允许,可优先选用原值比例1∶1。但因各种机件的大小及结构繁简不一,以及图样的应用场合不同,绘图时,应根据实际需要从表 1-2 的“优先选择系列”中选取适当的比例,必要时也可从表 1-2 的“允许选择系列”中选取。

表 1-2　比例系列

种类	优先选择系列	允许选择系列
原值比例	1∶1	
放大比例	5∶1　2∶1 5×10^n∶1　2×10^n∶1　1×10^n∶1	4∶1　2.5∶1 4×10^n∶1　2.5×10^n∶1
缩小比例	1∶2　1∶5　1∶10 1∶2×10^n　1∶5×10^n　1∶1×10^n	1∶1.5　1∶2.5　1∶3　1∶4　1∶6 1∶1.5×10^n　1∶2.5×10^n　1∶3×10^n 1∶4×10^n　1∶6×10^n

3. 标注方法

(1)比例符号应以“∶”表示。

(2)比例一般应标注在标题栏中的比例栏内。

不论采用何种比例绘图,图中标注的尺寸数值均为机件的真实大小尺寸,与图形的比例无关,如图 1-11 所示。

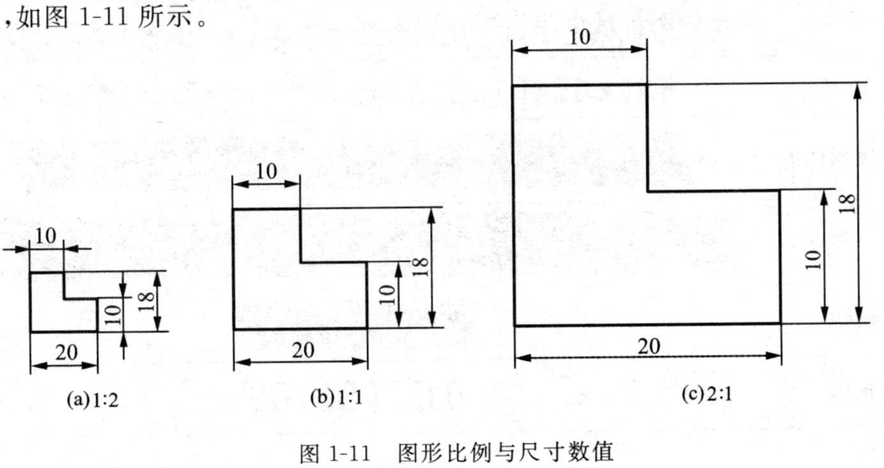

图 1-11　图形比例与尺寸数值

三、字体(GB/T 14691—1993)

图样中除了有表达机件形状的图形外,还要有数字标注尺寸,用文字填写标题栏和说明设计、制造中的各项技术要求,所以数字和文字也是图样的重要组成部分。

GB/T 14691—1993 规定了图样上所用汉字、数字、字母的字体和规格,并且要求书写时必须做到:字体工整、笔画清楚、间隔均匀、排列整齐。

1. 字体高度

字体的大小按号数(即字体高度 h,单位为 mm)可分为 1.8,2.5,3.5,5,7,10,14 和 20 共 8 种。如需要书写更大的字,其字体高度应按$\sqrt{2}$的比率递增。

2. 书写要求

汉字应写成长仿宋体,并应采用中华人民共和国国务院正式公布推行的《汉字简化方案》中规定的简化字。汉字的高度 h 应不小于3.5mm,其宽度一般为 $h/\sqrt{2}$。

写长仿宋体字的要领是:横平竖直,注意起落,结构匀称,填满方格。横平竖直是对字形主要骨架的要求,横和横,竖和竖之间大致平行;注意起落,是对下笔和提笔的要求;结构匀称,则是对字形结构的要求,即应根据各个字的结构特点,恰当地布置其各组成部分所占的部位;而填满方格,是对字形大小的要求,满格指的是主要笔画的尖锋触及格子,以保证高三宽二,大小一致。书写时,应一笔写成,不要勾描。

3. 字体示例

汉字、数字和字母的示例见表 1-3。

表 1-3　　字体示例

<table>
<tr><th colspan="2">字体</th><th>示例</th></tr>
<tr><td rowspan="4">长仿宋体字</td><td>10 号字</td><td>字体工整 笔画清楚 间隔均匀 排列整齐</td></tr>
<tr><td>7 号字</td><td>横平竖直 注意起落 结构均匀 填满方格</td></tr>
<tr><td>5 号字</td><td>技术制图机械电子汽车航空船舶土木建筑矿山井坑港口纺织服装</td></tr>
<tr><td>3.5 号字</td><td>螺纹齿轮端子接线飞行指导驾驶舱位挖填施工引水通风闸阀坝棉麻化纤</td></tr>
<tr><td rowspan="2">拉丁字母</td><td>大写斜体</td><td>ABCDEFGHIJKLMNOPQRSTUVWXYZ</td></tr>
<tr><td>小字斜体</td><td>abcdefghijklmnopqrstuvwxyz</td></tr>
<tr><td rowspan="2">阿拉伯数字</td><td>斜体</td><td>0123456789</td></tr>
<tr><td>正体</td><td>0123456789</td></tr>
</table>

续表

字体		示例
罗马数字	斜体	I II III IV V VI VII VIII IX X
	正体	I II III IV V VI VII VIII IX X

四、图线(GB/T 17450—1998,GB/T 4457.4—2002)

绘制图样时,是用各种形式的图线来表达不同的含义。我国现行的图线标准有两项:GB/T 17450—1998《技术制图　图线》和 GB/T 4457.4—2002《机械制图　图样画法　图线》。前者是适用于各种技术图样的通则性规定,后者则补充规定了机械图样中各种线型的具体应用。

1. 线型及其应用

GB/T 17450—1998 规定了 15 种基本线型,根据基本线型及其变形,GB/T 4457.4—2002 规定了机械图样中可采用的 9 种线型,属于 4 种基本线型,简称“三粗六细”,其线型和应用见表 1-4 和图 1-12。

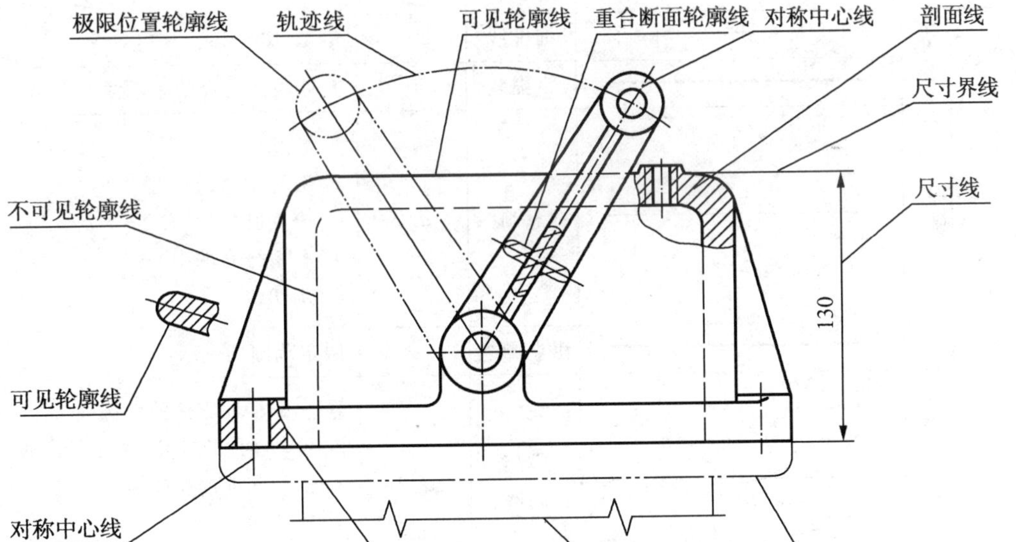

图 1-12　图线应用举例

2. 图线宽度

图线的宽度按图样的类型、大小和复杂程度在 0.13～2mm 数系中选择:0.13,0.18,0.25,0.35,0.5,0.7,1,1.4,2(单位:mm),通常采用 d=0.5mm 或 0.7mm。机械图样采用粗细两种线宽,其比率为 2∶1(见表 1-4)。

表 1-4　　　机械制图的线型及其应用(摘自 GB/T 4457.4—2002)

代码 No		线型	名称	图线宽度	一般应用
01	实线		粗实线	d	1. 可见轮廓线 2. 相贯线 3. 螺纹牙顶线和螺纹终止线 4. 剖切符号用线
			细实线	$d/2$	1. 过渡线 2. 尺寸线和尺寸界线 3. 指引线和基准线 4. 剖面线 5. 重合断面的轮廓线 6. 螺纹牙底线及齿轮的齿根线 7. 范围线及分界线
			波浪线	$d/2$	1. 断裂处边界线 2. 视图与剖视图的分界线
			双折线	$d/2$	1. 断裂处边界线 2. 视图与剖视图的分界线
02	虚线		细虚线	$d/2$	不可见轮廓线
			粗虚线	d	允许表面处理的表示线
04	点画线		细点画线	$d/2$	1. 轴线 2. 对称中心线 3. 分度圆(线) 4. 孔系分布的中心线 5. 剖切线
			粗点画线	d	限定范围的表示线
05	双点画线		细双点画线	$d/2$	1. 相邻辅助零件的轮廓线 2. 可动零件的极限位置的轮廓线 3. 剖切面前的轮廓线 4. 轨迹线 5. 中断线

3. 图线画法

(1)在同一图样中,同类图线的宽度应基本一致。细虚线、细点画线及细双点画线的线段长度和间隔各自大小相等。

(2)当细虚线为粗实线的延长线时,应留有空隙,以表示两种图线的分界。

(3)绘制圆的对称中心线时,圆心应以线段相交。较小图形上的中心线可用细实线代替细点画线。

图线的正确画法见表 1-5。

表 1-5　　图线的画法

要求	图线的正确画法
细虚线或细点画线与其他图线相交时，都应交于线段处	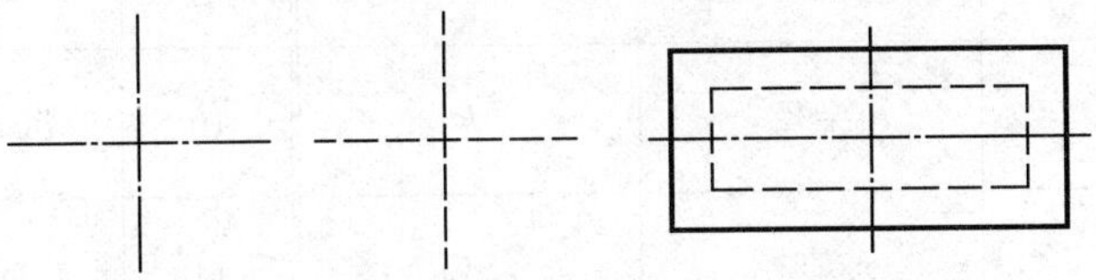
当细虚线为粗实线的延长线时，分界处应留出间隙	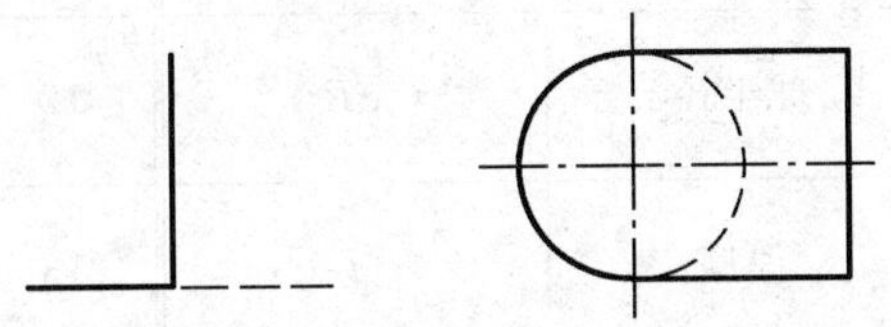
绘制圆的中心线时，圆心应为线段的交点	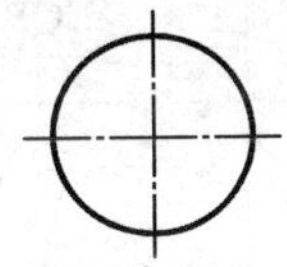
细点画线的首末两端是线段，一般超出轮廓线 2～5mm，当圆的图形较小时，允许用细实线代替细点画线	

五、尺寸标注法

图形只能表示物体的形状，而其大小则是由标注的尺寸确定，所以尺寸是图样中的重要内容之一，是制造机件的直接依据。在标注尺寸时，必须严格遵守国家标准的有关规定，正确进行标注。本部分主要介绍 GB/T 4458.4—2003、GB/T 19096—2003 中尺寸标注法的规定。

1. 标注尺寸的基本规则

(1)机件的真实大小应以图样上所标注尺寸数值为依据，与图形大小及绘图的准确度无关。

(2)图样中的尺寸，以毫米为单位时，不需标注单位符号(或名称)，如采用其他单位，则应注明相应的单位符号。

(3)图样中所标注的尺寸，为该图样所示机件的最后完工尺寸，否则应另加说明。

(4)机件的每一尺寸，一般只标注一次，并应标注在反映该结构最清晰的图形上。

标注尺寸时，应尽可能使用符号和缩写词(见表 1-6)。表 1-6 中符号的比例画法如图

1-13 所示。

表 1-6　　标注尺寸的符号及缩写词(GB/T 4458.4—2003)

序号	含义	符号及缩写词	序号	含义	符号及缩写词
1	直径	∅	9	深度	↧
2	半径	*R*	10	沉孔或锪平	⌴
3	球直径	*S*∅	11	埋头孔	⌵
4	球半径	*SR*	12	弧长	⌒
5	厚度	*t*	13	斜度	∠
6	均布	EQS	14	锥度	◁
7	45°倒角	*C*	15	展开长	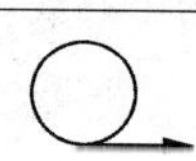
8	正方形	□	16	型材截面形状	按 GB/T 4656.1—2000

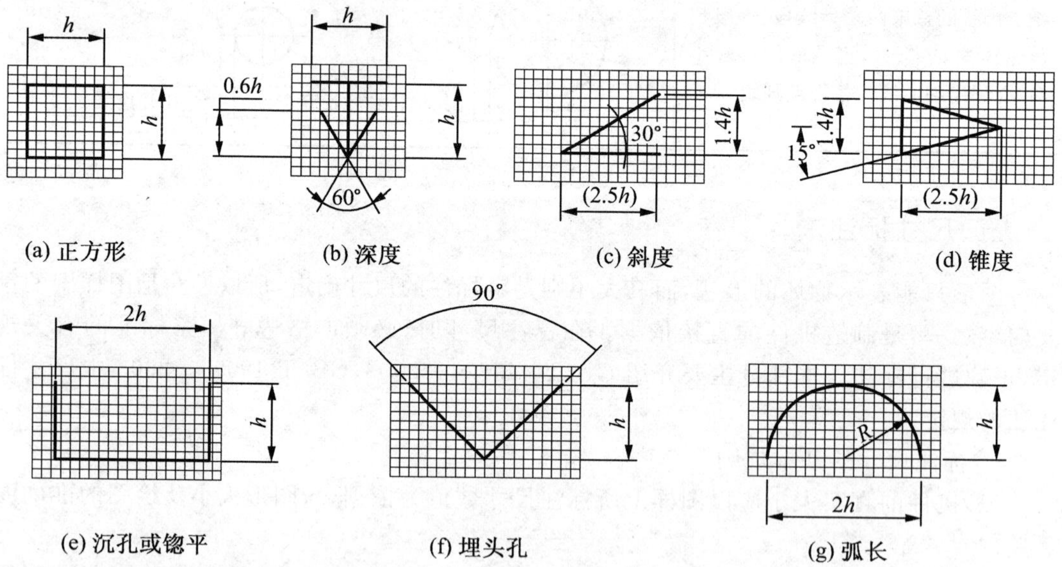

图中：*h*为字高，符号线宽=*h*/10。

图 1-13　标注尺寸用符号的比例画法

2. 尺寸的组成

完整的尺寸由尺寸界线、尺寸线和尺寸数字等要素组成，如图 1-15 所示。

(1)尺寸界线：用以表示所标注尺寸的范围。

(2)尺寸线：用以表示尺寸度量的方向。

尺寸线的终端可以有两种形式：

箭头：箭头的形式如图 1-14(a)所示，适用于各种类型的图样。

斜线：斜线用细实线绘制，其方向和画法如图 1-14(b)所示。

机械图样中一般采用箭头作为尺寸线的终端。一张图样中只能采用一种尺寸线终端的形式。

(3)尺寸数字：用以表示所标注尺寸的大小。

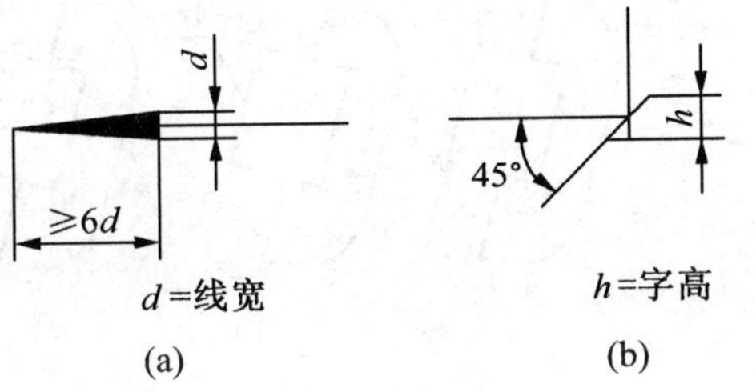

图 1-14　尺寸线的终端形式

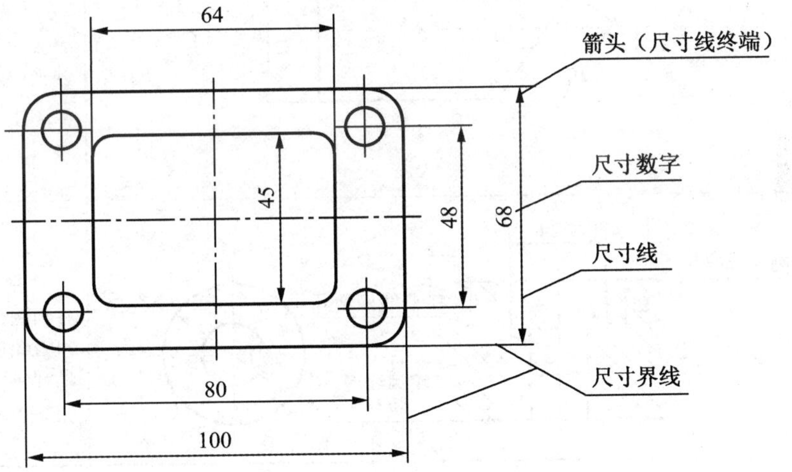

图 1-15　尺寸的组成

3. 常见尺寸的标注方法

表 1-7 中列出了国标规定的一些常见尺寸的标注方法。

表 1-7　　常见尺寸的标注方法

项目	图例	说明
尺寸数字	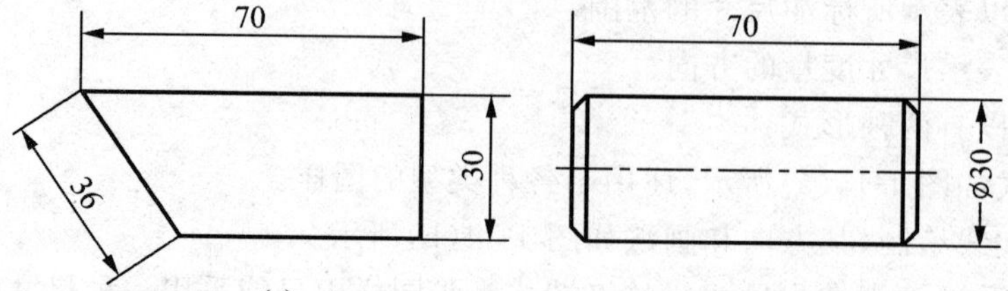 (a)　(b)	线性尺寸数字一般应注写在尺寸线的上方[见图(a)]，也允许注写在尺寸线的中断处[见图(b)]。但在一张图样中，应尽可能采用同一种方法
	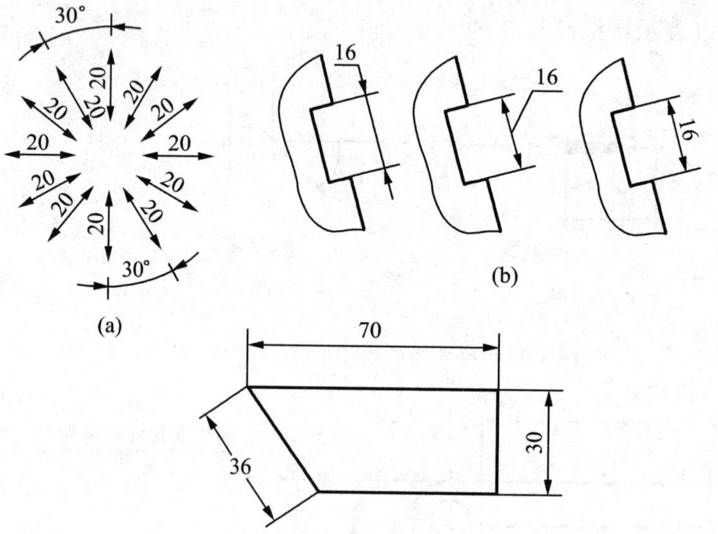 (a)　(b)　(c)	线性尺寸数字的方向，有两种注写方法(一般应采用方法一)： 方法一：数字应按图(a)所示的方向注写，并尽可能避免在30°范围内标注尺寸。当无法避免时可按图(b)的形式标注 方法二：对于非水平方向的尺寸，其数字可水平地注写在尺寸线的中断处[见图(c)]
	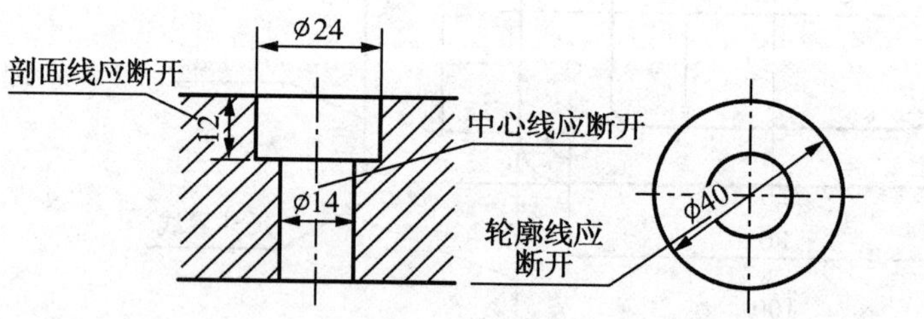	尺寸数字不可被任何图线所通过，当不可避免时，必须将图线断开

续表

项目	图例	说明
尺寸线	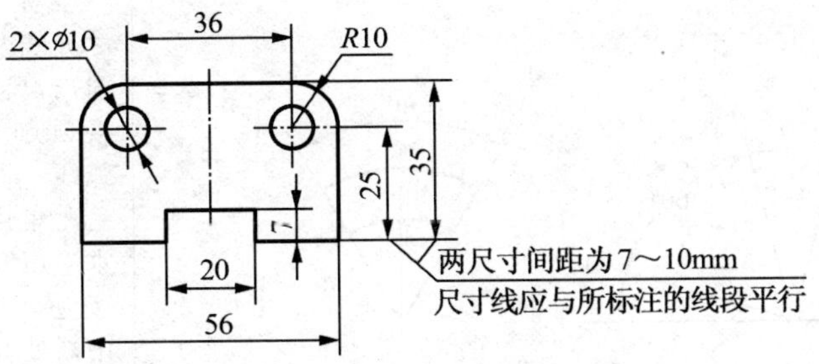	尺寸线用细实线绘制。标注线性尺寸时，尺寸线必须与所标注的线段平行。尺寸线不能用其他图线代替，一般也不得与其他图线重合或画在其延长线上
尺寸界线	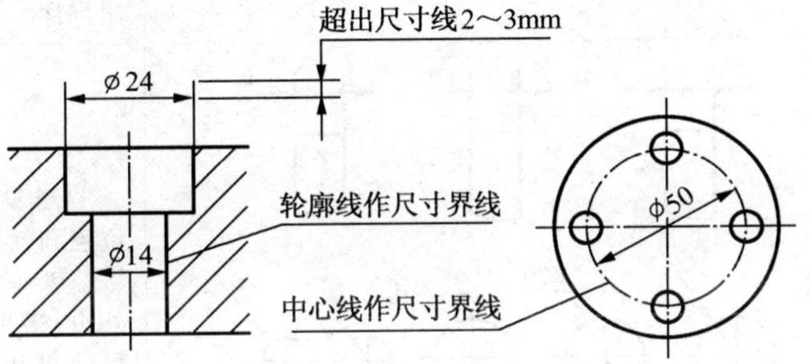(a) 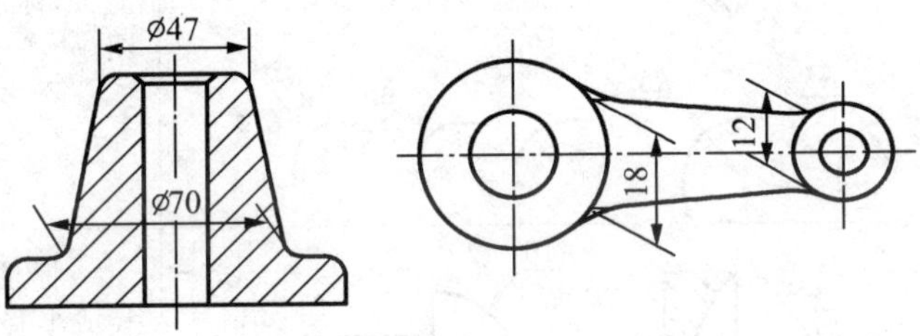(b)	尺寸界线用细实线绘制，并应由图形的轮廓线、轴线或对称中心线处引出。也可利用轮廓线、轴线或对称中心线作尺寸界线。尺寸界线一般应与尺寸线垂直，并超出尺寸线2～3mm[见图(a)] 当尺寸界线过于贴近轮廓线时，允许倾斜画出。在光滑过渡处标注尺寸时，必须用细实线将轮廓线延长，从它们的交点处引出尺寸界线[见图(b)]
圆的直径	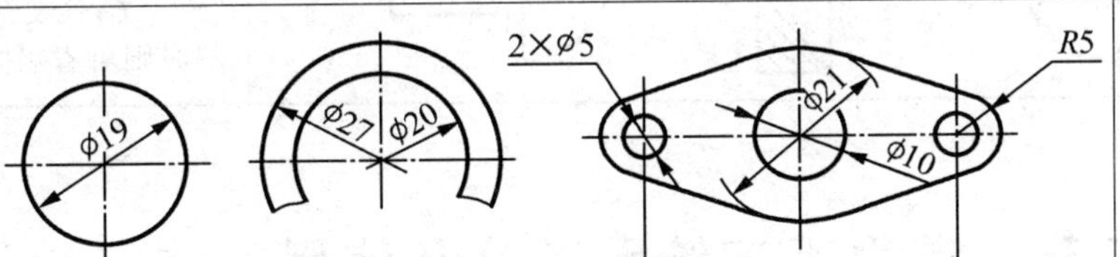	标注直径尺寸时，在尺寸数字前加标注符号“Ø”，且尺寸线应通过圆心
圆弧半径	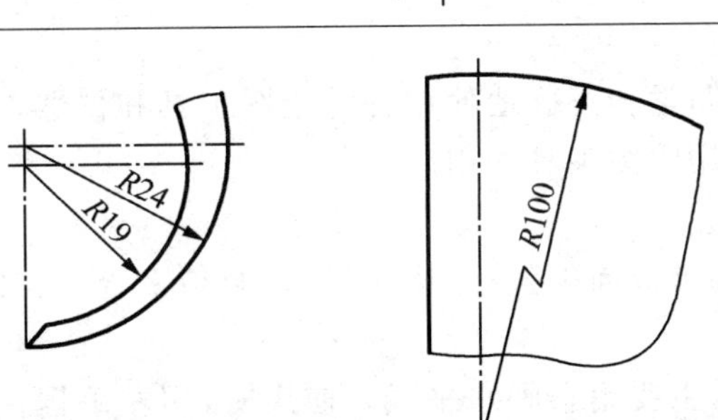	半径尺寸必须注在投影的圆弧处，在尺寸数字前加标注符号“R”，且尺寸线应通过圆心

续表

项目	图例	说明
角度	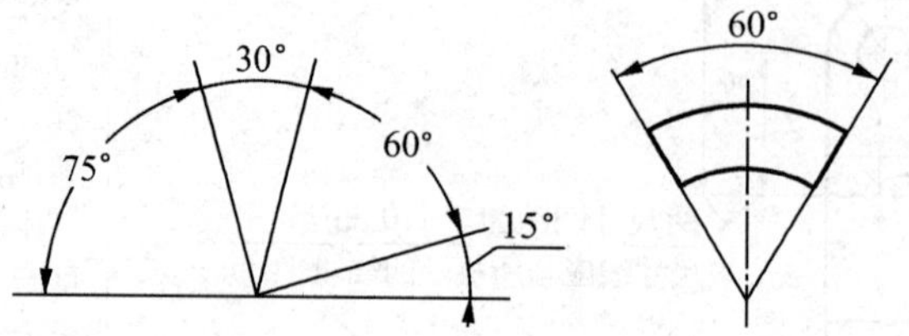	标注角度的尺寸界线，必须沿径向引出，尺寸线是以角度顶点为圆心的圆弧线 角度数字一律水平填写，角度的数字应写在尺寸线的中断处，必要时允许写在上方、外面或引出标注
小尺寸的标注	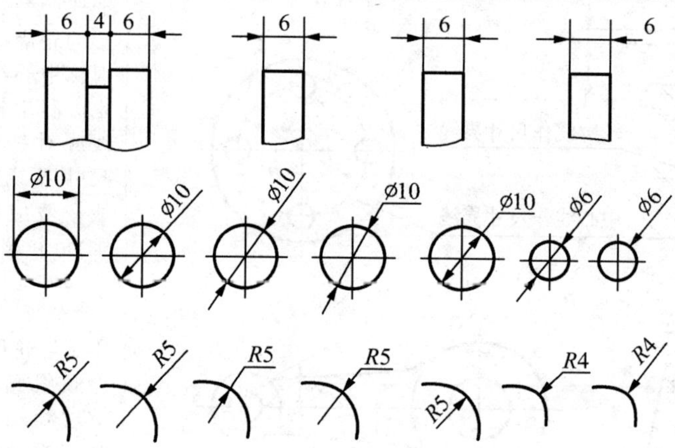	当没有足够的位置画箭头时，允许将箭头画在尺寸线外边；标注连续的小尺寸可用圆点代替箭头，标注形式如左图
球面	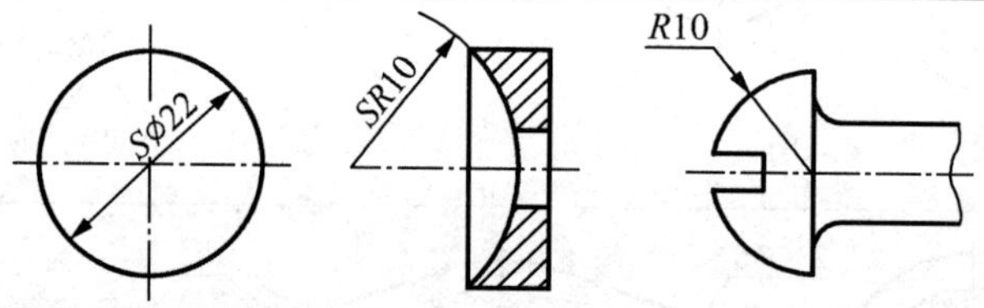	标注球面的直径或半径尺寸时，应在 ∅ 或 *R* 前加注“*S*”。在不致引起误解时则可省略“*S*”

第二节　常用手工绘图工具及使用方法

“工欲善其事，必先利其器”，学会正确地使用各种绘图工具和仪器，是提高绘图质量和效率的前提。本节将介绍常用绘图工具的用法。

1. 图板、丁字尺、三角板

图板是用来铺放图纸的，要求板面平整；左边为导边，必须平直。在图板上固定图纸时，要使用透明胶带纸粘贴。

丁字尺由尺头和尺身构成，主要用来画水平线。使用时，用左手握住尺头，使尺头内侧紧靠着图板的导边上下移动，然后用右手沿尺身自左向右画水平直线。三角板由 45°

和 30°、60°两块合成一副，如图 1-16 所示。

三角板与丁字尺配合使用，可作出 90°垂直线[见图 1-17(a)]和其他 15°倍角的斜线[见图 1-17(b)]，两块三角板配合使用可画出任意直线的平行线或垂直线[见图 1-17(c)]。

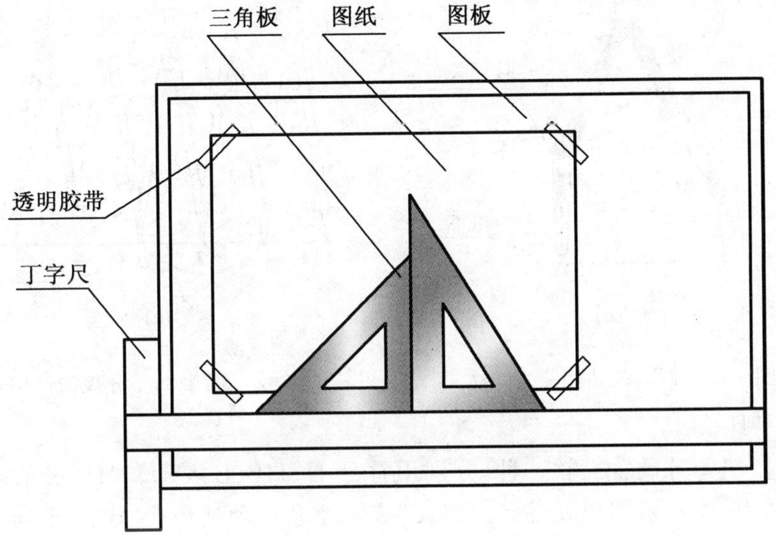

图 1-16　图板、丁字尺和三角板

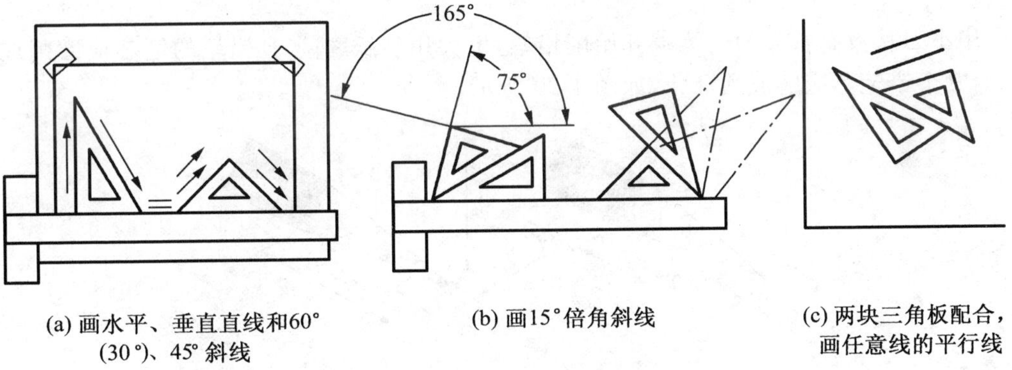

图 1-17　用丁字尺和三角板画线

2. 圆规和分规

(1)圆规。圆规主要用来画圆和圆弧。在圆规的活动脚上，松开螺母，装上铅笔插脚可画铅笔线的圆，装上钢针插脚可作分规使用，装上鸭嘴插脚可画墨线的圆，另装上延伸杆可画较大的圆。圆规固定脚上的钢针有两个不同形状的尖端(见图 1-18)，作为圆规画圆时，应使用有台肩支承面的一端，并使针尖略长于铅芯且与纸面垂直；作为分规使用时，则换用锥形尖端，且两钢针应等长。

(2)分规。分规是用来截取尺寸、等分直线段或圆弧的工具。使用时,分规的两个针尖并拢时应对齐,如图 1-19 所示。

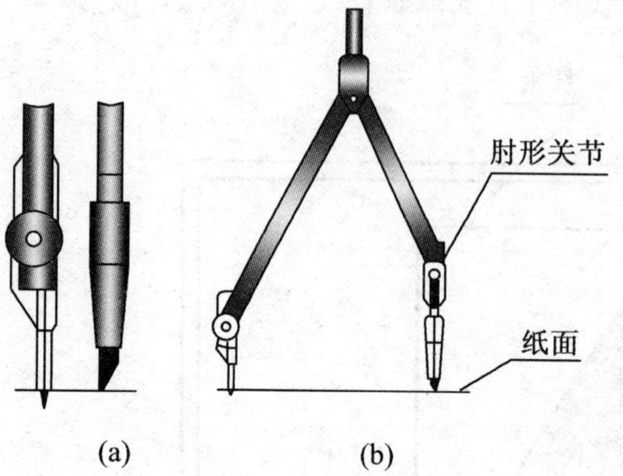

图 1-18　圆规的使用

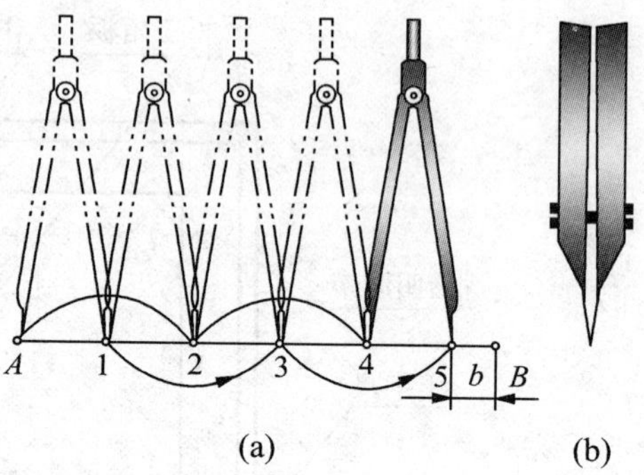

图 1-19　分规的使用

3. 绘图工具

(1)铅笔。铅笔分硬、中、软三种,分别用符号 H、HB、B 表示。“H”表示硬性铅笔,H 前面的数字越大,表示铅芯越硬(淡)。“HB”表示铅芯软硬适中。“B”表示软性铅笔,B 前面的数字越大,表示铅芯越软(黑)。画细实线和绘图画底稿时常用 H 或 2H,写字和画箭头常用 HB,而加深粗实线时,直线用 B,而圆或圆弧则用 2B,这可使加深的粗实线深浅一致。

用小刀从没有符号的铅笔端开始削铅笔,笔尖用砂纸磨削,B 铅笔的笔芯应磨削成扁铲状,其余铅笔芯应磨成圆锥状,如图 1-20 所示。

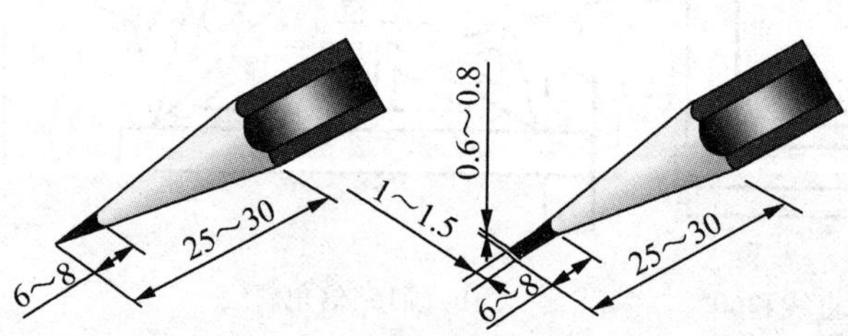

图 1-20　铅笔的削法

(2)橡皮、擦线板、小扫。橡皮是擦图线用的。擦线板是在修改绘图错误时,将其盖在图上,使被擦的线从适当的孔缝中露出,以免擦去有用的图线,如图 1-21 所示。小扫是作清理图面用的。

此外,绘图用品还有小刀、砂纸、透明胶纸(带)等。

4. 曲线板

曲线板(见图 1-22)用于绘制非圆曲线。描绘曲线时,根据求出的曲线上的点,在曲线板上选用与曲线完全吻合的一段(至少选 3 个点)进行描绘,并留下一小段不描画;移动曲线板时,须使前一段的已描曲线有一小段重合。

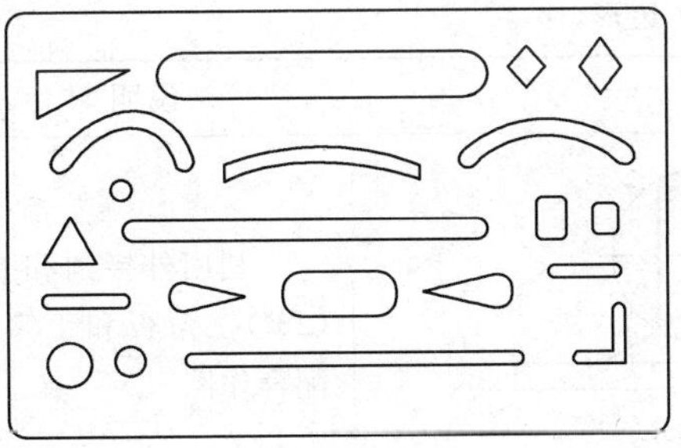

图 1-21　擦线板

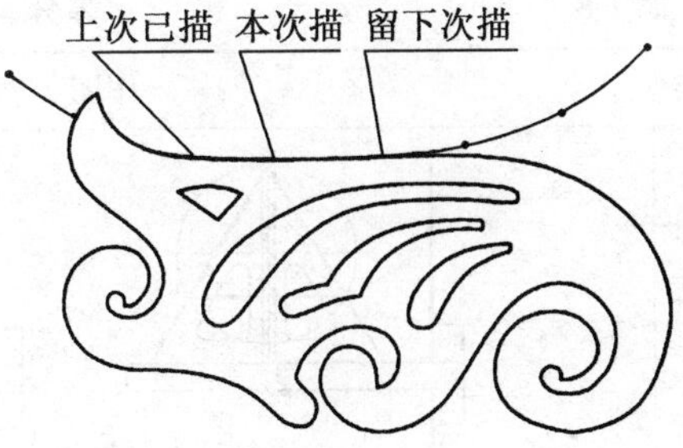

图 1-22　曲线板

第三节　几何作图

机件的轮廓形状一般都是由直线、圆、圆弧或其他曲线所组成的几何图形。图 1-23 所示是扳手轮廓图。因此，熟练地掌握常见几何图形的作图原理和方法，是绘制好机械图的基础。本节将介绍常用的一些几何作图方法。

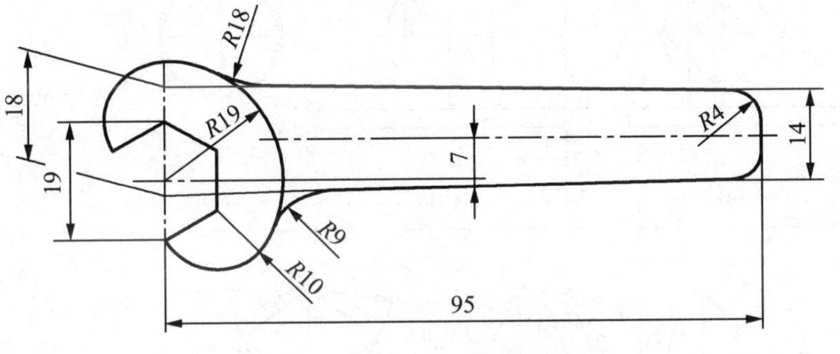

图 1-23　扳手轮廓的平面图形

一、几何作图

1. 等分圆周及作正多边形

有些机件的轮廓是正多边形的，或在圆周上均匀地钻上小孔，如图 1-24 所示，这时就要用到等分圆周的作图方法。表 1-8 中列出了等分圆周及作正多边形的各种方法。

图 1-24　机件形状

表 1-8　　　　　　　　　　　**等分圆周及作正多边形**

种类	作图方法	说明
正三边形	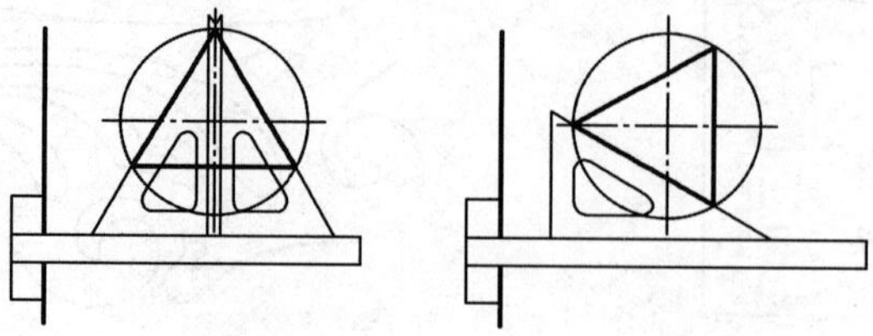 (a)　(b)	利用外接圆和 60°(30°)三角板和丁字尺配合作图
正六边形	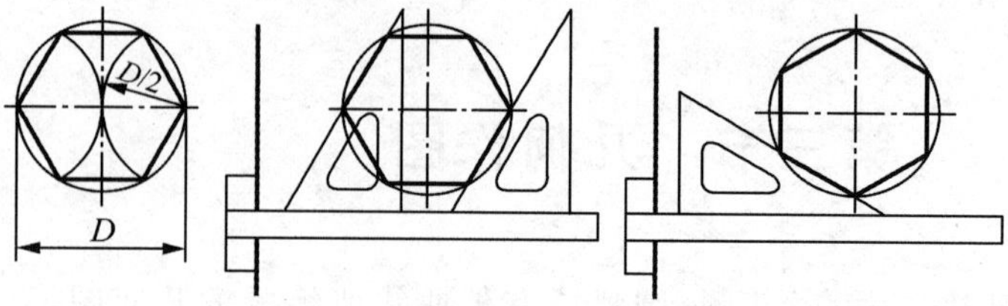 (a)　(b)　(c)	方法一：利用外接圆半径用圆规作图[见图(a)] 方法二：利用外接圆和三角板作图[见图(b)(c)]
正四、正八边形	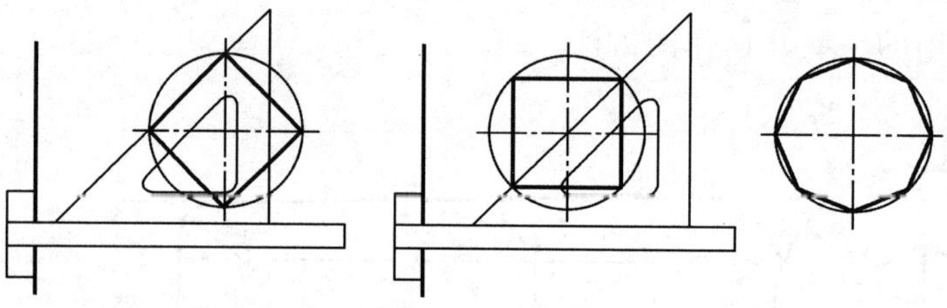 (a)　(b)　(c)	利用 45°三角板和丁字尺配合作图
正五边形	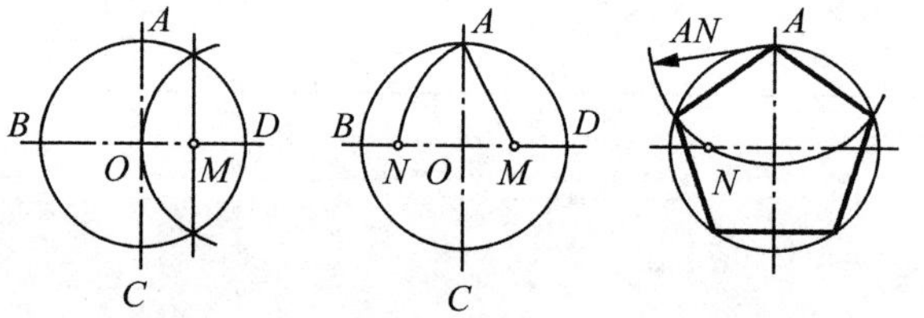 (1)　(2)　(3)	(1)等分半径 OD 得点 M (2)以点 M 为圆心，MA 为半径，画弧交 OB 于 N (3)AN 为五边形的边长

2. 斜度和锥度

斜度是指一直线(或平面)对另一直线(或平面)的倾斜程度，例如机械图样中的铸造斜度、锻造斜度等。图样中一般以 1∶n 的形式标注。

锥度是指正圆锥的底圆直径与圆锥高度之比。图样中同样以 1∶n 的形式标注。

表 1-9 中列出了斜度以及锥度的作图和标注方法。

表 1-9　　**斜度和锥度的作图与标注方法**

类别	作图方法	说明
斜度	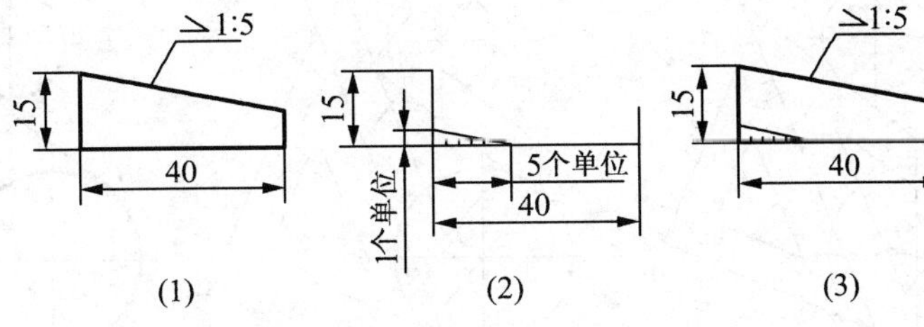	(1)图形要求 (2)在垂直直线上取 1 个单位,在水平直线上取 5 个单位,作出斜度辅助线 (3)作辅助线的平行线到需要的位置,完成作图并标注尺寸 注:标注时,其符号的斜边应与斜度方向一致
锥度	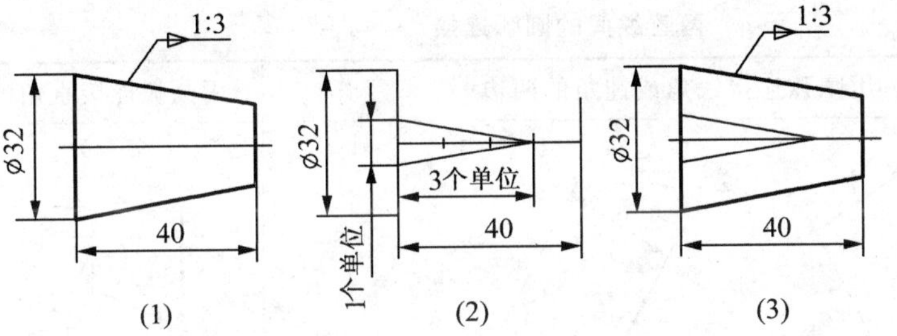	(1)图形要求 (2)在垂直直线上取 1 个单位(对称在轴线两边),在轴线上取 3 个单位,作出锥度辅助线 (3)作辅助线的平行线到需要的位置,完成作图并标注尺寸 注:标注时,其符号的尖端应与锥度方向一致

3. 圆弧的切线

绘图时常遇到求作圆弧的切线,作切线主要是定切点的问题,通常可直接利用两块三角板作出。作图步骤是:初步定出切线;再准确定出切点位置;最后画出确定的切线。作图方法如图 1-25 所示。

4. 圆弧连接

用圆弧光滑地连接相邻已知线段(直线或圆弧)的作图方法,称圆弧连接。要保证圆弧连接光滑,必须使线段间在连接处相切。因此,圆弧连接的基本作图方法可归结为三个步骤:准确求出连接弧圆心;正确确定连接弧与已知线段的切点(连接点);画切点间的连接弧。

(1)两直线间的圆弧连接。两直线间的圆弧连接,作图方法见表 1-10。

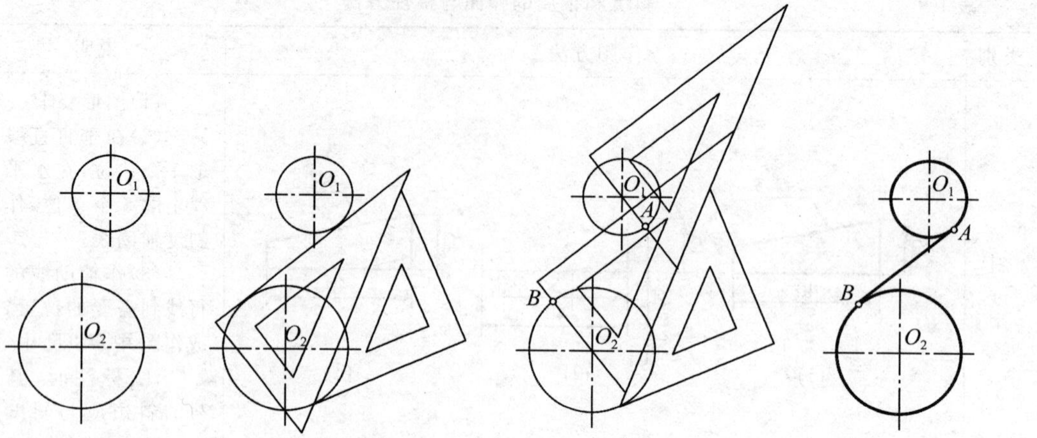

(a) 已知条件　　(b) 初定切线　　(c) 定切点A、B　　(d) 画切线

图 1-25　作已知圆的切线

表 1-10　　两直线间的圆弧连接

名称	用圆弧连接锐角或钝角的两边	用圆弧连接直角的两边
图例	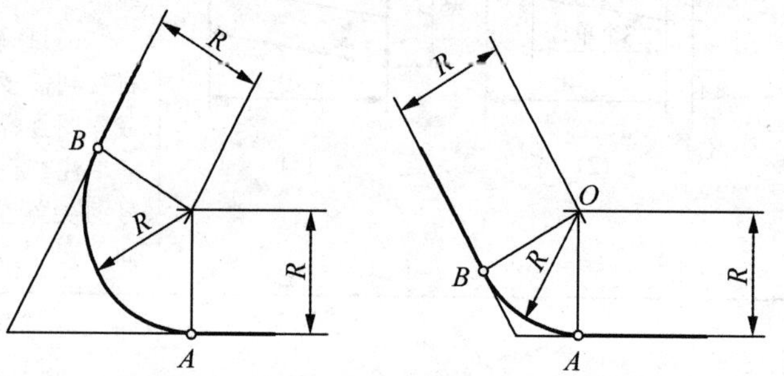	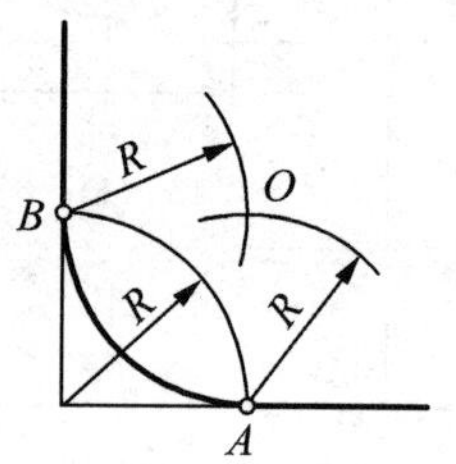
作图步骤	1. 求连接弧圆心。作已知角两边分别相距为 R 的平行线，交点 O 即为连接弧圆心 2. 作出切点。自点 O 分别向已知角两边作垂线，垂足 A、B 即为切点 3. 画连接圆弧。以 O 为圆心，R 为半径在两切点 A、B 之间画连接圆弧即为所求	1. 作切点。以角顶为圆心，R 为半径画弧，交直角两边于 A、B 2. 求连接弧圆心。分别以 A、B 为圆心，R 为半径画弧，相交得连接弧圆心 O 3. 画连接弧。以 O 为圆心，R 为半径，在 A、B 间画连接圆弧即为所求

（2）直线与圆弧及两圆弧间的圆弧连接。直线与圆弧及两圆弧之间的圆弧连接，作图方法见表 1-11。

表 1-11 直线与圆弧及两圆弧之间的连接

名称		已知条件	作图方法和步骤		
			1. 求连接弧圆心	2. 作连接点(切点)	3. 画连接弧到切点
圆弧连接已知直线与圆弧		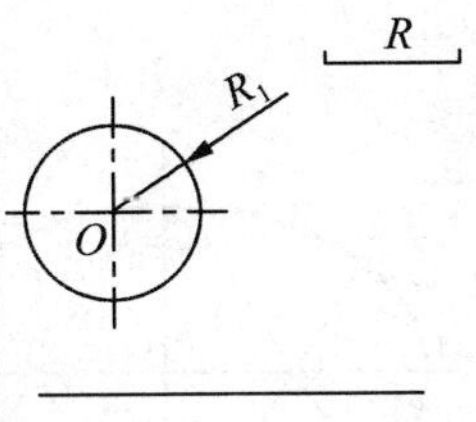	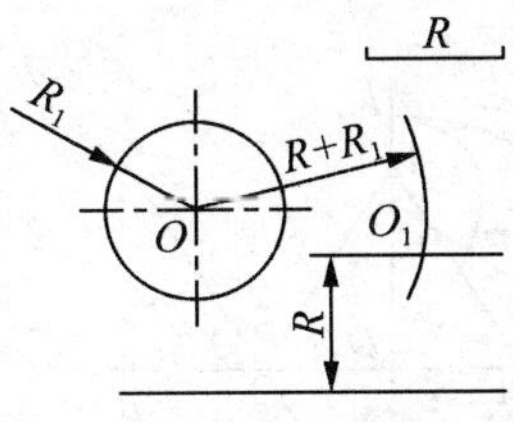	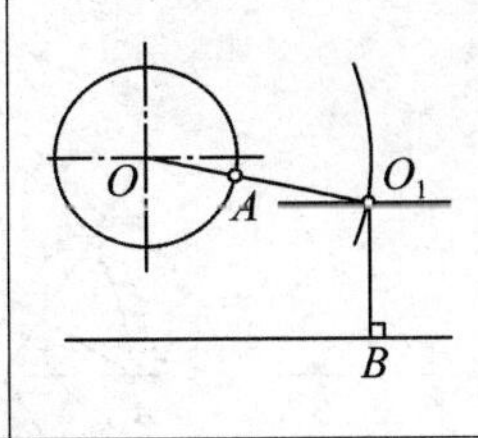	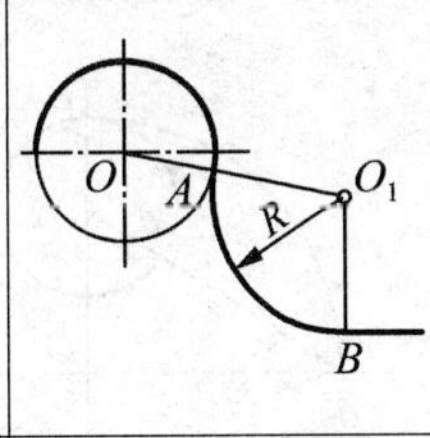
两圆弧间的圆弧连接	外连接	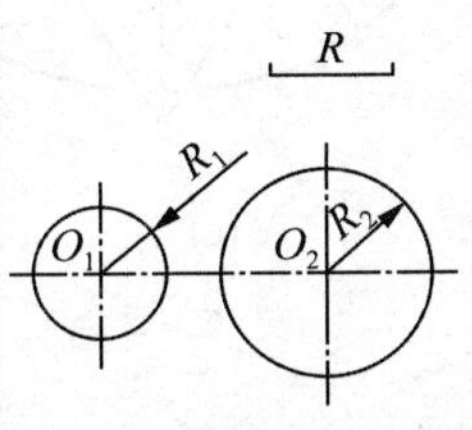	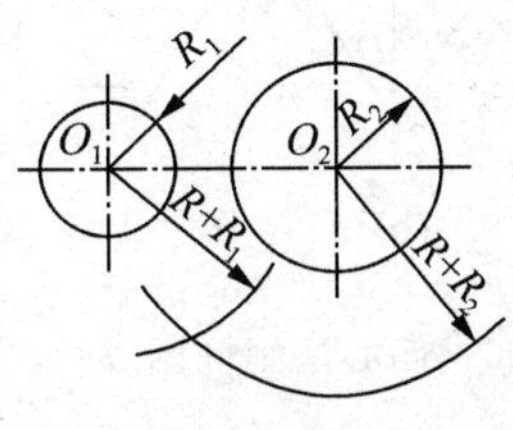	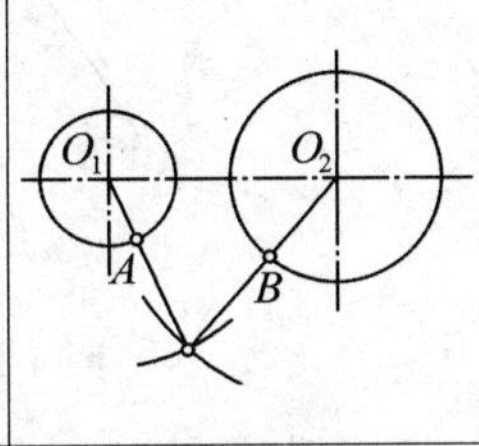	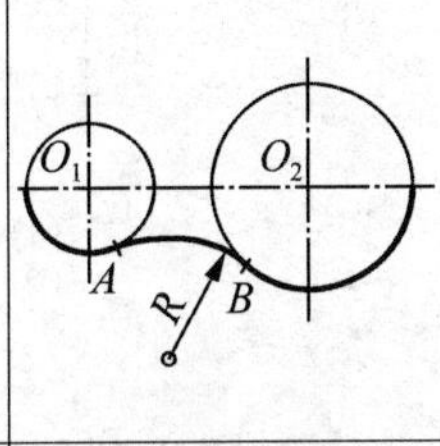
	内连接	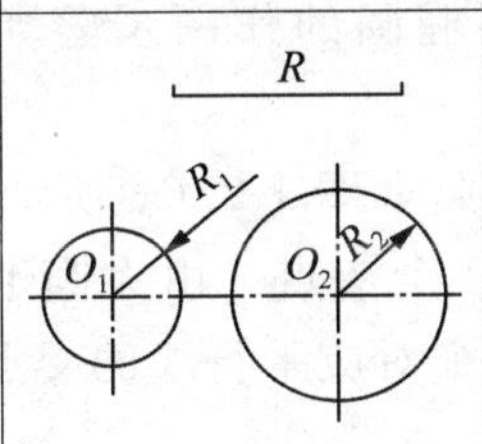	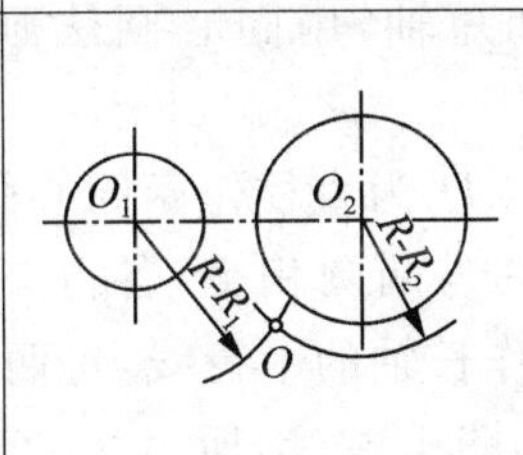	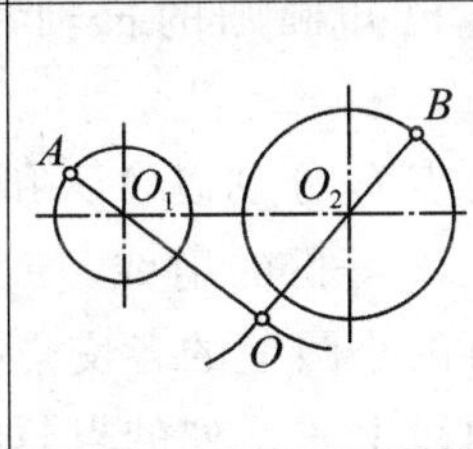	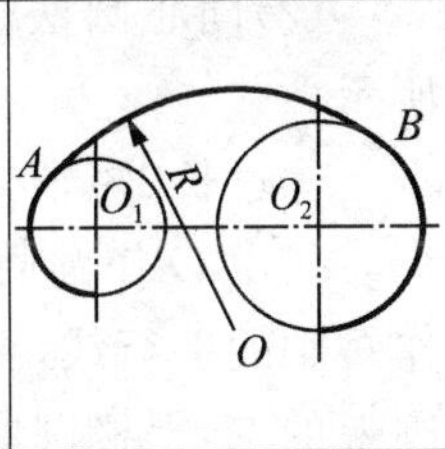
	混合连接	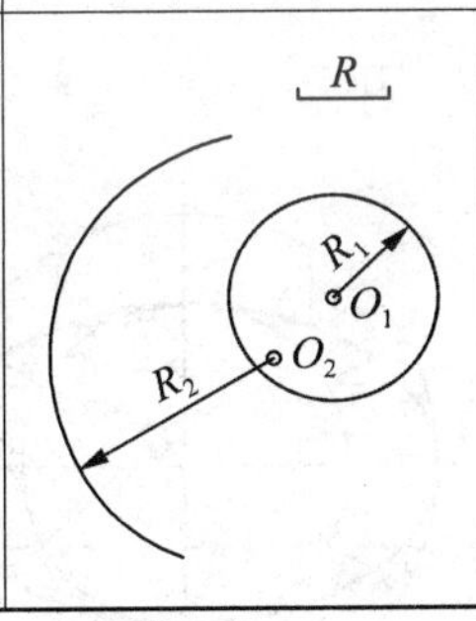	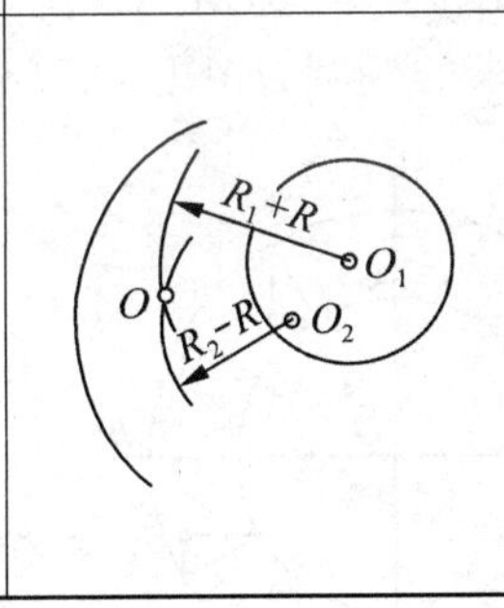	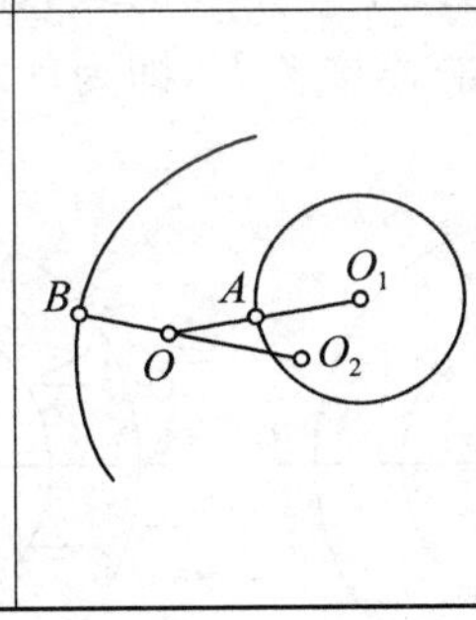	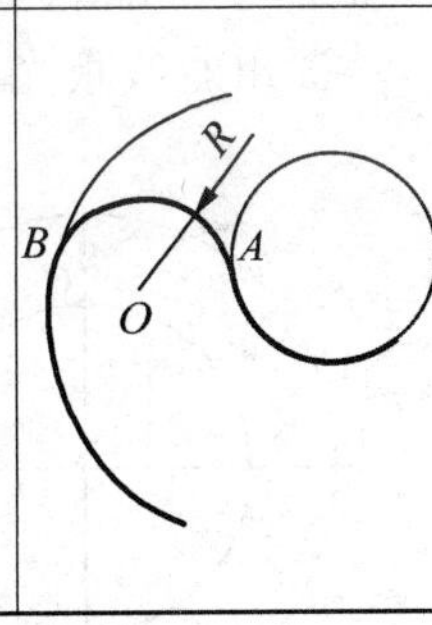

二、常用平面曲线的画法

1. 椭圆画法

已知椭圆的长、短轴，常用绘制方法有四心法和同心圆法两种。前者为近似画法；后者是准确地作出椭圆曲线上的一系列的点，然后描画成椭圆。

(1)四心法。已知相互垂直且平分的椭圆长轴和短轴，则椭圆近似画法(四心法)的作图步骤如图 1-26 所示。

①画出长轴 AB 和短轴 CD，连接 AC，并在 AC 上截取 CF($CF = OA - OC$)，如图 1-26(a)所示。

②作 AF 的中垂线，与两轴交于点 1、2，作出其对称点 3、4，点 1、2、3、4 为所求的四圆

心，再分别作四圆心的连线，如图 1-26(b)所示。

③分别以点 2、4 为圆心，$2C$(或 $4D$)为半径画两长弧；再以点 1、3 为圆心，$1A$ 或 $3B$ 为半径画两短弧。四段圆弧的连接点分别位于四圆心连线的延长线上，即得近似的椭圆，如图 1-26(c)所示。

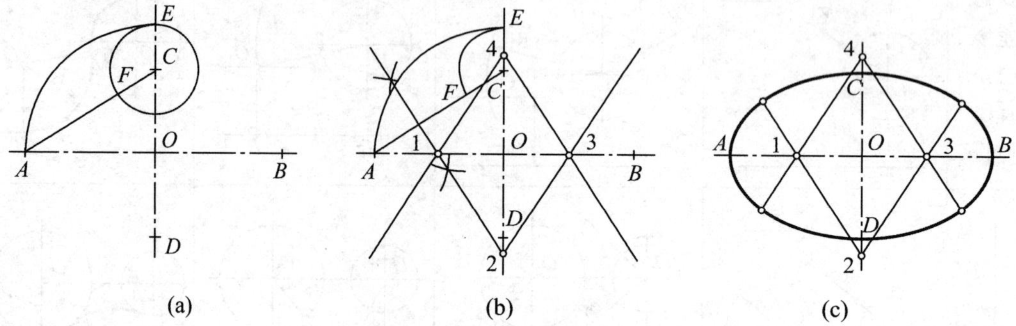

图 1-26　四心法画椭圆

(2)同心圆法。已知椭圆的长轴和短轴，用同心圆法画椭圆的作图步骤如图 1-27 所示。

①过长、短轴交点 O 分别以 AB 和 CD 为直径作两同心圆，如图 1-27(a)所示。

②由 O 作圆周 12 等份的射线，使其与两圆相交，各得 12 个交点。由大圆上各交点作短轴的平行线，再由小圆上的各交点作长轴的平行线，每两个对应平行线的交点即为椭圆上的点，得椭圆曲线上一系列的点，如图 1-27(b)所示。

③用曲线板光滑连接各点，即为所求的椭圆，如图 1-27(c)所示。

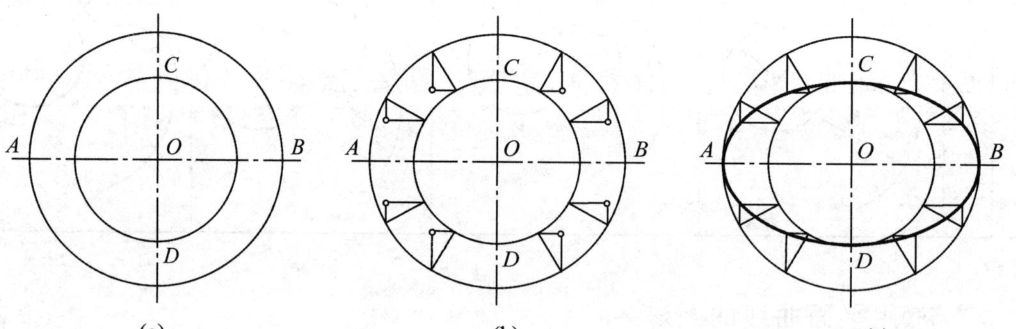

图 1-27　同心圆法画椭圆

第四节　平面图形的分析与绘制

平面图形由若干段直线和圆弧连接而成。构成平面图形的各线段的大小及其相对位置都由图形中的尺寸确定。因此，绘制平面图形时，应根据图中所标注尺寸，确定画图步骤。标注平面图形尺寸时，应根据各线段的连接关系，确定需要标注的尺寸，做到“正确、完整、清晰”，使标注尺寸既符合国家标准的规定，又要保证图形的尺寸齐全（即不遗漏、不重复），否则会给生产带来困难和损失。

一、平面图形的尺寸分析

1. 尺寸基准

尺寸基准是标注尺寸的起点。平面图形中至少应在上下、左右两个方向上各有一个基准。一般对称图形的对称线、圆的中心线、图形的某一边界线（如重要的轮廓线）等均可作为尺寸基准，如图 1-28 所示。

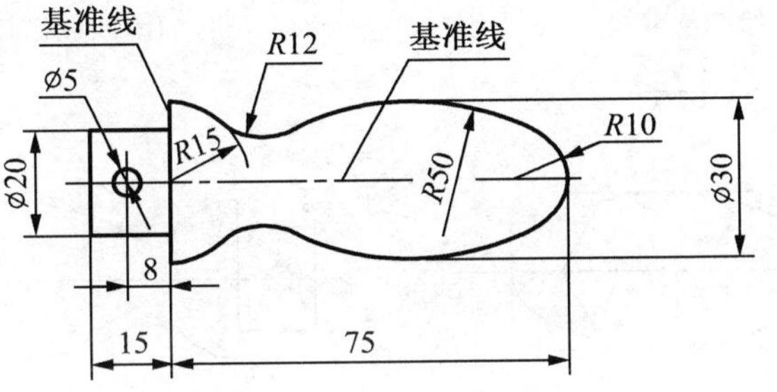

图 1-28　平面图形的线段和尺寸分析

2. 尺寸分类

平面图形的尺寸，按其在图中所起的作用可分为定形尺寸和定位尺寸两类。

(1)定形尺寸。确定平面图形上各线段长度或线框形状大小的尺寸称为定形尺寸，如直线的长度、圆及圆弧的直径（半径）、角度尺寸等。图 1-28 中的⌀20、⌀5、$R15$、$R12$ 等为定形尺寸。

(2)定位尺寸。平面图形中确定各部分相对位置的尺寸称为定位尺寸。如图 1-28 所示，确定⌀5 小圆位置的尺寸 8 和确定 $R10$ 圆弧位置的尺寸 75 等为定位尺寸。

二、平面图形的线段分析

线段分析就是从几何角度研究线段与尺寸的关系，从而确定画图步骤。平面图形中的线段，根据其定位尺寸是否齐全，可分为已知线段、中间线段和连接线段三种。

1. 已知线段

凡是定形尺寸和定位尺寸齐全的线段称为已知线段。如图 1-28 中所示的⌀5、$R15$、$R10$ 的圆弧和长度为 15 的直线等。

2. 连接线段

只有定形尺寸而无定位尺寸的线段称为连接线段。连接线段需根据与其相邻的两条线段的相切关系，用几何作图的方法绘制，如图 1-28 中所示的 $R12$ 的圆弧。

3. 中间线段

有定形尺寸和定位尺寸但定位尺寸不全的线段称为中间线段，也需要根据与其相邻的已知线段的相切关系绘制。如图 1-28 中所示的 $R50$ 的圆弧，该圆弧只有一个定位尺寸

∅30，据此不能确定其圆心位置，还需根据它与已知圆弧 $R10$ 的相切关系作图确定其圆心。

三、平面图形的画图步骤

一般是根据平面图形的尺寸，对平面图形进行线段分析，按线段分析的结果确定画图步骤。下面以图 1-29 所示手柄的轮廓图为例进行介绍。

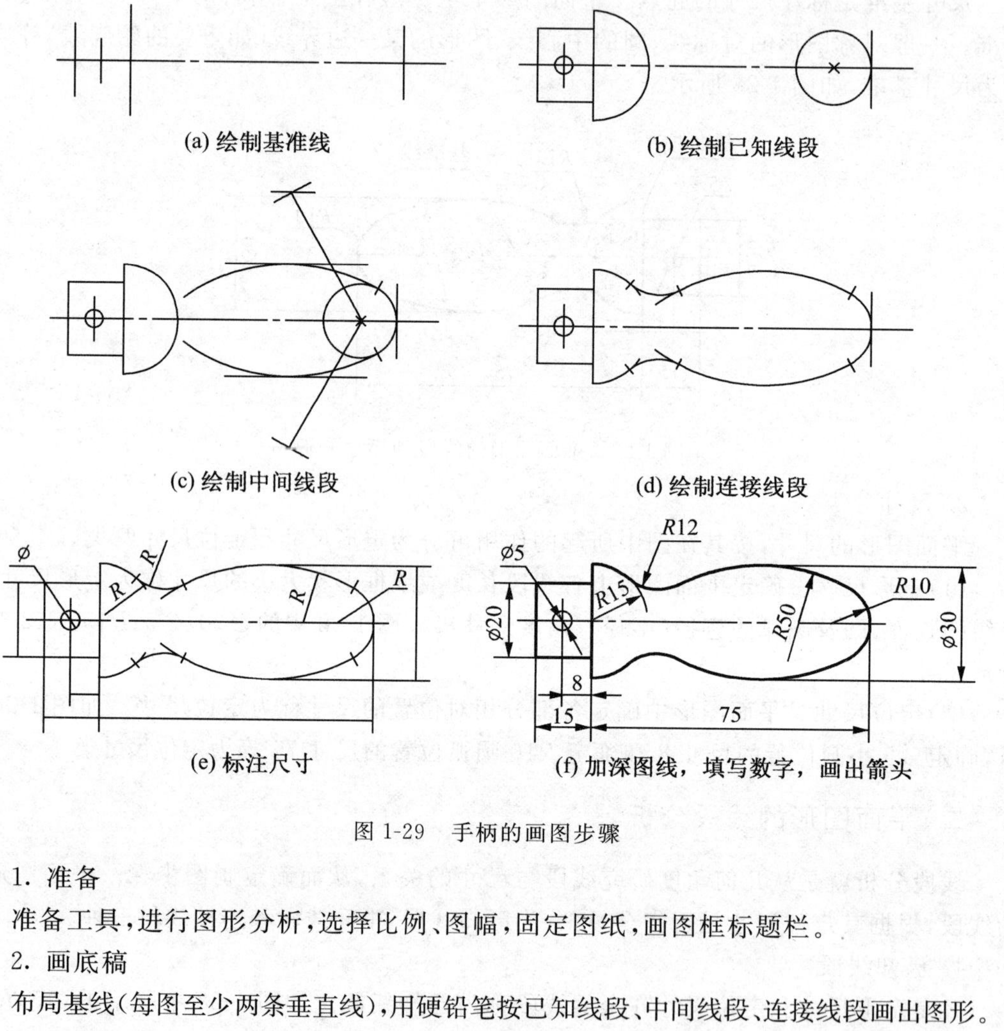

图 1-29　手柄的画图步骤

1. 准备

准备工具，进行图形分析，选择比例、图幅，固定图纸，画图框标题栏。

2. 画底稿

布局基线(每图至少两条垂直线)，用硬铅笔按已知线段、中间线段、连接线段画出图形。

3. 描深

检查，擦除多余作图线，用软铅笔按先圆弧后直线的顺序加深。用中硬铅笔画出细实线。

4. 标注尺寸

用中硬铅笔画出所有尺寸线及数字。

5. 填写标题栏

姓名、日期用钢笔草签。

第二章　正投影法

正投影法能准确地表达物体的形状，度量性好，作图方便，在工程上应用广泛。机械图样主要是用正投影法绘制的。本章重点讨论正投影图的投影规律和作图方法，并通过立体表面上的点、直线和平面的投影分析，初步培养学生的空间思维和想象能力，为他们学好本课程打下扎实基础。

第一节　投影法的基本知识

一、投影法和投影

物体被灯光或日光照射时，在墙面或地面上会留下影子，这就是投影现象。“影子”只能概括地反映出物体某个方向的外廓形状，不能反映物体上各个表面间的界限和被挡部分。于是人们在投影现象的基础上，经过反复观察和研究，从物体和投影的对应关系中总结出了投影法，即从光源发出的投射线通过物体向选定的平面（投影面）投影，并在该面上得到图形的方法。根据投影法得到的图形称为投影（投影图）。

工程上用物体的投影表达空间物体。

二、投影法的分类

根据投影线的类型（平行或汇交），投影法分为中心投影法和平行投影法两种。

1. 中心投影法

如图 2-1 所示，设有一个平面 P 和平面 P 外的一个定点 S，投影法中，得到投影的平面 P 称为投影面，点 S 称为投射中心。如果空间有一个 $\triangle ABC$，过投射中心 S 分别向 $\triangle ABC$ 的各顶点引直线并延长，与投影面交于 a、b、c，则 $\triangle abc$ 称为 $\triangle ABC$ 在投影面 P 上的投影。发自投影中心且通过物体上各点的直线称为投影线，如直线

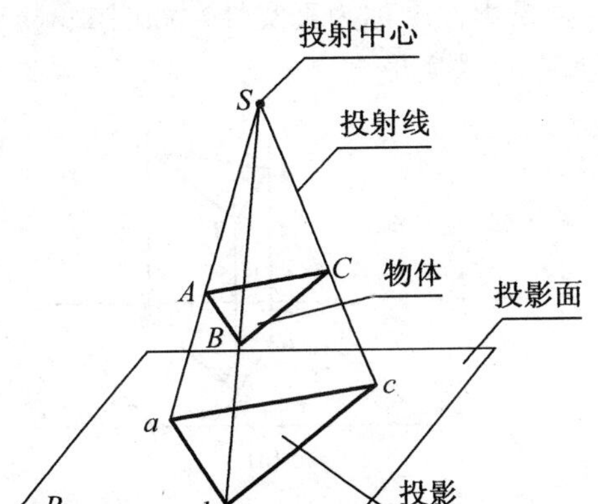

图 2-1　中心投影法

SAa、SBb、SCc 即为投影线。这种投射线汇交于投射中心的投影方法称为中心投影法，用中心投影法得到的投影称为中心投影。

日常生活中的照相、放映电影等均属于中心投影法。物体的中心投影不能反映其真实形状和大小。

2. 平行投影法

如图 2-2 所示，当投射中心移到无穷远时，各投射线互相平行，这种投射线互相平行的投影法称为平行投影法。这时，投射线的方向称为投射方向。

平行投影法又分两种：投射线与投影面倾斜的平行投影法称为斜投影法，用斜投影法得到的投影称为斜投影，如图 2-2(a)所示；投影线与投影面垂直的平行投影法称为正投影法，用正投影法得到的投影称为正投影，如图 2-2(b)所示。

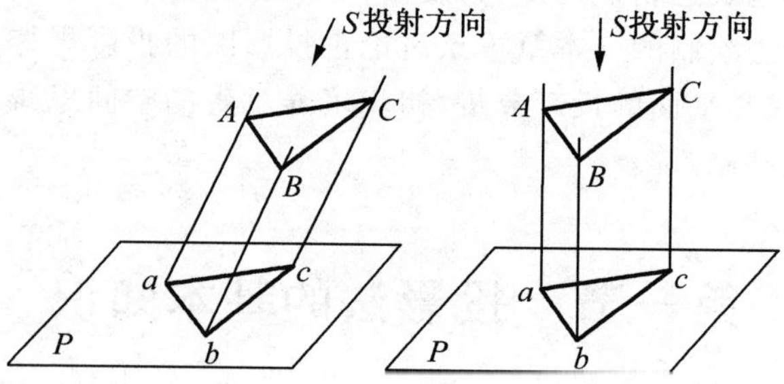

(a)　(b)

图 2-2　平行投影法

由于机械图样主要是用正投影法绘制，为叙述方便，本书将“正投影”简称“投影”。在工程图样中，根据有关标准绘制的多面正投影图也称为“视图”。

三、正投影法的基本性质

1. 真实性

与投影面平行的平面，其投影反映实形；与投影面平行的直线，其投影反映实长。这种投影性质称为真实性。如图 2-3(a)所示，平面 ABC 平行于投影面 P，则在 P 面的投影 abc 反映实形。

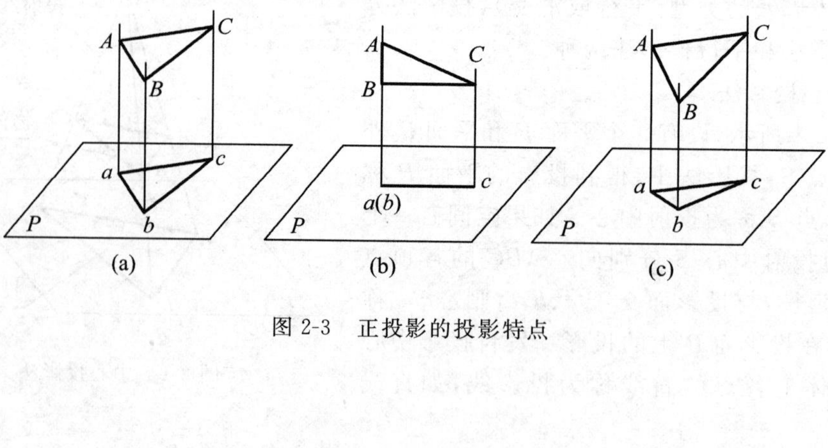

(a)　(b)　(c)

图 2-3　正投影的投影特点

2. 积聚性

与投影面垂直的平面，其投影积聚为一直线；与投影面垂直的直线，其投影积聚为一点。这种投影性质称为积聚性。如图 2-3(b)所示，平面 ABC 垂直于投影面 P，则平面在 P 面上的投影 abc 积聚为一条直线，直线 AB 垂直于投影面 P，则直线在 P 面上的投影 ab 积聚为一点。

3. 类似性

与投影面倾斜的平面，其投影是原图形的类似形；与投影面倾斜的直线，其投影仍为直线，但比实长短。这种投影性质称为类似性。如图 2-3(c)所示，平面 ABC 与投影面 P 倾斜，则其投影 abc 与平面 ABC 类似。

四、三投影面体系

物体在一个投影面上的投影不能完全表示其形状，因此，要准确地反映物体的空间形状，就需要用两个或两个以上的视图，为此必须多设几个投影面。一般选取互相垂直的三个投影面构成三面投影体系。如图 2-4 所示，三个投影面分别称为正立投影面(简称“正面”，用 V 表示)、水平投影面(简称“水平面”，用 H 表示)、侧立投影面(简称“侧面”，用 W 表示)。三个投影面之间的交线称为投影轴，分别为：OX 轴，代表长度方向；OY 轴，代表宽度方向；OZ 轴，代表高度方向。这样的三个投影面称为三投影面体系。

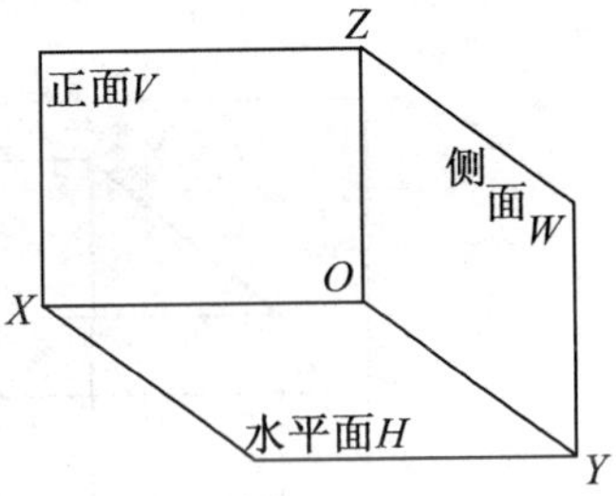

图 2-4　三投影面体系

五、三视图的投影规律

1. 三视图的形成

将物体放在三投影面体系中，物体从前向后投射在 V 面上的视图，称为主视图；从上向下投射在 H 面上的视图，称为俯视图；从左向右投射在 W 面上的视图，称为左视图，如图 2-5(a)所示。我们将物体向三个投影面投射得到的三个视图称为三视图。

为了把物体的三个视图画在一个平面上，必须把三个投影面展开。展开方法如图 2-5(b)所示，V 面不动，将 H 面绕 OX 轴向下旋转 90°，将 W 面绕 OZ 轴向右旋转 90°，使三个投影面展开在一个平面上，如图 2-5(c)所示。旋转时，OY 轴被拆分为两条，在 H 面上的用 Y_H 表示，在 W 面上的用 Y_W 表示。由于投影面的范围可以是无穷大的，所以投影面的边框不必画出，去掉边框后的物体三视图，如图 2-5(d)所示。

2. 三视图的对应关系

从三视图的形成过程中，可以总结出三视图的位置关系、投影关系和方位关系，如图 2-6 所示。位置关系：三个视图的相对位置是一定的，即以主视图为主，俯视图在其正下方，左视图在其正右方。三个视图保持如下投影关系：主视图与俯视图之间长对正、主视图与左视图高平齐、左视图与俯视图宽相等，这就是三面投影的投影规律。这个投影规律可简述为“长对正、高平齐、宽相等”的“三等”关系。

三视图上的方位关系为：主视图反映物体的长度与高度，左视图反映了物体的宽度与高度，俯视图反映物体的长度与宽度。其中应该注意，俯视图与左视图都能反映物体的宽度，在这两个视图中，靠近主视图的一边为物体的后面，远离主视图的一边为物体的前面，如图 2-6 所示。

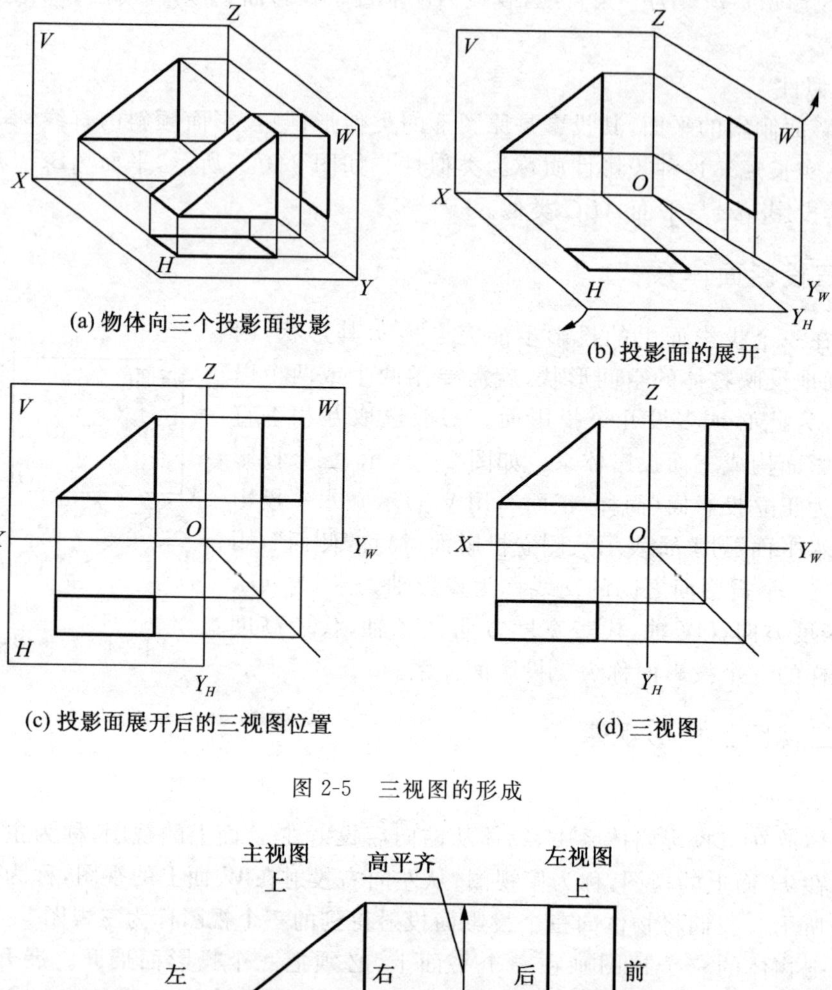

(a) 物体向三个投影面投影　(b) 投影面的展开

(c) 投影面展开后的三视图位置　(d) 三视图

图 2-5　三视图的形成

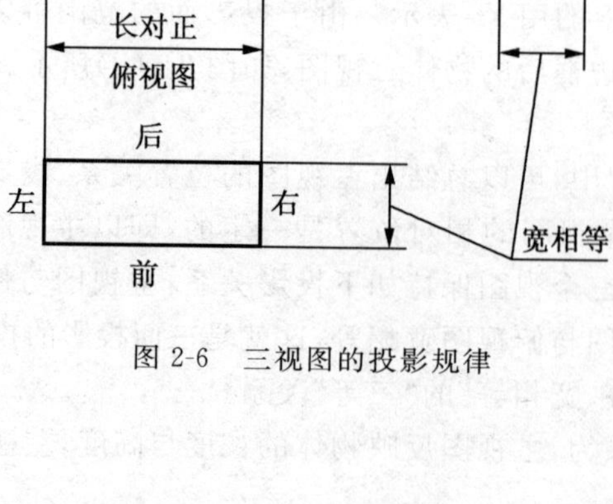

图 2-6　三视图的投影规律

“长对正、高平齐、宽相等”不但是物体三视图之间的投影规律，同时也是物体上每个点、线、面的三面投影之间的投影规律。

第二节　点的投影

点、线、面是构成物体形状的基本几何元素，其中点是最基本、最简单的几何元素。研究点的投影，掌握其投影规律，能为正确地理解和表达物体的空间形状打下坚实的基础。

一、空间点的位置和直角坐标

图 2-7(a)所示为空间点 A 在三投影面体系中的投影。将点 A 分别向三个投影面投射，得到的投影分别为 a(水平面投影)、a'(正面投影)、a''(侧面投影)。投影面展开后得到图 2-7(b)所示的投影图。由投影图可以看出，点的投影有以下规律：点的三面投影连线垂直于它们所通过的轴，即 aa' 垂直于 OX 轴、$a'a''$ 垂直于 OZ 轴、aa_y 垂直于 OY_H 轴、$a''a_y$ 垂直于 OY_W 轴。

在三投影面体系中，点的位置可以由点到三个投影面的距离来确定。如果将三个投影面作为三个坐标面，投影轴作为坐标轴，则从图 2-7(b)也可以看出点的投影与点的坐标之间的关系：

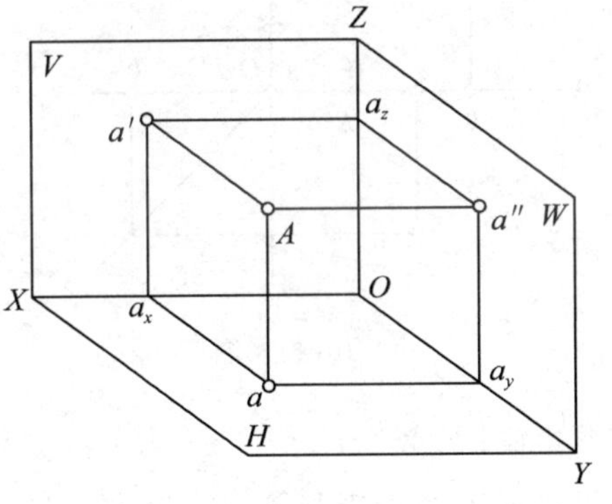

(a) 立体图

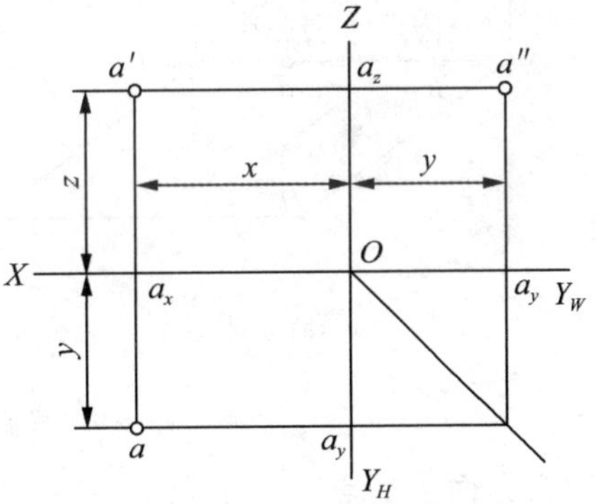

(b) 点的三面投影图

图 2-7　点的投影

点 A 到 W 面的距离为 $Aa''=aa_y=a_xO=a'a_z=X$ 坐标。

点 A 到 V 面的距离为 $Aa'=a''a_z=a_yO=aa_x=Y$ 坐标。

点 A 到 H 面的距离为 $Aa=a'a_x=a_zO=a''a_y=Z$ 坐标。

空间点的位置可以由该点的坐标(X,Y,Z)确定，同时这三个坐标分别为空间点到三个投影面之间的距离。

空间点的三面投影可以确定空间点的唯一位置。在三投影面体系中，若去除侧面，则构成两面投影体系。空间点的两面投影也能确定空间点的唯一位置。当空间几何元素不复杂时，可用两面投影体系研究问题，如图 2-8 所示。在后面的内容中，常常用 V 面和 H 面两投影面组成的两面体系，并在这个体系中讨论投影问题。

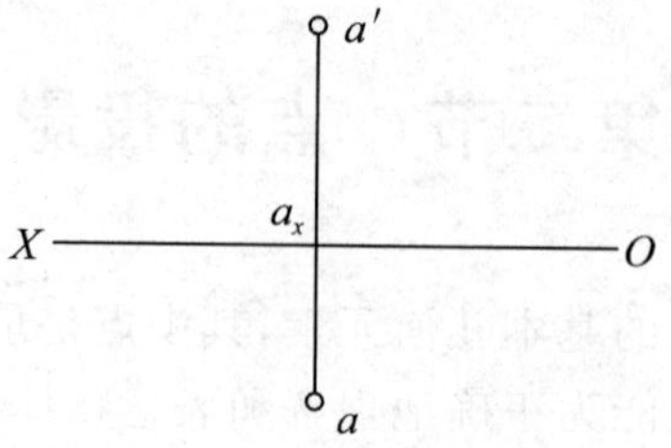

图 2-8　点的两面投影图

二、特殊位置点的投影

空间点在三投影面体系中的位置多种多样。图 2-9 所示为 V 面上的点 B、H 面上的点 C 及 OX 轴上的点 D 投影的立体图和投影图，从图中可以看出，投影面和投影轴上的点的坐标和投影具有以下特征：

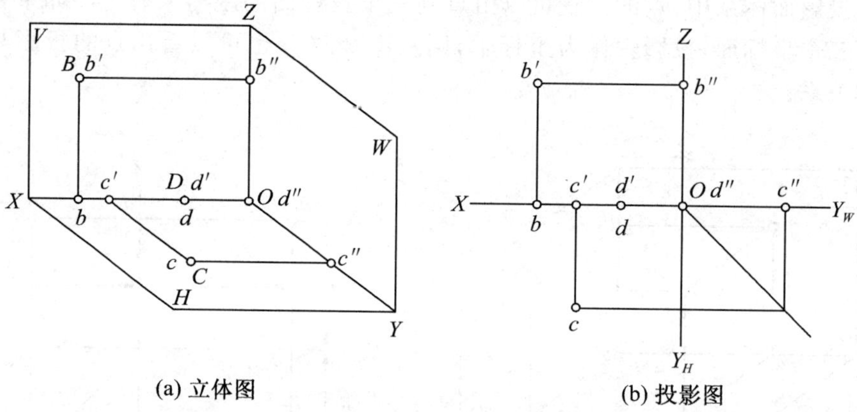

图 2-9　投影面和投影轴上的点

(1)投影面上的点有一个坐标为零。在该投影面上的投影与该点重合，在相邻投影面上的投影分别在相应的投影轴上。值得注意的是：H 面上的点 C 的 W 面投影 c''在 OY 轴上，投影图中必须画在 W 面的 OY_W 轴上，而不能画在 H 面的 OY_H 轴上。

(2)投影轴上的点有两个坐标为零。在包含这条轴的两个投影面上的投影都与该点重合，在另一投影面上的投影则与原点 O 重合。

三、两点的相对位置

如图 2-10 所示，空间两个点的投影在三个投影面上可以反映它们之间的上下、左右、前后关系，两点的相对位置是两点在三个方向上的坐标差，也是两点对投影面 V、H、W 的距离差。若已知两点的相对位置以及其中一个点的三面投影，也可作出另一点的投影。

注意：三面投影中的方位关系与前述三视图中的方位关系一致。

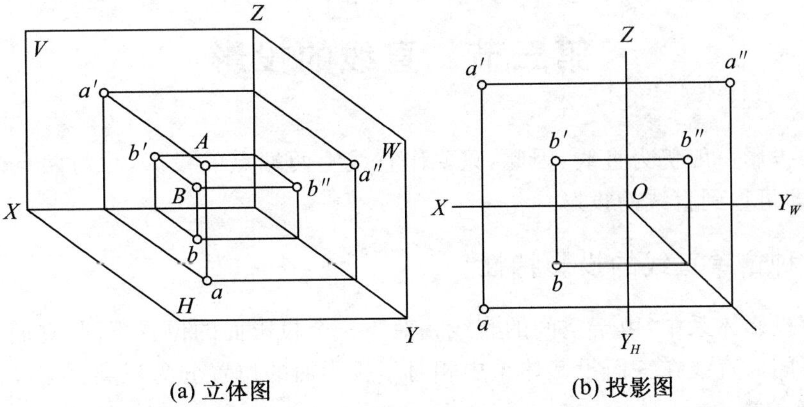

图 2-10　两点的相对位置

当空间两点的坐标有两个坐标值相同时，其在某一个投影面上的投影就会互相重合，称为重影点。如图 2-11 所示，点 C 在点 A 之后 y_A-y_C处，两点无左右距离差($x_A-x_C=0$)，无上下距离差($z_A-z_C=0$)，于是点 C 在点 A 的正后方，这两点的正面投影互相重合，点 A 和点 C 称为正面投影的重影点。同理，若一点在另一点的正下方或正上方，是对水平面投影的重影点；若一点在另一点的正右方或正左方，则是对侧面投影的重影点。

正投影是将几何形体置于观察者和投影面之间，以垂直于投影面的平行投影线进行投影所得出的。因此，对于正面投影、水平面投影、侧面投影的重影点的互相重合的投影的可见性，分别应该是前遮后、上遮下、左遮右。例如，在图 2-11 中，应该是较前位置的点 A 的投影 a'可见，而较后的点 C 的投影 c'被遮住而不可见。在重影点的投影重合处，则须在不可见投影的符号上加括号，如图 2-11(b)中的(c')。

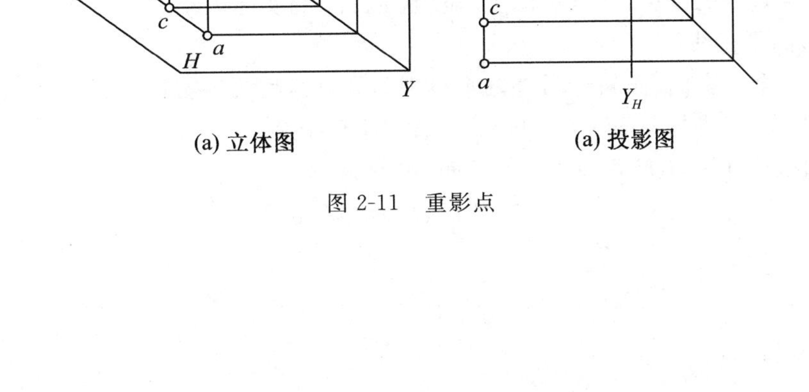

图 2-11　重影点

第三节　直线的投影

直线的投影一般仍为直线，因此，只要作直线上两端点的投影，再将两点的同面投影连接起来，即可得到直线的投影。

一、各种位置直线的投影特性

在三面投影体系中，由于空间的直线相对于三个投影面的位置不同，它们的三面投影特点也就不同。直线在三面投影体系中相对于投影面的位置分为三类：

1. 一般位置直线

与 V、H、W 三个投影面都倾斜的直线称为一般位置直线，如图 2-12 所示。

一般位置直线与投影面都是倾斜关系，投影时均反映类似性，因此，它的三面投影均与投影轴倾斜，并且都是一条小于实长的倾斜线。

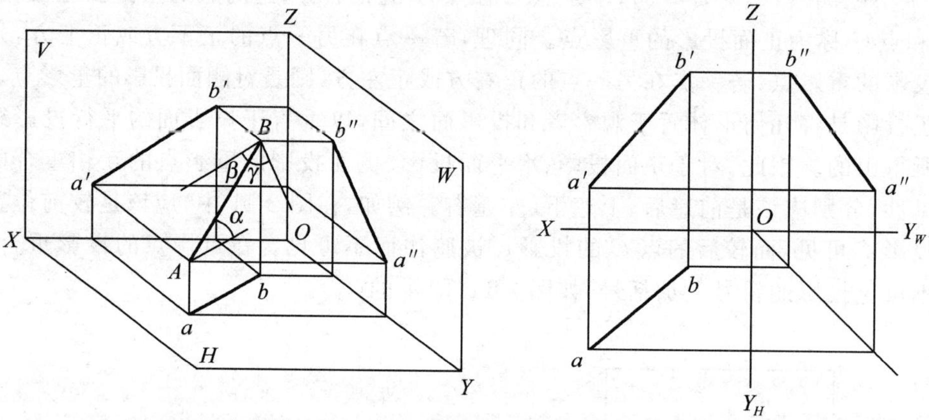

(a) 立体图　　(b) 投影图

图 2-12　一般位置直线

直线与 H、V、W 三面倾斜的倾角分别用字母 α、β、γ 表示。

一般位置直线的投影，在投影图上不反映 α、β、γ 的实际大小。

2. 投影面平行线

平行于一个投影面、倾斜于另外两个投影面的直线称为投影面平行线（见表 2-1）。

(1)正平线：直线与 V 面平行，与 H 面、W 面倾斜。

(2)水平线：直线与 H 面平行，与 V 面、W 面倾斜。

(3)侧平线：直线与 W 面平行，与 V 面、H 面倾斜。

表 2-1　　**投影面平行线**

名称	正平线($/\!/V\angle H\angle W$)	水平线($/\!/H\angle V\angle W$)	侧平线($/\!/W\angle V\angle H$)
立体图	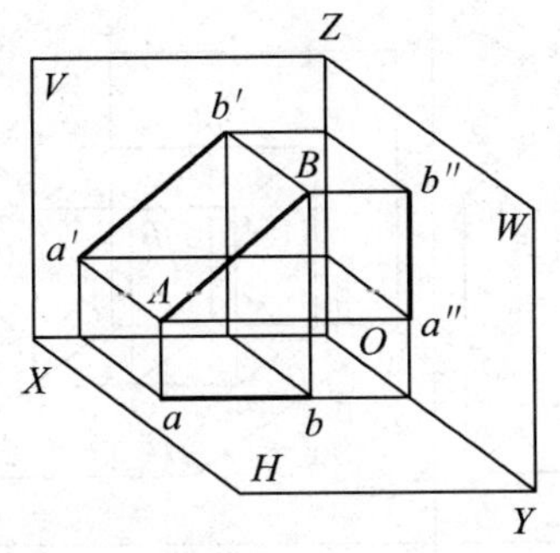	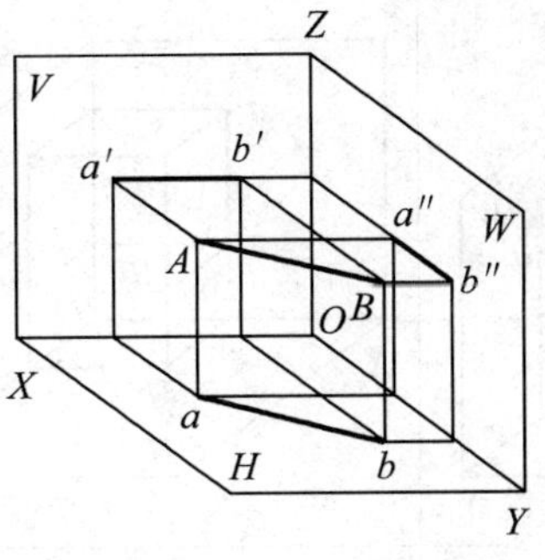	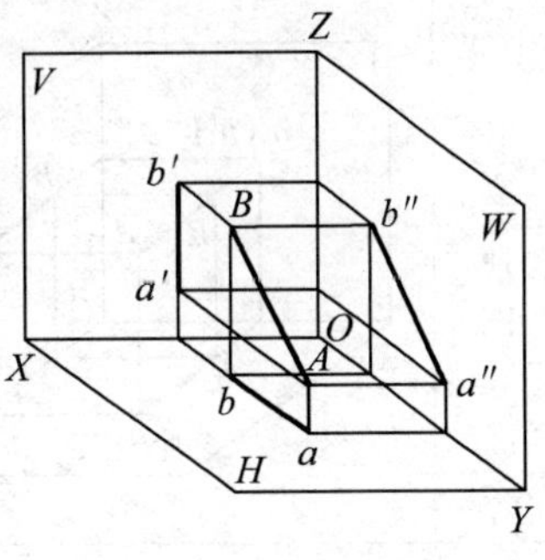
投影图	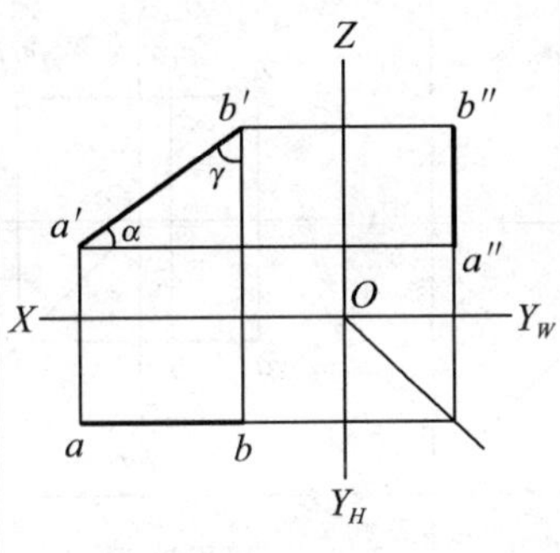	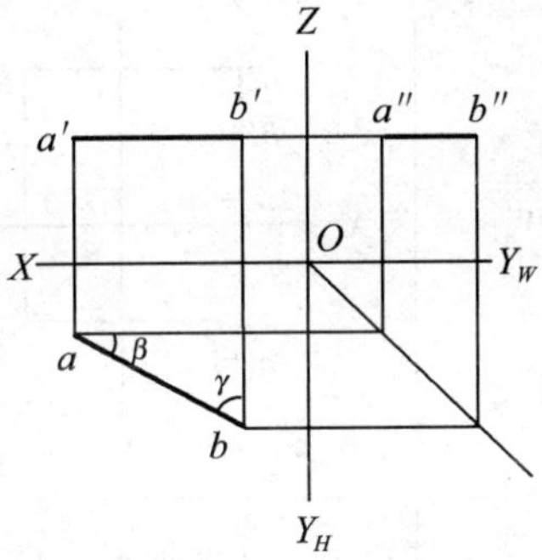	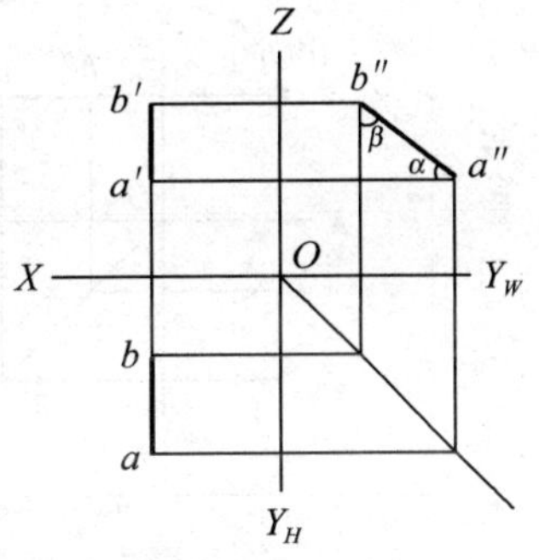
投影特性	1. $a'b'$反映实长和真实倾角α、γ 2. $ab/\!/OX$,$a''b''/\!/OZ$	1. ab反映实长和真实倾角β、γ 2. $a'b'/\!/OX$,$a''b''/\!/OY_W$	1. $a''b''$反映实长和真实倾角α、β 2. $ab/\!/OY_H$,$a'b'/\!/OZ$

由表 2-1 中可概括出投影面平行线的投影特性：

(1)直线在所平行的投影面上的投影反映实长，它与投影轴的夹角分别反映直线对另两个投影面的实际倾角。

(2)直线在另外两个投影面上的投影平行于相应的投影轴(所平行投影面上的坐标轴)，长度缩短。

3. 投影面垂直线

垂直于一个投影面、平行于另两个投影面的直线称为投影面垂直线(见表 2-2)。

(1)正垂线：直线与 V 面垂直，与 H 面、W 面平行。

(2)铅垂线：直线与 H 面垂直，与 V 面、W 面平行。

(3)侧垂线：直线与 W 面垂直，与 V 面、H 面平行。

表 2-2　　　　　　　　　　　　投影面垂直线

名称	正垂线（$\perp V /\!/ H /\!/ W$）	铅垂线（$\perp H /\!/ V /\!/ W$）	侧垂线（$\perp W /\!/ V /\!/ H$）
立体图	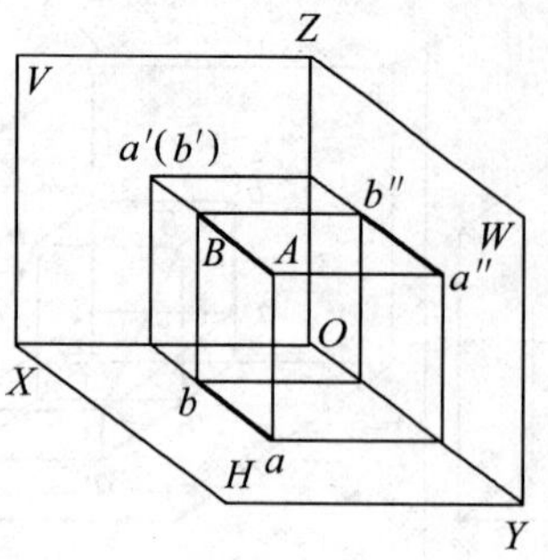	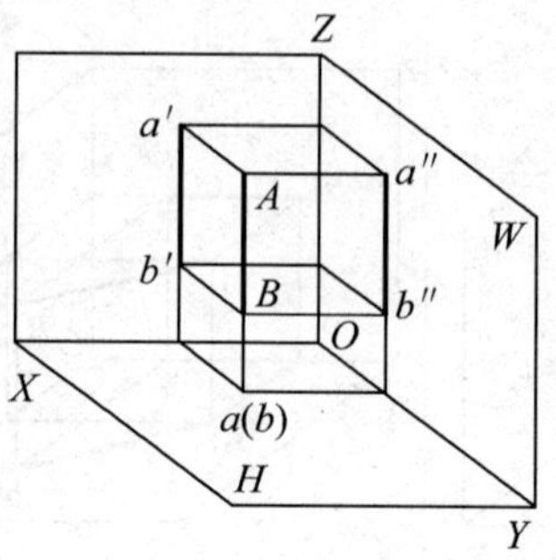	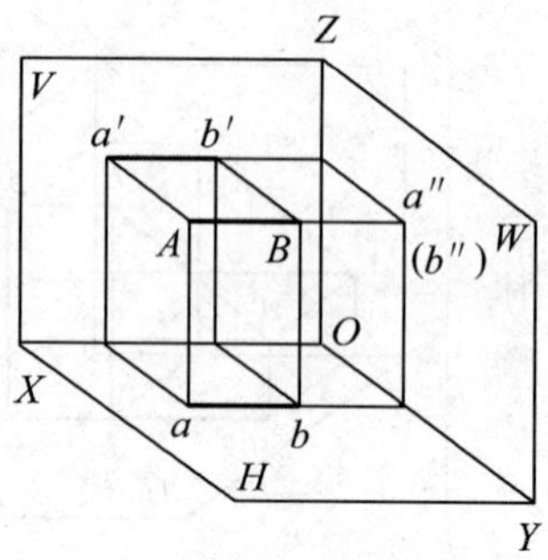
投影图	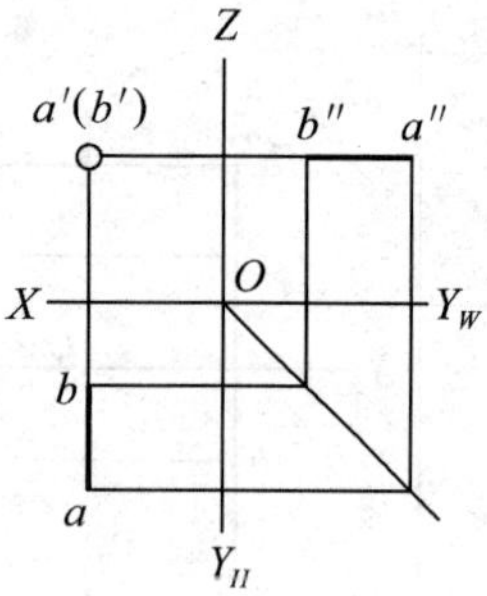	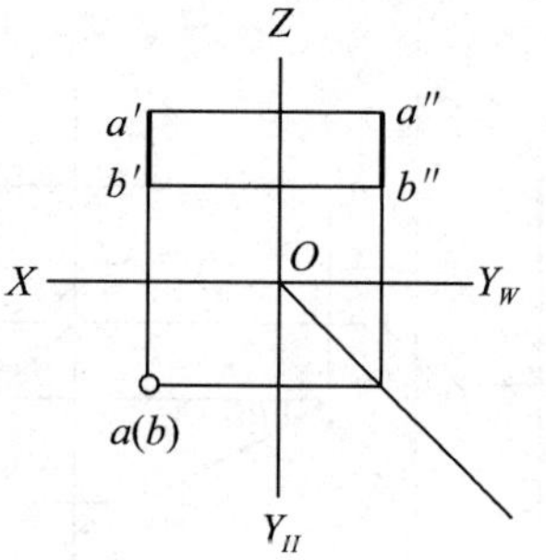	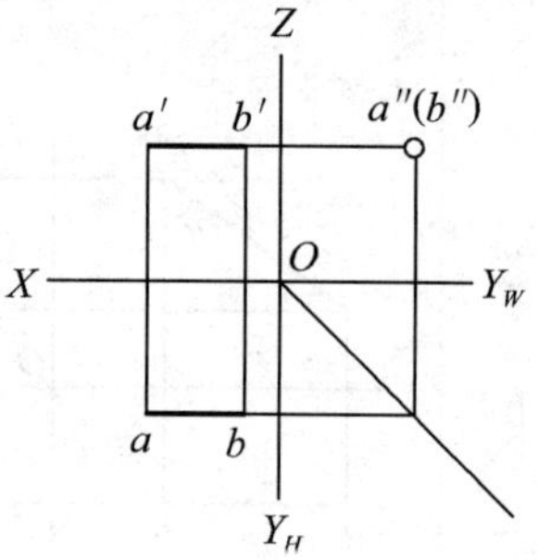
投影特性	1. $a'b'$积聚为一点 2. $ab \perp OX$，$a''b'' \perp OZ$，两投影反映实长 3. $\beta=90°$；$\alpha=\gamma=0°$	1. ab积聚为一点 2. $a'b' \perp OX$，$a''b'' \perp OY_W$，两投影反映实长 3. $\alpha=90°$；$\beta=\gamma=0°$	1. $a''b''$积聚为一点 2. $ab \perp OY_H$，$a'b' \perp OZ$，两投影反映实长 3. $\gamma=90°$；$\alpha=\beta=0°$

由表 2-2 中可概括出投影面垂直线的投影特性：

(1)直线在所垂直的投影面上的投影积聚成一点，它与该投影面的夹角为 90°，与另两个投影面的夹角为 0°。

(2)直线在另外两个投影面上的投影垂直于相应的投影轴（所垂直投影面上的坐标轴），且反映实长。

投影面的平行线和投影面的垂直线又称为特殊位置直线。

二、直线上的点

1. 从属性

点在直线上，则该点的各面投影必在该直线的同一面投影上；反之亦然。图 2-13 中，点 K 在直线 AB 上，则 k 在 ab 上，k'在 $a'b'$上，k''在 $a''b''$上。直线 AB 上点 K 的投影也符合点的投影规律。

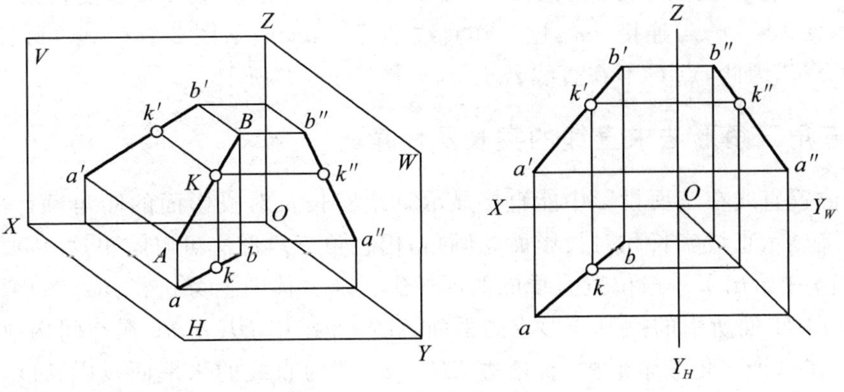

图 2-13　直线上点的投影

2. 定比性

直线上的点把直线分成两段线段，这两段线段之比等于点的各面投影分割线段的同面投影之比。图 2-13 中，$AK : KB = ak : kb = a'k' : k'b' = a''k'' : k''b''$。

【例题 2-1】 如图 2-14(a)所示，判断点 C 是否在侧平线 AB 上。

解法 1：作出点 C 和直线 AB 的侧面投影 c'' 和 $a''b''$，由作图得 c'' 不在 $a''b''$ 上[见图 2-14(b)]，所以点 C 不在直线 AB 上。

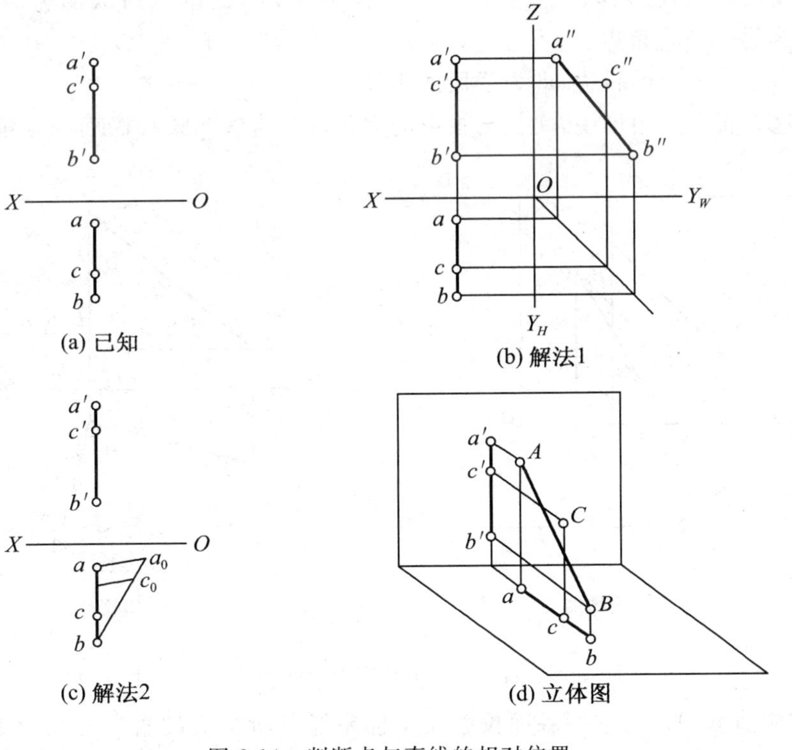

图 2-14　判断点与直线的相对位置

解法 2：根据直线上点分割线段的定比性，过 b 作任意直线段 ba_0，使线段 $ba_0=b'a'$，并取点 c_0，使 $bc_0=b'c'$，连接 aa_0，过 c_0 作直线平行于 aa_0。从图 2-14(c)中可以看出，$ac:cb\neq a'c':c'b'$，因此，点 C 不在直线 AB 上，如图 2-14(d)所示。

三、直角三角形法求直线的实长及倾角

特殊位置直线在三面投影中能直接显示直线实长及对投影面的倾角，而一般位置直线不能直接显示直线实长和对投影面的倾角，用直角三角形法可以解决这一问题。

图 2-15 中给出了一般位置直线的两面投影。从立体图上分析得知：在过直线 AB 上的点 A、B 向 H 面所引的投射线形成的平面 $ABba$ 内，作 $BK\parallel ab$，在空间构成直角三角形 ABK。在这个直角三角形中，直角边 $BK=ab$，即为直线的水平面投影长度，另一直角边 $AK=Aa-Ka=\Delta Z$，即为 AB 两端点的 Z 坐标差，斜边为 AB，即为实长。AB 与 BK 之间的夹角 $\angle ABK=\alpha$，即直线 AB 对 H 面的倾角。这种求实长和倾角的方法称为直角三角形法。

图 2-15(b)是用直角三角形法求实长和倾角的作图方法。按照这一方法，也可以以 $a'b'$ 或 $a''b''$ 为一直角边，两端点与 V 面或 W 面的距离差为另一直角边，从而作出 AB 的实长及其对 V 面的倾角 β 或对 W 面的倾角 γ。求直线实长及对某一投影面倾角的作图步骤如下：

(1)将线段某一投影(如水平投影)的长度作为一条直角边。

(2)将线段某一投影(如水平投影——坐标为 X,Y)两端点所缺的另一维的坐标差(如 ΔZ)作为另一条直角边。

(3)作直角三角形的斜边，即为线段的实长。

(4)在这个直角三角形中，实长与投影的夹角即为直线与该投影面的倾角。

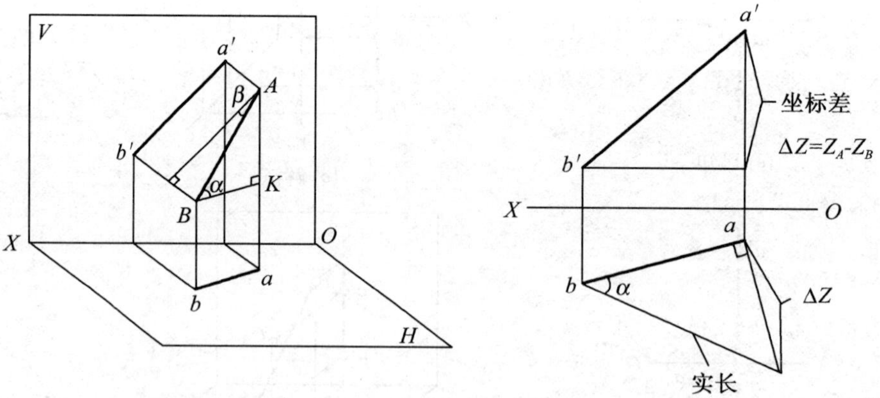

(a) 立体图　　(b) 投影图

图 2-15　直角三角形法求直线的实长和倾角

一般位置直线 AB 与它的各面投影及坐标差线段所构成的直角三角形中，直角边和斜边的关系见表 2-3。

表 2-3　　**线段 AB 的各种直角三角形边、角构成**

倾角	直角边		斜边（实长）	示意图
	倾角邻边	倾角对边		
α	水平面投影 ab	Z 坐标差 ΔZ_{AB}	实长 AB	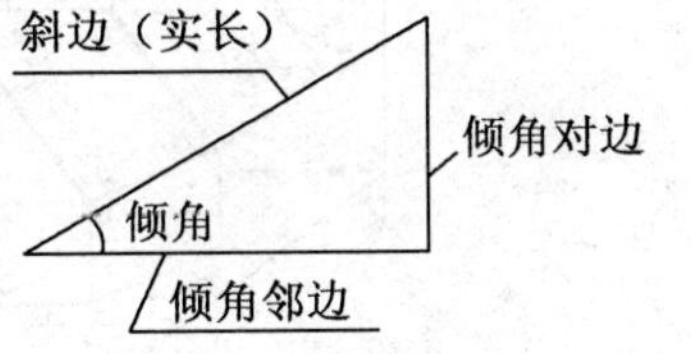
β	正面投影 $a'b'$	Y 坐标差 ΔY_{AB}	实长 AB	
γ	侧面投影 $a''b''$	X 坐标差 ΔX_{AB}	实长 AB	

表 2-3 列出的各直角三角形的四个元素中，若已知任意两个，则均可求出其他两个元素。

【例题 2-2】　如图 2-16(a)所示，已知线段 AB 的水平投影 ab 和点 A 的正面投影 a'，并已知 $\alpha=30°$，完成 AB 的正面投影 $a'b'$。

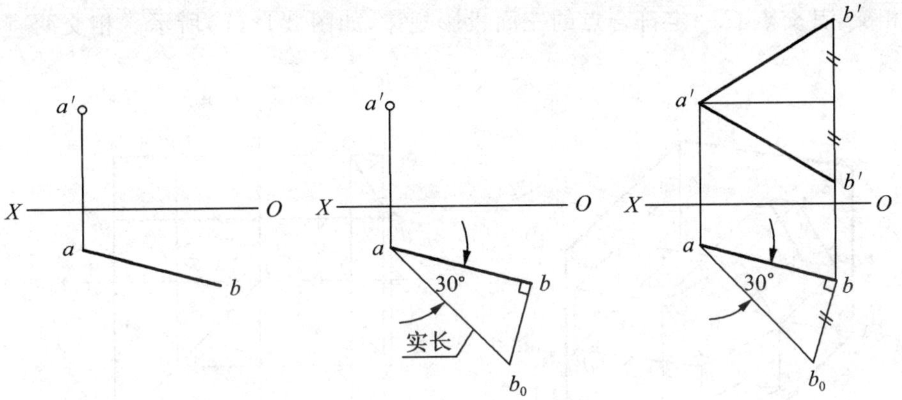

(a)　　(b)　　(c)

图 2-16　求直线 AB 的正面投影

分析：根据表 2-3，已知水平投影 ab 及 α 角，可直接作出直角三角形 abb_0［见图 2-16(b)］，bb_0 即为点 A、B 的 Z 坐标差 ΔZ_{AB}，因为 Z_A 和 Z_B 的大小未知，故本题有两个解［见图 2-16(c)］。

四、两直线的相对位置

空间两直线的相对位置有三种：平行、相交、交叉（既不平行也不相交）。

1. 平行两直线

若两直线 AB 和 CD 在空间互相平行，如图 2-17(a)所示，则它们在 V、H、W 投影面上的投影也分别相互平行，即 $a'b' /\!/ c'd'$，$ab /\!/ cd$，$a''b'' /\!/ c''d''$，如图 2-17(b)所示。反之，若两直线的三面投影都互相平行，则此两直线在空间必定互相平行。平行两直线是共面的直线。

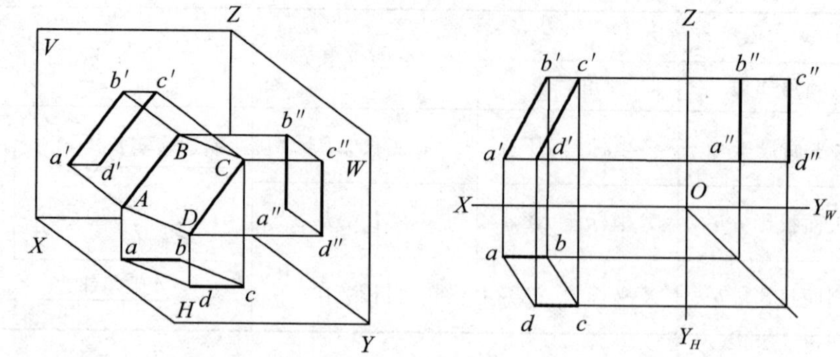

(a) 立体图　　(b) 投影图

图 2-17　空间平行两直线的三面投影

2. 相交两直线

若两直线 AC 和 CD 在空间相交，如图 2-18(a)所示，则它们在 V、H、W 投影面上的投影也相交，其交点 C 一定符合点的三面投影规律，如图 2-18(b)所示。相交两直线是共面的直线。

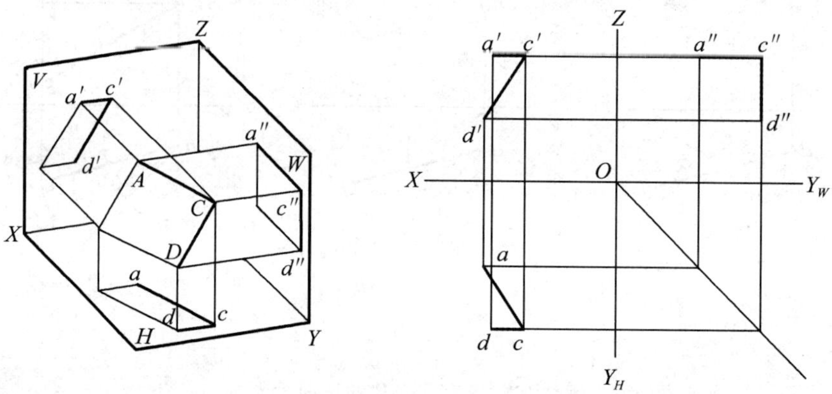

(a) 立体图　　(b) 投影图

图 2-18　空间相交两直线的三面投影

3. 交叉两直线

若两直线在空间既不平行也不相交则为交叉直线。交叉直线是异面直线，如图 2-19(a)所示。交叉两直线的同面投影或其延长线大多表现“相交”关系，但这些同面投影的“交点”不符合点的投影规律。这个所谓的“交点”，实际上是一对重影点。要判断重影点的可见性，关键是找出这两点不重影的投影，距离投影面坐标大的点是可见的，反之不可见。在图 2-19(b)中，W 面投影中的 c'' 与 e'' 是一对重影点，由于 $X_C > X_E$，所以点 C 在左(可见)，点 E 在右(不可见)。

利用重影点可以判断交叉直线在空间的上、下、左、右、前、后的相对位置。在图 2-19(c)中，直线 AB 与 CD 是交叉两直线，设点 E 在直线 AB 上，点 F 在直线 CD 上，E、F 两点在

V 面的投影重合，从它们不重合的 H 面投影可知，$Y_E > Y_F$，即点 E 在前，点 F 在后（其 V 面投影不可见）。点 G 和点 K 在 H 面投影的可见性分析与 E、F 两点相同，读者可自行分析。

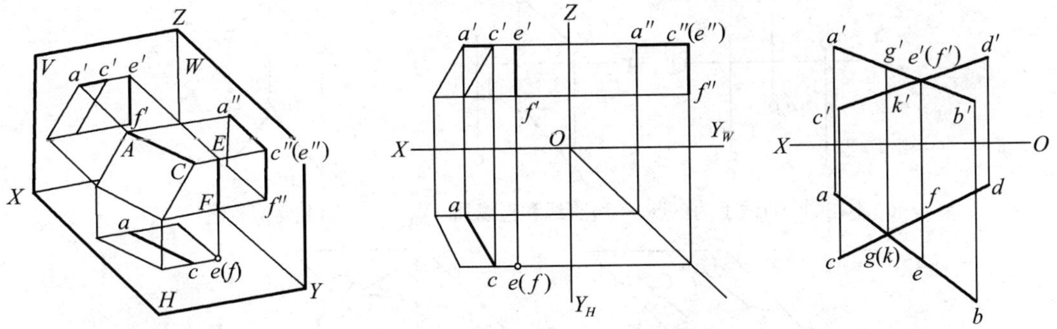

(a) 立体图　　(b) 投影图（可见性判断）　　(c)

图 2-19　空间交叉两直线

【例题 2-3】　判断一般位置直线 AB 和侧平线 CD[见图 2-20(a)]是否相交。

分析与解：利用直线上点分割线段定比性的方法进行判断，如图 2-20(b)所示。若点 K 是两直线的共有点（假设两直线相交），即 K 也是线段 CD 上的点，则 $ck : kd = c'k' : k'd'$。由作图知 $ck : kd \neq c'k' : k'd'$（图中 $cD_0 = c'd'$，$cK_0 = c'k'$），可见，点 K 不在线段 CD 上，因此，直线 AB 和 CD 是交叉两直线。

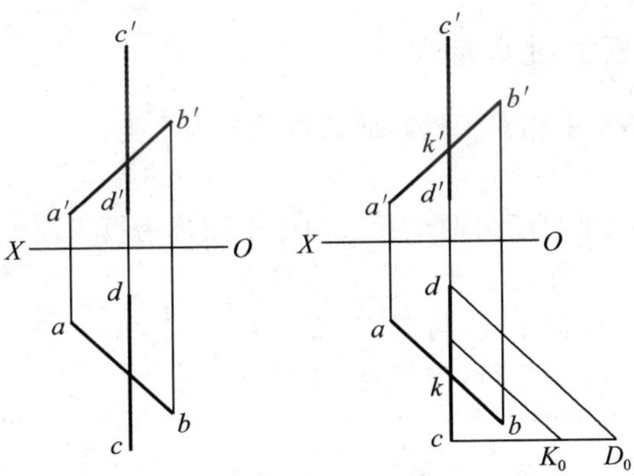

(a)　　(b)

图 2-20　判断两直线的相对位置

第四节　平面的投影

本节研究的平面，均指平面的有限部分，即平面图形。平面通常用确定该平面的点、直线或平面图形等几何元素表示。图 2-21 所示为平面的表示方法。

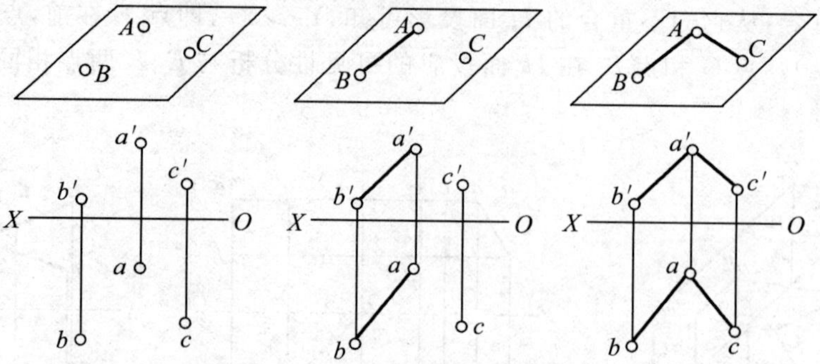

(a) 不在同一直线上的三点　(b) 直线和直线外一点　(c) 相交两直线

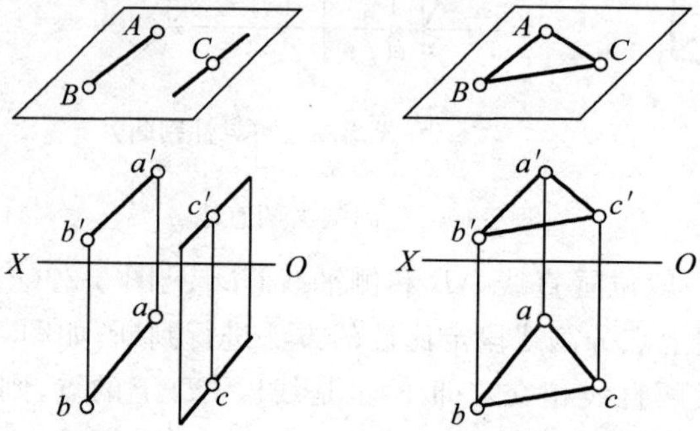

(d) 平面两直线　(e) 任意平面图形（三角形等）

图 2-21　平面的表示方法

一、各种位置平面的投影特性

平面在三投影面体系中相对于投影面的位置分为三类：

1. 投影面平行面

平行于一个投影面、垂直于另两个投影面的平面称为投影面平行面(见表 2-4)。

(1)正平面：平面与 V 面平行，与 H、W 面垂直。

(2)水平面：平面与 H 面平行，与 V、W 面垂直。

(3)侧平面：平面与 W 面平行，与 V、H 面垂直。

投影面平行面的投影特性：

(1)平面在所平行的投影面上的投影反映实形。

(2)平面在另两个投影面上的投影积聚为直线且平行于相应的轴(所平行投影面上的坐标轴)。

表 2-4　　**投影面平行面**

名称	正平面(∥V⊥H⊥W)	水平面(∥H⊥V⊥W)	侧平面(∥W⊥V⊥H)
立体图	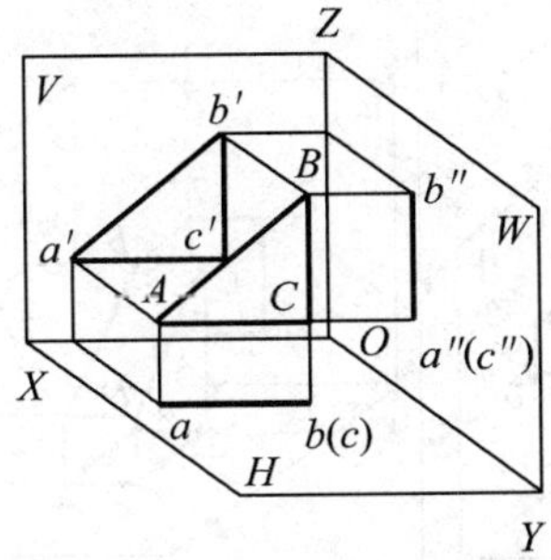	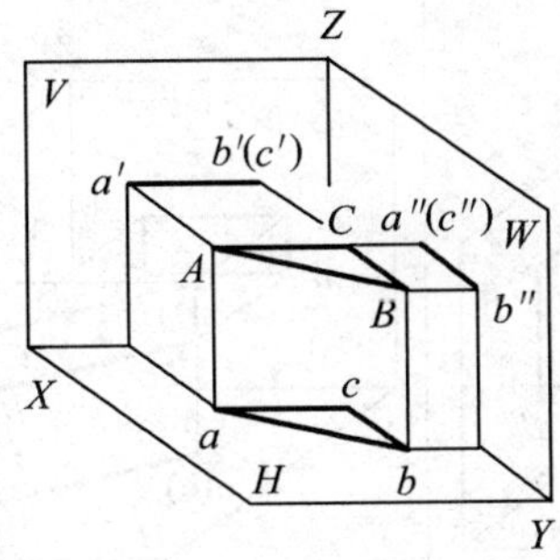	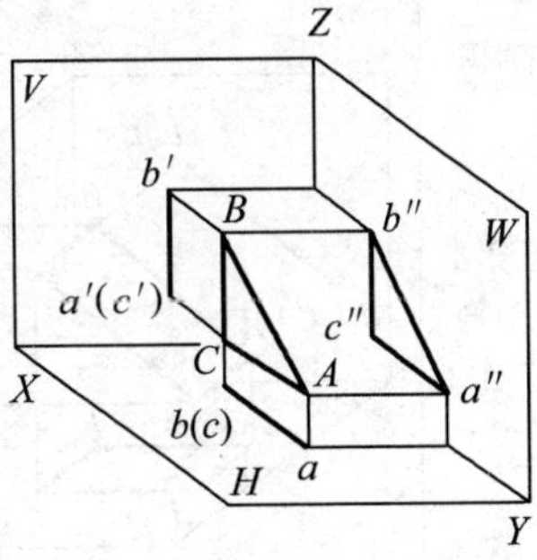
投影图	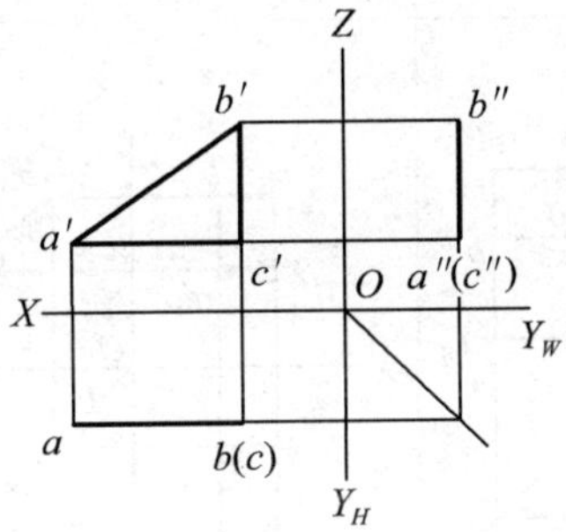	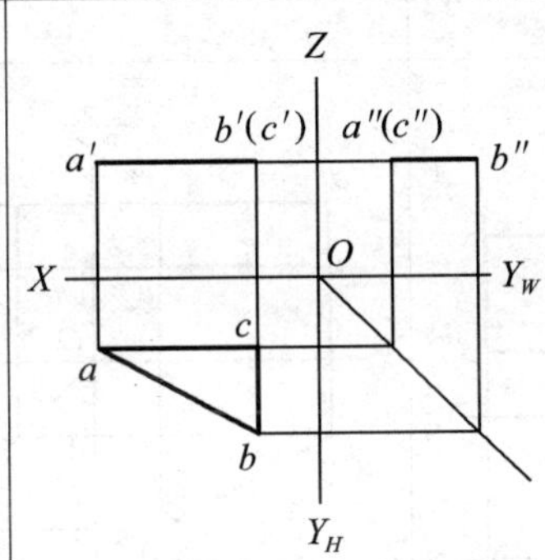	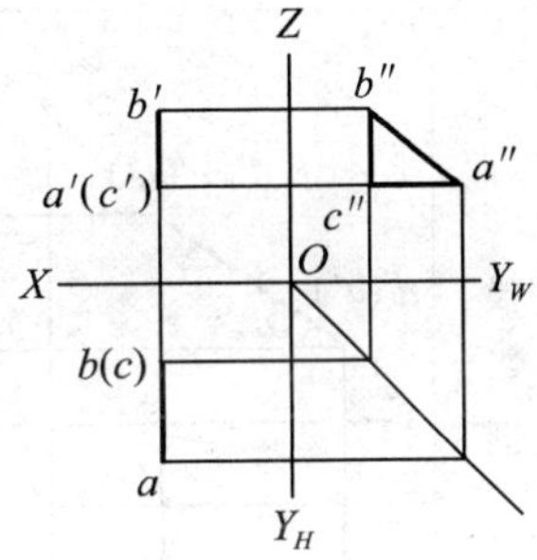
投影特性	1. V 面投影反映实形 2. H 面、W 面投影积聚成直线,且分别平行于 OX 轴和 OZ 轴	1. H 面投影反映实形 2. V 面、W 面投影积聚成直线,且分别平行于 OX 轴和 OY_W 轴	1. W 面投影反映实形 2. V 面、H 面投影积聚成直线,且分别平行于 OZ 轴和 OY_H 轴

2. 投影面垂直面

垂直于一个投影面、倾斜于另两个投影面的平面称为投影面垂直面(见表 2-5)。

(1)正垂面:平面与 V 面垂直,与 H、W 面倾斜。

(2)铅垂面:平面与 H 面垂直,与 V、W 面倾斜。

(3)侧垂面:平面与 W 面垂直,与 V、H 面倾斜。

投影面垂直面的投影特性:

(1)平面在所垂直的投影面上的投影积聚为一直线,且与该投影面上坐标轴的夹角反映其与另两投影面的倾角。

(2)平面的另外两面投影为小于实形的类似形。

投影面的平行面和投影面的垂直面也称为特殊位置平面。

表 2-5　　**投影面垂直面**

名称	正垂面($\perp V \angle H \angle W$)	铅垂面($\perp H \angle V \angle W$)	侧垂面($\perp W \angle V \angle H$)
立体图	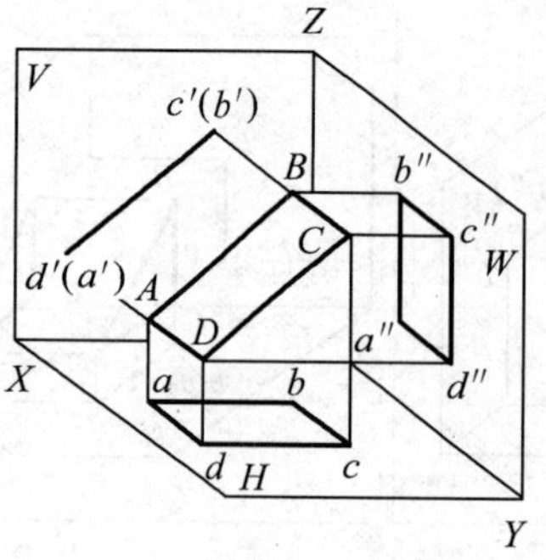	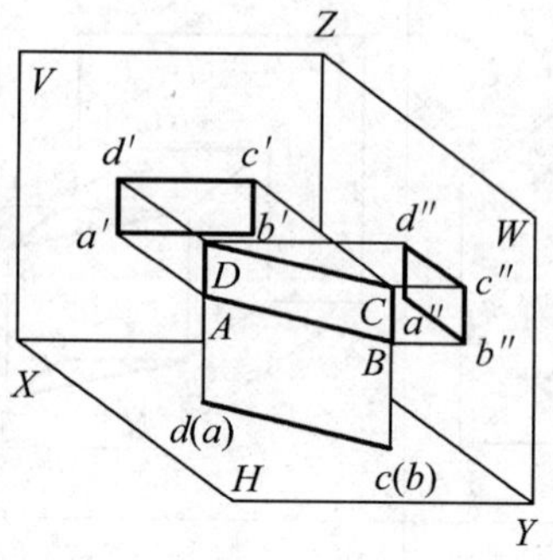	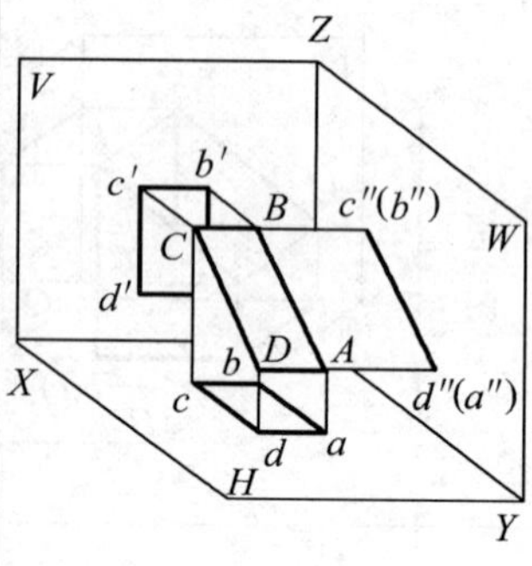
投影图	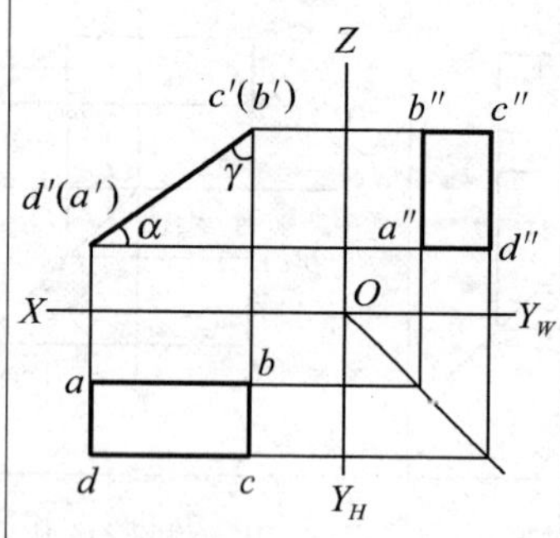	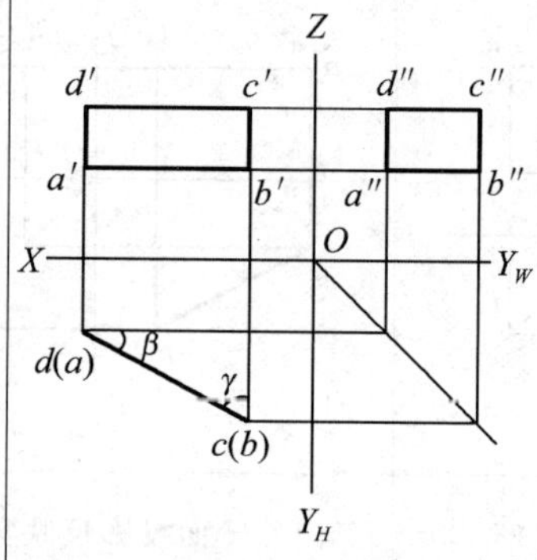	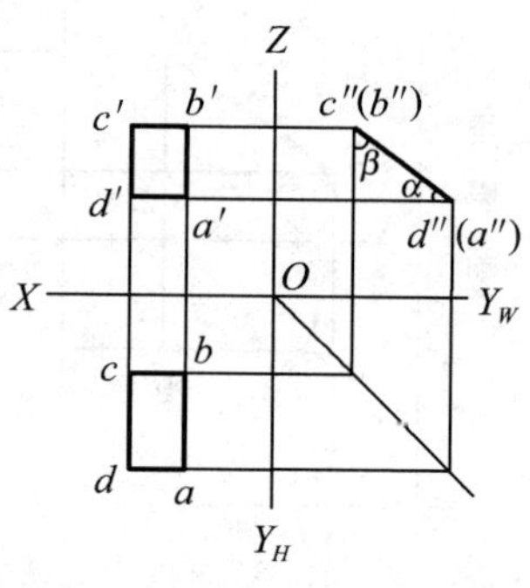
投影特性	1. V 面投影积聚成一条与 OX、OZ 轴倾斜的直线，且反映 α、γ 角的实际大小，$\beta=90°$ 2. H 面、W 面投影均为平面的类似形	1. H 面投影积聚成一条与 OX、OY_H 轴倾斜的直线，且反映 β、γ 角的实际大小，$\alpha=90°$ 2. V 面、W 面投影均为平面的类似形	1. W 面投影积聚成一条与 OZ、OY_W 轴倾斜的直线，且反映 α、β 角的实际大小，$\gamma=90°$ 2. V 面、H 面投影均为平面的类似形

3. 一般位置平面

与三个投影面都倾斜的平面称为一般位置平面(见表 2-6)。

一般位置平面的投影特性：

(1)三面投影为原平面图形的类似形，面积缩小。

(2)平面的三面投影都不能直接反映平面对投影面的真实倾角。

表 2-6　　一般位置平面

立体图	投影图
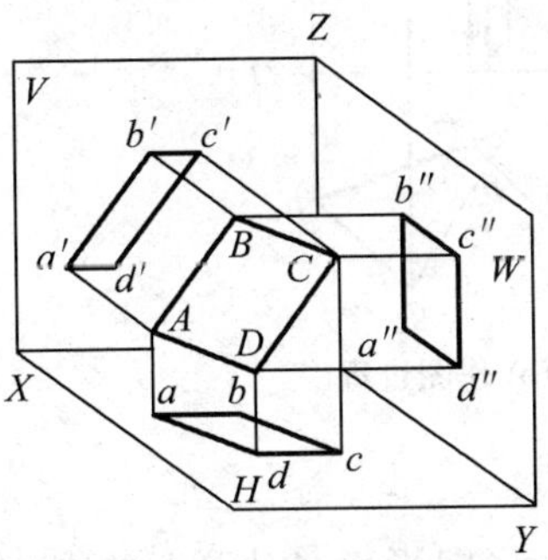	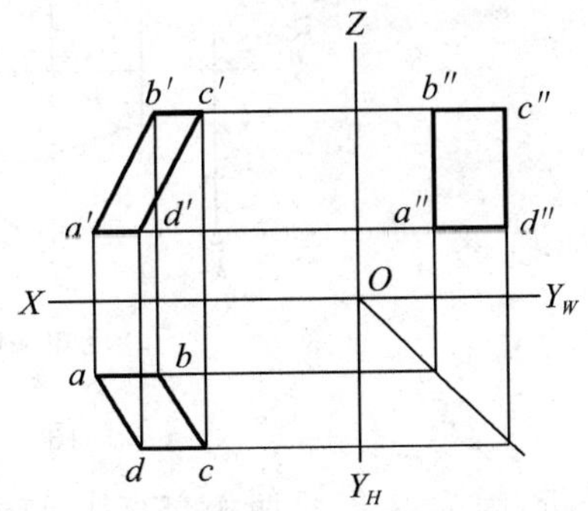

二、平面上的点和直线

点和直线在平面上的几何条件：

1. 点在平面上，则该点必定在这个平面内的一条直线上。

2. 直线在平面上，则该直线必定通过这个平面上的两个点；或者通过这个平面上的一个点，且平行于这个平面上的另一条直线。

【例题 2-4】 如图 2-22(a)所示，已知三角形 ABC 平面上点 D 的 V 面投影，求其 H 面投影。

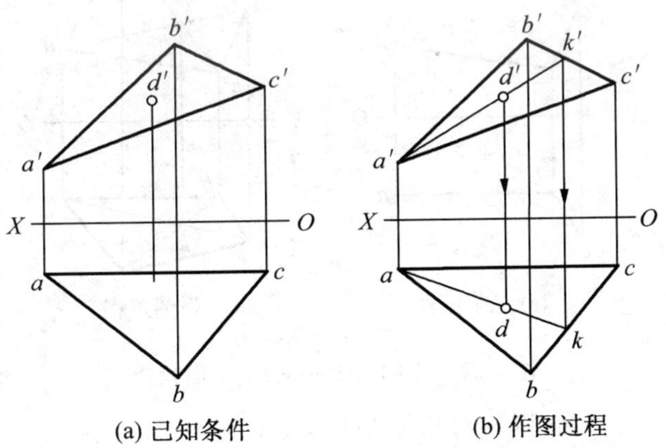

(a) 已知条件　　(b) 作图过程

图 2-22　求平面上的点

分析：因点 D 在平面△ABC 上，所以点 D 一定通过△ABC 平面上的一条直线。在△ABC 平面中过点 D 作辅助直线 AK，D 在 AK 上，所以 d' 在 $a'k'$ 上，d 也在 ak 上。

【例题 2-5】 如图 2-23(a)所示，点 K 是两相交直线 AB、BC 组成的平面上的点，已知点 K 在 H 面上的投影 k，求 k'。

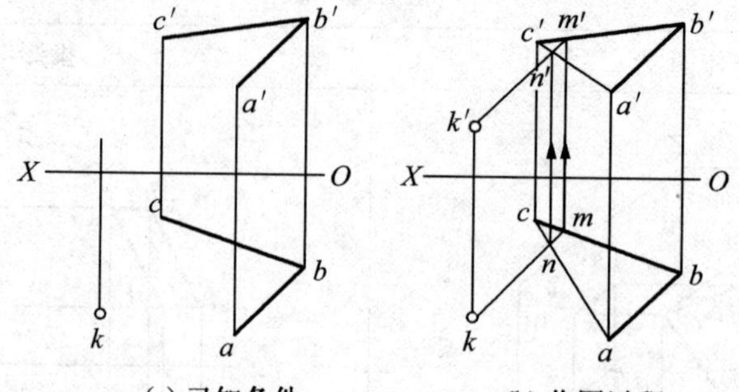

(a) 已知条件　　(b) 作图过程

图 2-23　求平面上的点

分析：因为点 K 是两相交直线 AB、BC 组成的平面（即平面 ABC）上的点，所以点 K 属于平面 ABC 上的一条直线 MN，且 MN 平行于平面 ABC 上的一条直线 AB。

作图步骤：

(1)连接 $a'c'$ 和 ac。

(2)作 km($km /\!/ ab$)交 ac 于 n，作 n 的 V 面投影 n'。

(3)连接 $m'n'$ 并延长。

(4)利用投影关系求出 k'，即为所求，如图 2-23(b)所示。

【例题 2-6】 如图 2-24(a)所示，完成四边形平面在 H 面的投影。

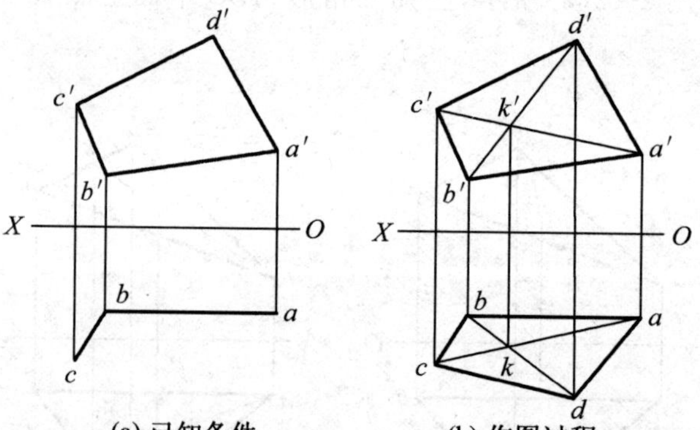

(a) 已知条件　　(b) 作图过程

图 2-24　求四边形平面的 H 面投影

分析：若 $ABCD$ 是平面，则两对角线必相交。

作图步骤：

(1)连接 $a'c'$、$b'd'$，得交点 k'。

(2)连接 ac，在 ac 上求出 k。

(3)连接 bk 并延长。

(4)利用投影关系求出 d，连接 cd、ad，即为所求，如图 2-24(b)所示。

三、直线与平面、平面与平面平行

直线与平面以及平面与平面之间的相对位置关系有平行、相交。这里主要介绍直线与平面以及平面与平面之间的平行情况。

1. 直线与平面平行

平面外一直线与这个平面相平行的几何条件是：该直线平行于平面上的一条直线。

2. 平面与平面平行

两平面互相平行的几何条件是：一个平面上的两相交直线，分别平行于另一平面上的两相交直线。

【例题 2-7】 已知△ABC和点M的投影[见图 2-25(a)]，过点M作一正平线MN平行于△ABC。

分析：若直线MN与△ABC内的一条直线平行，则直线MN//△ABC。又因MN为一正平线，因此与MN平行的线也必为正平线。

作图步骤：

(1)先在△ABC中过点A取一正平线AE。过a作ae//OX轴，根据投影规律求出$a'e'$。

(2)过点m作mn//ae，过点m'作$m'n'$//$a'e'$。

(3)直线MN即为所求正平线，如图 2-25(b)所示。

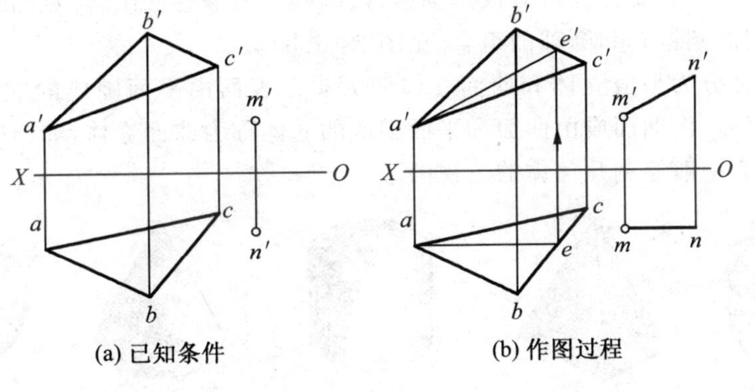

图 2-25　过点作正平线与已知平面平行

【例题 2-8】 已知△BCD和点A的投影[见图 2-26(a)]，过点A作一平面平行于△BCD。

分析：只要过点A作两条直线分别平行于△BCD中相交的两条直线即可。

作图过程[见图 2-26(b)]：作直线AM//BC，AN//CD(或BD均可)。过a作am//bc，an//cd，过a'作$a'm'$//$b'c'$，$a'n'$//$c'd'$。则平面AMN//△BCD，amn、$a'm'n'$即为平面AMN的两面投影，直线AM、AN长度可任意。

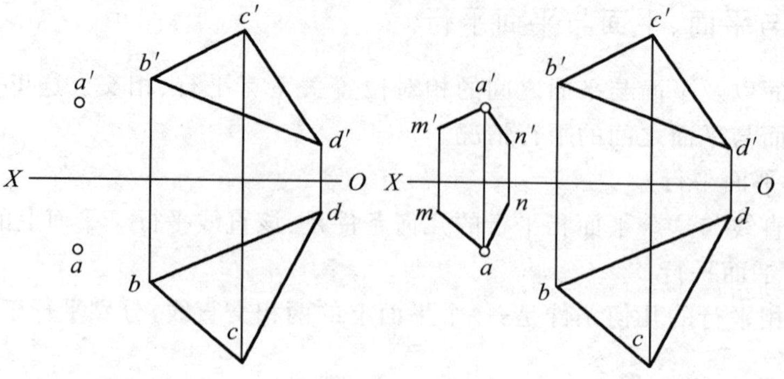

(a) 已知条件　　　　(b) 作图过程

图 2-26　过点作平面与已知平面平行

第五节　基本几何体的投影

工程中的机件,一般可以看成是由一些简单的基本几何体(见图 2-27)按照一定的方式组合而成的。例如,螺栓坯可看成是圆锥台、圆柱和六棱柱的组合[见图 2-28(a)],手柄可以看成是圆柱、圆锥台和圆球的组合[见图 2-28(b)]。

基本几何体分为平面立体和曲面立体两大类。表面由平面围成的立体称为平面立体,如棱柱、棱锥。由曲面或由曲面和平面围成的立体称为曲面立体,如圆柱、圆锥、圆球。

几何体投影一般绘制几何体的三视图。

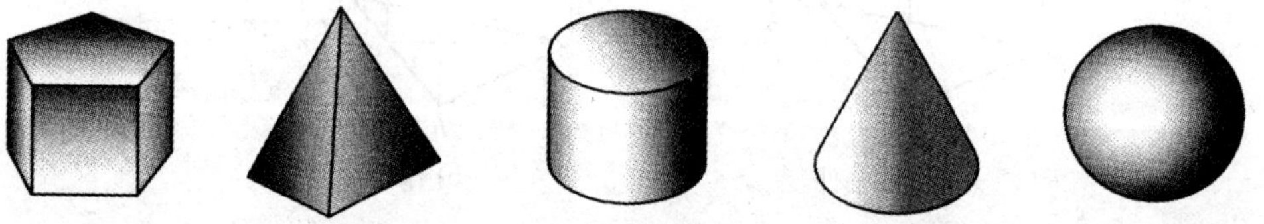

(a) 正五棱柱　(b) 正四棱柱　(c) 圆柱　(d) 圆锥　(e) 圆球

图 2-27　基本几何体

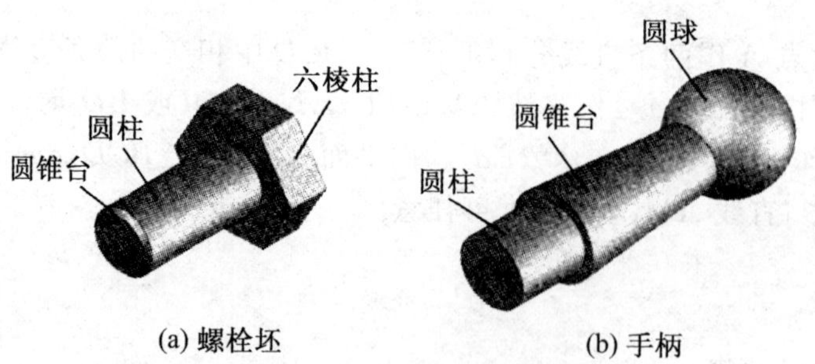

(a) 螺栓坯　　　　(b) 手柄

图 2-28　螺栓坯、手柄的组成

一、平面立体

平面立体由若干多边形所围成，因此绘制平面立体的投影，可归结为绘制它的所有多边形表面的投影，也就是绘制这些多边形的边和顶点的投影。多边形的边是平面立体的轮廓线，分别是平面立体的每两个多边形表面的交线。当轮廓线的投影为可见时，画粗实线；不可见时，画虚线；当粗实线和虚线重合时，应画粗实线。

1. 棱柱

(1)棱柱的组成和投影分析。棱柱由互相平行的上、下两底面和与底面垂直的若干个棱面围成。棱面与棱面的交线称为棱。根据底面形状，常见的棱柱有三棱柱、四棱柱、五棱柱、六棱柱等。在三投影面体系中，棱柱一般按如下位置放置后投影：上、下底面为投影面平行面，其他棱面为投影面垂直面或投影面平行面。

图 2-29 是一个正六棱柱的立体图和投影图。本书从这里开始，在立体的三视图中都不再画投影轴，且一般绘制 45°辅助线作图。按照各顶点的正面投影和水平面投影位于竖直的投影连线上，正面投影与侧面投影位于水平的投影连线上，以及水平面投影和侧面投影通过 45°斜线后保持前后方向宽度相等和前后对应的三个原则绘图，即三视图的“三等”关系：主视图、俯视图长对正；主视图、左视图高平齐；俯视图、左视图宽相等。在实际应用中投影轴也是不画的。

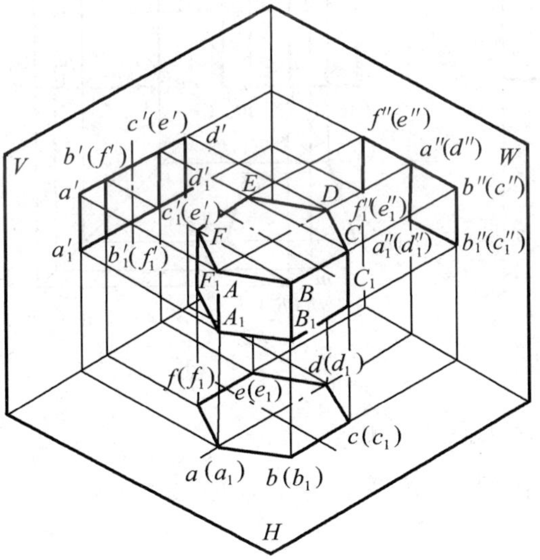

(a)立体图

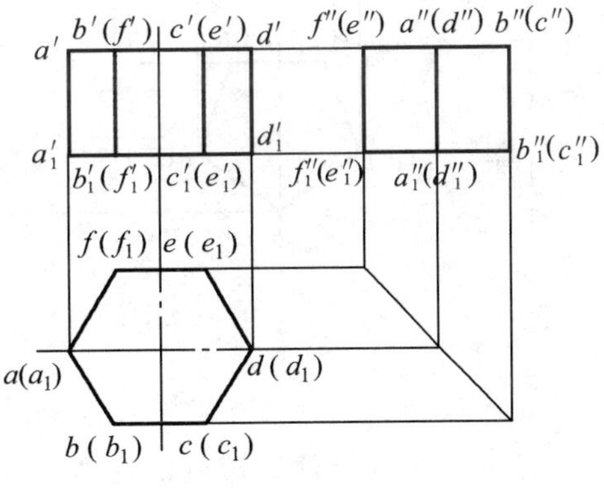

(b)投影图

图 2-29　六棱柱

(2)棱柱表面上的点。棱柱的某些表面在某个投影面上具有积聚性，棱柱表面上点的投影可利用表面的积聚性来作图。在图 2-30 所示的五棱柱中，已知点 M 的正面投影 m'，求 m 及 m''。因为 m' 可见，故 m' 在矩形 $a'a_1'b_1'b'$ 中，即点 M 在五棱柱的铅垂面 AA_1B_1B 上。利用该面在 H 面上投影的积聚性，可求出点 M 的 H 面投影 m。再利用投影规律，求出该点的侧面投影 m''。可见性的分析：因为点 M 在棱柱的前、左表面，故点 M 在三面投影上均可见。

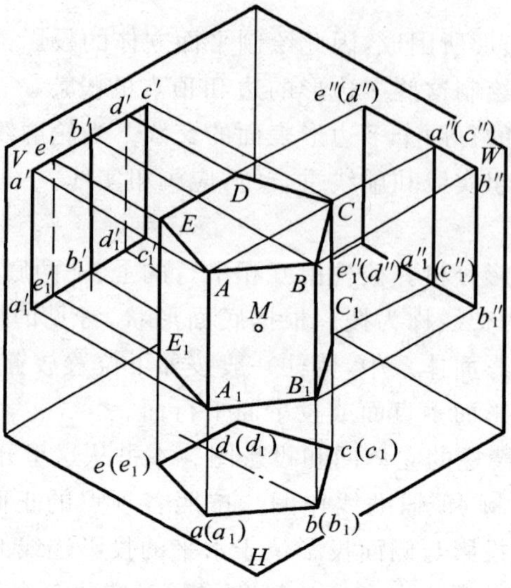

(a)

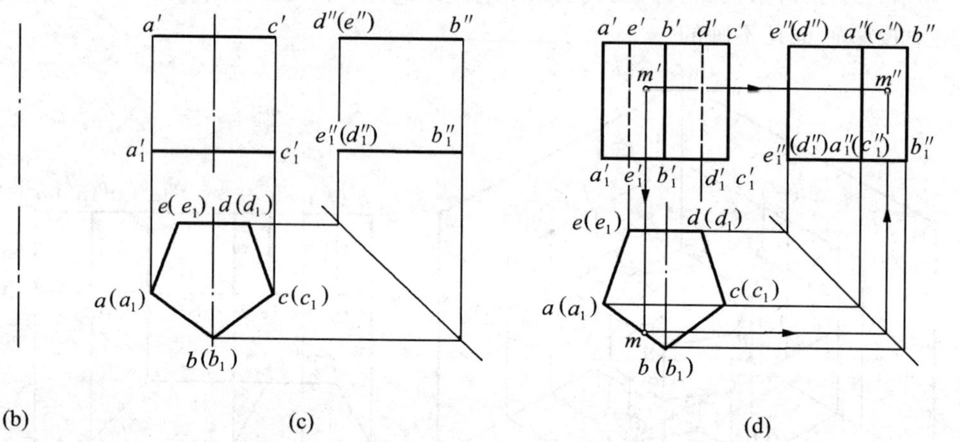

(b) (c) (d)

图 2-30 正五棱柱的绘图步骤

(3)棱柱的尺寸标注。棱柱的完整尺寸包括长、宽、高三个方向的尺寸。底面尺寸尽量标注在反映实形的视图上,如图 2-31 所示。

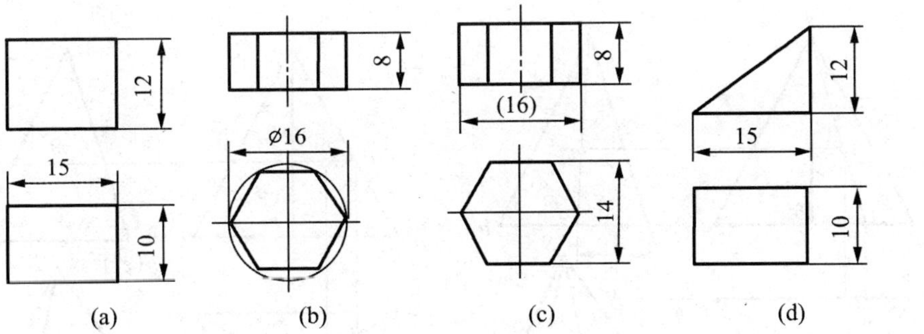

图 2-31　棱柱的尺寸标注

2. 棱锥

(1)棱锥的组成和投影分析。棱锥是由一个底面和若干个棱面围成且所有棱线交于顶点的立体。棱锥的底面为多边形,侧面为三角形,如图 2-32(a)所示。

图 2-32(b)中,三棱锥的底面为水平面,在 H 面的投影为具有真实性的三角形,V 面和 W 面的投影积聚为一条水平直线。$\triangle SAC$ 为侧垂面,在 W 面的投影积聚为一条直线,H 面和 V 面的投影具有类似性;$\triangle SAB$ 与 $\triangle SBC$ 是一般位置平面,它们的三面投影均为缩小的三角形。

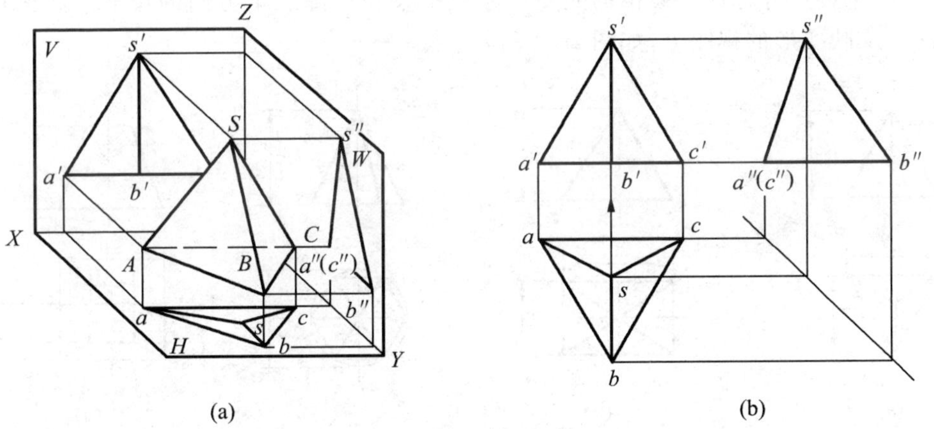

图 2-32　正三棱锥

(2)棱锥表面上的点。当所求点位于棱锥底面或具有积聚性的侧面上时,可利用积聚性求出。但一般棱面不具有积聚性,这时需作辅助线求点。辅助线求点常用的方法有连线法和平行线法(见图 2-33),其作法是:直线上点的投影在直线的投影上,作一条过所求点且易求的辅助直线,求出该直线的投影,进而求出点的投影。

①连线法。过顶点 S 与所求点 M 连线,延长交底边 AB 于 D,SD 为辅助线。作出 SD 在 V、H、W 面上的投影,再利用点 M 的投影关系,即可求出点 M 在棱锥 SAB 平面 SD 直线上的三面投影,如图 2-33(a)所示。

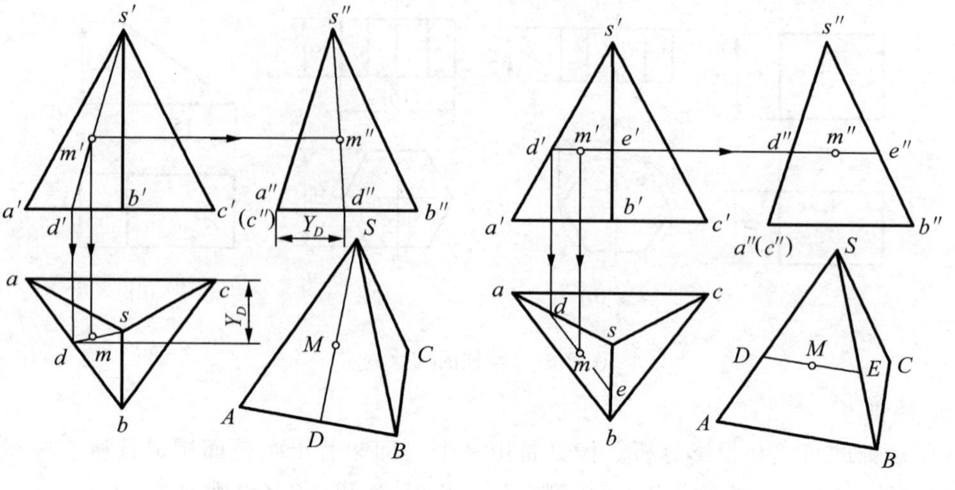

图 2-33 棱锥表面求点

②平行线法。平行辅助线是过所求点 M 作底边 AB 的平行线交棱 SA、SB 于点 D、E，DE 为辅助线。点 M 的三面投影求法同上，如图 2-33(b)所示。

(3)棱锥的尺寸标注。棱锥的完整尺寸包括长、宽、高三个方向的尺寸。底面尺寸尽量标注在反映实形的视图上，如图 2-34 所示。

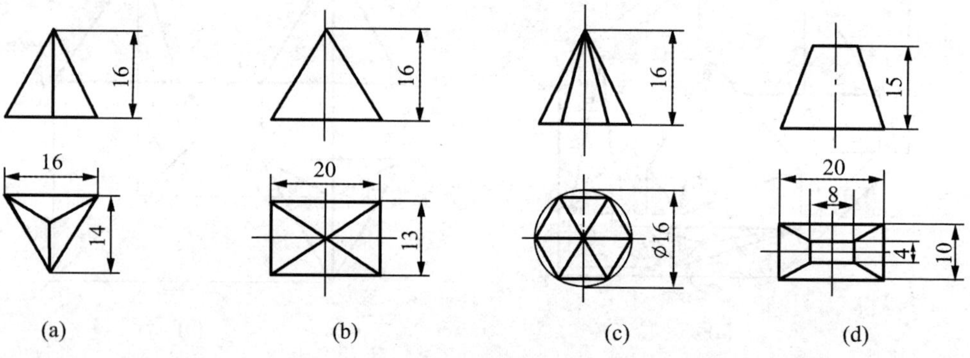

图 2-34 棱锥的尺寸标注

二、曲面立体

机件中常见的曲面立体是回转体。一动线(直线或曲线)绕一定直线旋转而成的面，称为回转面。定直线称为回转轴，动线称为母线。母线处于回转面上任意位置时，称为素线。母线上任意一点的旋转轨迹都是圆，称为纬圆。由回转面或回转面与平面围成的立体，称为回转体。

常见的回转体有圆柱、圆锥、圆球等。

1. 圆柱

(1)圆柱的形成及三视图。动直线 SS_1 绕与之平行的轴线 OO_1 旋转而成的回转面称为圆柱面,如图 2-35(a)所示。圆柱由圆柱面及上、下两底面(平面)围成。

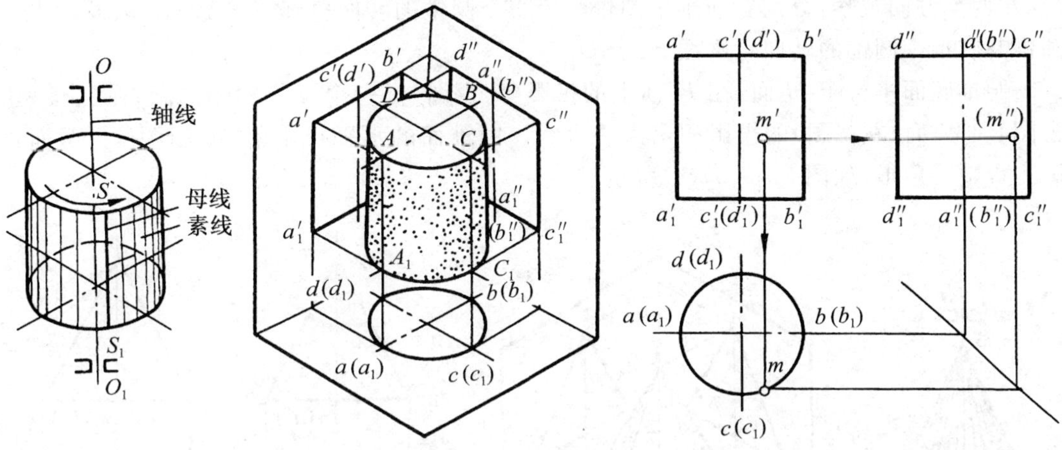

(a) (b) (c)

图 2-35 圆柱的形成及三视图

在圆柱面上,有四条特殊的素线,AA_1、BB_1、CC_1、DD_1 分别处于圆柱面的最左、最右、最前、最后处,如图 2-35(b)所示。沿主视方向看过去,AA_1、BB_1 是可见的前半圆柱与不可见的后半圆柱的分界线(转向轮廓线)。在左视方向上,CC_1、DD_1 是可见的左半圆柱与不可见的右半圆柱的分界线(转向轮廓线)。

绘制圆柱的三视图时,圆柱轴线垂直于 H 面放置,两底面处于水平位置。H 面投影(俯视图)是一个圆,反映上、下两底面的实形,而圆周又是圆柱面的积聚性投影。V 面投影(主视图)为一矩形,矩形的上、下两条边是圆柱上、下底面的积聚性投影;矩形的左、右两条边是圆柱面转向轮廓线 AA_1、BB_1 的投影。同理,W 面投影(左视图)是与 V 面形状、大小相同的矩形。圆柱三视图的画法如图 2-35(c)所示。

(2)圆柱表面上的点。圆柱体表面的投影在某一投影面上具有积聚性,因此,圆柱表面上点的投影可利用积聚性求出。

在图 2-35(c)中,已知点 M 的 V 面投影 m',求点 M 的另两面投影。因为点 m' 在 V 面可见,所以点 M 在前右半圆柱表面 BCC_1B_1 区域内。H 面的投影积聚在圆上,首先求出点 M 在具有积聚性的 H 面上的投影 m,根据投影关系,求出 W 面投影 m''(不可见)。

(3)圆柱的尺寸标注。圆柱的完整尺寸包括径向尺寸(底面圆直径)和轴向尺寸(圆柱的高)。直径尺寸一般标注在非圆视图上。当把圆柱尺寸集中标注在一个非圆视图上时,这个视图已经能清楚地表达圆柱的形状和大小,如图 2-36 所示。

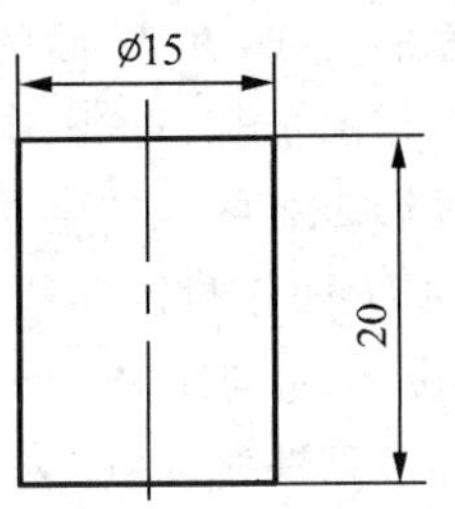

图 2-36 圆柱的尺寸标注

2. 圆锥

(1)圆锥的形成及三视图。直线 SS_1 绕与之倾斜相交的轴线 OO_1 旋转而成的回转面称为圆锥面，如图 2-37(a)所示。圆锥由圆锥面及底面(平面)围成。类似于圆柱，从圆锥前、左两个方向观察，分别有前半个圆锥与后半个圆锥的转向轮廓线 SA、SB，以及左半个圆锥与右半个圆锥的转向轮廓线 SC、SD。

圆锥底面平行于 H 面，在 H 面上的投影(俯视图)是一个反映实形的圆，在 V 面(主视图)和 W 面(左视图)的投影积聚为一直线。圆锥面的水平投影落在圆形内，另两面投影为等腰三角形，如图 2-37(b)(c)所示。

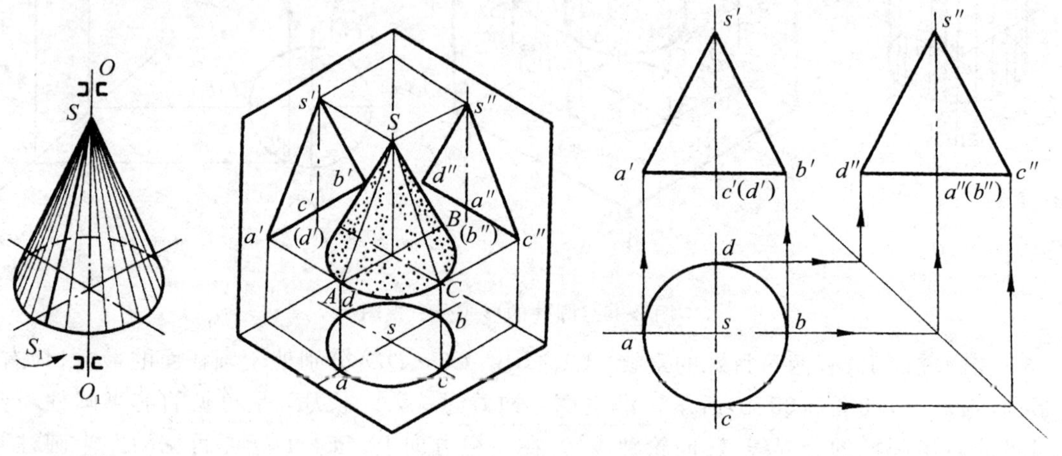

图 2-37　圆锥的形成及三视图

(2)圆锥表面上的点。圆锥面在三个投影面上的投影不具有积聚性，圆锥表面求点需通过作辅助线来完成。常用的辅助线有辅助素线法和辅助纬圆法。

如图 2-38 所示，已知点 M 的 V 面投影 m'，求点 M 在 H、W 面的投影。

①辅助素线法。过锥顶 S 和锥面上点 M 作一辅助素线 SA，求出直线 SA 的三面投影 $s'a'$、sa、$s''a''$，利用投影关系，由 m' 可求出 m、m''，如图 2-38(a)所示。

②辅助纬圆法。过所求点 M 作一水平纬圆，该圆在 V、W 面的投影中积聚为平行于底面的直线，在 H 面的投影为一圆。

作图步骤：过 m' 作直线平行于底圆并交转向轮廓线于点 $1'$、$2'$；作点 $1'$、$2'$ 对应的水平投影 1、2 两点并连接，在 H 面上以 1、2 之间的距离为直径作辅助圆的水平投影；过点 m' 向 H 面作投影连线交辅助圆于点 m(因点 m' 可见，故取与前半圆交点)，根据投影关系，由 m、m' 求出 W 面投影 m''。

可见性判断：因为点 M 在左前方，故点在三面投影中均可见，如图 2-38(b)所示。

注：圆锥面上只有过顶点沿素线方向的两点连线是直线。图 2-38(c)求点的方法是错的。

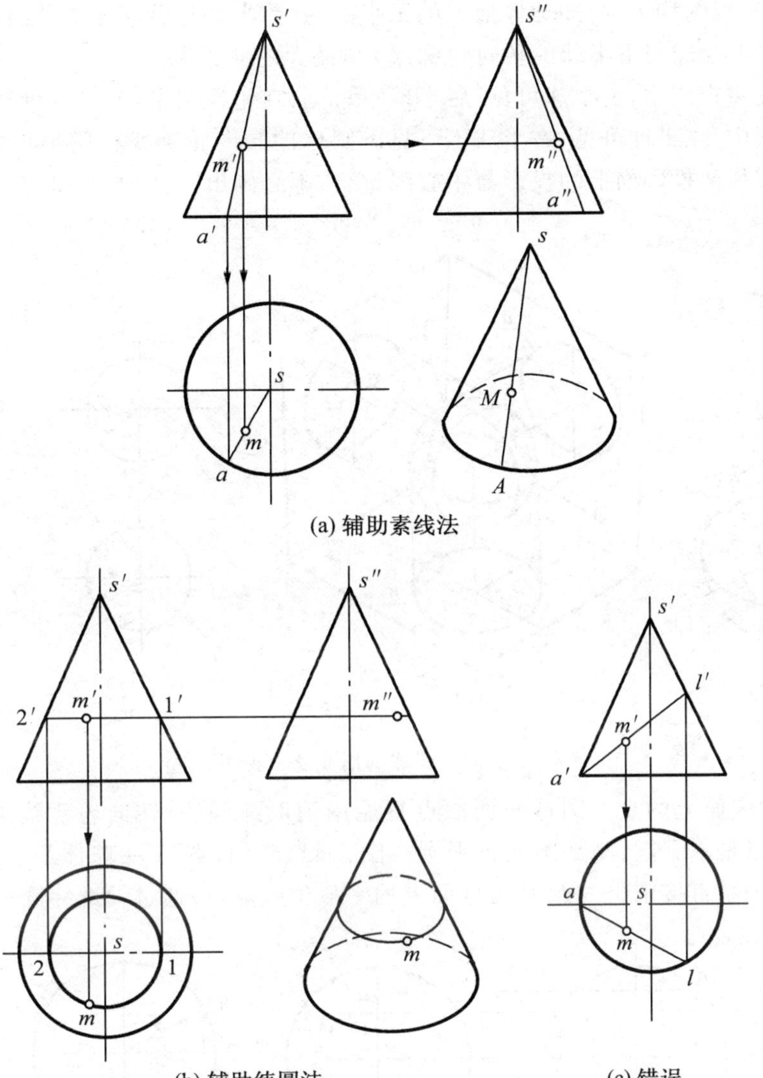

(a) 辅助素线法

(b) 辅助纬圆法

(c) 错误

图 2-38 圆锥表面求点

(3)圆锥的尺寸标注。与圆柱类似，圆锥的完整尺寸包括径向尺寸(底面圆的直径)和轴向尺寸(圆锥的高)。直径尺寸一般标注在非圆视图上。当把圆锥尺寸集中标注在一个非圆视图上时，这个视图已经能清楚地表达圆锥的形状和大小，如图 2-39 所示。

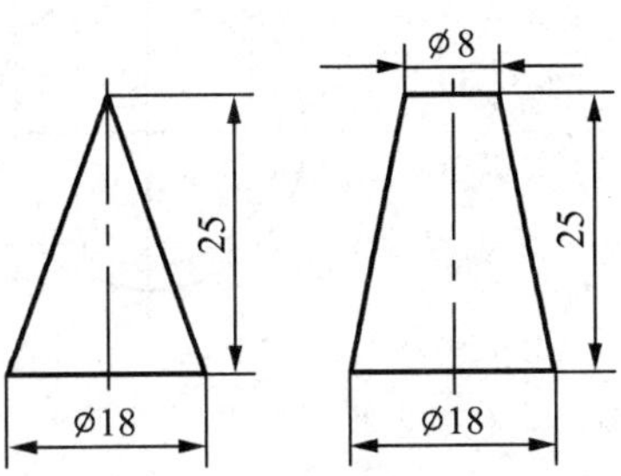

图 2-39 圆锥的尺寸标注

3. 圆球

(1)圆球的形成及三视图。以圆为母线，圆的任一直径为轴线旋转而成的回转面称为球面，如图 2-40(a)所示。圆球由球面围成。

圆球的三视图均为圆，即球体最大的正平圆 A（前半球与后半球的转向轮廓线），最大的水平圆 B（上半球与下半球的转向轮廓线）和最大的侧平圆 C（左半球与右半球的转向轮廓线）。在主视图中，前半球可见，后半球不可见；在俯视图中，上半球可见，下半球不可见；在左视图中，左半球可见，右半球不可见。圆球的转向轮廓线在所平行的投影面上的投影为圆，在另两投影面上的投影与中心线重合，不必画出[见图 2-40(b)(c)]。

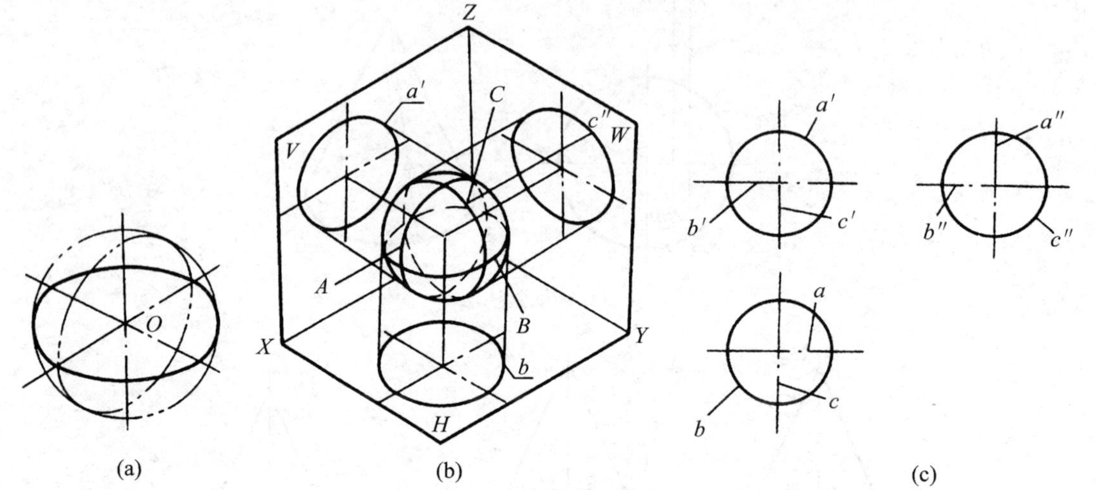

图 2-40　圆球的形成及三视图

(2)圆球表面上的点。圆球表面取点只能用辅助纬圆法(转向轮廓线上的点除外)。辅助纬圆可以是水平圆、侧平圆或正平圆。图 2-41(a)中，点 A 在球体最大的正平圆上，可利用投影关系直接求出。点 B 为球面上的一般位置点，可通过辅助纬圆法求解。

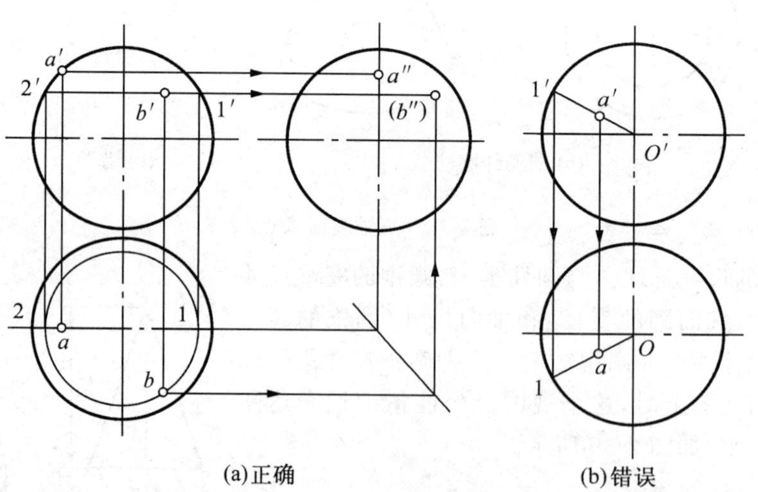

图 2-41　圆球表面取点

作图步骤：

①在 V 面上，过点 b' 作水平圆的积聚投影（一条直线）交圆球转向轮廓线于点 $1'$、$2'$。

②作点 $1'$、$2'$ 相应的水平投影 1、2，在 H 面上，以 1、2 之间的距离为直径作辅助圆，即纬圆的水平投影。

③过点 b' 向 H 面作投影连线交辅助圆于点 b，由 b、b' 求得 W 面投影 b''。

④判断可见性：点 B 在圆球右上前方，因此 b 可见，b'' 不可见。

因圆球表面不存在直线，因此无法用辅助直线求点。图 2-41(b) 中求点的方法是错误的。

(3)圆球的尺寸标注。圆球只有一个尺寸即直径。标注时需在尺寸数字前加注球体直径代号“S∅”，如图 2-42所示。

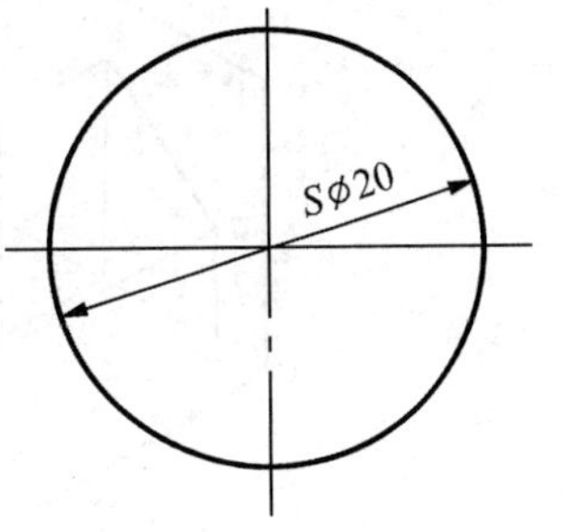

图 2-42　圆球的尺寸标注

第六节　换面法

当直线或平面对投影面处于一般位置时，在投影图上不能直接反映它们的实长或实形；当它们处于特殊位置时，在投影图上就可直接得到它们的实长、实形。如果把空间几何元素对投影面的相对位置由一般位置变换成特殊位置，则实长、实形问题就容易解决了。换面法就是解决这种问题的一种方法。

一、换面法的基本概念

让空间几何要素的位置保持不动，用一个新的投影面代替原来的一个投影面，构成新的投影体系，使空间几何要素对新投影面处于有利于解题的特殊位置，这种方法称为变换投影面法，简称“换面法”。

图 2-43 表示换面法的原理。在 V、H 两投影面体系 V/H 中有一般位置直线 AB，求作其实长和对 H 面的倾角 α。从图中看到，直线 AB 的两个投影都不能反映实长。如果设置一个新的投影面 V_1 平行于直线 AB 且与 H 面垂直，则取代了投影面 V，V_1 和 H 组成了新的投影体系 V_1/H。这时直线 AB 在 V_1 面上的投影便反映实长。

由以上分析可知，新投影面的设置必须符合两个条件：

(1)新投影面必须垂直于原投影面体系中的一个投影面。

(2)新投影面必须使空间几何要素处于有利于解题的位置。

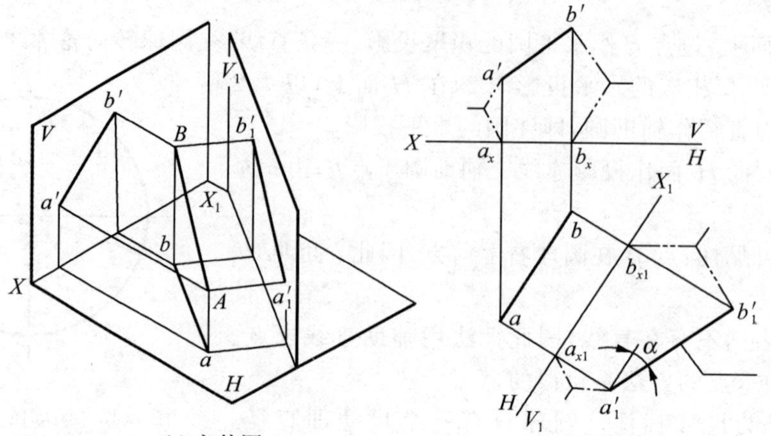

(a) 立体图　　(b) 投影图

图 2-43　换面法的原理

二、换面法的基本作图问题

1. 把一般位置直线变换成投影面的平行线

如图 2-43(a)所示，AB 为一般位置直线，若要变换为正平线，则必须变换 V 面。

作图步骤[见图 2-43(b)]：

作新投影轴 $X_1 /\!/ ab$；由 a、b 两点分别作 X_1 轴的垂线交 X_1 于 a_{x1} 和 b_{x1} 并延长；在垂线上截取 $a_{x1}a_1'=a_xa'$，$b_{x1}b_1'=b_xb'$，$a_1'b_1'$ 即为新投影体系 V_1/H 中的正平线的投影，也即直线 AB 的实长，$a_1'b_1'$ 与 X_1 轴的夹角 α 即为直线 AB 与 H 面的夹角。

若要把直线变换成水平线，则需变换 H 面，用新投影面 $H_1 /\!/ AB$，即用新投影面体系 V/H_1 代替旧投影面体系 V/H，作图时使 $X_1 /\!/ a'b'$ 即可。请读者自行思考并完成。

2. 将投影面平行线变换成投影面垂直线

如图 2-44(a)所示，在 V/H 两投影面中有正平线 AB，因为垂直于 AB 的平面也垂直于 V 面，所以用 H_1 面来代替 H 面，使直线 AB 成为 V/H_1 中的 H_1 面垂直线。

作图步骤[见图 2-44(b)]：

作新投影轴 $X_1 \perp a'b'$；由 a'、b' 作 X_1 轴的垂线并延长，在垂线上截取 $a_{x1}a_1=a_xa$，$b_{x1}b_1=b_xb$，得 a_1b_1 积聚为一点，AB 即垂直于 H_1 面。

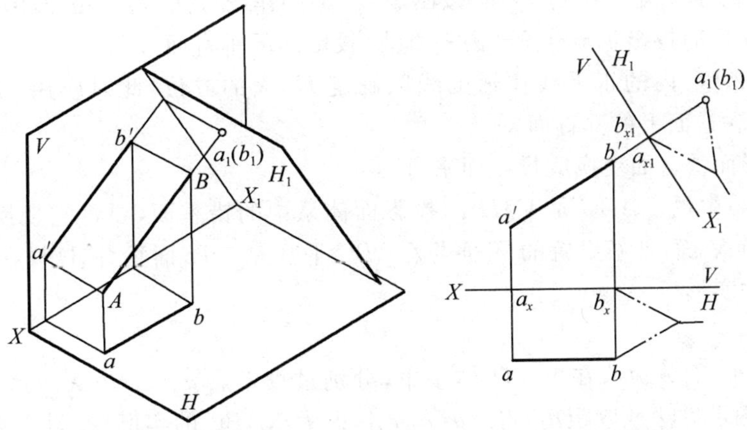

(a) 立体图　　　　(b) 投影图

图 2-44　将投影面平行线变换成投影面垂直线

3. 将一般位置平面变换成投影面垂直面

图 2-45(a)中，$\triangle ABC$ 是 V/H 投影体系中的一般位置平面，要把它变成投影面垂直面，新的投影面该如何设置呢？根据初等几何知识，当一平面垂直于另一平面上的任一直线时，则这两个平面互相垂直。据此，只需在$\triangle ABC$ 上任取一直线，使新设的投影面与其垂直，则$\triangle ABC$ 就变成新投影面的垂直面。如何取这条直线呢？对一般位置平面，最简单的方法是在其上任取一条投影面平行线，因为新设的投影面可依据此平行线直接确定方位。在图 2-45(a)中，在$\triangle ABC$ 上取的是一条水平线 AD。

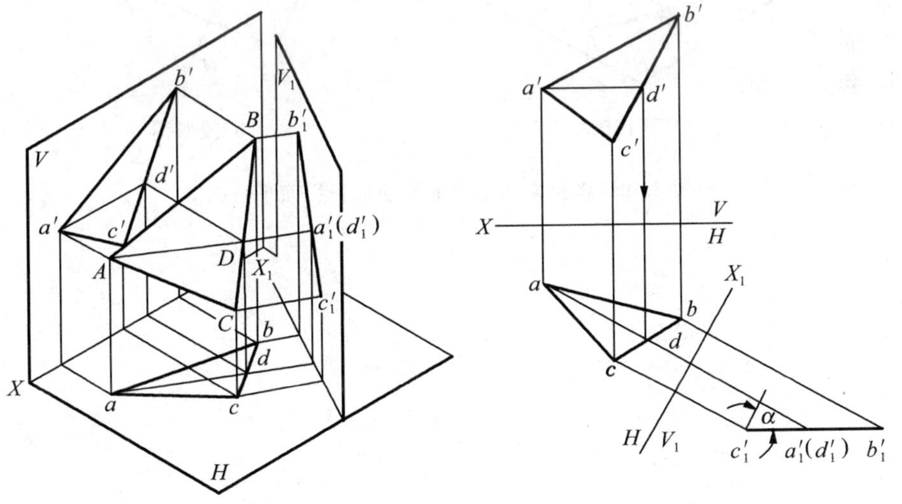

(a) 立体图　　　　(b) 投影图

图 2-45　将一般位置平面变换成投影面垂直面

作图步骤[见图 2-45(b)]：

作 $a'd'$ 平行于 X 轴，并求出 ad；作 X_1 轴垂直于 ad；在 V_1/H 体系中，分别过投影点

a、b、c 作 X_1 轴的垂线并延长到 V_1 面，按图 2-45(b)的作图方法，逐一截取相应距离。其结果使平面△ABC 的投影 $a_1'b_1'c_1'$ 积聚为一直线（投影面的垂直面）。

也可取△ABC 内的正平线作辅助线以确定 H_1 面的方位，此时应用 H_1 代替 H，使△ABC 变换成 H_1 面上的垂直面。

4. 将投影面垂直面变换成投影面平行面

图 2-46(a)中的△ABC 是 V/H 两投影面体系中的铅垂面，要将它变换成投影面平行面，必须更换 V 面，使新设置的 V_1 面与△ABC 平行并与 H 面垂直，这样在 V_1 面上就反映出△ABC 的实形。

作图步骤：

作新投影轴 $X_1 // abc$；在 V_1/H 体系中，分别过投影点 a、b、c 作 X_1 的垂线并延长到 V_1 面区域；按图示方法截取距离，得△$a_1'b_1'c_1'$，即为△ABC 的实形，如图 2-46(b)所示。

若要将正垂面换成投影面平行面，则需变换 H 面，使 H_1 面与△ABC 平行，即可得到投影面的平行面。

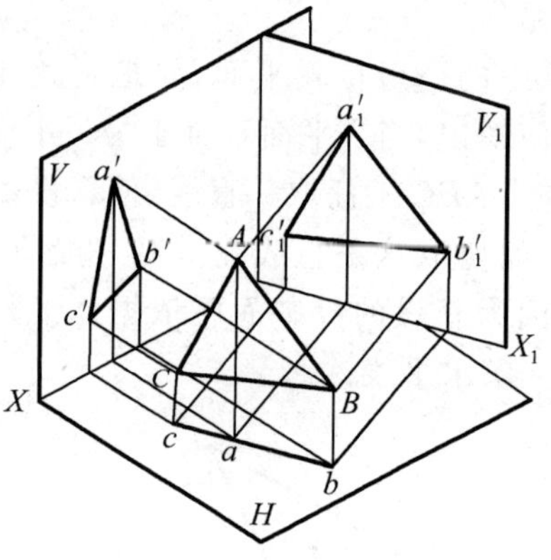

(a) 立体图

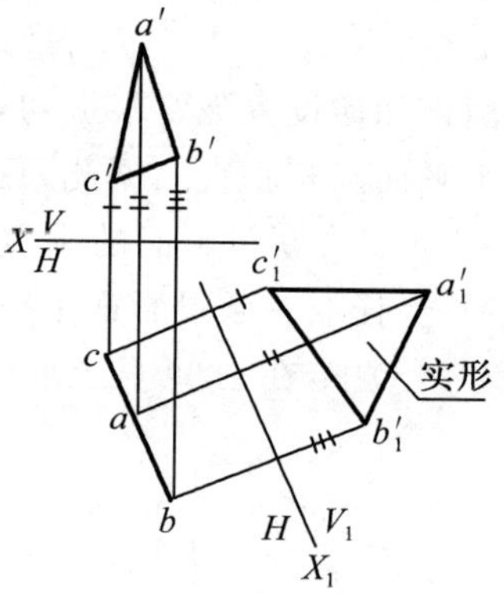

(b) 投影图

图 2-46　将投影面垂直面变换成投影面平行面

第三章 截交线与相贯线

平面截切立体所得的表面交线，称为截交线。当平面切割立体时，由截交线所围成的平面图形，称为截断面。截切立体的平面称为截平面。被截切后的立体称为截断体。

截交线具有以下两个基本性质：

(1)截交线是截平面与立体表面的公共线。

(2)截交线一般为封闭的平面图形。

第一节 平面立体截交线

当平面立体被平面截切时，平面立体上会出现斜面、凹槽、缺口、孔洞等结构。其截交线通常是封闭的平面多边形，它的顶点是平面立体的棱线或底边与截平面的交点，它的边是截平面与平面立体表面的交线。应在掌握基本平面立体视图画法的基础上，结合表面求点的方法和点、线、面的投影特点，画出截断体的三视图。

一、单一平面与平面立体截交

单一平面与平面立体的截交线为一个平面多边形。其作图方法是先求出平面立体上被截断的各棱线或底边与截平面的一系列共有点，判断可见性，然后依次连线。

【例题 3-1】 六棱柱被正垂面 P 截切，如图 3-1(a)所示，试完成截断体的三视图。

分析：截平面为正垂面，与六棱柱的棱面和上底面都相交，截断面为七边形，其 V 面投影积聚为直线，H 面和 W 面投影为类似的七边形。截平面分别与棱线、上底面边交于Ⅰ、Ⅱ、Ⅲ、Ⅳ、Ⅴ、Ⅵ、Ⅶ点，截交线段ⅠⅦ在上底面上，其余各线段位于棱柱的棱面上。

作图步骤：

(1)画出被切割前正六棱柱的左视图，确定截平面与棱柱各交点在 V 面的投影，如图 3-1(b)所示。

(2)各交点为棱线或上底面边上的点，根据棱线的投影规律分别求出交点在 H 面和 W 面的投影，如图 3-1(c)所示。

(3)依次连接各交点的同面投影，擦掉被截去的图线。

(4)判断各棱线的可见性，并完成被截六棱柱的三面投影，即为所求三视图，如图 3-1(d)

所示。

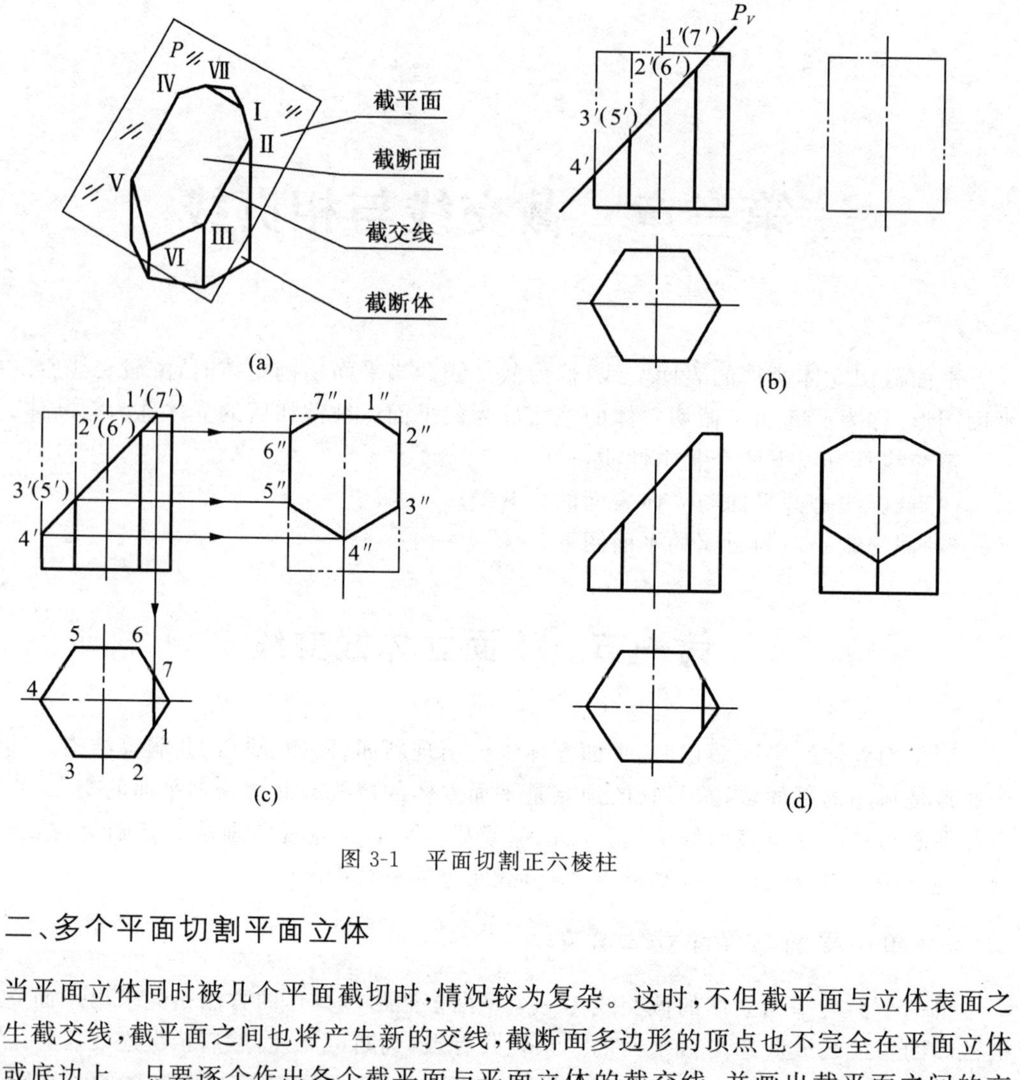

图 3-1　平面切割正六棱柱

二、多个平面切割平面立体

当平面立体同时被几个平面截切时，情况较为复杂。这时，不但截平面与立体表面之间产生截交线，截平面之间也将产生新的交线，截断面多边形的顶点也不完全在平面立体的棱或底边上。只要逐个作出各个截平面与平面立体的截交线，并画出截平面之间的交线，就可作出这些平面立体的投影图。

【例题 3-2】 求中间切槽的四棱台[见图 3-2(a)]的三视图。

分析：四棱台被三个平面截切，三个截平面分别为一个水平面和两个侧平面，均为特殊位置平面，因此，截交线在 V 面和 W 面的投影积聚为直线。点Ⅰ、Ⅳ在上底面边上，容易确定，关键是如何确定点Ⅱ、Ⅲ。

作图步骤：

(1)在四棱台上利用积聚性分别求出三个截平面在 V 面、W 面上点 1′、2′、3′、4′和 1″、2″、3″、4″的投影，如图 3-2(b)所示。

(2)在 H 面上，利用投影关系求出点 1、2、3、4 的投影，并利用图形对称性，完成三个截平面在 H 面上的投影，如图 3-2(c)所示。

(3)判断各交线的可见性,并完成截切四棱台的三面投影,即为所求的三视图,如图 3-2(d)所示。

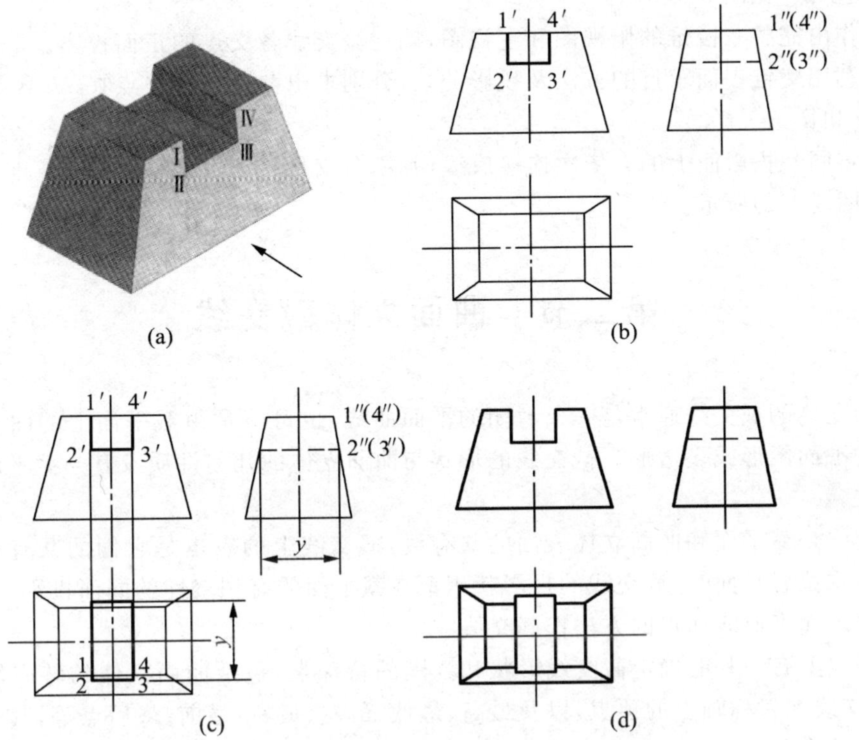

图 3-2　四棱台的切割

【例题 3-3】　完成正三棱锥被截切后[见图 3-3(a)]的投影。

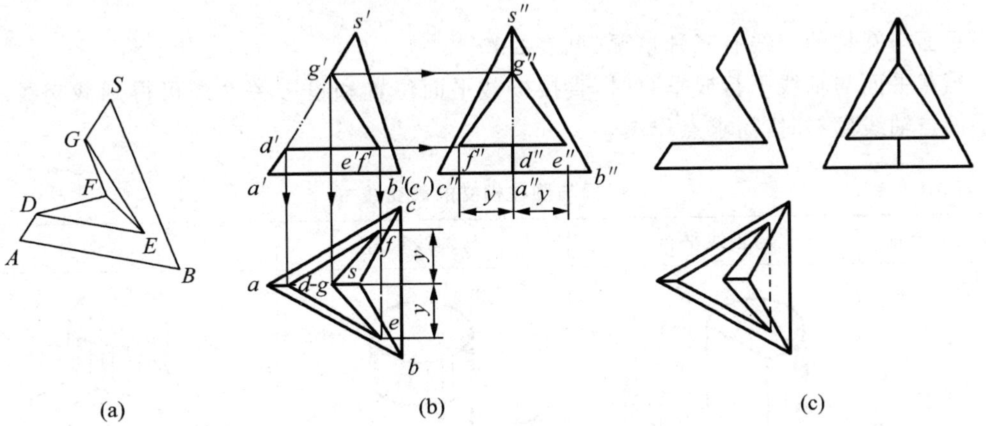

图 3-3　三棱锥的切割

分析:从正面投影中可见,缺口是由一个水平面和一个正垂面切割三棱锥而形成的,左侧棱线 SA 有一段被切割掉,因为水平截平面平行于底面,所以它与前、后棱面的交线

DE、DF 分别平行于底边 AB、AC。正垂截平面分别与前、后棱面相交于直线 GE、GF。由于两个截平面都垂直于正面，所以它们的交线 EF 一定是正垂线。

作图步骤[见图 3-3(b)]：

(1)作出完整三棱锥的俯视图和左视图，确定截交线各交点的正面投影。

(2)利用棱锥表面求点的方法及投影关系，分别求出截交线各交点在 H、W 面的投影 d、e、f、g 和 d''、e''、f''、g''。

(3)将同一投影面上的点依次连接成线，判断各交线的可见性，完成三棱锥切割的三视图，如图 3-3(c)所示。

第二节　曲面立体截交线

曲面立体的截交线通常是一条封闭的平面曲线，也可能是由截平面上的曲线和直线所围成的平面图形或多边形。截交线的形状与曲面立体的几何性质及其与截平面的相对位置有关。

截交线是截平面和曲面立体表面的共有线，截交线上的点也是它们的共有点。当截平面为特殊位置平面时，截交线的投影就积聚在截平面的有积聚性的同面投影上，可用在曲面立体表面上取线和点的方法作截交线。

截交线上有一些能确定截交线形状和范围的特殊点，包括曲面立体的转向轮廓线上的点，截交线在对称轴上的顶点，以及最高、最低、最左、最右、最前、最后点等，其他的点是一般点。求作曲面立体截交线时，在可能和方便的情况下，通常先作出这些特殊点，然后按照需要再作一些一般点，并根据投影的可见性判断，最后连成截交线的投影。

一、平面与圆柱相交

平面与圆柱的交线有三种情况(见表 3-1)。

当截平面与轴线平行或垂直时，直接按截平面位置和投影关系即可得到截交线。当截平面与轴线倾斜时，需求点作图。

表 3-1　　平面与圆柱相交的截交线

截平面位置	与轴线平行	与轴线垂直	与轴线倾斜
立体图	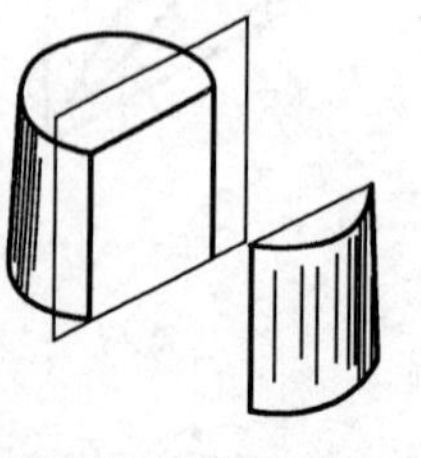	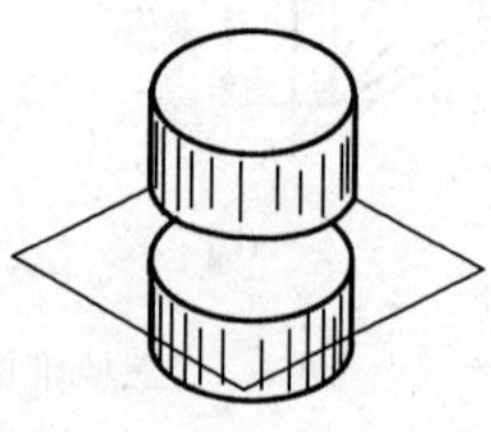	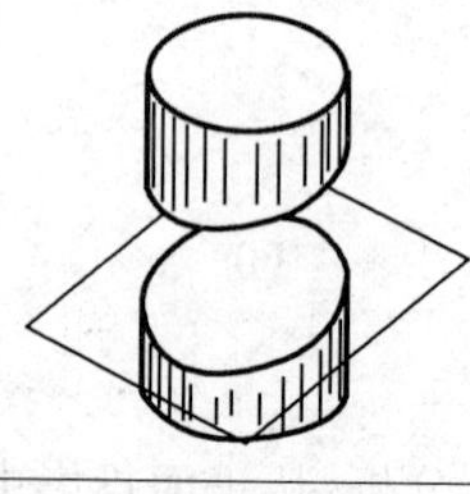
截交线	矩形	圆	椭圆

续表

截平面位置	与轴线平行	与轴线垂直	与轴线倾斜
投影图	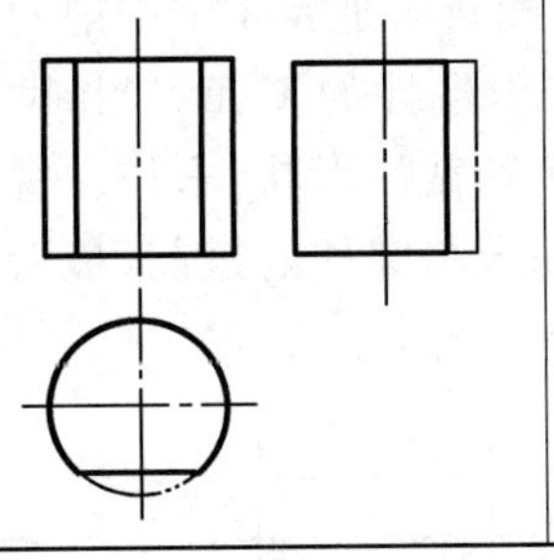	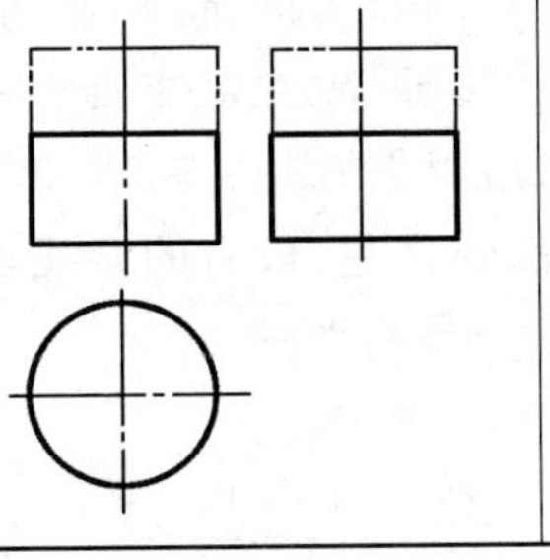	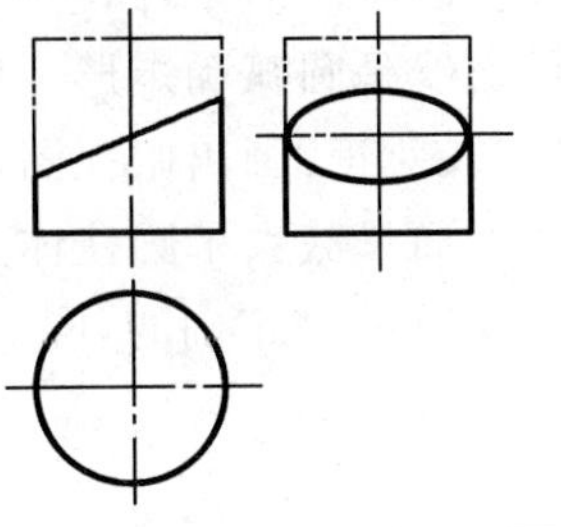

【例题 3-4】 求斜截圆柱[见图 3-4(a)]的投影。

分析：截平面 P 倾斜于圆柱轴线，截交线为椭圆。P 为正垂面，截交线在 V 面的投影积聚为一直线；同时，截交线又在圆柱表面上，在 H 面的投影与圆柱面投影同时积聚成一圆。需要作的只是 W 面投影，可根据 H、V 两面投影求出。

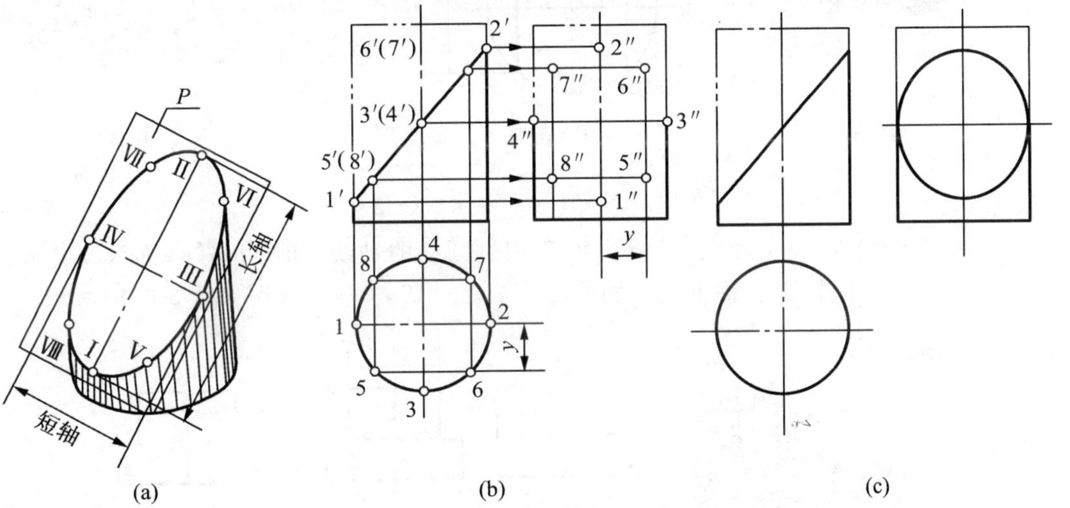

图 3-4　斜截圆柱体

作图步骤：

(1)求截交线上特殊点的投影。截交线上的最低、最高、最前、最后点即椭圆的长、短轴端点Ⅰ、Ⅱ、Ⅲ、Ⅳ，它们分别位于圆柱的四条转向轮廓线上，在 H 面上的投影分别为圆上的点 1、2、3、4，V 面上的投影为直线上的点 $1'$、$2'$、$3'$、$4'$，根据点的投影规律，求出侧面投影 $1''$、$2''$、$3''$、$4''$。

(2)作出适当数量的一般位置点的投影。为了作图方便，选点可以有对称性，如图中的Ⅴ、Ⅵ、Ⅶ、Ⅷ。先确定其 H 面投影 5、6、7、8，根据投影规律求出 V 面投影 $5'$、$6'$、$7'$、$8'$，再由 V、H 两面投影求出 W 面投影 $5''$、$6''$、$7''$、$8''$，如图 3-4(b)所示。

(3)判断各点可见性，依次光滑地连接所求各点，即得截交线投影，如图 3-4(c)所示。

圆柱体同时被几个平面截切，可以看成是表 3-1 中基本截切形式的组合。此时，截断面各是基本截切形式中截断面的一部分，要分别求出，同时要求出各截平面之间的交线。注意截切位置以及圆柱被截去的部分对视图的影响。

图 3-5(a)中，圆柱被水平面 Q、侧平面 P 截切，截断面是表 3-1 中前两种情况的组合，截交线是圆弧和矩形。作图步骤：先在截平面具有积聚性的 V 面作出截切缺口，然后根据“长对正”画出俯视图，最后根据“高平齐、宽相等”和截面形状，求作左视图。其中，水平截平面只截去了圆柱体上部的最左、最右的素线，并未与圆柱的最前、最后素线相交，所以图 3-5(b)是正确的，图 3-5(c)是错误的。

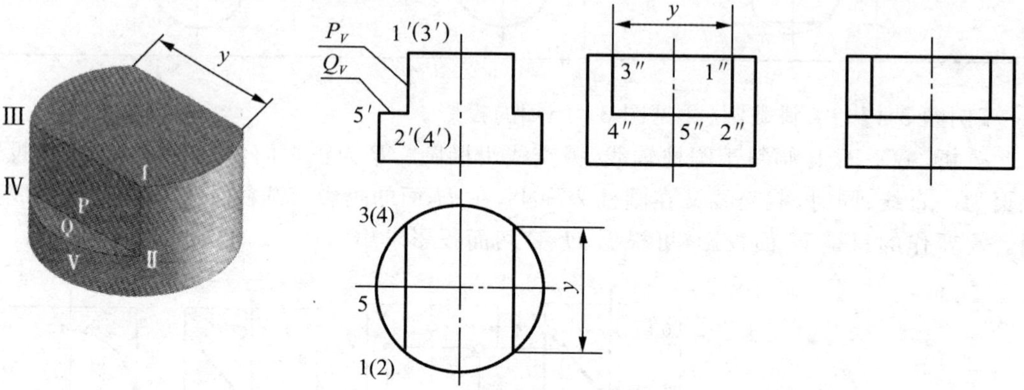

(a) 立体图　　(b) 正确　　(c) 错误

图 3-5　圆柱表面截交线(一)

如果扩大切割圆柱的范围，使截平面 P 切过圆柱的轴线，如图 3-6(a)所示。由于截平面切过圆柱的轴线，圆柱面的前后两段轮廓都已被切去，故三视图如图 3-6(b)所示。

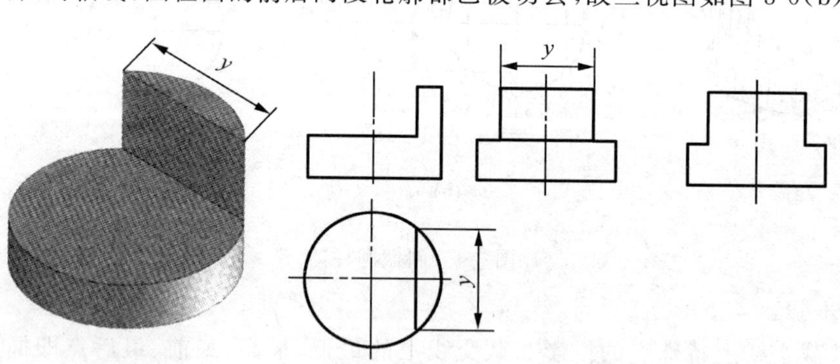

(a) 立体图　　(b) 正确　　(c) 错误

图 3-6　圆柱表面截交线(二)

图 3-7(a)所示圆柱的切割与图 3-5(a)圆柱的切割的区别是：主视图被切去了中间部分，保留了最左、最右的素线。侧平的截平面和水平的截平面在左视图中均为不可见，且圆柱上方的最前、最后素线被切去。两图的俯视图相同，但各线框代表的含义不同。

截平面与内圆柱面截交，除可见性发生变化外，其他基本相同。圆筒被平面切割是常见的例子。

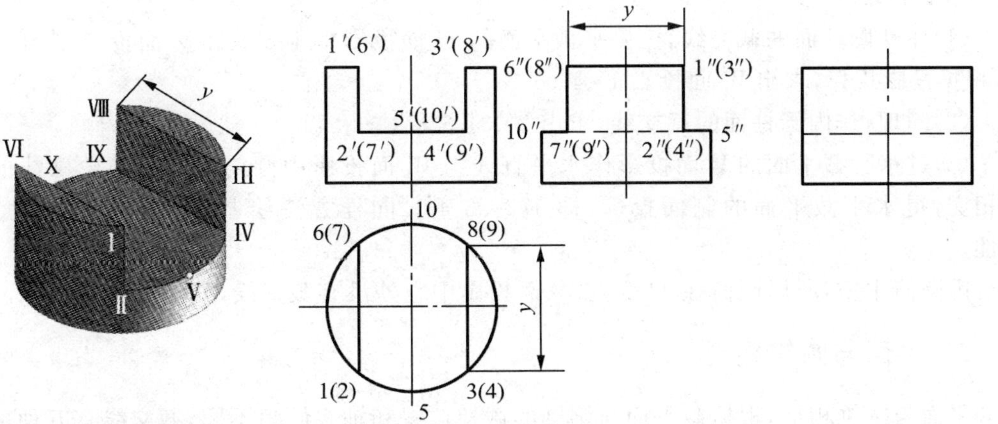

(a) 立体图　　(b) 正确　　(c) 错误

图 3-7　圆柱表面截交线(三)

【例题 3-5】　完成开槽圆筒[见图 3-8(a)]的侧面投影。

分析:在图 3-7 圆柱中间被切掉的基础上,作出一个与外圆柱面同轴的圆柱孔,就形成了开槽圆筒。切口是由一个水平面和两个侧平面组合截切而成,侧平面同时截切内外圆柱面,共得四条平行的截交线,其位置可由水平投影求出,截切内圆柱面得到的两条截交线的侧面投影不可见。水平面截切圆筒所产生的截交线为环形平面的一部分,在 H 面的投影反映实形,V 面投影积聚为两段水平直线,在 1″5″、4″8″线段外侧部分可见,在内侧部分不可见。同时圆筒中空处无截交线。

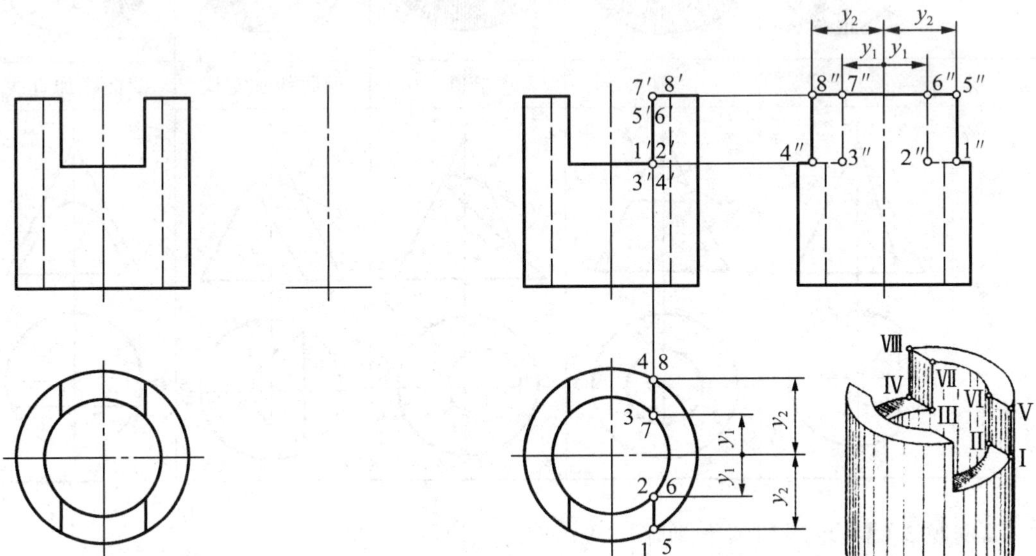

(a)　　(b)

图 3-8　圆筒的切割

作图步骤：

(1)作外圆柱面的截交线，由侧平截平面的 H 面投影 1、4、5、8 和 V 面投影 $1'$、$4'$、$5'$、$8'$，根据投影规律，求出 W 面投影 $1''$、$4''$、$5''$、$8''$。

(2)同理，作内圆柱面的截交线，求出 $2''$、$3''$、$6''$、$7''$。

(3)过水平截平面的 V 面投影作水平直线与 W 面投影中圆筒内外最前轮廓线的投影相交，得水平截平面的侧面投影，即 $1''2''$、$3''4''$。同样方法绘制后半部分，并注意可见性。

因圆筒中空，所以圆筒在 H 面与 W 面投影中空处没有截交线，如图 3-8(b)所示。

二、平面与圆锥相交

平面与圆锥相交，根据截平面与圆锥的截切位置和轴线倾角不同，截交线有五种情况(见表 3-2)。

表 3-2　　平面与圆锥相交的截交线

截平面位置	过锥顶	不过锥顶			
		与轴线垂直 $\theta=90°$	与轴线倾斜 $\theta>\alpha$	平行于圆锥素线 $\theta=\alpha$	与轴线平行 $\theta<\alpha$
立体图	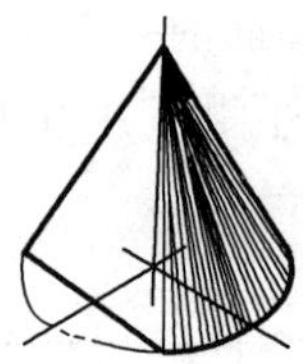	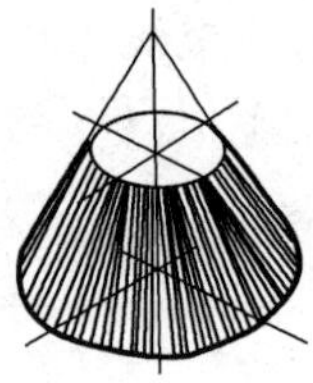	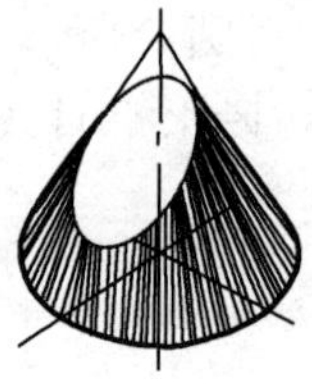	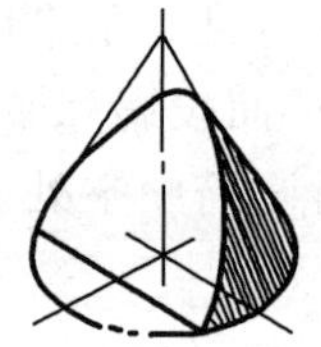	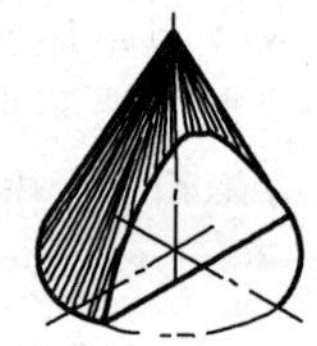
截交线	等腰三角形	圆	椭圆	抛物线加直线	双曲线加直线
投影图	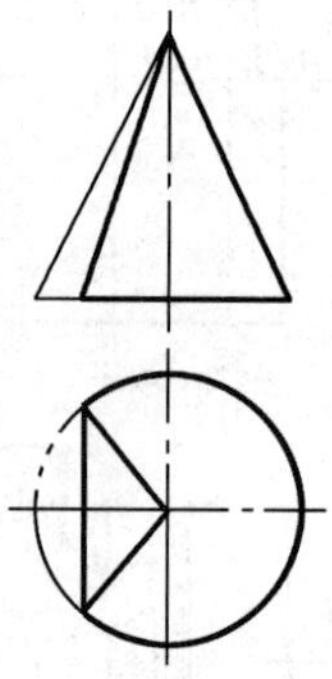	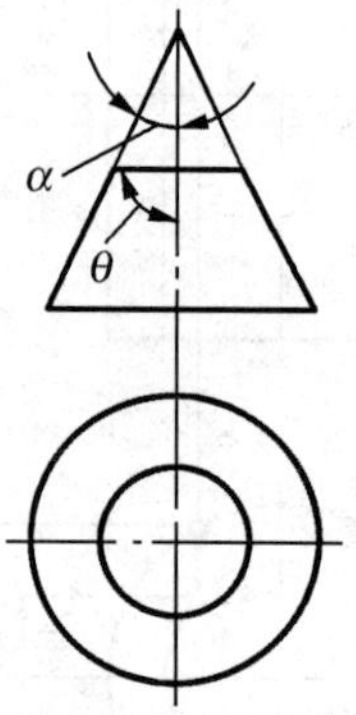	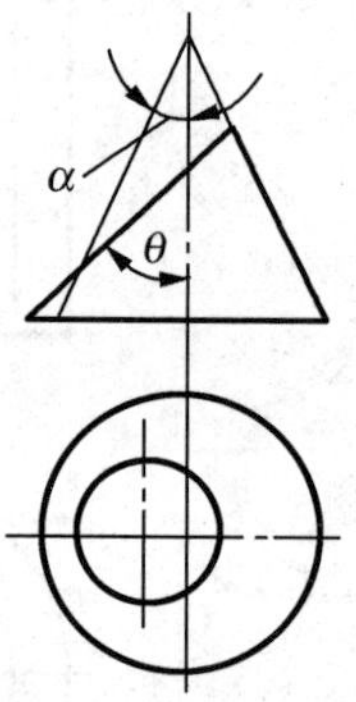	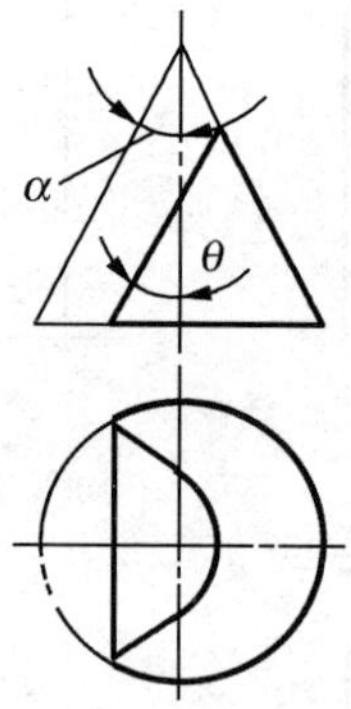	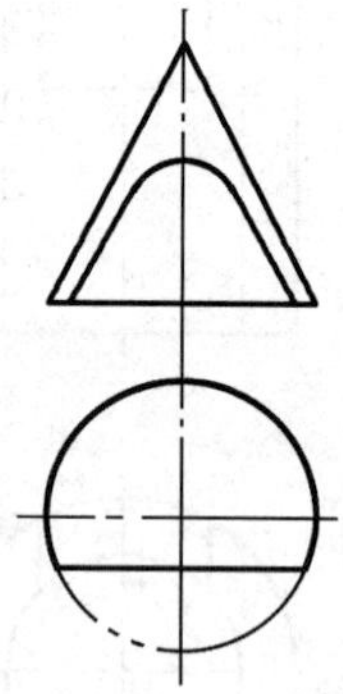

【例题 3-6】 求斜切圆锥[见图 3-9(a)]的三视图。

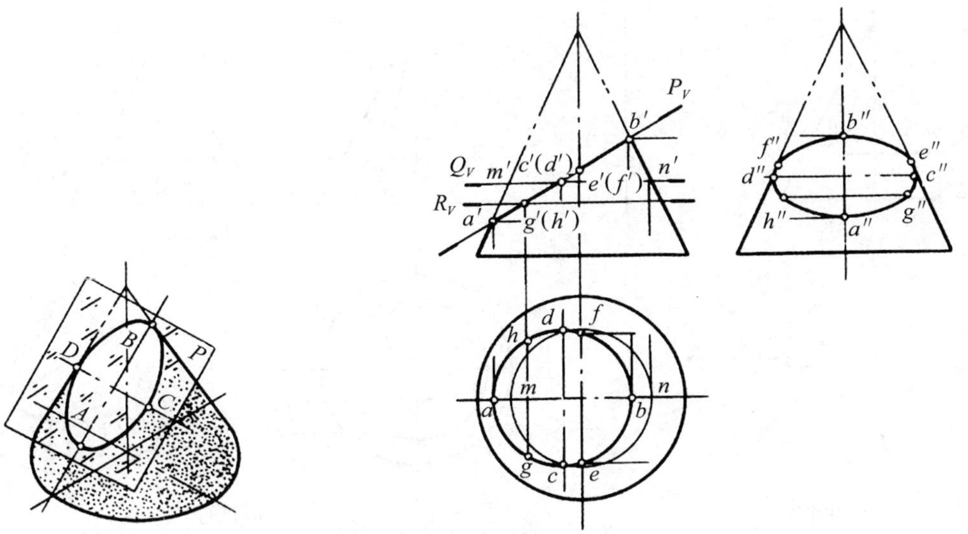

(a)　(b)

图 3-9　平面斜切圆锥

分析：由图可知，$\theta>\alpha$，截交线为椭圆。截交线在 V 面积聚为一直线，其 H、W 面投影是椭圆而不是圆，截交线需通过作点求出，圆锥面求点可用辅助纬圆或辅助素线法。

作图步骤：

(1)求特殊点。空间椭圆长轴 AB 与短轴 CD 互相垂直平分，A、B 两点是截交线上的最低、最高点，其 V 面投影 a'、b' 可直接得到，C、D 是截交线上的最前、最后点，且位于 AB 的中点处。在 V 面上，c'、d' 为重影点，在 $a'b'$ 的中点上，利用辅助纬圆法可求出它们在 H 面的投影 c、d 和 W 面的投影 c''、d''。点 E、F 分别为圆锥最前、最后素线上的点，由 V 面投影 e'、f' 可求得 W 面投影 e''、f''，然后求出 H 面投影 e、f。

(2)求一般位置点。用辅助纬圆法求一般位置点 G、H。所求的一般点越多，画出的椭圆就越准确。

(3)判断可见性。依次用光滑的曲线连接各点，得出椭圆的截交线投影，如图 3-9(b)所示。

【例题 3-7】 已知带切口圆锥的正面投影[见图 3-10(a)]，求其余两面投影。

分析：切口由两个截平面形成：一个为过锥顶的正垂面；另一个为垂直于轴线的水平面。正垂面截圆锥面得两条直线，水平面截圆锥得圆的一部分，两截平面的交线为正垂线。

作图步骤：

(1)画出圆锥完整的俯视图和左视图。

(2)分别画出各截平面与圆锥的截交线及截平面之间交线的投影。

(3)判断可见性。左视图中水平截平面以上的转向轮廓线被切掉，两截平面的交线在水平面上的投影不可见，其余均可见，如图 3-10(b)所示。

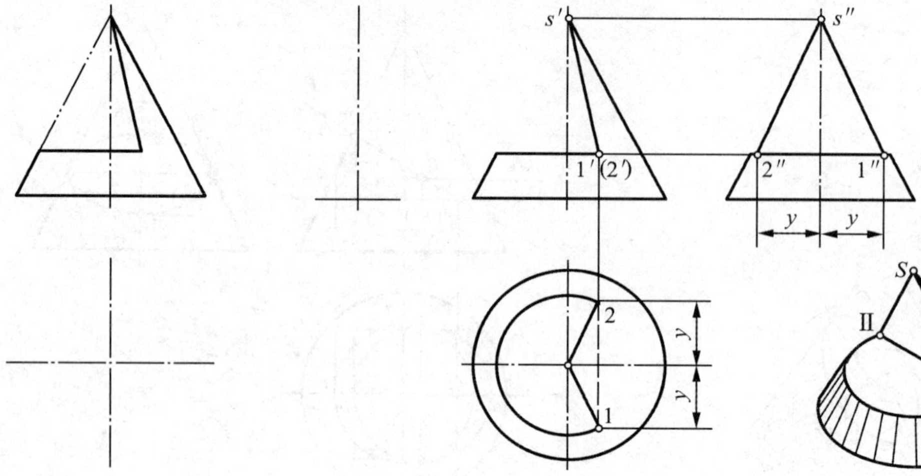

(a) 已知条件　　　　(b) 作图过程

图 3-10　切口圆锥的三视图

三、平面与圆球相交

圆球被平面截切，截交线均为圆，由于截平面相对投影面位置不同，截交线的投影可能是圆、直线或椭圆(见表 3-3)。

表 3-3　**平面与圆球相交的截交线**

截平面位置	正平面	水平面	正垂面
立体图	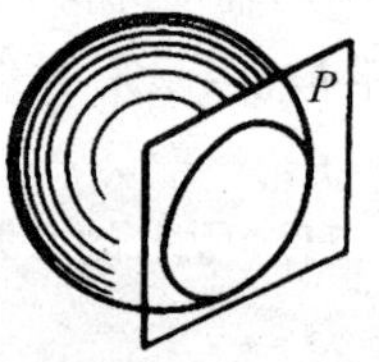	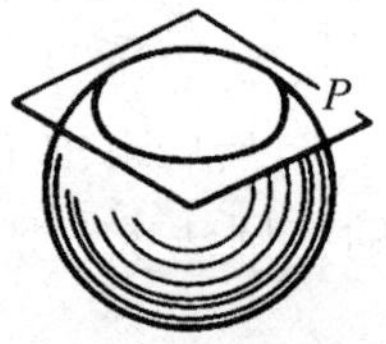	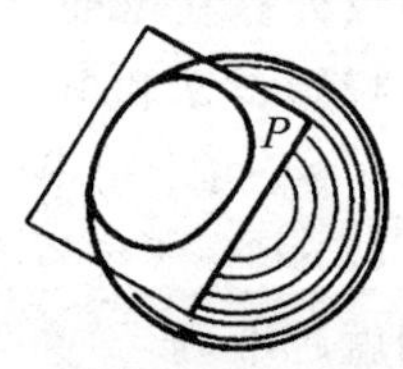
截交线投影	V 面投影为圆	H 面投影为圆	H、W 面投影为椭圆
投影图	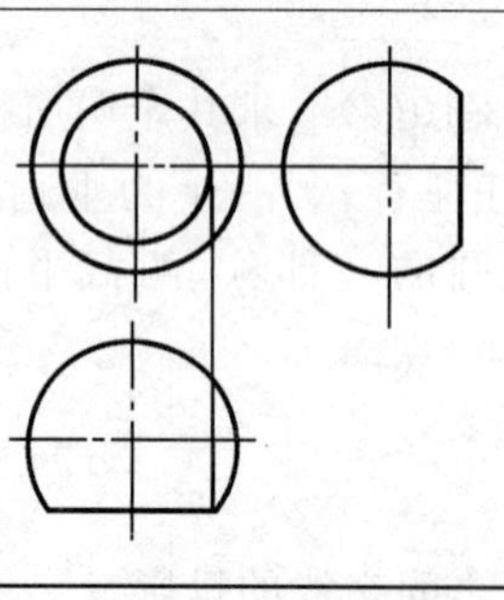	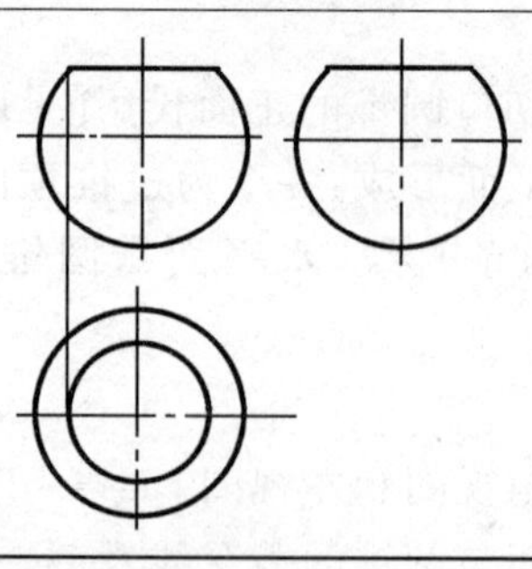	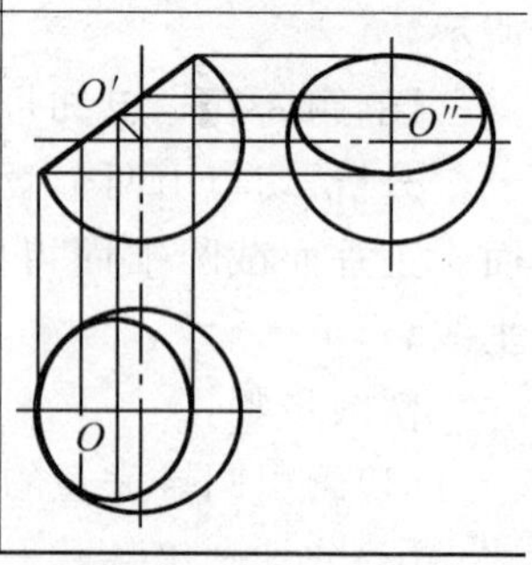

【例题 3-8】　已知圆球被正垂面截去左上方一部分[见图 3-11(a)]，补全截切后圆球的俯视图。

分析：圆球被正垂面截切，截交线为圆，V 面投影积聚为直线，H 面投影为椭圆。

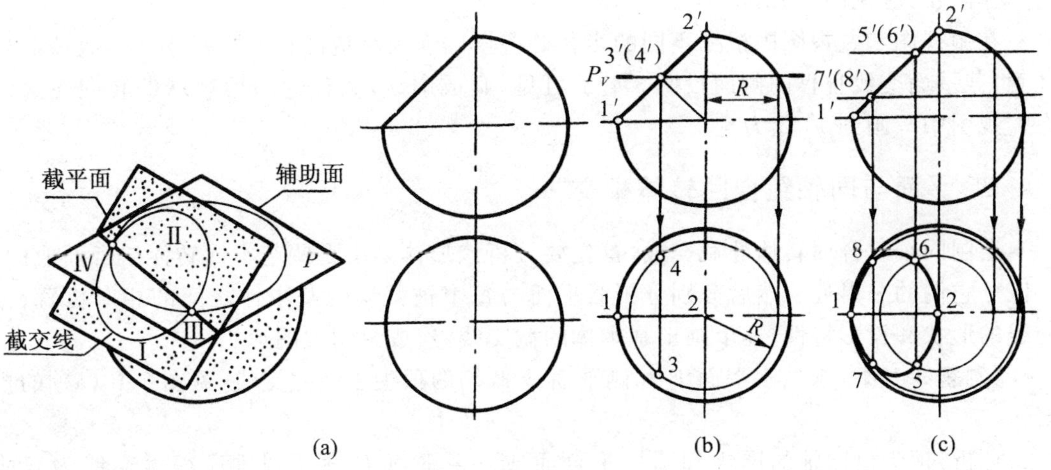

图 3-11　圆球截交线

作图步骤：

(1)求特殊点。椭圆短轴端点Ⅰ、Ⅱ分别是截交线的最低(最左)和最高(最右)点，因为点Ⅰ、Ⅱ在最大正平圆上，故在 V、H 面投影中可直接求出点 1′、2′和 1、2；长轴端点Ⅲ、Ⅳ的 V 面投影 3′、4′位于短轴 1′2′的中点，点Ⅲ、Ⅳ分别是截交线的最前、最后点，利用辅助纬圆法可求 H 面投影 3、4，如图 3-11(b)所示。

(2)求一般点。利用辅助纬圆法作辅助水平面 P，由点Ⅴ、Ⅵ、Ⅶ、Ⅷ的 V 面投影 5′、6′、7′、8′求出 H 面投影 5、6、7、8。

(3)判断可见性。依次用光滑的曲线连接各点即得截交线的投影，如图 3-11(c)所示。

【例题 3-9】　已知开槽半球的正面投影[见图 3-12(a)]，求其余两面投影。

分析：槽由两个侧平面和一个水平面组成，左右对称。两个侧平面切割球面得到的截交线均为一段圆弧，其侧面投影反映实形并重合；水平面切割球面得到的截交线为两段圆弧，其水平投影反映实形；三个截平面的交线为正垂线。

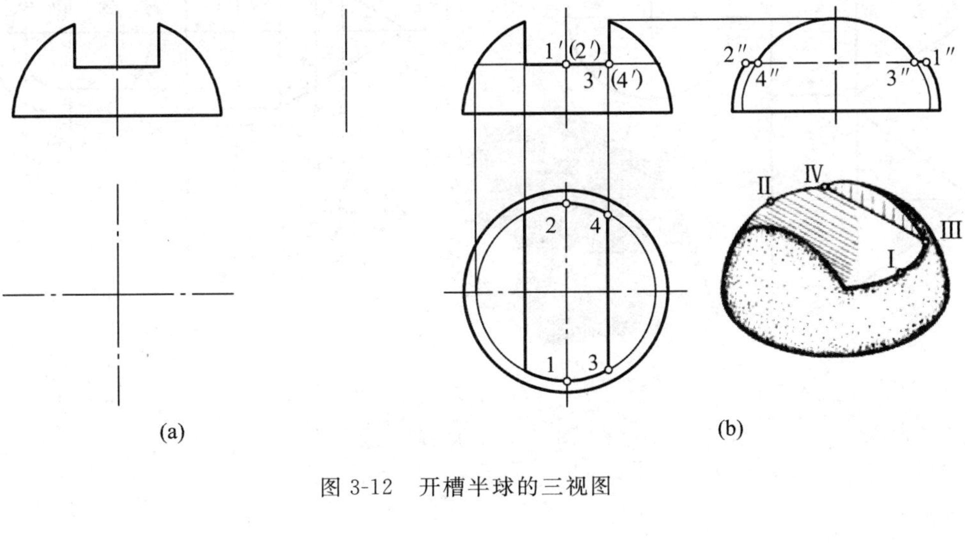

图 3-12　开槽半球的三视图

作图步骤[见图 3-12(b)]：

在俯视图和左视图中根据不同的半径画各段圆弧及相应的积聚性投影——直线。应注意，截平面交线ⅢⅣ的侧面投影 3″4″不可见，画成虚线，圆球的前后半球的转向轮廓线在左视图中只画到 1″、2″为止。

四、平面与同轴组合回转体相交

绘制同轴组合回转体的截交线，首先要分析该形体是由哪些基本回转体组合而成的，并区分它们的分界处。然后分别分析截平面与每个被截切的基本体之间的相对位置、截交线的形状和投影特性，逐个画出基本体的截交线，连成封闭的图形。

【例题 3-10】 求被水平面 P 和侧平面 Q 截切的顶尖表面截交线[见图 3-13(a)]的投影。

分析：顶尖由同轴的圆锥和圆柱组合而成。截平面 P 截切圆锥所得截交线为双曲线，截切圆柱所得截交线为两条直线。Q 面截切圆柱所得截交线为圆弧。在 W 面投影中，Q 平面的截交线与圆柱面投影重合，P 平面的截交线积聚为一直线。故只需求出截交线在 H 面的投影即可。

作图步骤：

(1)求特殊点。根据 V、W 面的投影，可作出截交线上Ⅰ、Ⅱ、Ⅲ、Ⅳ、Ⅴ、Ⅵ六个特殊点在 H 面的投影 1、2、3、4、5、6。

(2)求一般点。利用辅助纬圆法求出一般点Ⅶ、Ⅷ，通过 W 面的投影 7″、8″求出 H 面的投影 7、8。

(3)判断可见性。截交线在 H 面的投影均为可见，依次将各点光滑连接，即为截交线的投影，如图 3-13(b)所示。

投影 2、3 之间的虚线，表示圆柱与圆锥分界圆在 H 面投影不可见的部分。

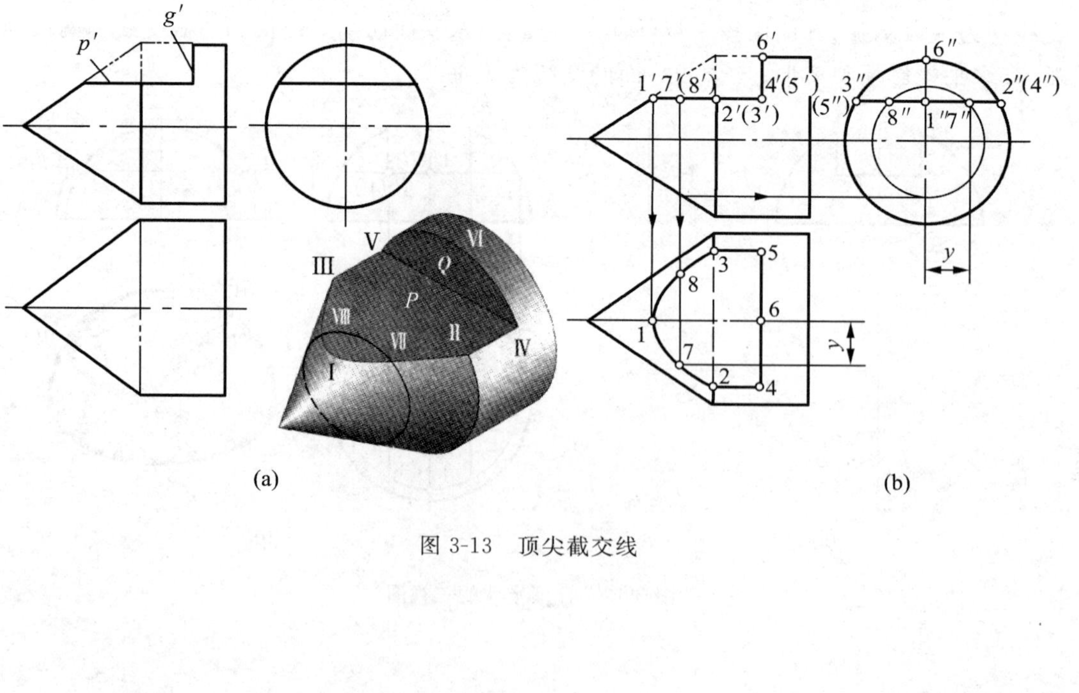

图 3-13　顶尖截交线

五、截切立体的尺寸标注

标注截切立体的尺寸时，除了标注基本几何体的定形尺寸外，还应标注确定截平面位置的定位尺寸，如图 3-14 所示。

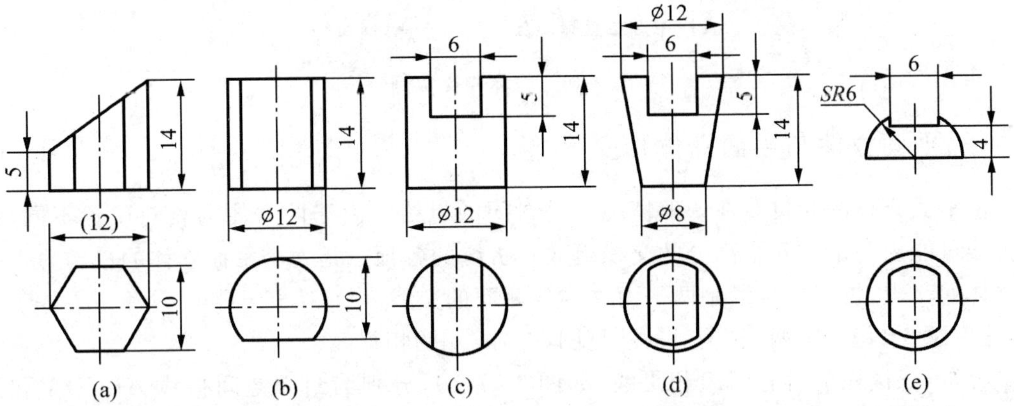

图 3-14　截切立体的尺寸标注

由于截平面和被截切立体确定后，截交线也随之确定，所以截交线之间的距离一律不标注。图 3-15(b)中的尺寸 10 标注是错误的。

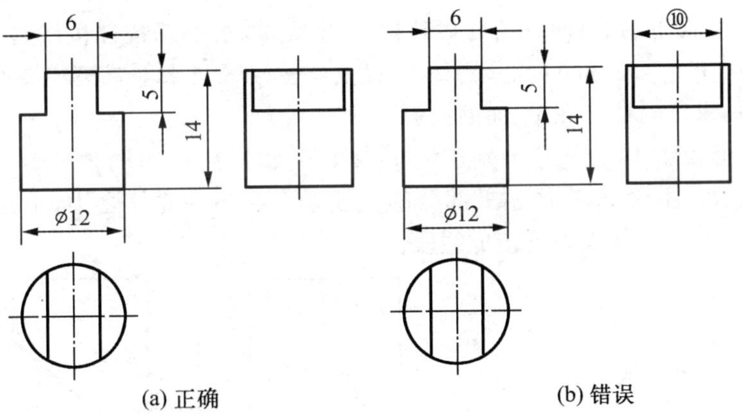

图 3-15　截切立体尺寸标注的正误对比

第三节　立体与立体相贯

零件上常常会出现各种立体相交的情况。例如，汽车刹车总泵泵体的外形是由几个不同方向的圆柱相交而成[见图 3-16(a)]；通风管的交叉处则由圆台、圆柱相交而成[见图 3-16(b)]。

两立体相交称为相贯，两立体表面的交线称为相贯线，相贯的立体称为相贯体。相贯线是两个立体表面的公共线，相贯线上的点是两个立体表面的共有点。求相贯线时，一般先作出两立体表面上的一些共有点的投影，再连成相贯线的投影。

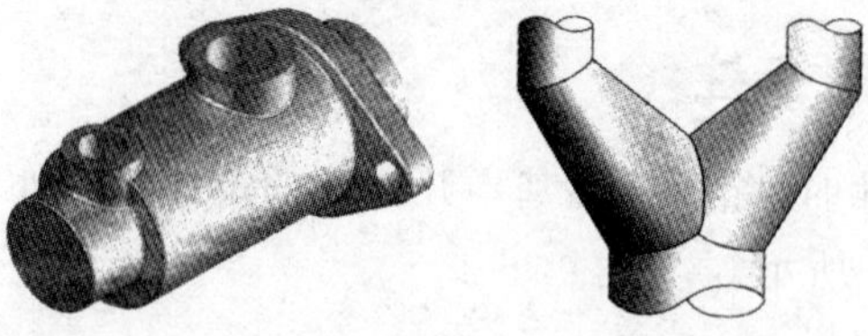

(a) 汽车刹车总泵泵体　　(b) 通风管

图 3-16　立体相交实例

一、平面立体与平面立体相交

两平面立体的相贯线在一般情况下是封闭的折线。由于两立体的相对位置不同，相交折线可能由一个或几个部分的交线组成。折线的各顶点是一个平面立体的棱与另一平面立体的交点，折线的各段是两平面立体各侧面的交线。

【例题 3-11】 求两相贯三棱柱[见图 3-17(a)]的相贯线。

分析：三棱柱前后有两组相贯线，如图 3-17(a)，分别为封闭空间折线 $ABCDA$ 和封闭平面折线 $EFGE$。由于两个三棱柱的各侧面分别与 H 面和 V 面垂直，它们分别在 H 面和 V 面的投影具有积聚性。相贯线为公共线，其在 H 面、V 面的投影与棱柱侧面一起积聚在三角形投影上，故只需求出相贯线在 W 面的投影。

作图步骤：

(1)在 V、H 面上，找出两三棱柱棱线的交点 a'、a，水平三棱柱棱线与竖直三棱柱棱面的交点 b'、d'、e'、f'、g' 和 b、d、e、f、g，竖直三棱柱棱线与水平三棱柱棱面的交点 c'、c，根据投影关系，求出这些点在 W 面的投影。

(2)在 W 面投影中，按顺序分别连接 $a''b''c''d''a''$ 和 $e''f''g''e''$；同时进行可见性判断，如图 3-17(b)所示。注意：相贯体相贯部分的棱线融合在另一立体之中，不再是独立的线，故 ae、bf、dg、$a'c'$、$a''c''$ 等不能连接成线段。

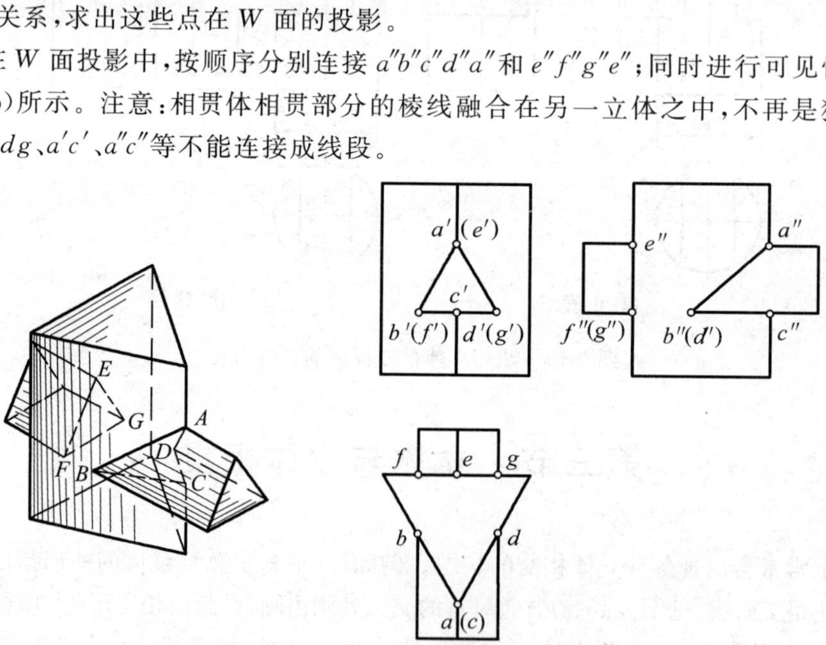

(a) 立体图　　(b) 三视图

图 3-17　两三棱柱全贯

二、平面立体与曲面立体相交

平面立体与曲面立体的相贯线，一般是由若干段平面曲线或直线所组成的空间封闭曲线。

【例题 3-12】 求图 3-18 中四棱柱与圆柱的相贯线。

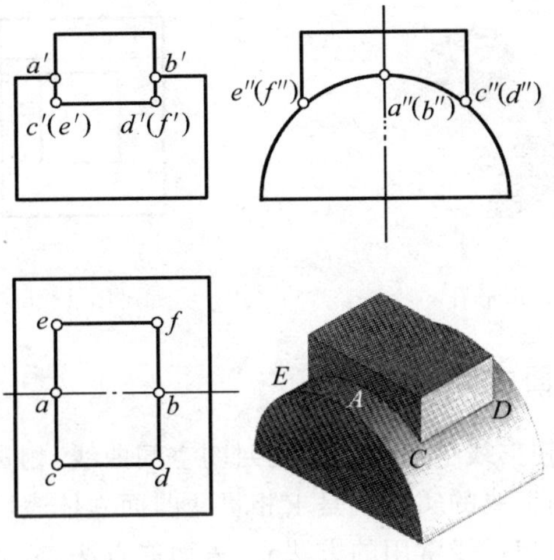

图 3-18　四棱柱与圆柱相贯

分析：由图 3-18 可知，相贯线 CAE 与 DBF 为圆弧，CD、EF 为直线。相贯线上的点 A、B 分别为圆柱最高素线上的点；点 C、D 为相贯线的最前点(也是最低点)；点 E、F 为相贯线的最后点(最低点)。四棱柱侧面分别为正平面和侧平面，相贯线在 H 面的投影积聚在四棱柱的矩形投影上。圆柱轴线与 W 面垂直，相贯线在 W 面的投影积聚在圆柱的圆形投影上。找出上述各点的 H、W 面投影，根据投影关系便可求出其在 V 面的投影。

作图步骤：

(1)在 H 面和 W 面分别作出相贯线的最高点 a、b、a''、b''，最低、最前点 c、d、c''、d''，最低、最后点 e、f、e''、f''。根据投影关系，在 V 面求出 a'、b'、c'、d'、e'、f'。

(2)判断可见性。因为四棱柱与圆柱前、后、左、右对称且正交相贯，相贯线前后对称，不可见相贯线 $AEFB$ 与可见的相贯线 $ACDB$ 重合。连接相贯点，即为所求的相贯线投影。

图 3-19 与图 3-20 是相贯的另外两种形式：圆柱(圆筒)上开矩形孔，其相贯线与上例类似，读者可自行分析求解。

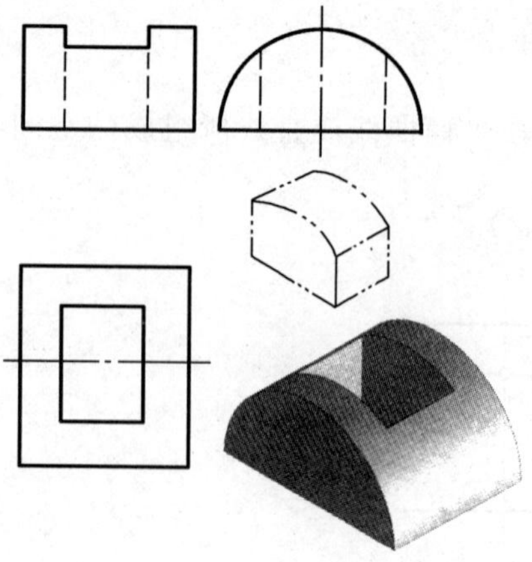

图 3-19 圆柱上开矩形孔

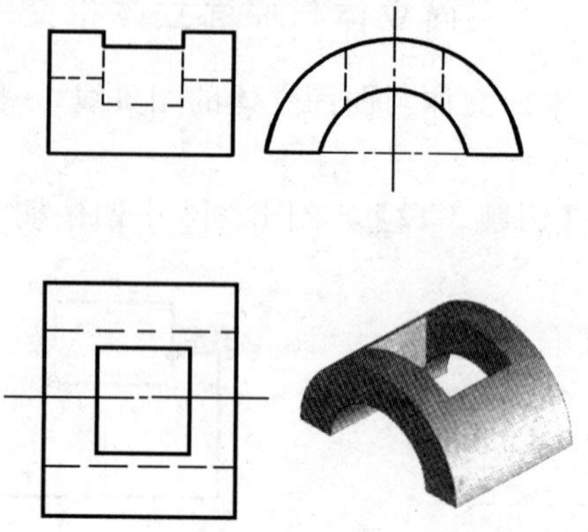

图 3-20 圆筒上开矩形孔

三、曲面立体与曲面立体相交

两曲面立体相贯，其相贯线一般为光滑的封闭空间曲线，相贯线上的点是两曲面立体表面上的共有点。求作相贯线的实质就是求相贯两曲面立体表面上的一系列共有点。

求两曲面立体相贯的相贯线常用的方法有：表面取点法、辅助平面法和近似画法。

1. 圆柱与圆柱相交

当两圆柱轴线垂直于投影面时，应尽量利用积聚性求相贯线。

【例题 3-13】 求图 3-21 中两正交圆柱的相贯线。

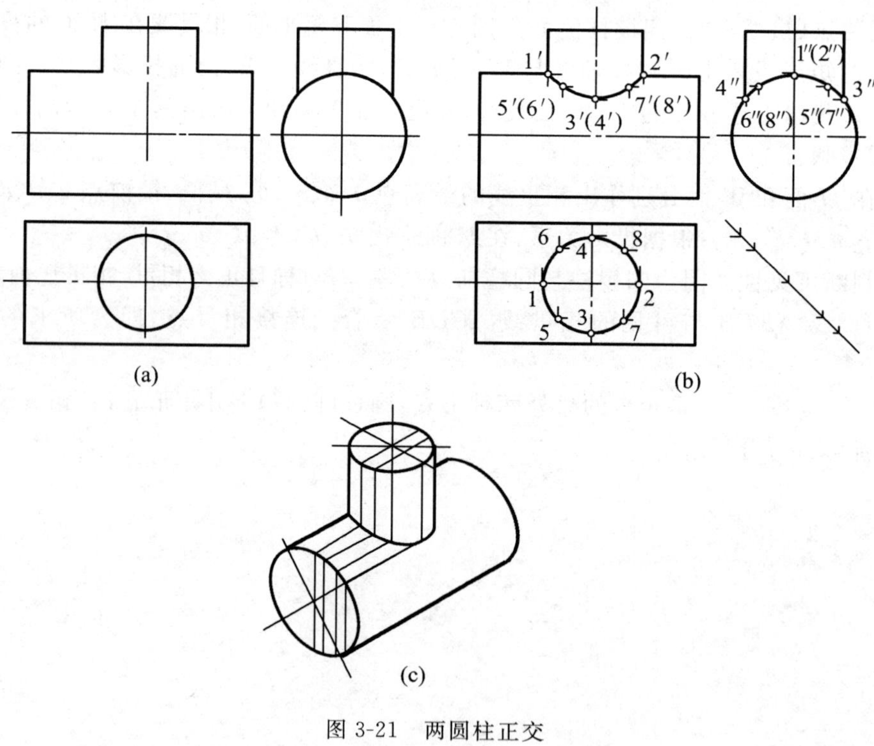

图 3-21 两圆柱正交

分析：两圆柱的轴线垂直相交称为正交。图中正交两圆柱轴线分别垂直于侧面、水平面，大、小圆柱的圆柱面分别在 W 面、H 面的投影积聚为圆。相贯线在 H 面的投影积聚在小圆柱的圆上，在 W 面的投影则积聚在大、小圆柱的公共部分，即积聚在大圆柱上部的一段圆弧上。因此，只需求出相贯线在 V 面的投影。相贯体前后、左右对称，所以相贯线在 V 面投影的前半部分和后半部分重合。

用表面取点法作图[见图 3-21(b)]：

(1)求特殊点。相贯线的特殊点一般位于圆柱面的转向轮廓线上。在 H 面上，分别取相贯线的最上点，同时为最左、最右点Ⅰ、Ⅱ(大圆柱最高素线与小圆柱最左、最右素线共有点)；最下点，同时为最前、最后点Ⅲ、Ⅳ(小圆柱最前、最后素线与大圆柱共有点)。上述各点在 H 面上的投影为 1、2、3、4，在 W 面上的投影为 $1''$、$2''$、$3''$、$4''$，利用投影关系，可作出 V 面的投影 $1'$、$2'$、$3'$、$4'$。

(2)求一般点。在 H 面确定一般点的投影 5、6、7、8，根据投影关系找出 W 面中与之对应的点 $5''$、$6''$、$7''$、$8''$，再根据点的投影规律作 V 面的投影 $5'$、$6'$、$7'$、$8'$。

(3)判断可见性。V 面后半相贯线投影 $1'6'4'8'2'$ 不可见，但与可见的前半相贯线投影 $1'5'3'7'2'$ 重合。用光滑的曲线依次连接 $1'$、$5'$、$3'$、$7'$、$2'$，即为相贯线的 V 面投影。

正交两圆柱相贯线的近似画法：当两圆柱直径相差较大时，其相贯线的投影可采用圆弧代替。这时，以大圆柱的半径为圆弧半径，圆心在小圆柱轴线上，相贯线向大圆柱轴线方向弯曲，如图 3-22 所示。

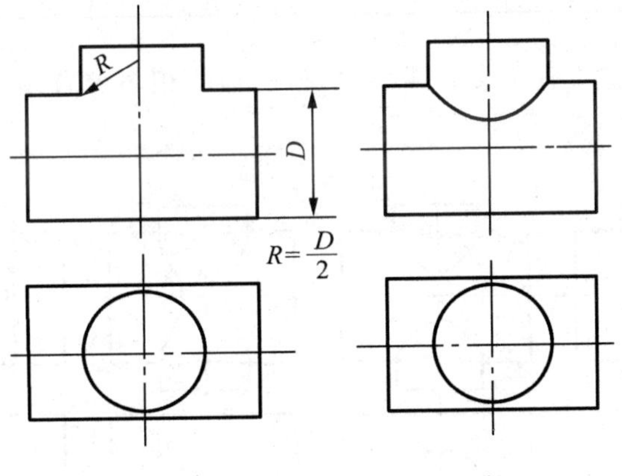

图 3-22　正交圆柱相贯线的近似画法

两圆柱轴线垂直相交，它们的相贯线随着两圆柱直径的变化而变化(见表 3-4)。

表 3-4　　　　**圆柱直径对相贯线弯曲方向及弯度的影响**

形式	$D_1>D_2$	$D_1=D_2$	$D_1<D_2$
三视图	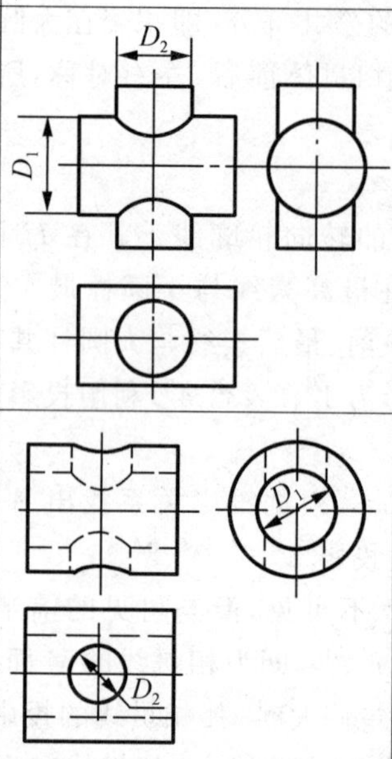	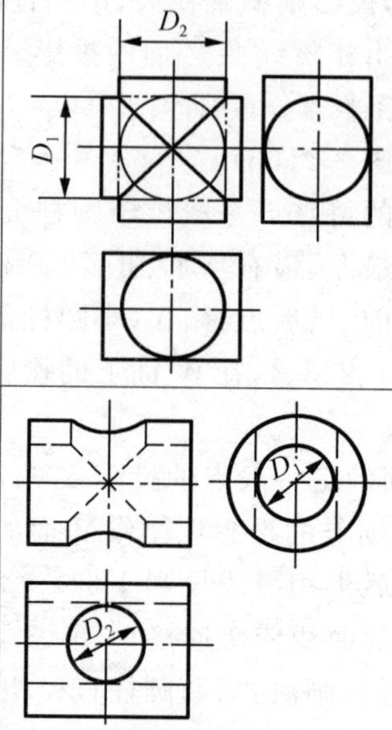	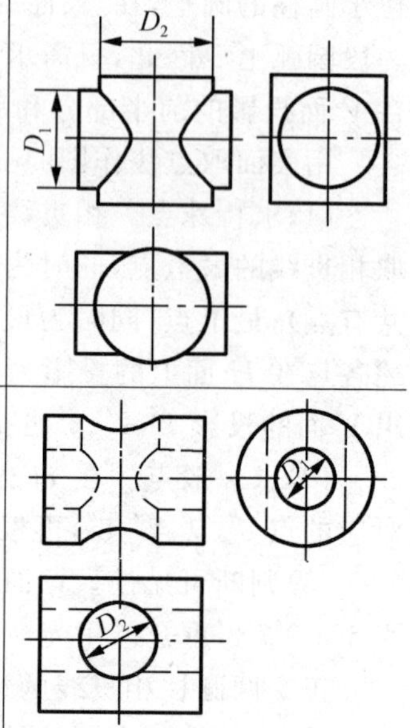
相贯线投影形状	曲线向 D_1 大圆柱轴线弯曲	过两轴线交点的相交直线	曲线向 D_2 大圆柱轴线弯曲

两圆柱垂直相交，轴线有正交或偏交，当圆柱轴线相对位置发生变化时，其相贯线的形状也随着变化，如图 3-23 所示。

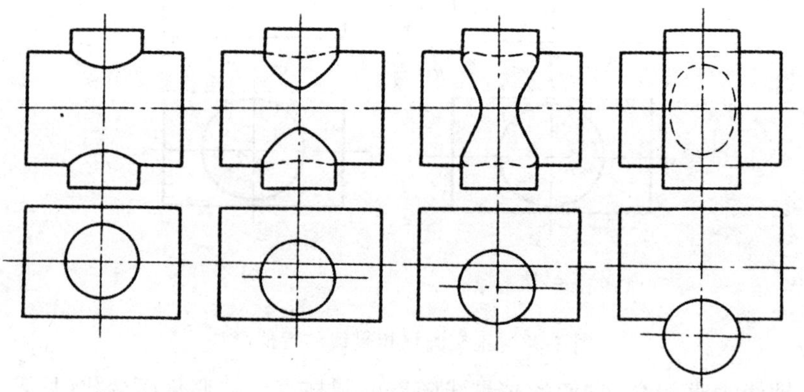

(a)　　(b)　　(c)　　(d)

图 3-23　两圆柱轴线偏交时相贯线的变化

2. 圆柱与圆锥、圆柱与圆球相交

圆锥和圆球的投影不具有积聚性，一般需用辅助平面法求其相贯线。作两曲面立体的相贯线时，可以用与两个曲面立体都相交(或相切)的辅助平面切割这两个立体，则两组截交线(或切线)的交点，是辅助平面和两曲面立体表面的三面共点，即为相贯线上的点。

用这种方法求作相贯线，称为辅助平面法。

选择辅助平面的原则：辅助平面应在两相交立体相交的范围内，并且使辅助平面与两曲面立体表面的截交线成为最简单的形式（如圆、直线等）。

图 3-24(a)(b)给出了圆柱与圆锥相贯的两种情况及辅助平面法求相贯线的示意图。其中图 3-24(a)采用了水平辅助平面法，该辅助平面与圆柱的交线为矩形、与圆锥的交线为圆。在 H 面投影上，这两条交线具有真实性，而在另外两投影面上又具有积聚性，很容易求出两交线（矩形与圆）的四个交点（相贯点Ⅰ、Ⅱ、Ⅲ、Ⅳ）。对于图 3-24(b)(c)所示的相贯线，读者可自行分析。

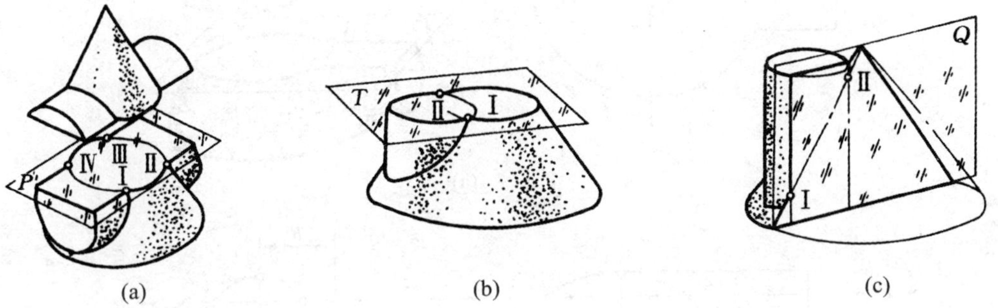

图 3-24　辅助平面法求相贯线

【例题 3-14】　求图 3-25(a)中圆柱与圆球的相贯线。

分析：由于圆柱在 W 面具有积聚性，所需求解的是相贯线的 V 面和 W 面投影。

作图步骤：

(1)求特殊点。相贯线上最高点（亦为最右点）Ⅰ和最低点（亦为最左点）Ⅱ的 V 面投影 $1'$、$2'$以及 W 面投影 $1''$、$2''$可直接找出，H 面投影 1、2 可根据投影规律求出。过圆柱轴线作水平辅助平面 Q，平面 Q 与圆柱的交线在 H 面的投影是圆柱轮廓的最前、最后素线，与圆球的交线为圆，其交点Ⅴ、Ⅵ即分别为相贯线的最前、最后点，在 H 面的投影为 5、6。

(2)求一般点。过一般位置作水平面 P，利用 W 面的积聚性，可求出圆柱与圆球的相贯点Ⅲ、Ⅳ。在 H 面上以 R 为半径作圆，该圆与 P 面截得圆柱的两条交线的交点为 3、4（宽与 $3''$、$4''$相等），利用投影关系，在 V 面上作出点 $3'$、$4'$。同样方法可求出点 7、8、$7'$、$8'$。

(3)判断可见性。因相贯体前后对称，所以相贯线在 V 面投影的前、后半部分重合为一段线。依次连接 $2'$、$7'$、$5'$、$3'$、$1'$，即为 V 面所求的相贯线。圆柱最前、最后素线是上半圆柱（其面上点的投影在 H 面为可见）与下半圆柱（其面上点的投影在 H 面为不可见）的转向轮廓线，因此 5、6 为相贯线在 H 面投影可见与不可见部分的分界点。依次将点 5、3、1、4、6 连成粗实线，将 6、8、2、7、5 连成虚线，即为所求相贯线在 H 面上的投影，如图 3-25(b)所示。

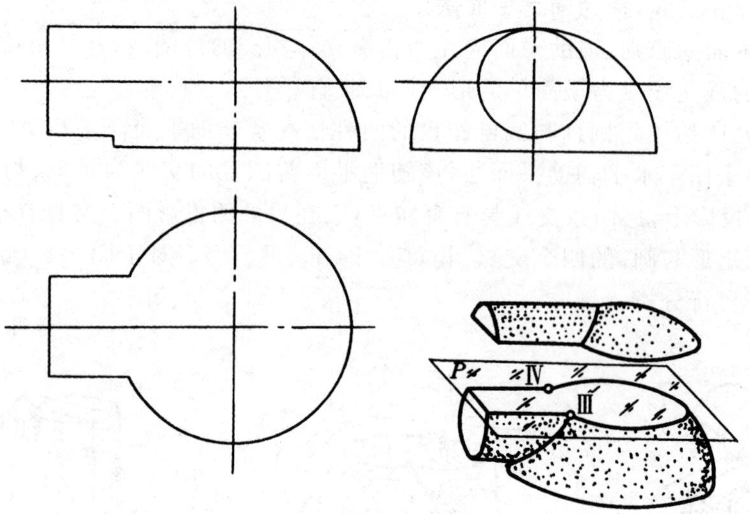

(a)

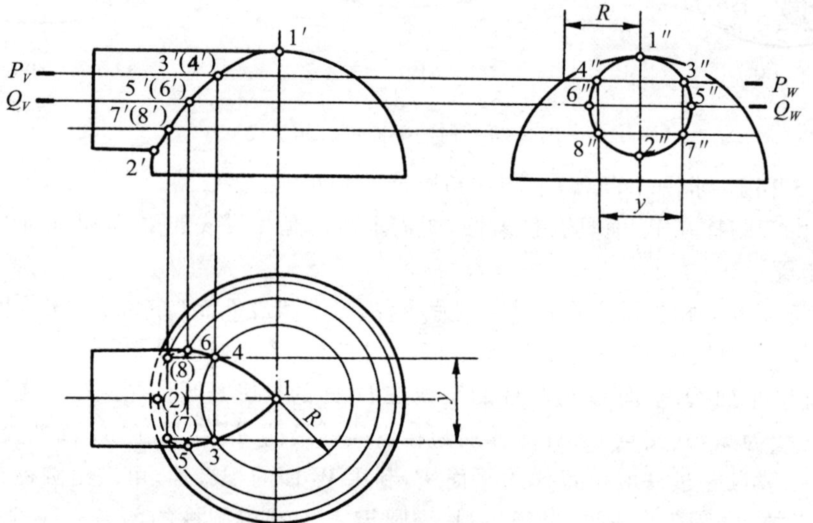

(b)

图 3-25　圆柱与圆球相贯

3. 相贯线的特殊情况

一般情况下，两回转体的相贯线是封闭曲线，但是在特殊情况下可能是平面曲线。

(1)两回转体具有公共轴线时，其相贯线为一圆。在表 3-5 中，回转体的轴线平行于 V 面，相贯线在 V 面的投影积聚为直线。

表 3-5　　**具有公共轴线的两回转体相贯线**

形式	圆柱与圆球共轴线	圆锥与圆球共轴线	圆柱与圆锥共轴线
视图	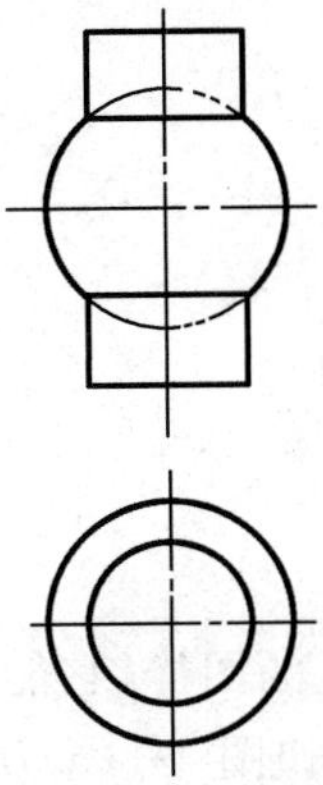	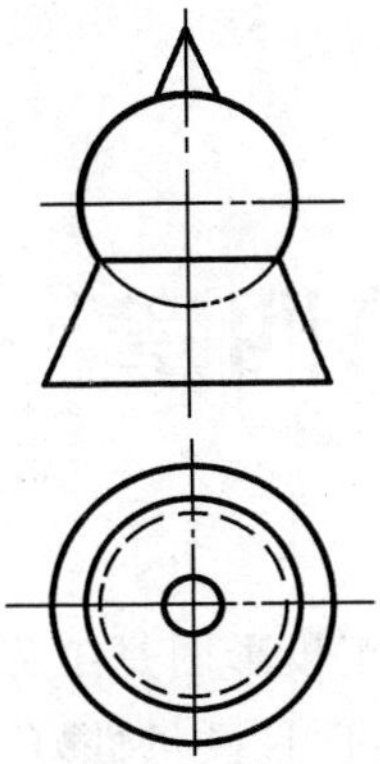	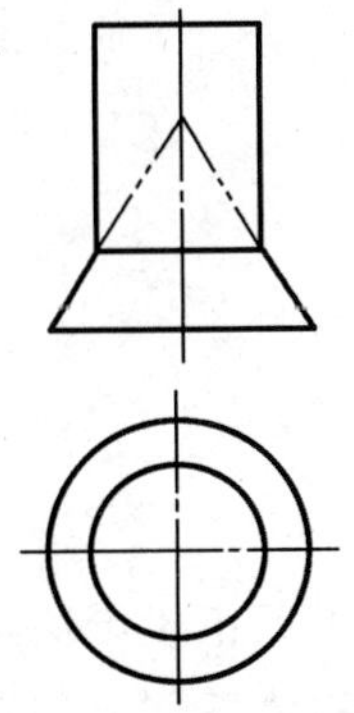

(2)两回转体公切于一个球面时，其相贯线是平面曲线：椭圆。在表 3-6 中，椭圆面垂直于 V 面，在 V 面的投影积聚为直线。

表 3-6　　**具有公共内切球的两回转体相贯线**

形式	圆柱与圆柱公切于一球面		圆柱与圆锥公切于一球面	
视图	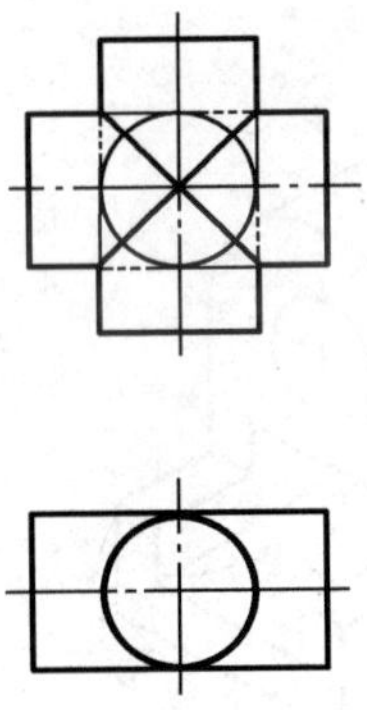	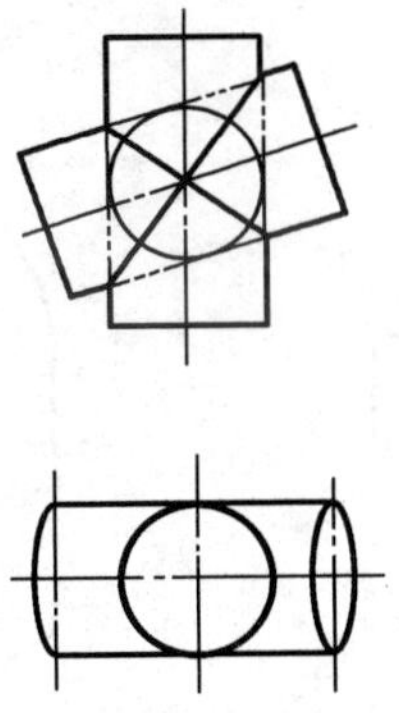	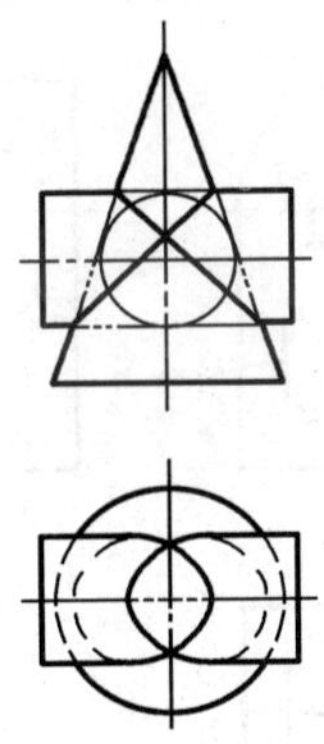	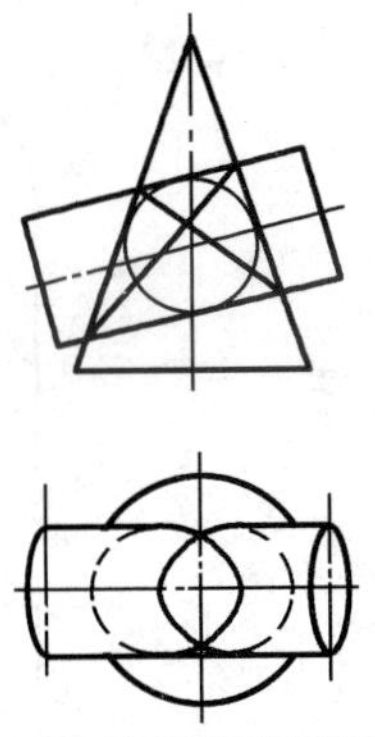

第四章　轴测图

采用正投影法绘制的多面正投影图是工程上应用最广泛的图样，它能完整、准确地表达出物体各部分的形状和大小，而且度量性好、作图也简单，如图 4-1(a)所示。但正投影法的立体感不强，在读图时需要对照几个视图和运用正投影原理进行阅读，才能够想象出物体的形状，缺乏读图基础的人是很难看懂的。在实际应用中，常采用一种立体感较强的图，如图 4-1(b)所示。它能在一个投影上同时反映出物体长、宽、高三个方向的尺寸和形状，富有逼真感和立体感，这种图样称为轴测投影图，简称“轴测图”。轴测图补充了多面正投影图立体感差、识图较难的缺点，因此它是工程上常用的一种辅助图样。在读图时，可用轴测图帮助想象立体的形状和结构。本章主要介绍轴测图的基本知识和画法。

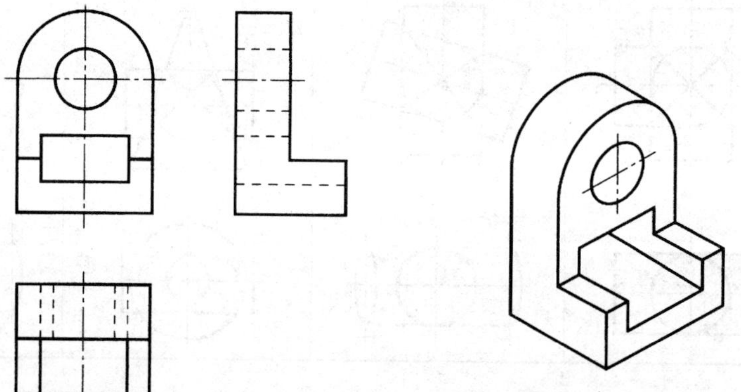

(a) 正投影图　　(b) 轴测图

图 4-1　正投影图与轴测图的比较

第一节　轴测图概述

在适当的位置设置一个投影面 P，将物体连同确定物体的直角坐标系，沿着不平行于任一坐标面的方向，用平行投影法将其投射到 P 平面上所得到的具有立体感的图形，称为轴测投影图(简称“轴测图”)，如图 4-2 所示。

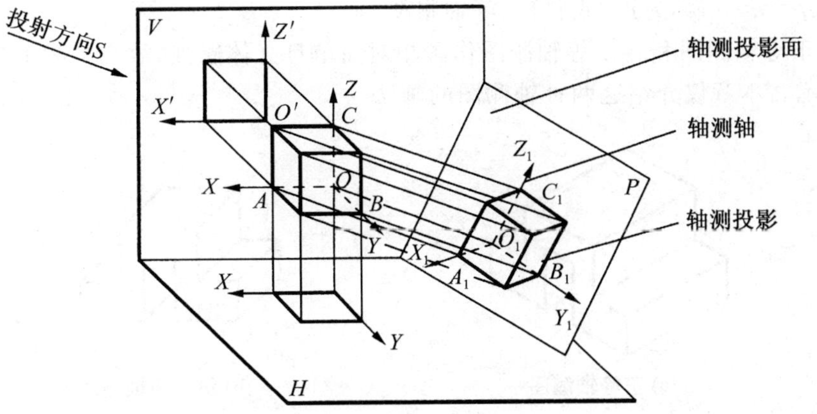

图 4-2　轴测图的形成

一、轴间角和轴向伸缩系数

在轴测投影中，把空间直角坐标轴 OX、OY、OZ 在轴测投影面上的投影 O_1X_1、O_1Y_1、O_1Z_1 称为轴测轴。把相邻两轴测轴之间的夹角 $\angle X_1O_1Y_1$、$\angle Y_1O_1Z_1$、$\angle Z_1O_1X_1$ 称为轴间角。轴测轴上的单位长度与空间直角坐标轴上对应单位长度的比值，称为轴向伸缩系数，分别用 p、q、r 表示 OX、OY、OZ 轴的轴向伸缩系数。

为了便于作图，轴向伸缩系数之比应采用简单的数值，而且各个系数的数值也宜简化，简化后的系数称为简化伸缩系数。

二、轴测图的基本性质

由于轴测投影属于平行投影，因此轴测投影仍具有平行投影的基本性质。

(1)沿轴量。物体上凡与空间坐标轴平行的线段，在轴测图中也应平行于相应的轴测轴，且具有和相应轴测轴相同的轴向伸缩系数。

(2)平行性。物体上互相平行的线段，在轴测图中也应互相平行。

由以上基本性质可知，若已知各轴的轴向伸缩系数，在轴测图中即可画出平行于轴测轴的各线段的长度。若所画线段与坐标轴不平行时，决不可在图上直接量取，而应先作出两端点的轴测图，然后连线才能得到线段的轴测图。

三、轴测图的分类

(1)根据投射方向与轴测投影面的夹角不同，轴测图可分为正轴测图和斜轴测图两类。

①正轴测图——轴测投射方向(投射线)与轴测投影面垂直投射所得到的轴测图。

②斜轴测图——轴测投射方向(投射线)与轴测投影面倾斜投射所得到的轴测图。

由此可见，正轴测图是由正投影法得到的，而斜轴测图是由斜投影法得到的。

(2)根据轴向伸缩系数的不同，分为以下三种：

①若 $p=q=r$，称为正(或斜)等轴测图。

②若 $p=q\neq r$,或 $q=r\neq p$ 或 $r=p\neq q$,称为正(或斜)二等轴测图。

③若 $p\neq q\neq r$,称为正(或斜)三等轴测图。

由于正等轴测图和斜二等轴测图作图相对简单且立体感强,故在工程上应用广泛,如图 4-3 所示。本章仅介绍这两种轴测图的画法。

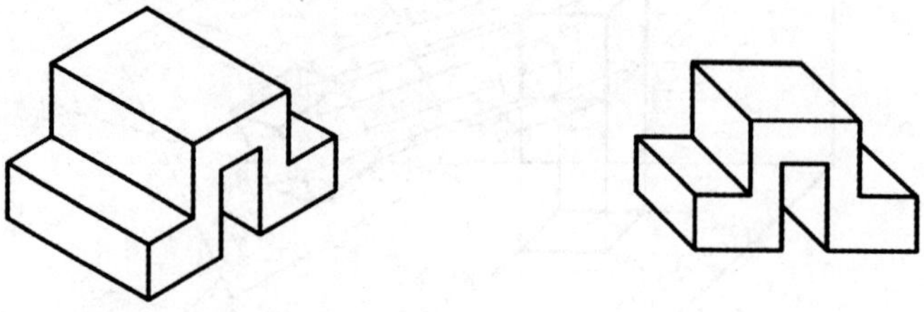

(a) 正等轴测图　　(b) 斜二等轴测图

图 4-3　工程上常见的轴测图

第二节　正等轴测图

一、正等轴测图的轴测轴、轴间角和轴向伸缩系数

正等轴测图的三个轴间角均相等,即:

$$\angle X_1O_1Y_1=\angle Y_1O_1Z_1=\angle X_1O_1Z_1=120°$$

如图 4-4 所示,作图时,通常将 O_1Z_1 轴画成铅垂线,使 O_1X_1、O_1Y_1 轴与水平线成 30°角。

正等轴测图的轴向伸缩系数也相等,即:

$$p_1=q_1=r_1=0.82$$

为了作图方便,采用 $p=q=r=1$ 的简化轴向伸缩系数,即凡平行于各坐标轴的尺寸都按原尺寸作图。这样画出的轴测图,其轴向尺寸比按理论伸缩系数作图的长度放大了 $1/0.82\approx1.22$ 倍,但这对表达形体的直观形象没有影响,如图 4-5(b)(c)所示。实际绘制正等轴测图时,均按简化轴向伸缩系数作图。

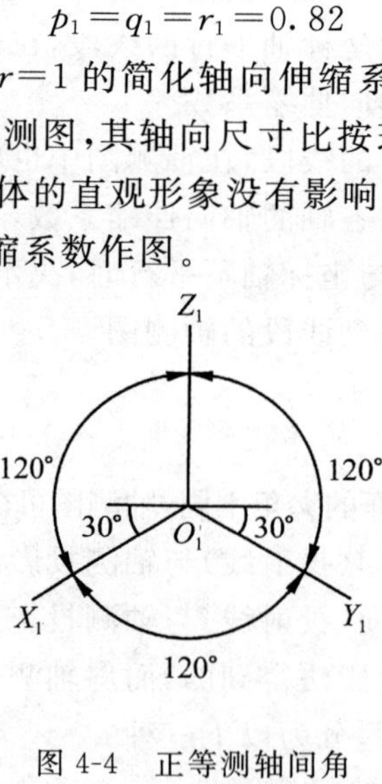

图 4-4　正等测轴间角

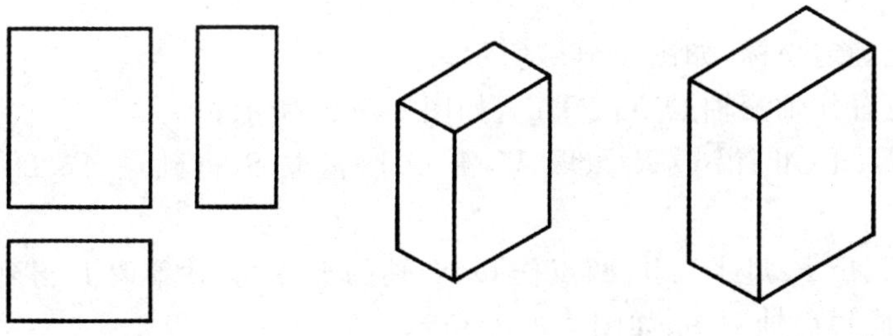

(a) 正投影图　(b) $p_1=q_1=r_1=0.82$　(c) $p=q=r=1$

图 4-5 轴向伸缩系数和简化轴向伸缩系数比较

二、正等轴测图的基本画法

通常可按下述步骤作图：

(1)根据形体结构特点，选定坐标原点位置，一般定在物体的对称轴线上，且放在顶面或底面处，这样对作图较为有利。

(2)画轴测轴。

(3)按点的坐标作点、直线的轴测图，一般自上而下，根据轴测投影的基本性质，逐步作图，不可见棱线通常不画出。

【例题 4-1】 根据正投影图[见图 4-6(a)]绘制六棱柱的正等轴测图。

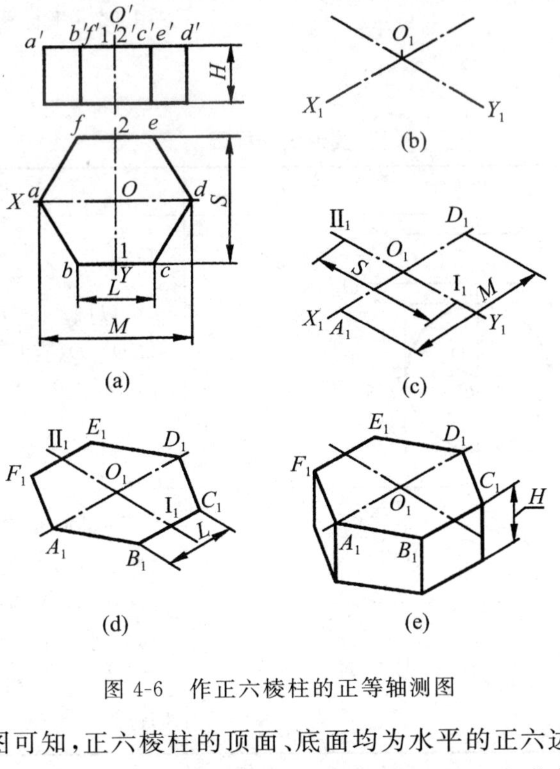

图 4-6 作正六棱柱的正等轴测图

分析：由正投影图可知，正六棱柱的顶面、底面均为水平的正六边形。在轴测图中，顶面可见，底面不可见，宜从顶面画起，且使坐标原点与顶面正六边形中心重合，作图步骤如

图 4-6 所示。

(1)在视图上确定坐标,如图 4-6(a)所示。

(2)在适当位置作轴测轴 O_1X_1、O_1Y_1,如图 4-6(b)所示。

(3)作点 A、D、Ⅰ、Ⅱ:沿 O_1X_1 量取 M,沿 O_1Y_1 量取 S,得到点 A_1、D_1、$Ⅰ_1$、$Ⅱ_1$,如图 4-6(c)所示。

(4)作点 B、C、E、F:过 $Ⅰ_1$、$Ⅱ_1$ 两点作 O_1X_1 轴的平行线,并量取 L 得到点 B_1、C_1、E_1、F_1,顺次连线,完成顶面轴测图,如图 4-6(d)所示。

(5)完成全图:过 A_1、B_1、C_1、F_1 各点向下作直线平行于 O_1Z_1,分别截取棱线的高度为 H,定出底面上的点,并顺次连线,擦去作图线,加深轮廓线,完成作图,如图 4-6(e)所示。

三、平行坐标面圆的正等轴测图

1. 圆的画法

在正等轴测图中,由于空间各坐标面相对轴测投影面都是倾斜的,而且倾角相等,所以平行于各坐标面且直径相等的圆,正等轴测图投影后椭圆的长、短轴均分别相等,但椭圆长、短轴方向不同,如图 4-7 所示。

正等轴测图中的椭圆通常采用近似画法——菱形法作图。现以水平面圆的轴测图为例说明作图方法,具体过程见表 4-1。

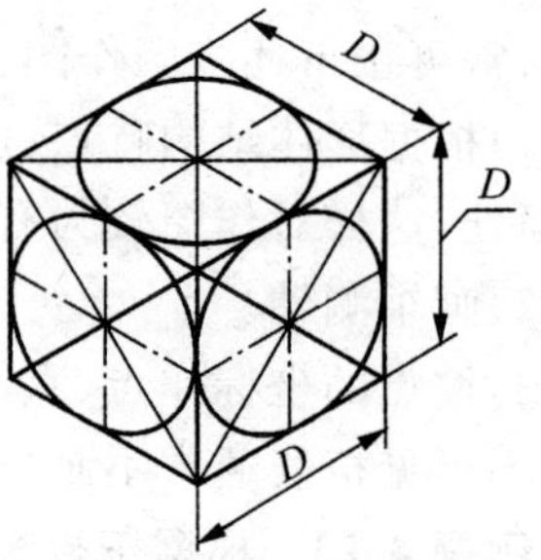

图 4-7　平行坐标面圆的正等轴测图

表 4-1　　菱形法作椭圆

程序	图例	作法说明
1	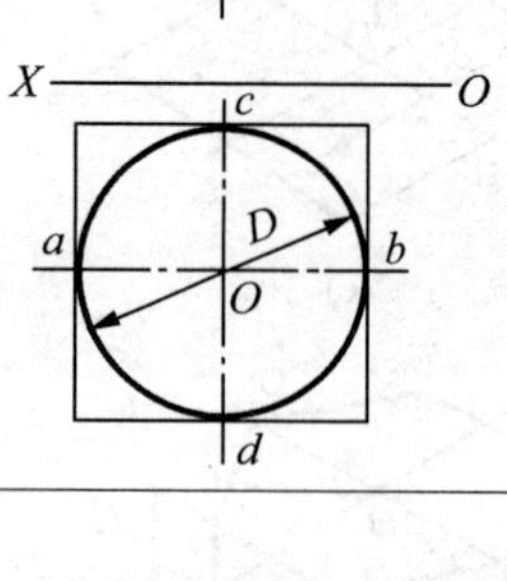	以圆心 O 为坐标原点,中心线 $AB=CD=D$(直径),$AB\parallel OX$,$CD\parallel OY$,并作外切正方形
2	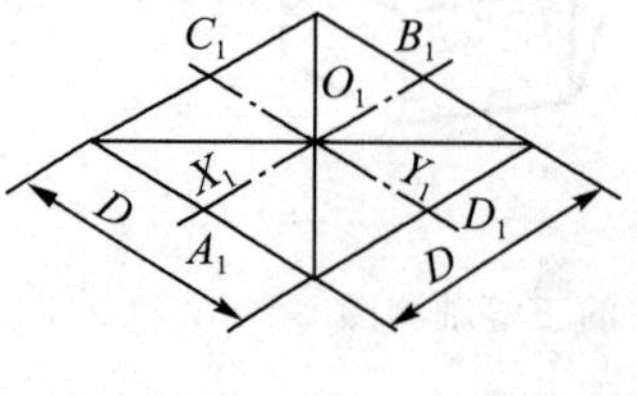	过圆心 O_1 作 X_1、Y_1 轴,并按直径 D 量取点 A_1、B_1、C_1、D_1,过 A_1、B_1、C_1、D_1 分别作 X_1、Y_1 轴的平行线,相交成菱形(即外切正方形的正等轴测图) 菱形的对角线分别为椭圆长、短轴的位置

续表

程序	图例	作法说明
3	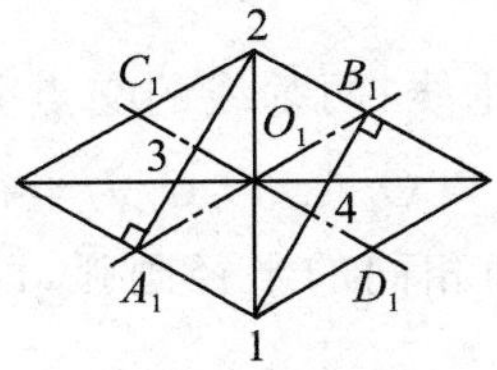	菱形短对角线端点为 1、2，连 $1B_1$、$2A_1$ 交长轴（长对角线）于 3、4 两点，则 1、2、3、4 即为四圆弧的圆心
4	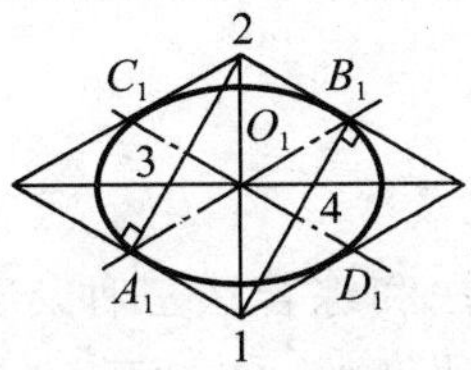	分别以 1、2 为圆心，以 $1B_1$（或 $2A_1$）为半径画大圆弧 $\overset{\frown}{B_1C_1}$、$\overset{\frown}{A_1D_1}$，以 3、4 为圆心，以 $3A_1$（或 $4B_1$）为半径画小圆弧 $\overset{\frown}{A_1C_1}$、$\overset{\frown}{B_1D_1}$，完成椭圆
5	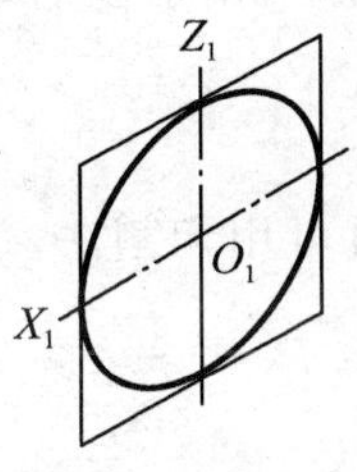 正平面圆的正等轴测图 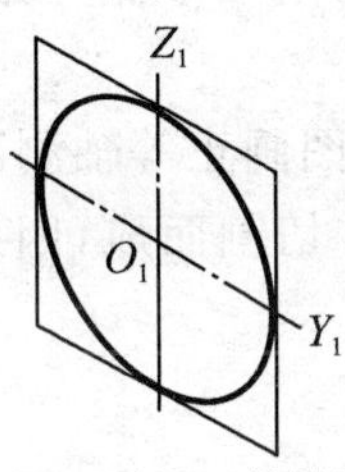 侧平面圆的正等轴测图	根据坐标面的轴测轴作出菱形，其余作法与水平椭圆相同

2. 圆角的画法

圆角是圆的四分之一，其正等测画法与圆的正等测画法相同，即作出对应的四分之一菱形，画出近似圆弧。以水平圆角为例，其作图步骤如图 4-8 所示。

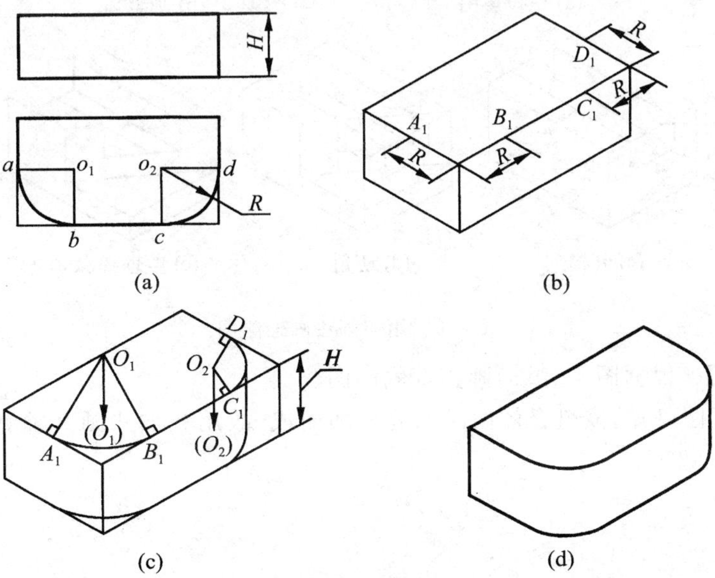

图 4-8 圆角的画法

(1)在视图中作切线(即方角),标出切点 a、b、c、d,如图 4-8(a)所示。

(2)画出方角的正等测,沿圆角的两边分别截取半径 R,得到切点 A_1、B_1、C_1、D_1,如图 4-8(b)所示。

(3)过切点 A_1、B_1、C_1、D_1 分别作各对应边的垂线,两垂线的交点分别为 O_1、O_2,即为近似圆弧的圆心。分别以各自的圆心到切点的距离 O_1A_1、O_2C_1 为半径画弧 $\overset{\frown}{A_1B_1}$、$\overset{\frown}{C_1D_1}$,将切点、圆心都平行下移一段板厚距离 H,以顶面相同的半径画弧,即完成圆角的作图,如图 4-8(c)所示。

(4)经整理描深即完成作图,如图 4-8(d)所示。

四、组合体的正等轴测图作图方法

如前所述,组合体的组合方式有切割法、叠加法和综合法三种。为了作图的方便,画组合体的轴测图时,可根据其组合方式,从基本形体开始,自上而下,由前至后,按它们的相对位置逐一画出。

【例题 4-2】 根据图 4-9(a)的正投影图画正等轴测图。

分析:由图可知,该组合体是由长方体切割而成,因此作图时可用切割法。作图步骤如图 4-9 所示。

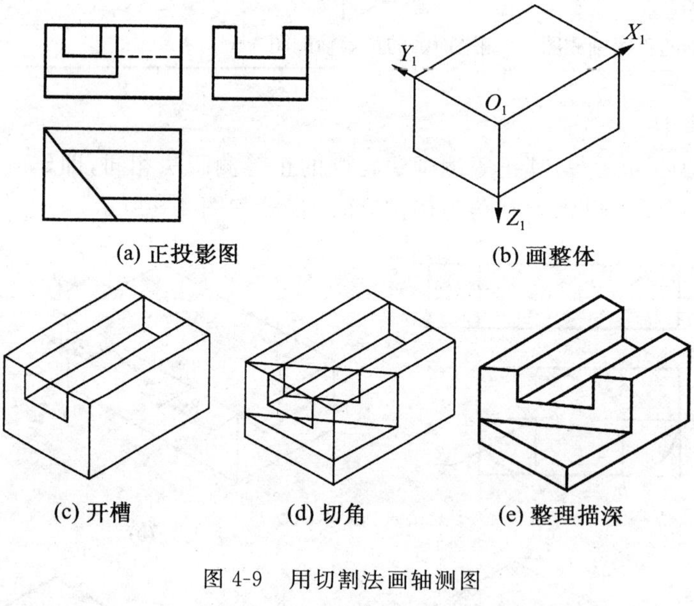

图 4-9　用切割法画轴测图

【例题 4-3】 根据图 4-10(a)画正等轴测图。

分析:由视图可知,该组合体由两部分叠加而成,故用叠加法画其轴测图。作图步骤如图 4-10 所示。

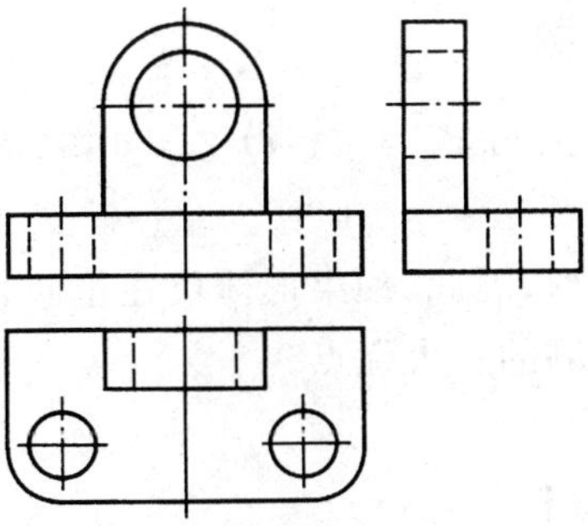

(a) 正投影图

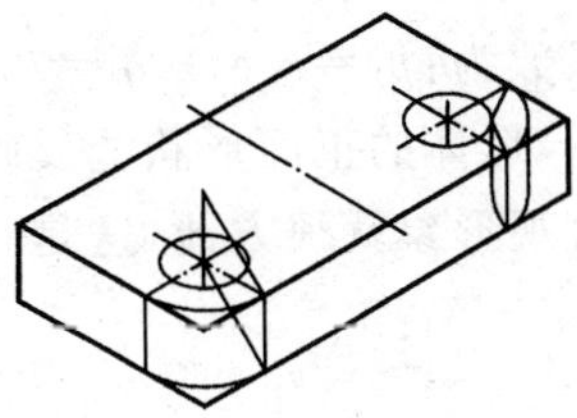

(b) 画底板

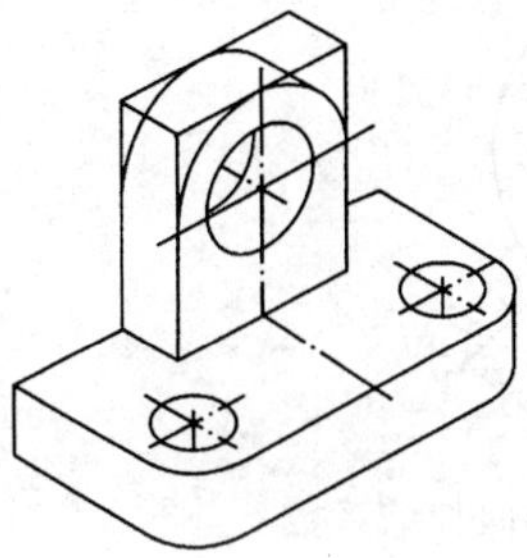

(c) 叠加立板

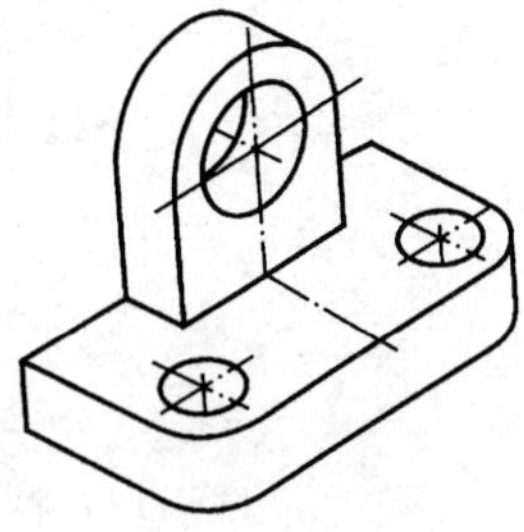

(b) 整理描深

图 4-10　用叠加法画轴测图

第三节　斜二等轴测图

在斜轴测投影中，投影方向倾斜于轴测投影面。若将物体的一个坐标面 XOZ 放置成与轴测投影面平行，按一定的投射方向进行投影（见图 4-11），则所得的图形称为斜二等轴测图，简称“斜二测”。

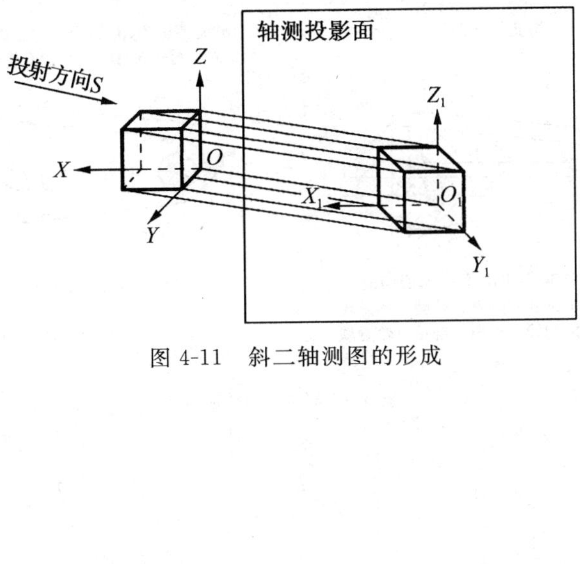

图 4-11　斜二轴测图的形成

一、斜二测的轴间角和轴向伸缩系数

斜二测的轴间角为：$\angle X_1O_1Z_1=90°$，$\angle X_1O_1Y_1=\angle Y_1O_1Z_1=135°$，如图 4-12 所示。

轴向伸缩系数为：$p_1=r_1=1$，$q_1=0.5$。

在斜二测中，形体的正面形状能反映实形，因此，如果形体仅在正面有圆或圆弧时，选用斜二测表达直观形象就很方便，这是斜二测的一大优点。

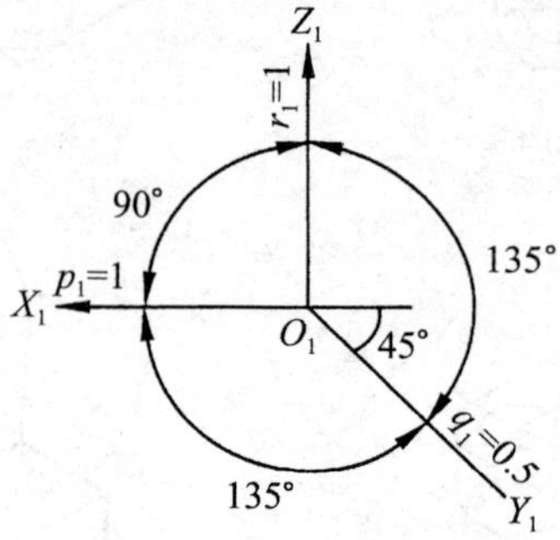

图 4-12　斜二测的轴间角和轴向伸缩系数

二、斜二测的作图方法

正等测的作图方法，对斜二测同样适用，只是轴间角和轴向伸缩系数不同而已，如图 4-13所示。

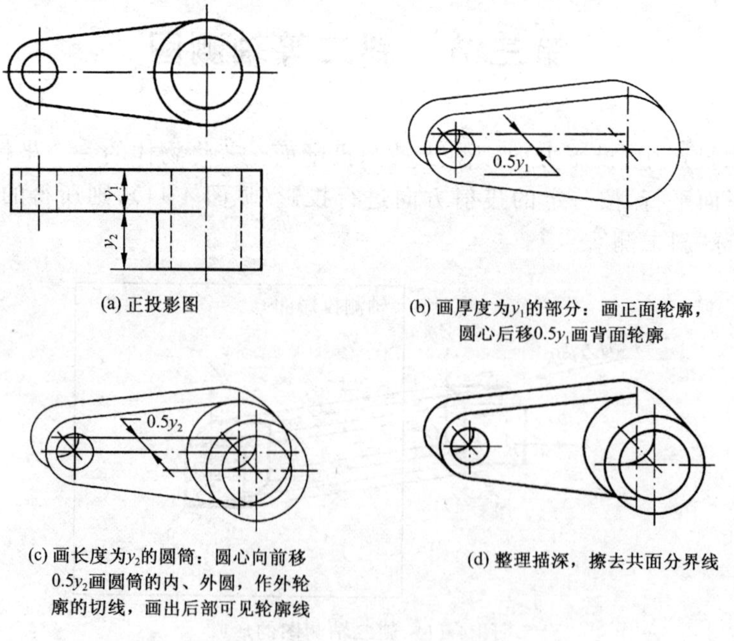

(a) 正投影图

(b) 画厚度为y_1的部分：画正面轮廓，圆心后移$0.5y_1$画背面轮廓

(c) 画长度为y_2的圆筒：圆心向前移$0.5y_2$画圆筒的内、外圆，作外轮廓的切线，画出后部可见轮廓线

(d) 整理描深，擦去共面分界线

图 4-13　斜二测画法

第五章　组合体

任何机器零件，一般都可以看作由若干基本几何体经过叠加、切割等方式而形成的组合体。本章主要通过对组合体进行分析，进一步学习组合体三视图的投影特性，组合体画图和读图的基本方法，以及组合体的尺寸标注等问题。

第一节　组合体的组成分析

一、组合体的组合形式

组合体的组合方式有叠加、切割以及综合型等。

1. 叠加

组合体由若干个基本几何体叠加而成，如图 5-1 所示。画图时按基本几何体的画法，根据相互位置把它们画在一起。

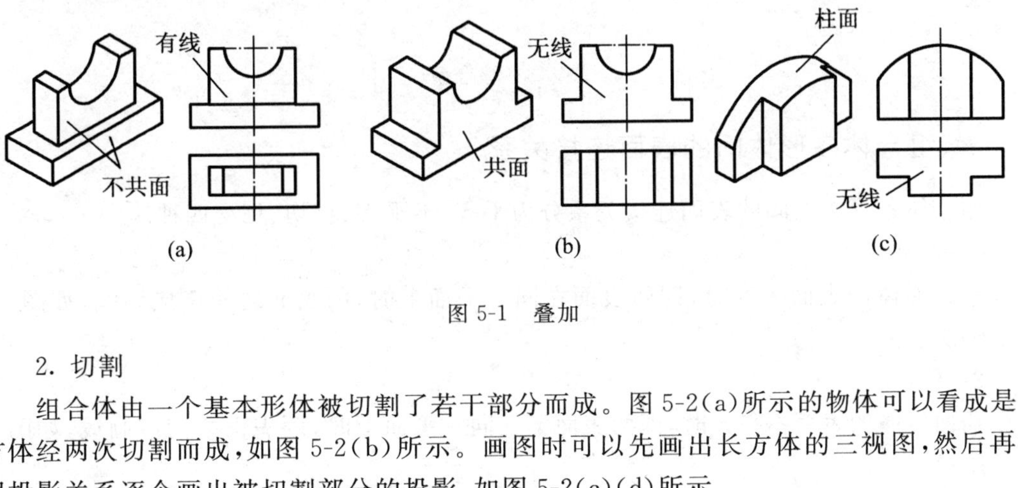

图 5-1　叠加

2. 切割

组合体由一个基本形体被切割了若干部分而成。图 5-2(a)所示的物体可以看成是长方体经两次切割而成，如图 5-2(b)所示。画图时可以先画出长方体的三视图，然后再根据投影关系逐个画出被切割部分的投影，如图 5-2(c)(d)所示。

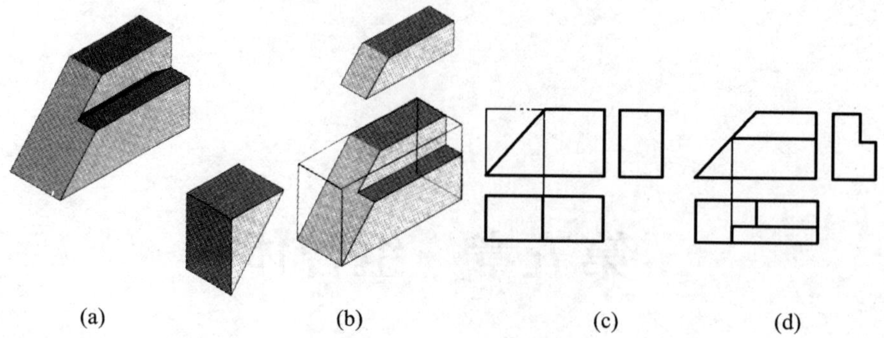

图 5-2　切割

3. 综合型

组合体由若干基本几何体经叠加、切割后组合而成，如图 5-3 所示。

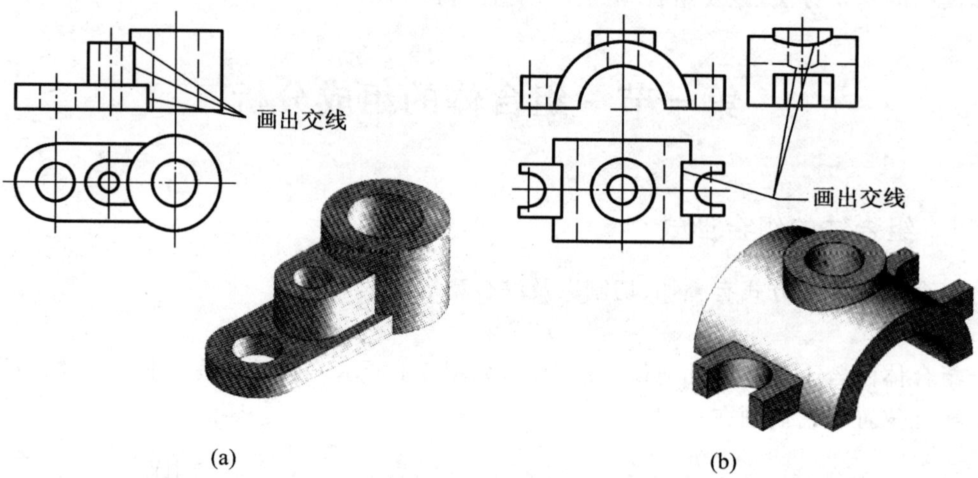

图 5-3　综合型

二、组合体各形体间的表面连接关系

组合体各形体之间的表面连接关系分为平齐、不平齐、相切、相交四种。

1. 平齐

当两形体的表面平齐时，即两表面在同一平面上时，两表面之间不应画线，如图 5-1(b)(c)所示。

2. 不平齐

当两形体的表面不平齐时，即两表面不在同一平面上时，两表面之间应画线，如图 5-1(a)所示。

3. 相切

两个基本几何体的表面相切组合在一起，光滑过渡。如图 5-4(a)所示底板前后平面与圆柱面相切，图 5-4(b)所示圆球曲面与圆柱面相切，相切处不存在轮廓线，在视图上不画分界线。

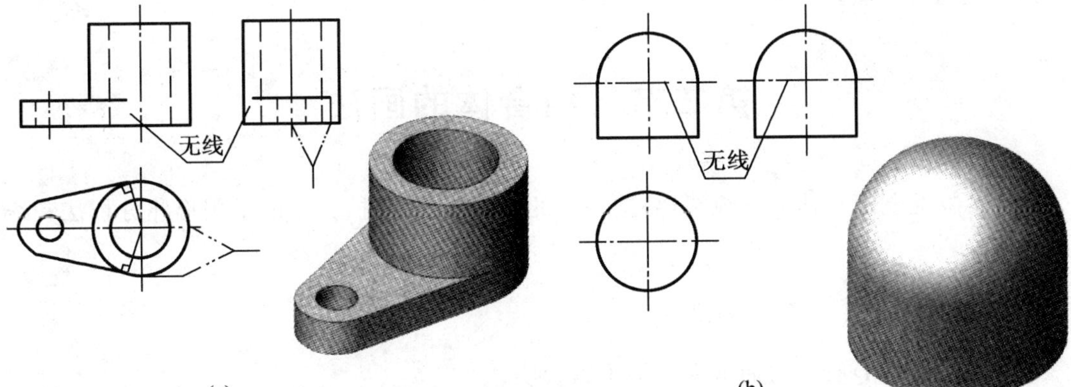

(a)　　(b)

图 5-4　相切

4. 相交

两个基本几何体的表面相交组合在一起。绘图时需画出它们的截交线、相贯线的投影，如图 5-3 所示。

三、形体分析与线面分析的基本概念

图 5-5(a)所示的轴承座是由几个基本体叠加而形成的，图 5-5(b)所示的镶块则可看作是一端为圆柱的长方体切割掉六个基本体所形成的。

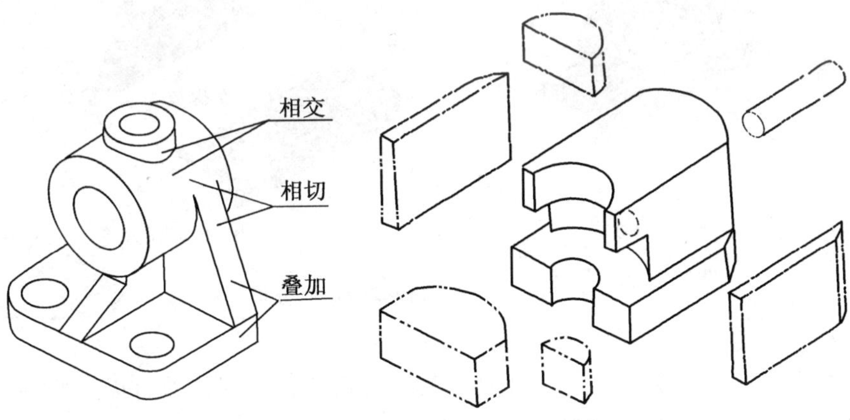

(a) 轴承座　　(b) 镶块

图 5-5　组合体的组成方式

由以上两个例子可以看出，将机件分解为若干基本体的叠加与切割，并分析这些基本体的相对位置，便可产生对整个机件形状的完整概念，这种方法称为形体分析法。在画图、读图和标注尺寸过程中，常常要运用形体分析法。

在绘制或阅读组合体的视图时，对比较复杂的组合体通常在运用形体分析法的基础上，对不易表达或读懂的局部形状，还要结合线、面的投影分析，如分析物体表面形状、物体上面与面的相对位置、物体的表面交线等,来帮助表达或读懂这些局部的形状,这种方法称为线面分析法。

第二节　组合体的画法

由实物绘制组合体的三视图,需按一定的方法和步骤进行,一般采用形体分析法和线面分析法。

一、叠加式组合体的画法

现以图 5-6(a)所示的轴承座为例予以说明。

1. 形体分析与线面分析

如图 5-6(b)所示,轴承座可以分解为圆筒、支撑板、肋板、底板四个基本几何体。圆筒是一个空心圆柱体,支撑板、肋板和底板分别可以看作是底面形状不同的棱柱,支撑板的左、右侧面与圆筒的外圆柱面相切,肋板的左右侧面与圆筒的外圆柱面相交,底板上有圆孔及矩形槽。

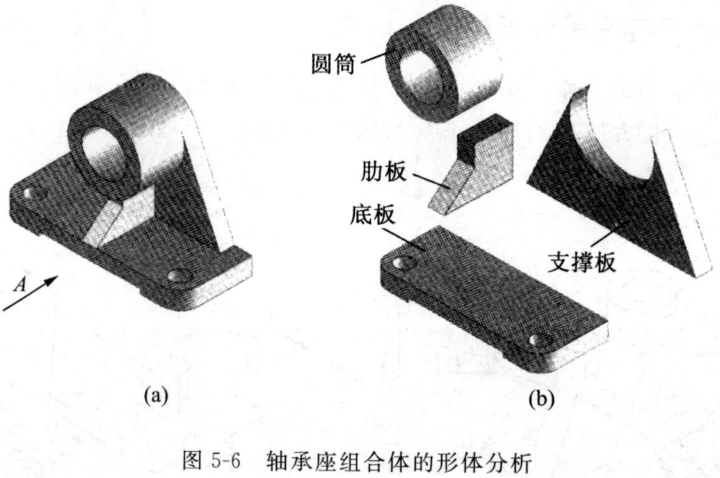

图 5-6　轴承座组合体的形体分析

2. 选择主视图

主视图是三视图中最主要、最基本的视图。主视图的选择应符合以下原则:

(1)应反映机件的主要形状特征。

(2)应考虑机件正常的工作位置。

(3)应使机件左视图、俯视图上虚线较少。

根据以上主视图的选择原则,我们选择图 5-6(a)所示的 A 方向为主视图的投影方向。

3. 确定比例和图幅

按照物体的大小和复杂程度,选用符合国家标准规定的绘图比例和图幅。

4. 作图步骤(见图 5-7)

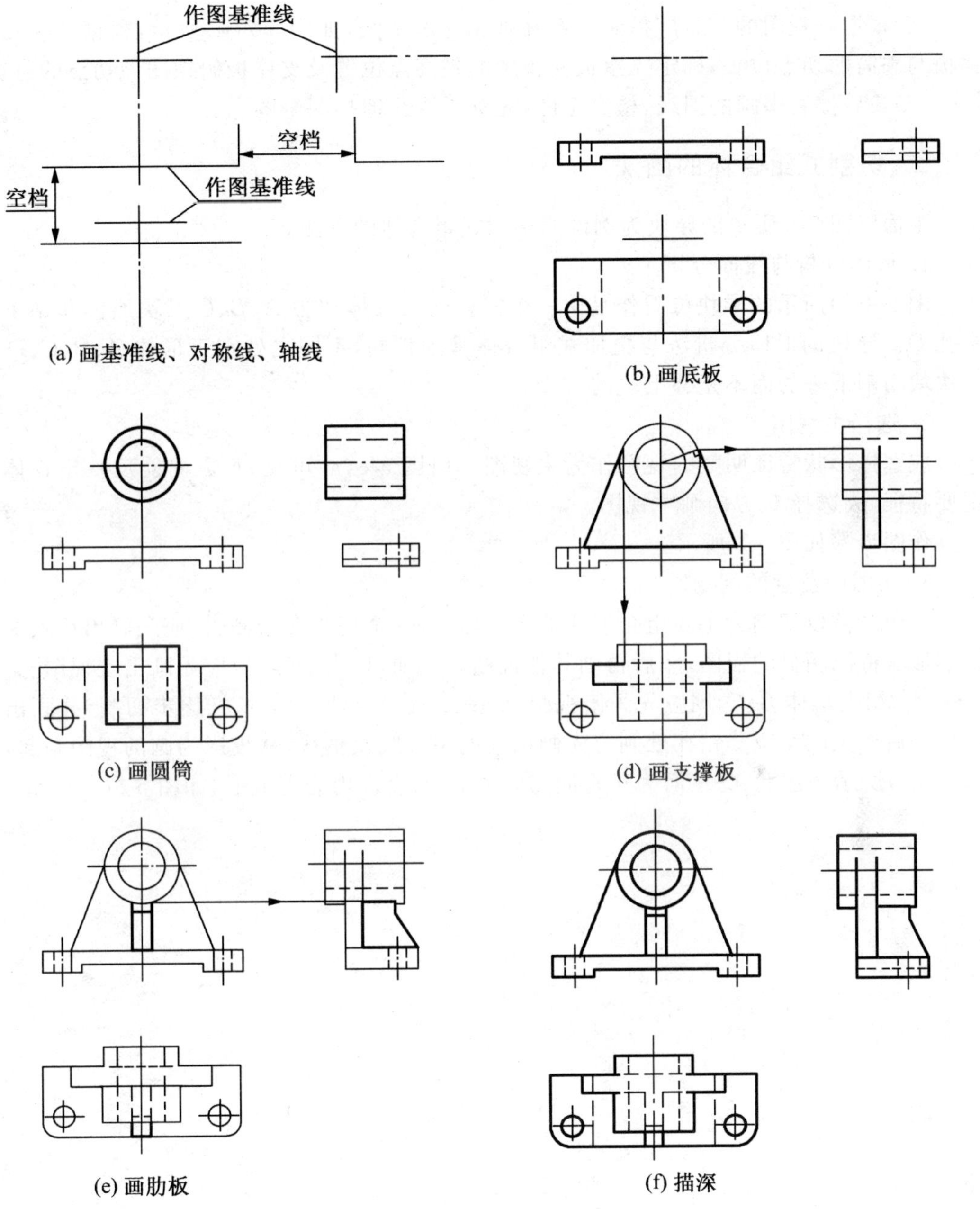

图 5-7　轴承座的绘图步骤

绘图时要注意以下几点：

(1)一般先画物体的基准线、对称中心线、圆的中心线、轴线。各视图之间要留出标注尺寸的空档位置。

(2)每个基本几何体的三面视图要一起画。

(3)圆(圆弧)要从反映圆(圆弧)的视图开始画起。

(4)先画物体的主要部分,后画细节部分。

(5)根据三视图的"三等"投影关系补画相应的图线,如图 5-7(d)所示,根据主视图支撑板与圆筒的切点位置,确定支撑板左视图的最高点位置及支撑板俯视图该切点的位置。

(6)最后擦去多画的图线,检查全图,先圆后直线地描深全图。

二、切割式组合体的画法

下面以图 5-8 所示的导块为例说明切割式组合体的画法。

1. 形体分析与线面分析

图 5-8(a)所示的导块可看作是由一个完整的长方体切去 A、B、C 三块形体和钻了一个孔 D。导块的形体分析法与叠加式组合体基本相同,不同之处在于形体 A、B、C、D 是一块块切割下来的而不是叠上去的。

2. 选择主视图

应选择形状特征明显的视图作为主视图。由图 5-8(a)可见,F 方向能反映出物体的主要特征,故选择 F 方向画主视图。

作图步骤如图 5-8 所示。

3. 绘图应注意的问题

对于这类以切割为主要组合形式的组合体,每一个切割在绘制时,应先画出反映这个切割形状特征明显的视图,然后再画其他视图。例如,切去形体 A,应先画出主视图[见图 5-8(c)];切去形体 B、C,则应先画俯视图,如图 5-8(d)(e)所示。这样逐步切割,并画出每次切割后产生的交线。钻孔处则应先画出孔的中心线及轴线,从投影为圆的视图画起,如图 5-8(f)所示。注意:Q 平面为正垂面,其 H、W 面投影均为类似形,如图 5-8(e)所示。

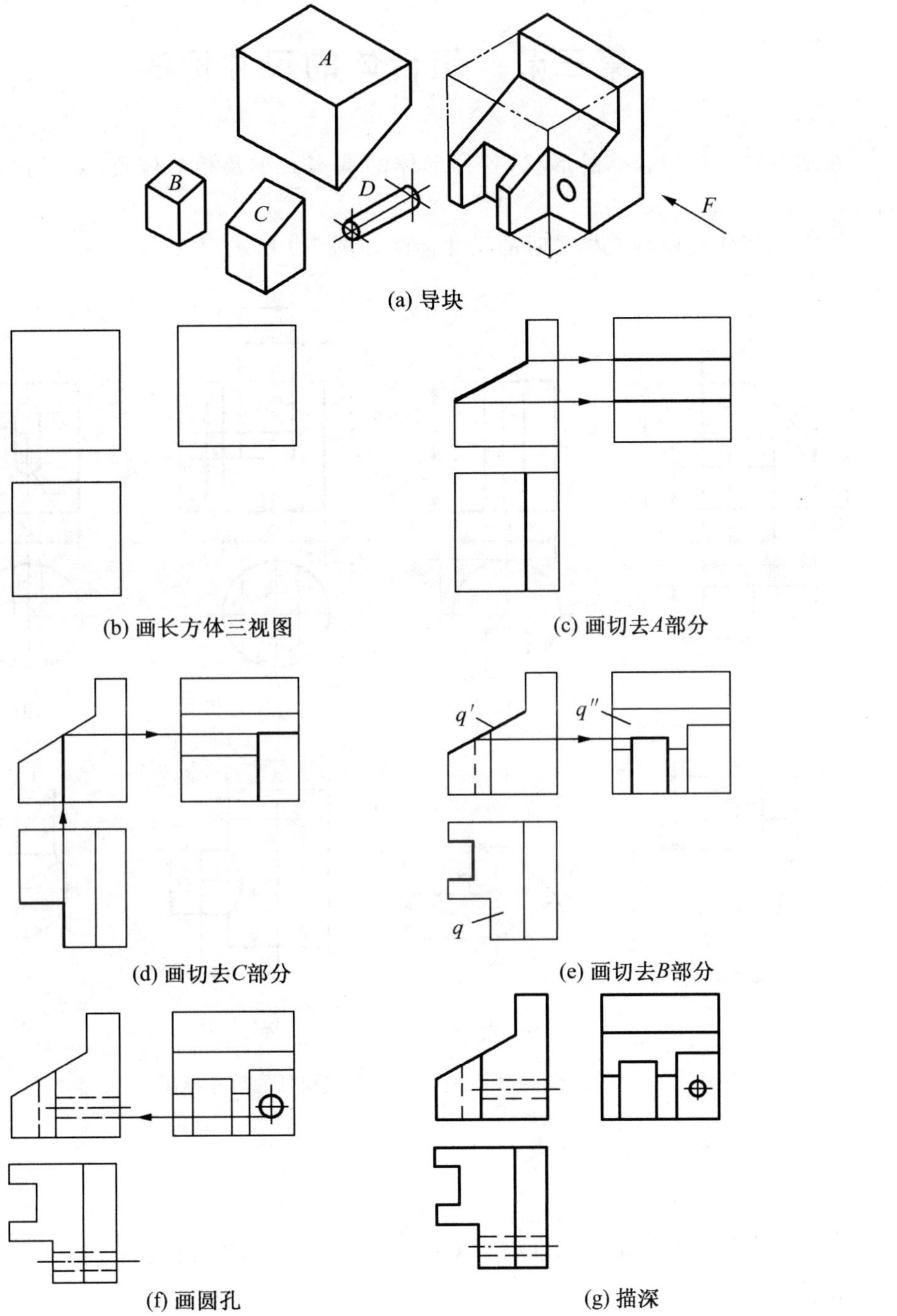

图 5-8　切割式组合体的画图方法

第三节　组合体的尺寸标注

视图只能表达组合体的形状，各种形体的真实大小及相对位置，要通过尺寸标注来确定。

基本几何体被切割或相贯时的尺寸标注如图 5-9 所示。

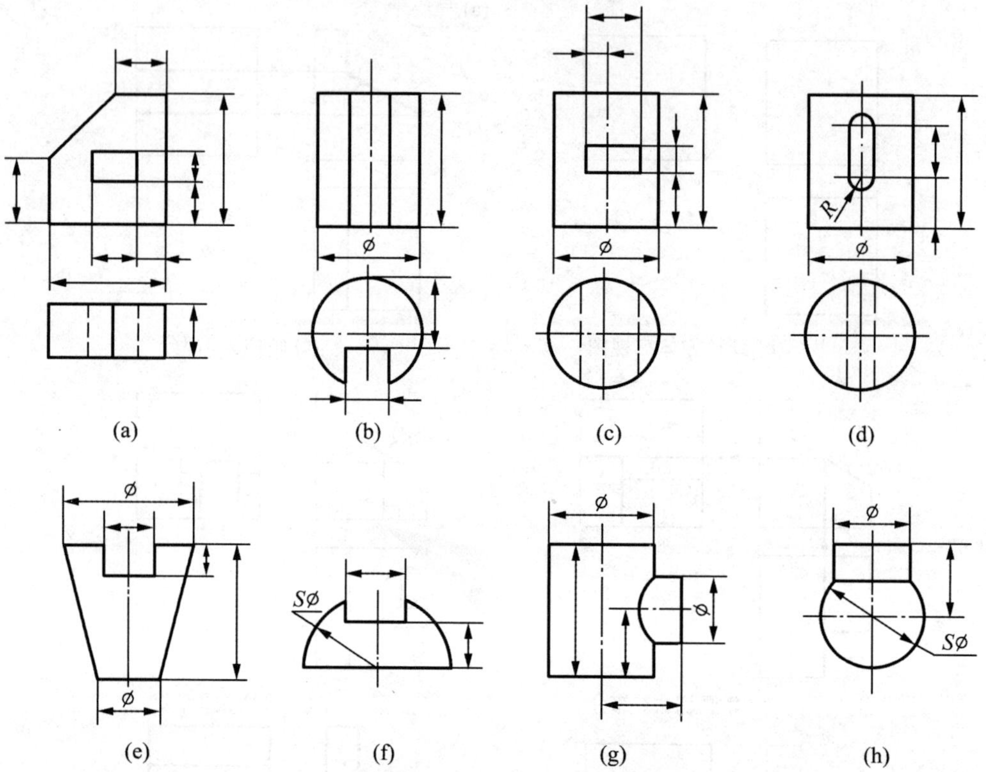

图 5-9　基本几何体被切割或相贯的尺寸标注

一、尺寸标注的基本要求

1. 正确

尺寸标注必须符合国家标准中有关尺寸标注的规定，不能随意标注。

2. 完整

为了表示机件的大小，物体长、宽、高三个方向的各类尺寸要标注完整，既不能遗漏，也不能重复，每一个尺寸在图中只标注一次。

3. 清晰

标注尺寸时，为了便于读图，还要求尺寸布置要整齐、清晰。

二、尺寸标注的基准

尺寸标注的起始位置称为尺寸基准。尺寸基准的选择，实质上是为了达到方便加工和测量的目的。因为组合体有长、宽、高三个方向的尺寸，故在每个方向上至少应有一个尺寸基准。一般选择物体的对称平面、重要端面、经过机械加工的底面以及回转体的轴线等作为尺寸基准，如图 5-10(b)所示。

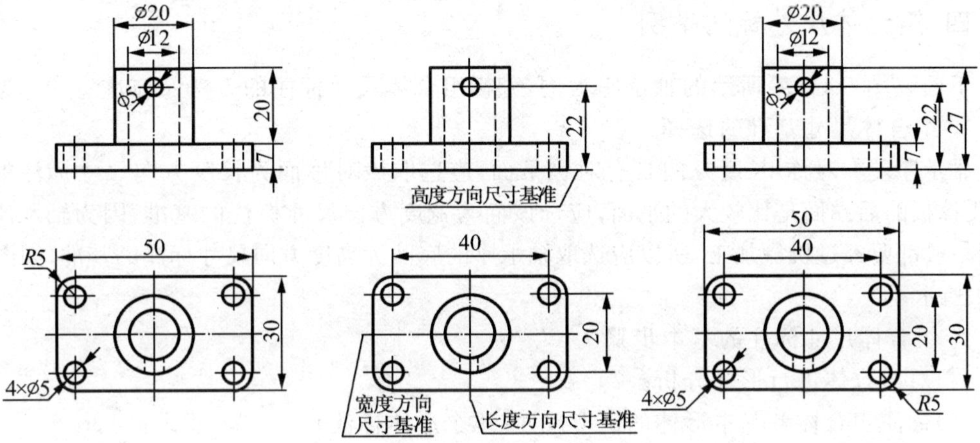

(a) 定形尺寸　(b) 定位尺寸　(c) 总体尺寸

图 5-10　组合体的尺寸标注

三、尺寸的种类

1. 定形尺寸

定形尺寸是确定各基本几何体大小的尺寸。

如图 5-10(a)所示，标注组合体尺寸，仍按形体分析法将组合体分解为若干基本体，注出各基本体的定形尺寸(即基本几何体的尺寸标注)。

2. 定位尺寸

定位尺寸是确定各基本几何体之间相对位置的尺寸。

如图 5-10(b)所示，标注了底板上四个圆孔轴线在长度方向和宽度方向上的定位尺寸，以及空心圆柱体前面的小圆孔的轴线在高度方向上的定位尺寸。

由于定位尺寸是确定相对位置的，所以在长、宽、高三个方向上，都应该有一个尺寸基准。如图 5-10(b)中，以通过圆柱体轴线的侧平面作为长度方向的尺寸基准，按左右对称标注底板上的小圆柱孔轴线在长度方向上的定位尺寸 40；以过圆柱体轴线的正平面作为宽度方向的尺寸基准，按前后对称标注底板上的小圆柱孔在宽度方向上的定位尺寸 20；以底板的底面为高度方向的尺寸基准，标注空心圆柱体前面小圆柱孔的轴线在高度方向上的定位尺寸 22。

3. 总体尺寸

总体尺寸是反映组合体外形的总长、总宽、总高尺寸。标注总体尺寸的目的是为了方便零件的备料、加工、运输、安装等。

如图 5-10(c)所示,为了表示组合体外形的总体大小,标注总长 50、总宽 30、总高 27。必须注意,如果组合体的定形和定位尺寸已标注完整,若再加注总体尺寸,就会出现多余或重复尺寸,这时就要对已标注的定形和定位尺寸作适当调整。如图 5-10(c)中主视图上的高度尺寸,若标注总高尺寸 27,则应减去一个同方向的定形尺寸,例如,在图 5-10(c)中,减去了在图 5-10(a)中所注的圆柱体高度尺寸 20。

四、组合体尺寸标注举例

下面以图 5-11(a)所示的轴承座为例,分析组合体尺寸标注的方法及应注意的问题。

1. 组合体尺寸基准的选择

轴承座左右对称,长度方向具有对称平面,应选取该对称面为长度方向尺寸标注的基准;支撑板的后端面是比较大的平面,应选该面为宽度方向尺寸标注的基准;因为轴承座的底面一般都要经过机械加工,所以应选取轴承座的底面为高度方向尺寸标注的基准,如图 5-11(a)所示。

2. 组合体尺寸标注的基本步骤

(1)对组合体进行形体分析。

(2)标注组合体各基本形体的定形尺寸(逐个形体标注)。

(3)标注组合体各基本形体的定位尺寸。

(4)标注组合体的总体尺寸。

3. 组合体尺寸标注时应注意的问题

(1)同一基本几何体的定形、定位尺寸应集中标注,并且应标注在形状明显的视图上。

(2)同轴圆柱的直径尺寸,最好标注在投影为非圆的视图上[图 5-11(b)的 $\varnothing 22$]。

(3)小于半个圆的圆弧尺寸必须标注在投影为圆弧的视图上[图 5-11(b)的 $R6$]。

(4)应尽量避免在虚线上标注尺寸。

(5)尺寸尽可能标注在视图外部,必要时也可标注在视图内部。与两视图有关的尺寸,应尽量标注在两视图之间:高度方向尺寸尽量标注在主、左视图之间;长度方向尺寸尽量标注在主、俯视图之间;宽度方向尺寸尽量标注在俯、左视图之间。

(6)尺寸布置应整齐,在标注同一方向上的尺寸时,小尺寸在内,大尺寸在外,应尽量避免尺寸线与尺寸线或尺寸界线相交。

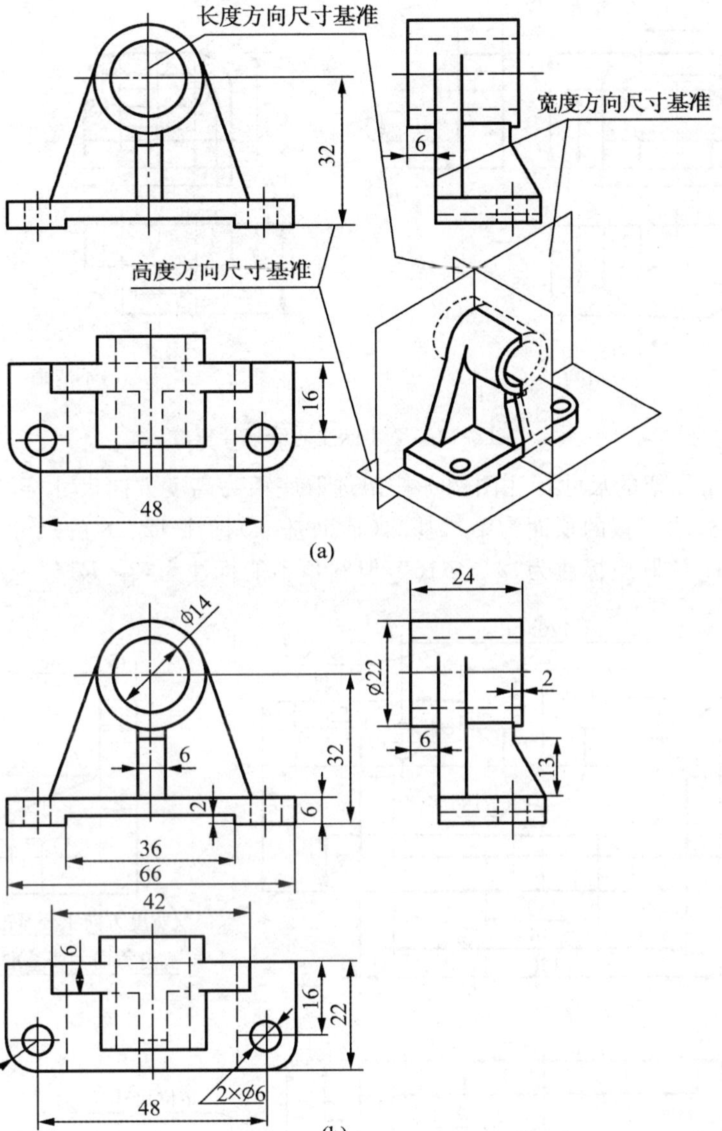

图 5-11　轴承座的尺寸标注

4. 检查漏注尺寸的方法

(1)检查组成组合体的每个基本几何体的定形尺寸及定位尺寸齐不齐。

(2)如果有钻孔,则要检查每个孔的定位、直径、深度等尺寸齐不齐。

(3)如果有切割,则要检查每项切割的定位尺寸及定形尺寸齐不齐。

图 5-12 是尺寸标注清晰与不清晰比较的图例。

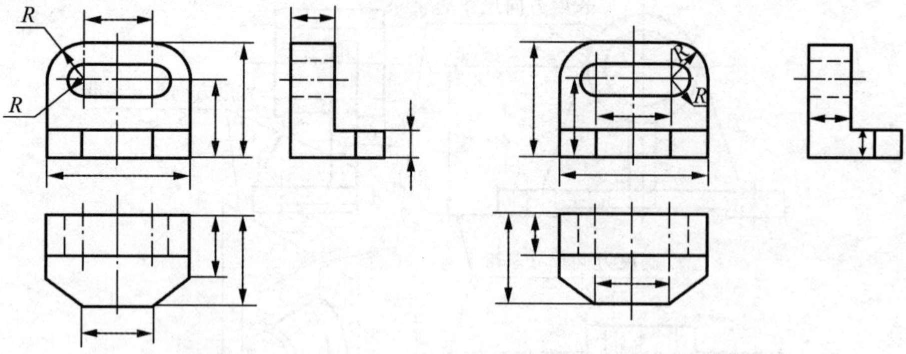

图 5-12　尺寸标注的清晰性比较

图 5-13 是托架的尺寸标注图例。托架选取底面为高度方向尺寸标注的基准后，为了便于测量，又选取竖板的顶面为第二基准（辅助基准）标注 12、28 的尺寸。同一平面上两个直径都是 15 的圆应标注为“2×∅15”，但圆角不能标注为“2×R15”。

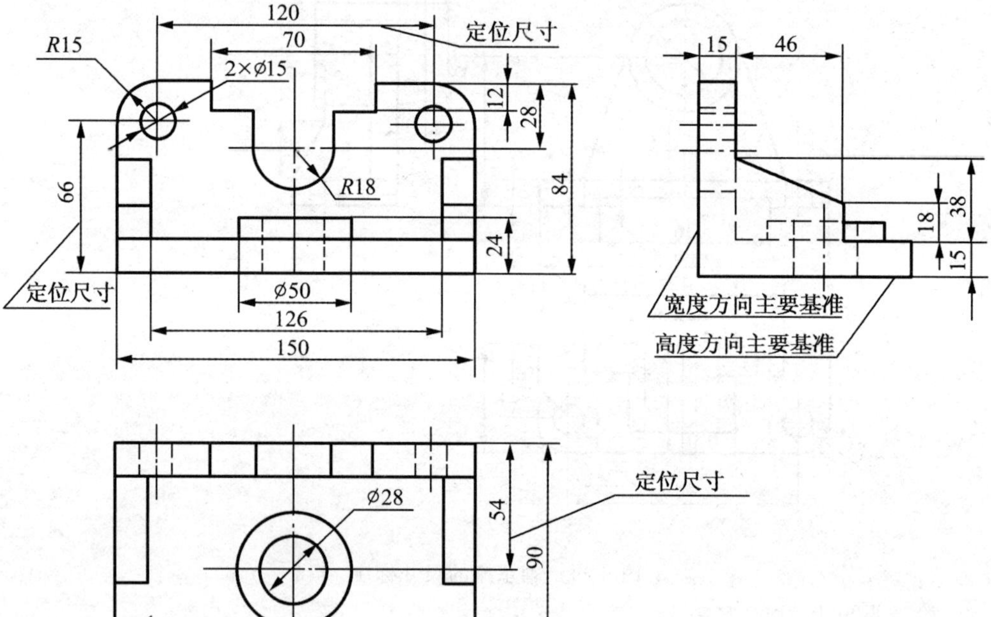

图 5-13　组合体托架的尺寸标注

常见组合体底板的尺寸标注，如图 5-14 所示。当组合体底板的端部是与底板上的圆柱孔同轴线的圆柱面时，习惯上常常仅注出圆柱孔轴线的定位尺寸和外端圆柱面的半径 R，而不再标注总长尺寸，如图 5-14(b)(c)(d)(e)所示。

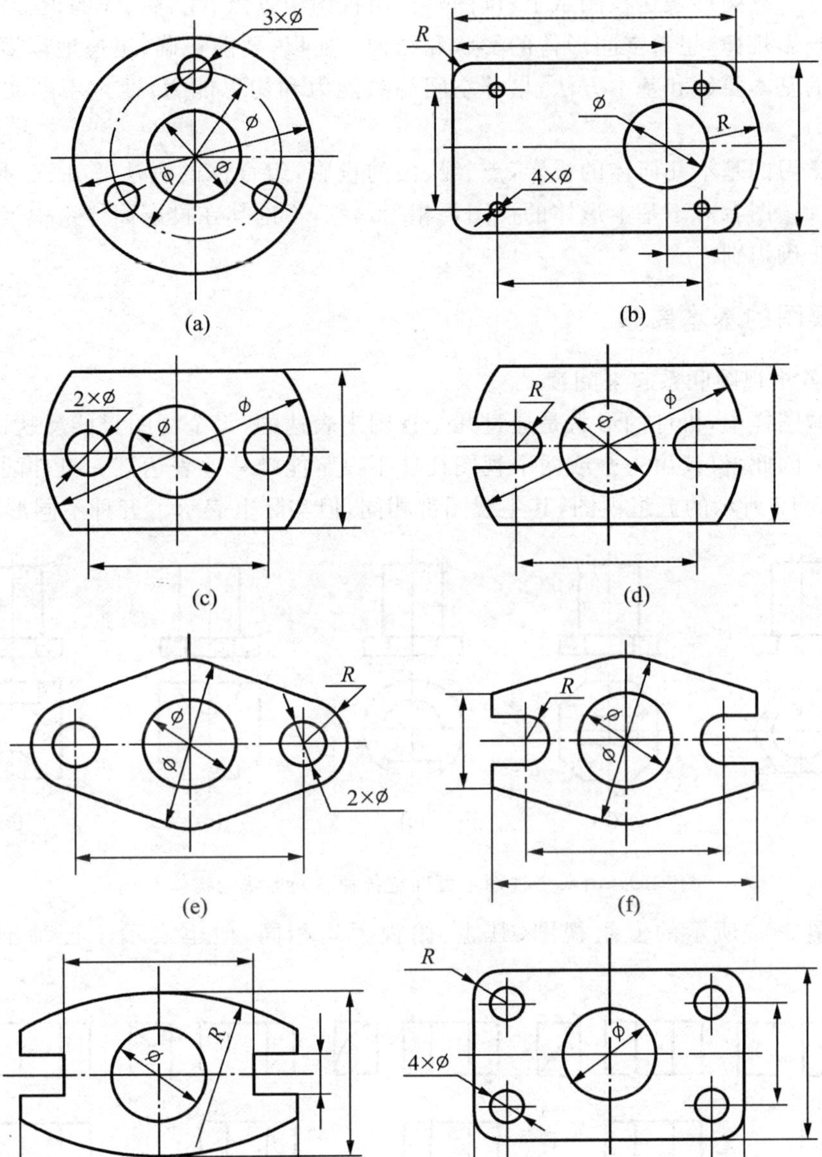

图 5-14　常见组合体底板的尺寸标注

第四节　识读组合体视图

绘图和读图是学习本课程的两个主要环节。绘图是用投影的方法,将空间物体的结构及形状用二维图形表达在图纸上；读图则是由视图根据点、线、面、体的投影特性以及多面投影的投影规律，想象空间形体的形状和结构。所以，要能正确、迅速地读懂视图，必须掌握读图的基本要领和基本方法，培养空间想象能力和构思能力，通过不断实践，逐步提高读图能力。

前面学习的基本几何体的投影，点、线、面的投影，组合体的画法等知识，是组合体读图的基础。读图者对于基本形体的视图要相当熟悉，不论其在投影面体系中怎样放置，都应该能够正确识别。

一、读图的基本要领

1. 将各个视图联系起来阅读

在机械图样中，机件的形状是通过几个视图来表达的，每个视图只能反映机件一个方向的形状。因此，仅仅由一个或两个视图往往不一定能唯一地表达某一机件的形状。

如图 5-15 所示的五组视图，其主视图都相同，但实际上表示了五种不同形状的物体。

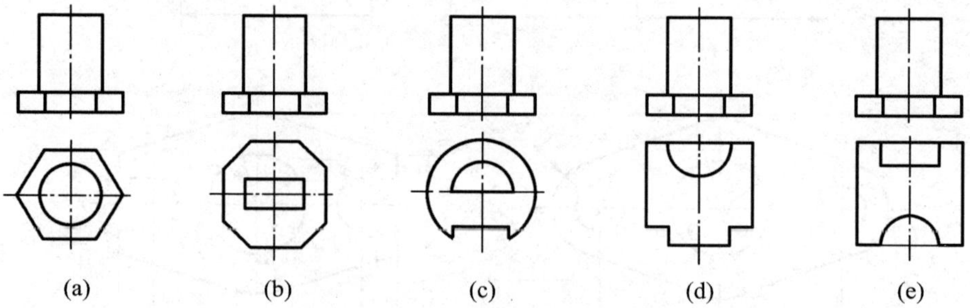

图 5-15　由一个视图不可确定各种不同形状的物体示例

又如图 5-16 所示的五组视图，其主、俯视图均相同，但也表示了五种不同形状的物体。

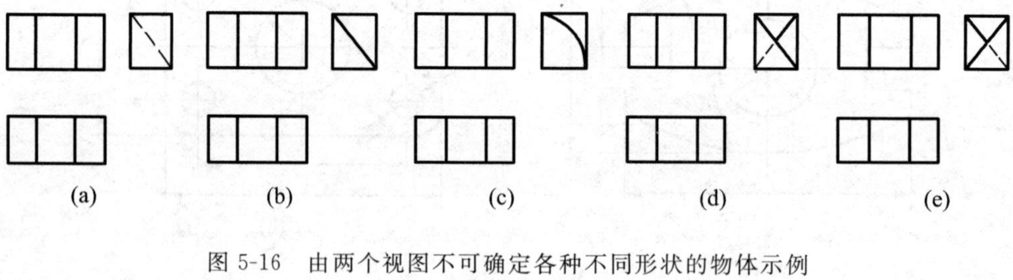

图 5-16　由两个视图不可确定各种不同形状的物体示例

由此可见，在读图时，一般都要将各个视图联系起来阅读、分析、构思，才能想象出这组视图所表达的物体的形状。

2. 应明确视图中的线框和图线的含义

视图中每个封闭线框，通常都是物体上一个表面（平面或曲面）或孔的投影。视图中的每条图线则可能是平面或曲面的积聚投影，也可能是线的投影。因此，必须将几个视图联系起来对照分析，才能明确视图中的线框和图线的含义。

(1)视图中的每个封闭线框可能表示三种情况：

①平面。如图 5-17(a)所示，主视图中的下方居中的封闭线框 $a'(b')$对应俯视图中的两条水平线 a 和 b，所以这个线框是组合体下部六棱柱平行于正面可见的前棱面 A 和不可见的后棱面 B 互相重合的投影；而主视图中左边的封闭线框对应俯视图中的两条斜线 c 和 d，所以这个线框是组合体下部六棱柱铅垂左前棱面 C 的可见投影 c'和左后棱面 D 的不可见投影 d'，也互相重合。

②曲面。如图 5-17(b)所示，主视图中的封闭线框 e'是组合体上圆柱面 E 的投影；而图 5-17c 中，俯视图中的一个小圆线框 f 则表示组合体上的一个圆柱形通孔的圆柱面 F 的投影。

③平面、曲面相切。

(2)视图中的每条图线可能表达三种情况：

①投影面垂直面的有积聚性的投影。如图 5-17(a)所示，俯视图中的图线 a，对应主视图中的线框 a'，因为 a 是六棱柱的前棱面 A 的有积聚性的投影。

②两个面的交线的投影。如图 5-17(d)所示，主视图中的图线 g'，对应俯视图中积聚成一点的 g，因而 g'是六棱柱的右前和右后棱面的交线——棱线 G 的投影。

③曲面投影的转向轮廓线。如图 5-17(d)所示，主视图中的图线 h'，对应俯视图中的大圆线框的最左点 h，因而 h'是圆柱面的正面投影转向轮廓线 H 的投影。

(3)视图中任何相邻的封闭线框，一定是组合体上相交的两个面的投影，或两个不相交的面的投影

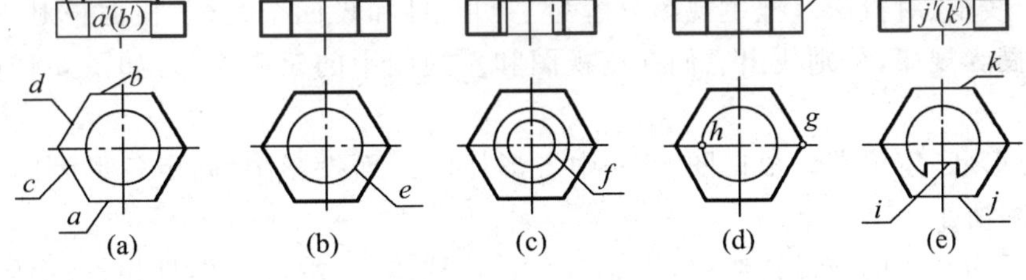

图 5-17　分析线框和图线

如图 5-17(a)所示，主视图中的相邻线框 $a'(b')$和 $c'(d')$，对应俯视图中的投影 a 或 b 和 c 或 d，可以看出，这两个线框表示相交的两个棱面 A 和 C 或 B 和 D；也可以表示不相交的两个横面 A 和 D 或 B 和 C 的投影。而图 5-17(e)中，主视图中的两相邻线框 i'和 $j'(k')$，对应俯视图中的 i 和 j、k，从而可以看出，这两个线框表示前后两个正平面 J 和 I 或 I 和 K 的投影。

总之，初学者只要坚持“多画、多看、多想”，就能逐步培养读图所需要的空间想象能力。

二、读图的基本方法

组合体的读图方法主要有形体分析法和线面分析法。

1. 形体分析法

读图的基本方法与画图一样，主要也是运用形体分析法，一般是从反映物体形状特征的主视图着手，对照其他视图，初步分析该物体由哪些基本体和通过什么形式所形成。然后按投影特征逐个找出各基本体在其他视图中的投影，确定各基本体的形状以及各基本体之间的相对位置，最后综合想象物体的总体形状。

组合体读图时应先看主体部分，后看细节部分。

下面以图 5-18 所示阀盖的三视图为例，介绍形体分析法的读图步骤。

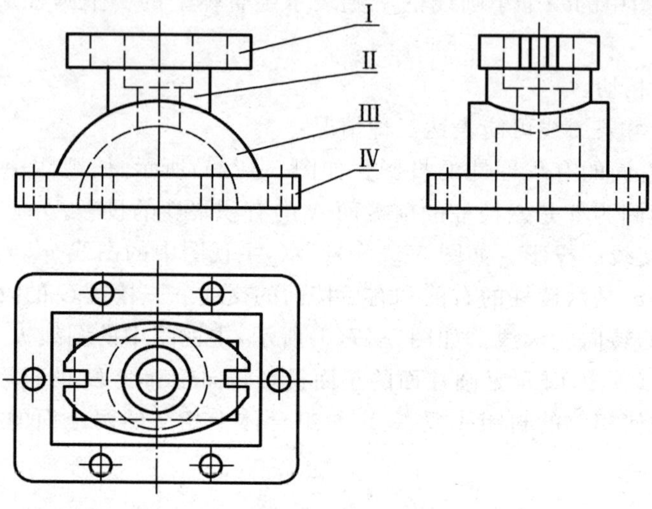

图 5-18　阀盖的三面投影图

(1)分线框、对投影。把主视图分解为Ⅰ、Ⅱ、Ⅲ和Ⅳ四个线框，根据长对正、高平齐、宽相等的投影规律，分别找出它们在俯视图和左视图中的对应投影，如图 5-19(a)(b)(c)(d)所示。

(2)想形状、定位置。根据图 5-19 中各形体的三面投影图，确定各形体的形状，如相应的轴测图所示。

形体Ⅰ为开槽的鼓形柱体；形体Ⅱ为空心圆柱体，下端与形体Ⅲ相贯；形体Ⅲ是一轴线为正垂线两端封闭的小半个空心圆柱，其上部有一竖直圆柱孔；形体Ⅳ是一具有四个圆角的中空矩形底板，中空部分是一个左右为圆柱面的长方形孔，四周分布有六个圆柱通孔。

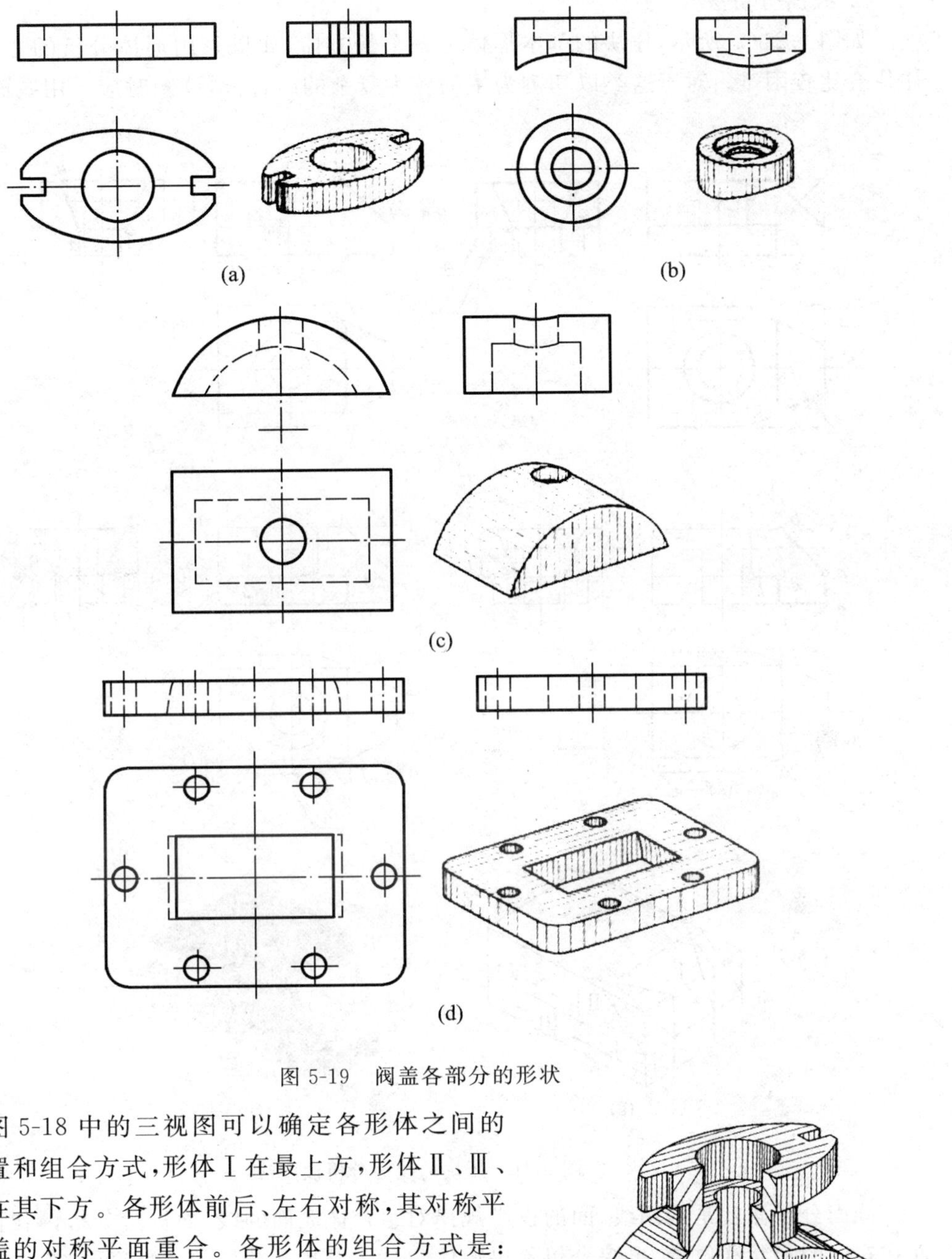

图 5-19　阀盖各部分的形状

由图 5-18 中的三视图可以确定各形体之间的相对位置和组合方式，形体Ⅰ在最上方，形体Ⅱ、Ⅲ、Ⅳ依次在其下方。各形体前后、左右对称，其对称平面与阀盖的对称平面重合。各形体的组合方式是：Ⅰ和Ⅱ、Ⅲ和Ⅳ为叠加，Ⅱ和Ⅲ为相交，其交线是相贯线。

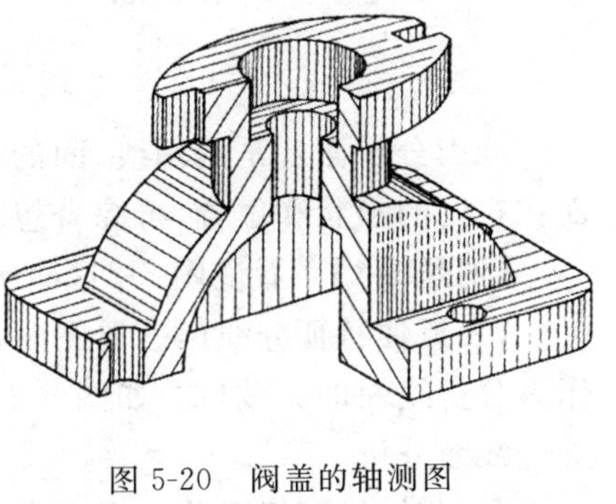

图 5-20　阀盖的轴测图

(3)综合起来想整体。进行以上分析后，按照各形体的形状、相对位置和组合方式，综合在一起想象出阀盖的整体形状，如图 5-20 所示。

2. 线面分析法

如图 5-21(a)所示,压块的基本形体是一个长方体,如果采用形体分析的方法去读图往往会比较困难。对于这类以切割为主的较为复杂的组合体,读图时应采用线面分析法。

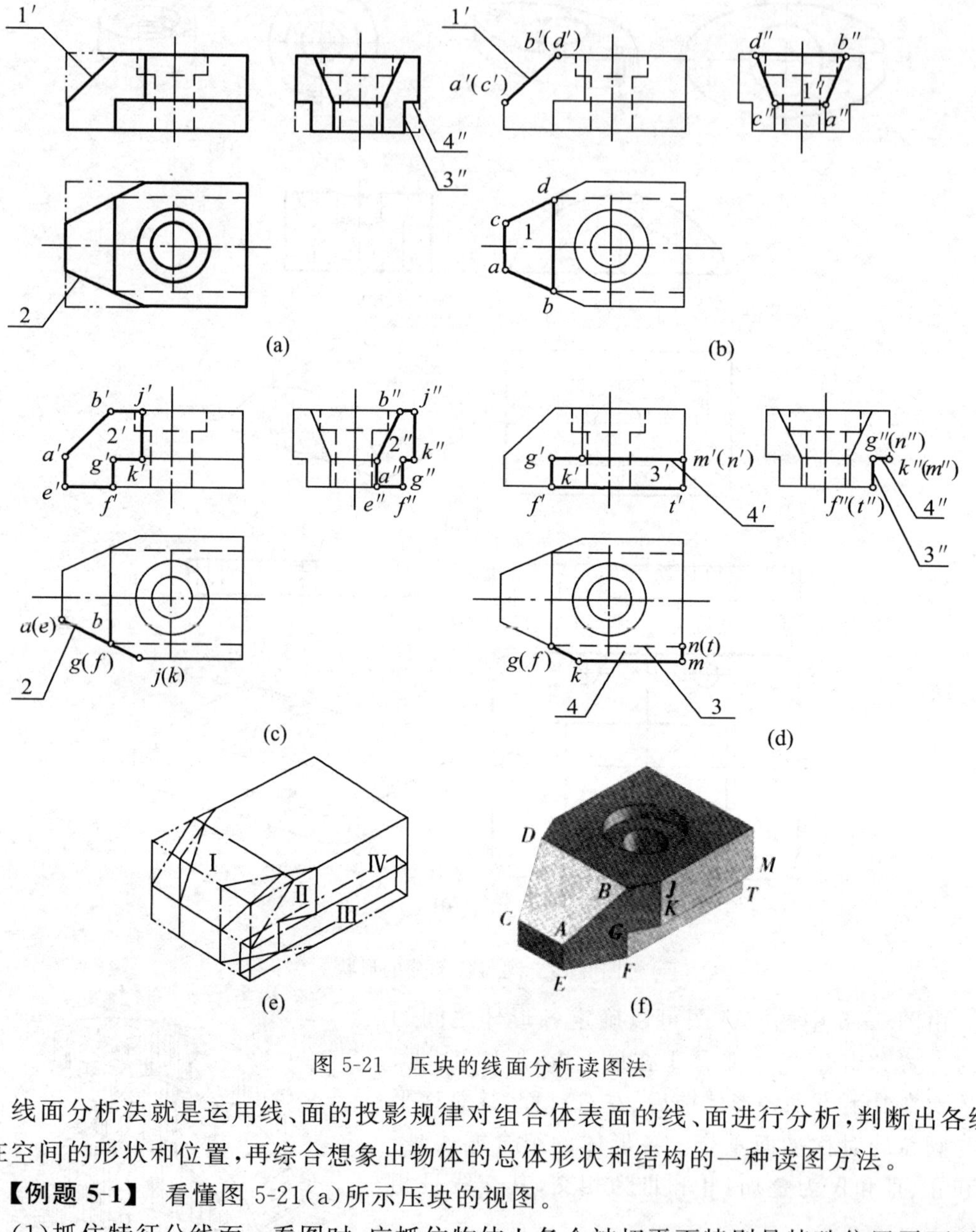

图 5-21　压块的线面分析读图法

线面分析法就是运用线、面的投影规律对组合体表面的线、面进行分析,判断出各线、面在空间的形状和位置,再综合想象出物体的总体形状和结构的一种读图方法。

【例题 5-1】　看懂图 5-21(a)所示压块的视图。

(1)抓住特征分线面。看图时,应抓住物体上各个被切平面特别是特殊位置平面(线)作为分析线面的突破口。如图 5-21(e)中,应抓住被切去的Ⅰ、Ⅱ、Ⅲ、Ⅳ等特殊位置平面进行线面分析。

(2)分析线面想形状。当被切平面为投影面垂直面时,应从其积聚为一直线的视图出发,在其他两投影面上找出该平面的类似形投影;当被切平面为投影面平行面时,也应从其积聚为一直线的视图出发，在其他投影面上找出该平面的实形投影；当被切平面为投影面的一般位置平面时，则应利用点、线投影进行分析。

①压块的基本形状是一长方体，左上方是被一个正垂面Ⅰ所截。从截得的面Ⅰ的三个投影可知，面Ⅰ是垂直于 V 面、倾斜于 H 及 W 面的梯形平面，所以主视图积聚成一直线 $1'$，俯视图面 1 和左视图面 $1''$为类似的梯形，如图 5-21(b)中的 $abdca$。

②压块左前方是被铅垂面Ⅱ所截。从截得的面Ⅱ的三个投影可知，面Ⅱ是垂直于 H 面、倾斜于 V 面及 W 面的七边形平面，所以俯视图积聚为一直线 2，主视图 $2'$和左视图 $2''$的投影均为七边形的线框，如图 5-21(c)中的 $aefgkjba$。

③压块的前下方被面Ⅲ及面Ⅳ共同切去一块。分析面Ⅲ的三面投影，俯视图面 3 积聚为一条水平的虚线、左视图上 $3''$也积聚为一条直线、主视图 $3'$为四边形线框，由此判断面Ⅲ是一个四边形的正平面，如图 5-21(d)中的 $gftng$。分析面Ⅳ的三面投影，主视图 $4'$和左视图 $4''$均为平行于 H 面的直线、俯视图面 4 为四边形线框，从而可判断面Ⅳ是一个水平的四边形，如图 5-21(d)中的 $gkmng$。

④从图 5-21(d)还可看出，压块前后对称，中间由上向下钻了一个两级的阶梯孔。

(3)综合起来想整体。综合上述对压块各表面的空间位置与形状的分析，进而想象压块的形状和结构，如图 5-21(f)所示。

为了提高组合体读图及补画视图等工作的速度，形体分析法和线面分析法常常是结合在一起使用的。

【例题 5-2】 看懂图 5-22 所示镶块的视图。

(1)抓住特征分线框。根据形体分析的读图方法及先看主体后看细节的原则，镶块的基本形体可以先判断为上面是圆柱体Ⅰ，下面是长方体右端切成圆柱面的形体Ⅱ叠加的组合体，如图 5-22(b)所示。其中形体Ⅱ又进行了多项切割，故宜用线面分析法作进一步的读图。

(2)分析线面想形状

①由图 5-22(a)的左视图可知，形体Ⅱ的前后面各被水平面及正平面切去一块，因此，在截平面上产生截交线，如图 5-22(c)所示。

②由图 5-22(a)的俯视图可知，形体Ⅱ的左边被切去一块俯视图不可见的圆柱面，因此，在主、俯视图上产生不可见的圆弧虚线，如图 5-22(d)所示。

③由图 5-22(a)的视图可知，形体Ⅱ的中间被一个圆孔从左边贯穿到右边。需注意的是，这个圆孔在主视图的两端都有很小的相贯线，如图 5-22(e)所示。

④由图 5-22(a)的视图可知，形体Ⅱ的左边被切去两块在俯视图中投影同中心且均可见的半圆柱面，如图 5-22(f)所示。

(3)综合分析想结果。综上所述，就可以综合想象出镶块的结构及形状，如图 5-22(g)所示。

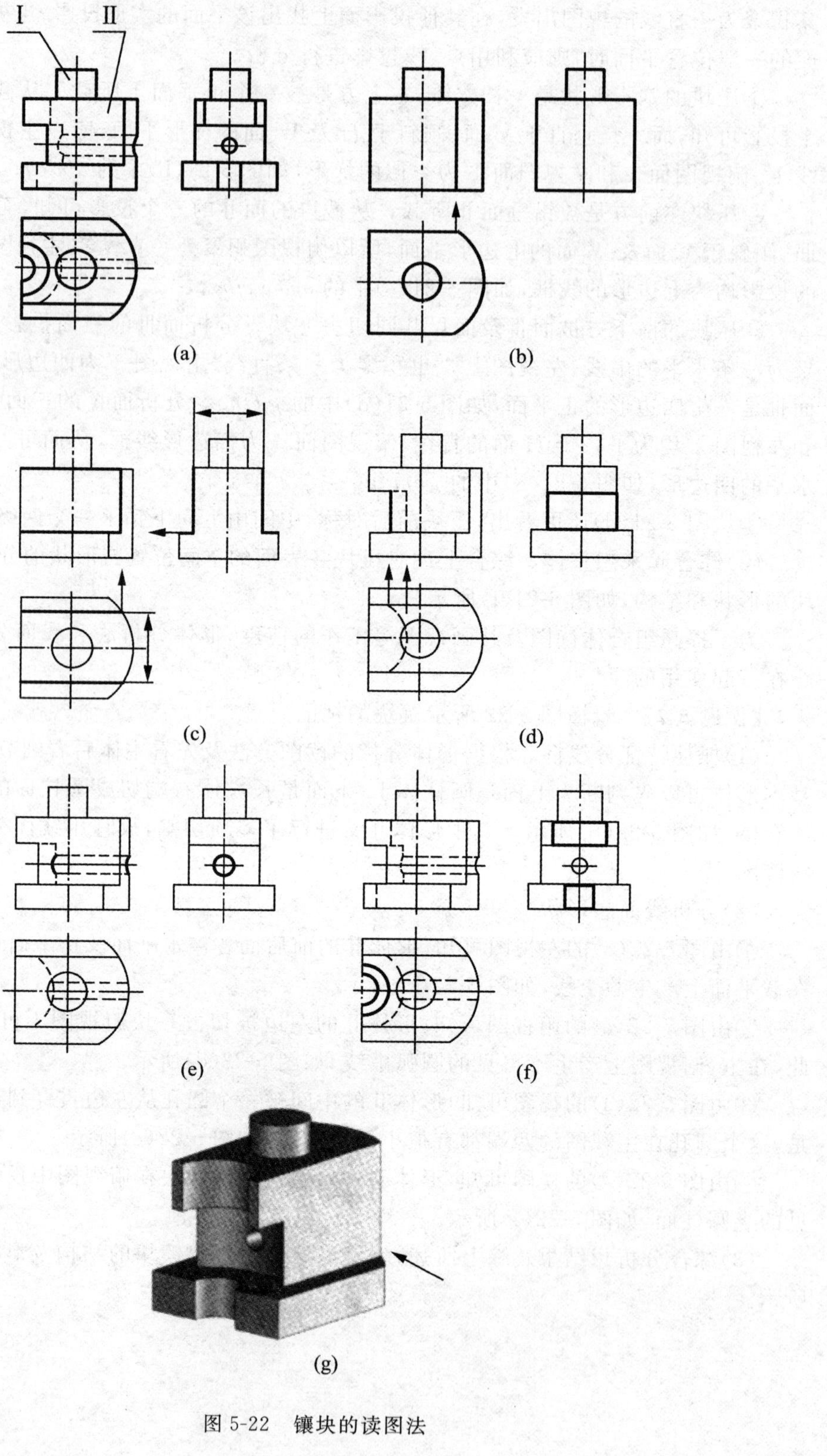

图 5-22　镶块的读图法

第六章　机件常用表达方法

在生产实际中，由于机件的作用不同，故机件的结构形状多种多样。为了正确、完整、清晰地表达机件的内部和外部的结构形状，国家标准《技术制图》《机械制图》中规定了视图、剖视图、断面图、局部放大图以及简化画法等绘制图样的基本表示法。

第一节　视　图

根据有关标准和规定，用正投影法所绘制的机件图形称为视图，它主要用来表达机件的外部结构和形状。为了便于看图，视图一般用粗实线画出机件的可见轮廓，必要时采用细虚线画出机件的不可见部分。视图通常分为基本视图、向视图、局部视图和斜视图四种。视图画法要遵循《技术制图》GB/T 17451—1998 和《机械制图》GB/T 4458.1—2002 的规定。

一、基本视图

在原有的 V、H、W 三个投影面的基础上，再增加三个与其平行的投影面，构成一个正六面体，这六个投影面称为基本投影面。将机件置于正六面体中，按正投影法分别向各基本投影面投射所得到的图形称为基本视图。

六个投影面展开时，规定正面（V 面）不动，其余各投影面按图 6-1 所示的方向展开到与正面处于同一平面上。展开后的六个基本视图的配置关系如图 6-2 所示时，一律不标注视图名称。六个基本视图分别是：

主视图：由前向后投射所得的视图。

俯视图：由上向下投射所得的视图。

左视图：由左向右投射所得的视图。

右视图：由右向左投射所得的视图。

仰视图：由下向上投射所得的视图。

后视图：由后向前投射所得的视图。

六个基本视图之间仍符合“长对正、高平齐、宽相等”的投影规律，即主视图、后视图、俯视图、仰视图长对正；主视图、后视图、左视图、右视图高平齐；左视图、右视图、俯视图、仰视图宽相等。除后视图外，各视图的里边(靠近主视图的一边)均表示机件的后面，各视图的外边(远离主视图的一边)均表示机件的前面。

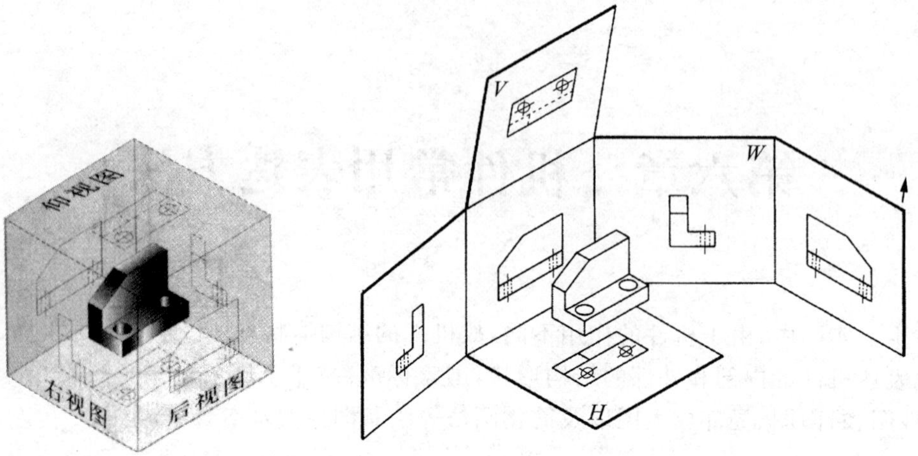

图 6-1　基本视图的形成与展开

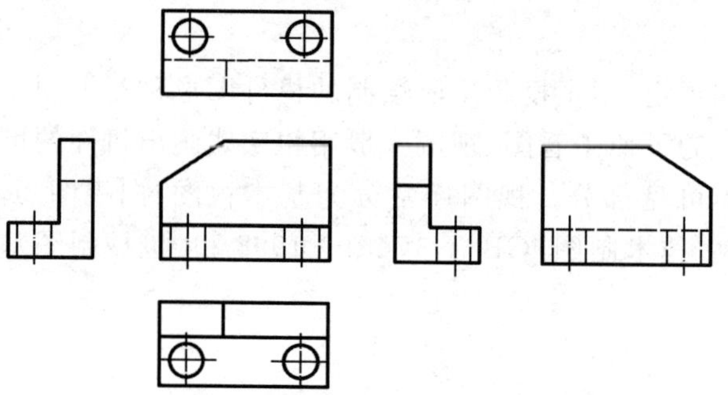

图 6-2　六个基本视图的配置

虽然机件可以用六个基本视图来表示，但在实际使用时，并不是所有的机件都需采用六个基本视图，而是根据机件的形状和结构特点，选择必要的几个基本视图，在完整、清晰地表达机件形状和结构的前提下，力求视图数量少，绘图简便。

二、向视图

向视图是可以自由配置的视图。当基本视图不能按规定的位置配置时，可采用向视图的表达方式。为便于识读和查找自由配置后的向视图，应对向视图进行标注。

在向视图的上方用大写拉丁字母标注该向视图的名称“×”，在相应视图附近用箭头指明投射方向，并标注相同的字母，如图 6-3 所示。这种在图样上将视图自由配置的表示法，在 GB/T 16948—1997 中称为向视配置法。

但向视图并不完全“自由”，实际应用中应注意“三不”：一是不能斜射，要正射；二是不能只画局部，必须完整地画出投射所得的图形；三是不能旋转配置，即按向视配置法画出的六个图形(见图 6-3)与六个基本视图的方位是一一对应的。但需注意获得“后视图”的投射方向的确定——务必指向左视图或右视图。

根据上述分析可得出结论：向视图是基本视图的另一种表达方式，是移位（不旋转）配置的基本视图。

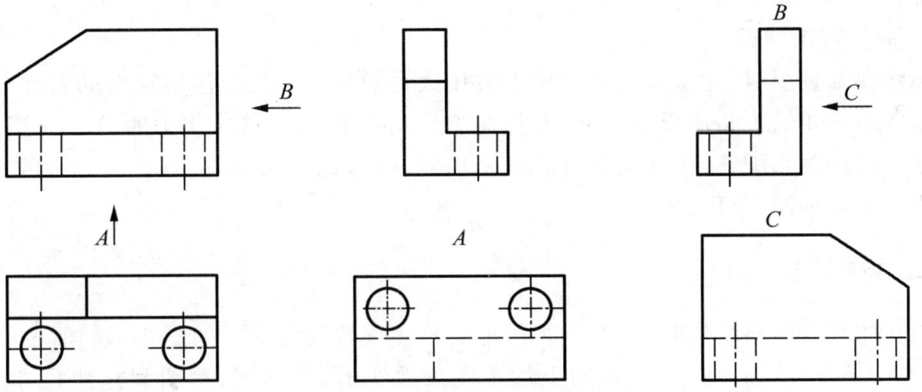

图 6-3　向视图及其配置

三、局部视图

将物体的某一部分向基本投影面投射所得的视图称为局部视图。局部视图通常用于局部地表达机件的外部形状。当机件在某个方向上仅有局部的外形需要表达，而又没有必要画出其完整的基本视图时，可采用局部视图。

如图 6-4 所示，机件的主要结构在主、俯视图上已表达清楚，需要补充表达的是左右两侧的凸台，此时若采用 A、B 两个局部视图就可清晰地表达凸台的形状。

1. 局部视图的配置

局部视图可按基本视图配置形式配置（如图 6-4 中的 A 向局部视图），也可按向视图配置形式配置（如图 6-4 中的 B 向局部视图）。

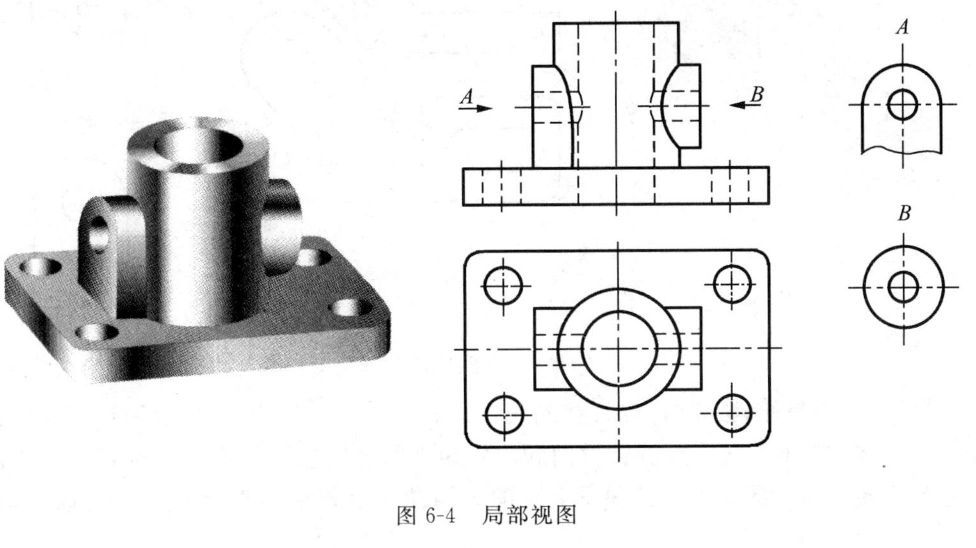

图 6-4　局部视图

2. 局部视图的画法

局部视图的断裂边界用波浪线或双折线绘制(如图 6-4 中的 A 向局部视图)。当所表达的局部结构完整,且外形轮廓线成封闭时,则不必画出其断裂边界线(如图 6-4 中的 B 向局部视图)。

3. 局部视图的标注

标注局部视图时,通常在局部视图上方用大写的拉丁字母标注出视图的名称“×”,在相应视图附近用箭头指明投射方向,并标注上相同的字母,如图 6-4 中的 A、B。当局部视图按基本投影关系配置,中间又没有其他图形隔开时,则不必标注,如图 6-4 中的 A 及其指明投射方向的箭头可省略。

四、斜视图

当物体具有倾斜结构时,在基本视图上就不能反映其实形。如图 6-5(a)所示的机件,其右上方的倾斜结构,在俯、左视图上均不能反映实形,给画图、看图和标注尺寸带来困难。为此,可选用一个平行于倾斜结构的正垂面作为辅助投影面,沿垂直于该辅助投影面的 A 向投射,在辅助平面上就可得到倾斜结构的实形。这种将物体向不平行于基本投影面的平面投射所得的视图称为斜视图,如图 6-5(b)所示。斜视图主要用于表达机件倾斜结构的外形。

斜视图的配置、画法及标注:

(1)斜视图通常按向视图的配置形式配置并标注,即在斜视图的上方用大写拉丁字母标注出视图的名称,在相应的视图附近用箭头指明投射方向,并标注上相同的字母,如图 6-5(b)所示。

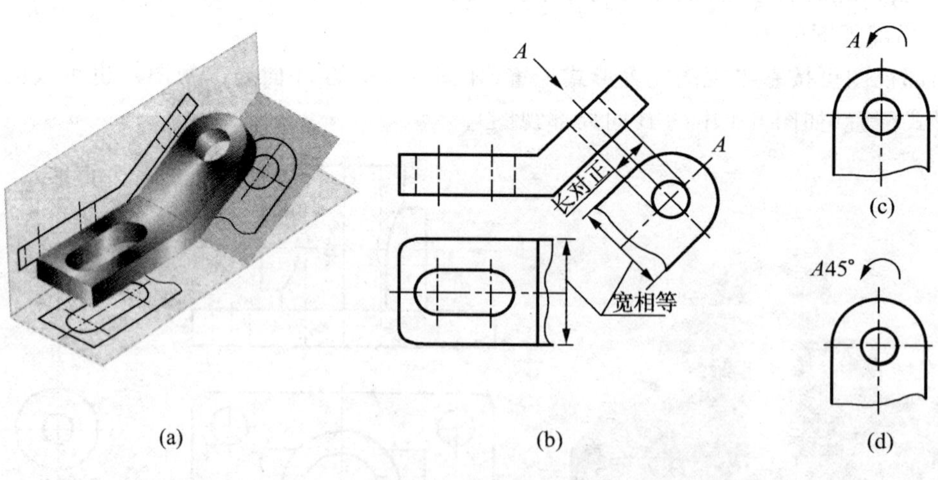

(a) (b) (c) (d)

图 6-5 斜视图

(2)为了绘图简便,必要时,允许将斜视图旋转配置,此时,应标注旋转符号(旋转符号的尺寸和比例如图 6-6 所示),旋转方向和旋转角度的确定应便于看图。旋转符号的箭头指向应与旋转方向一致。表示该视图名称的大写拉丁字母应靠近旋转符号的箭头端,如

图 6-5(c)所示;必要时可将旋转角度标注在字母之后,如图 6-5(d)所示。

(3)斜视图只表达机件倾斜结构的实形,其余部分省略不画,断裂边界可用波浪线或双折线表示。

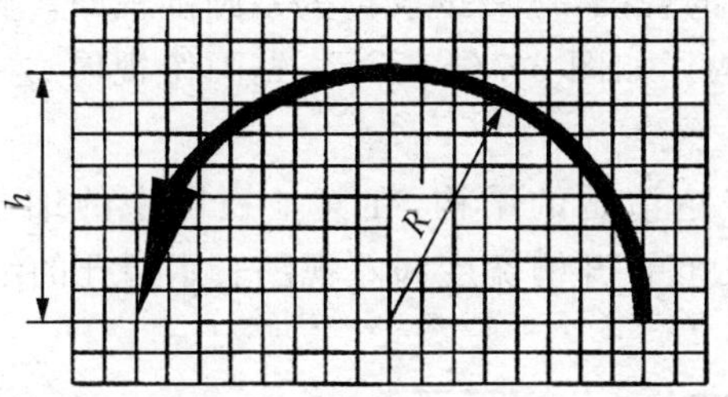

h=符号与字体高度

$h=R$

符号笔画宽度$=h/10$

图 6-6　旋转符号的比例画法

第二节　剖视图

物体上不可见的结构形状规定用细虚线表示,当机件内部的形状较复杂时,则视图上的细虚线较多,如图 6-7(a)所示,这不仅影响视图清晰度,不利于识图,也不便于标注尺寸。此时可采用剖视图来清晰地表达机件的内部结构形状。剖视图的画法要遵循国家标准 GB/T 17452—1998、GB/T 4458.6—2002 的规定。

一、剖视图概述

1. 剖视图的基本概念

(1)剖视图。如图 6-7(b)所示,假设用剖切面剖开机件,将处在观察者和剖切面之间的部分移去,而将其余部分向投影面投射,所得的图形称剖视图,简称“剖视”。

(2)剖切面。剖切被表达物体的假想平面或曲面。

(3)剖面区域。假想用剖切面剖开物体,剖切面与机件的接触部分。

2. 剖视图的画法

剖视图是在视图的基础上发展的一种画法,画图的方法和步骤为:剖切与移去、画图、画剖面符号、标注。

(1)剖切与移去

①剖切。即确定剖切面的位置。为使所得到的剖视图能反映机件内部结构的真实形状,图形清楚易画,通常用平行于投影面的剖切面来剖切机件,并使它通过机件的对称平面或孔的轴线。

②移去。剖切以后,把机件处在观察者和剖切面之间的部分移去,使原来看不见的结构变成可见,如图 6-7(b)所示。

应该注意的是，剖切和移去都是一个假想的过程。

(2)画图。画出剖面区域的轮廓线和剖面区域后面的可见轮廓线，均用粗实线表示。

画图时应注意的问题：

①最好先画其他不剖的视图，然后按投影关系画剖视图。画剖视图时，一般先画最大外形轮廓，然后画内部结构。如图 6-7(b)所示，先画俯视图、左视图，然后再画出主视图(剖视图)。

②凡剖视图中已经表达清楚的结构，在其他视图中的细虚线可以省略不画。如图 6-7(b)所示，俯视图中表示底板开槽宽度和左视图表示通孔的细虚线可省略不画。

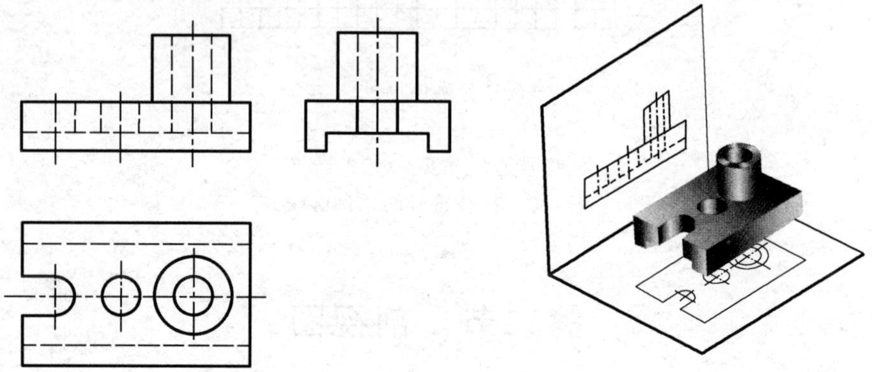

(a) 视图

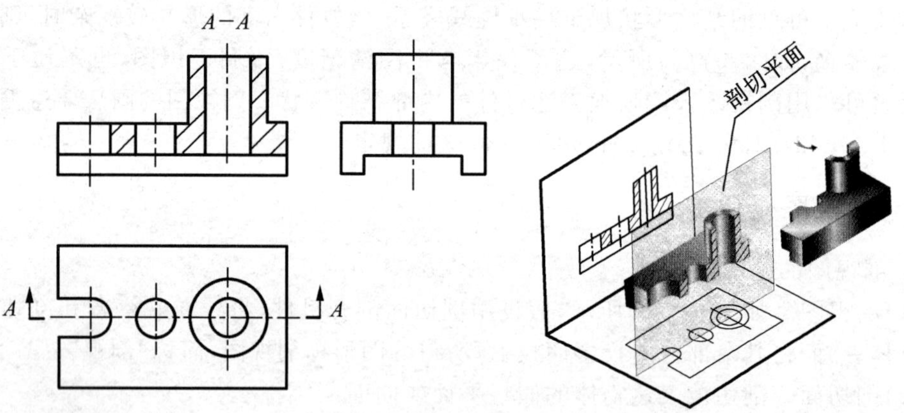

(b) 剖视图

图 6-7 剖视图的基本概念

③剖视图中不要漏线，位于剖切平面之后的可见轮廓线必须全部画出。剖视图中常见漏线示例见表 6-1。

④由于剖切是假想的，所以当机件的一个视图画成剖视图后，其他视图仍应完整地画出，如图 6-7(b)中的俯视图和左视图。

表 6-1　　**剖视图中常见的漏线示例**

立体图	正确	错误
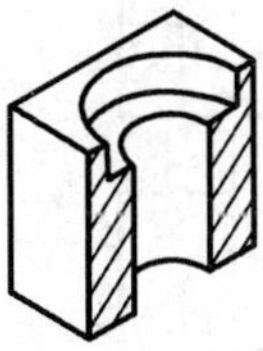	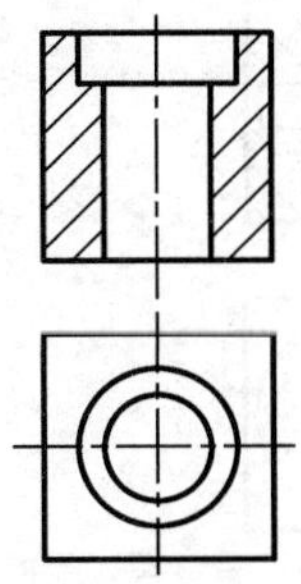	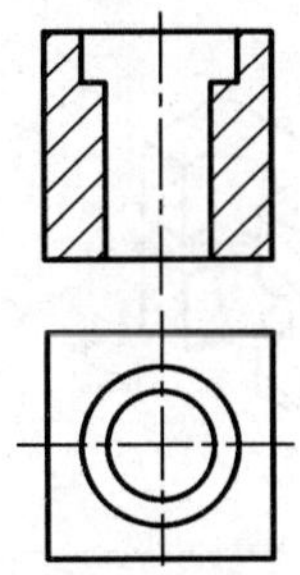
	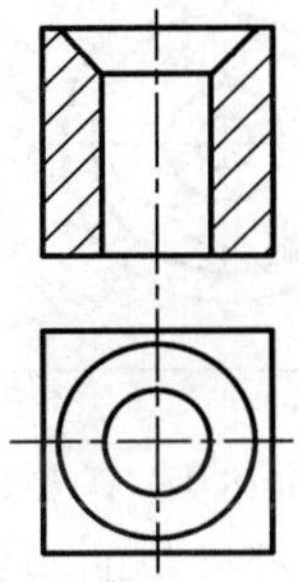	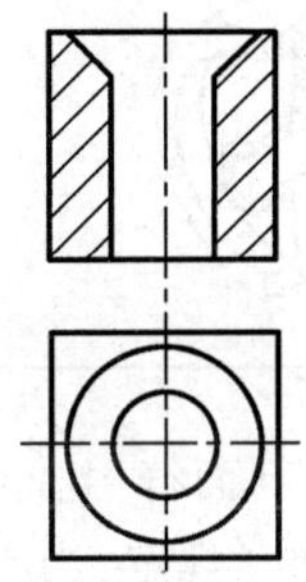
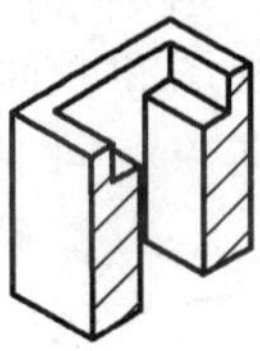	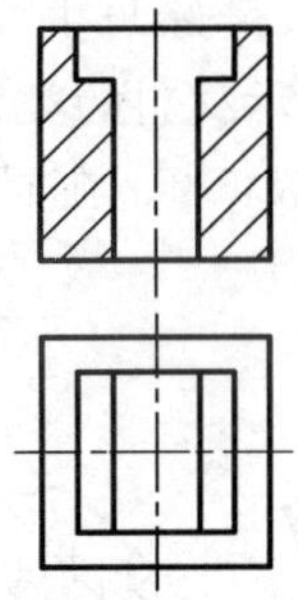	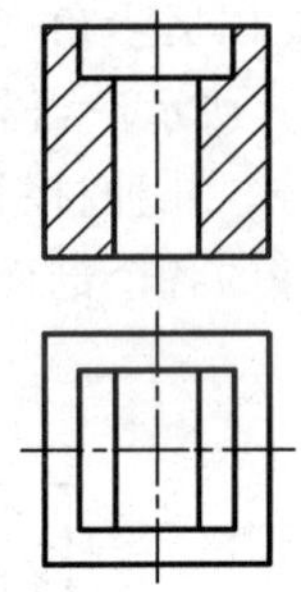
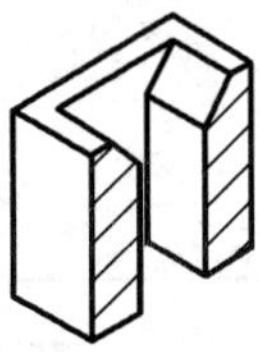	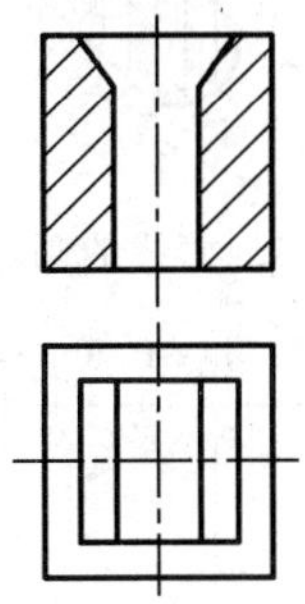	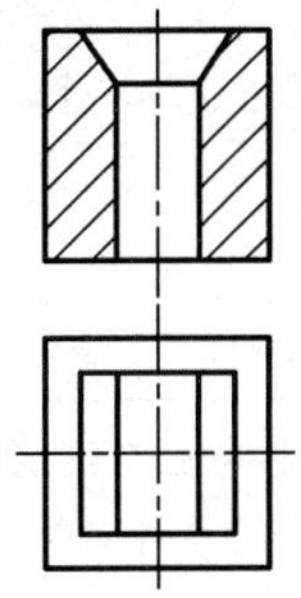

续表

立体图	正确	错误
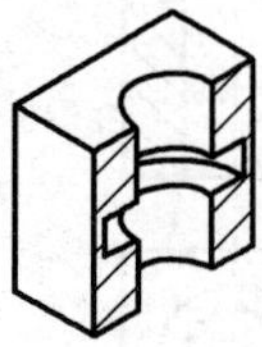	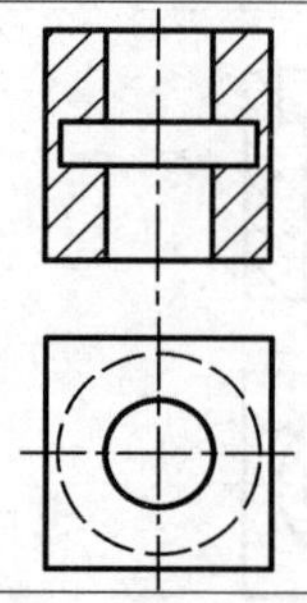	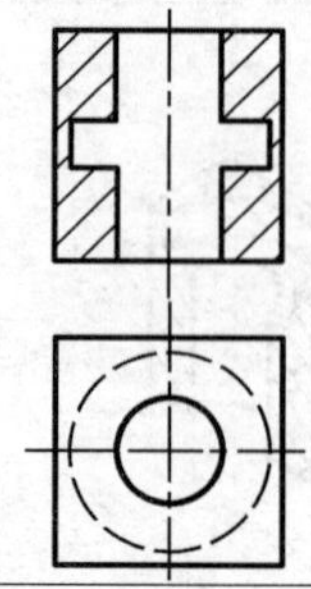
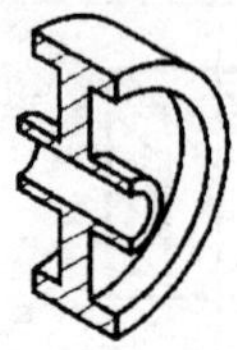	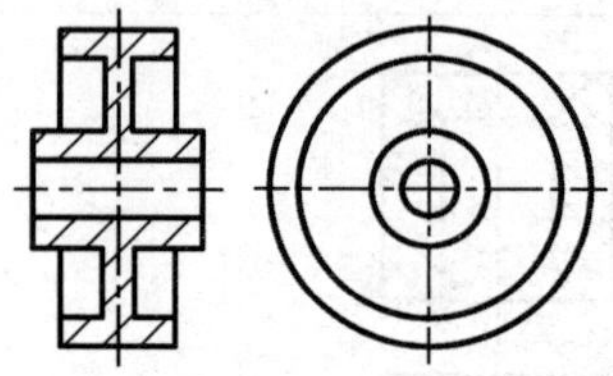	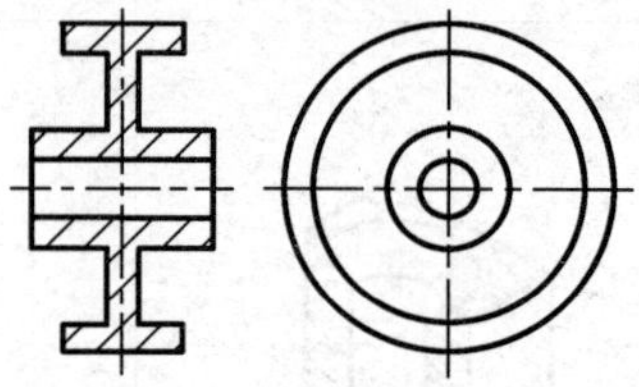

(3)画剖面符号。画剖视图时，在剖面区域中要画出剖面符号。国家标准 GB/T 17453—1998 规定：当不需在剖面区域中表示材料的类别时，可采用通用剖面线表示。通用剖面线应以适当角度的等距细实线绘制，最好与主要轮廓或剖面区域的对称线成 45°角，如图 6-8 所示。当需要在剖面区域中表示材料的类别时，应按不同的材料画出其特定的剖面符号。几种材料的特定剖面符号见表 6-2。在同一图样(包括剖视图和断面图)中的同一机件的各个剖面区域，其剖面线的画法应一致，即剖面线倾斜方向应相同、间隔要相等。

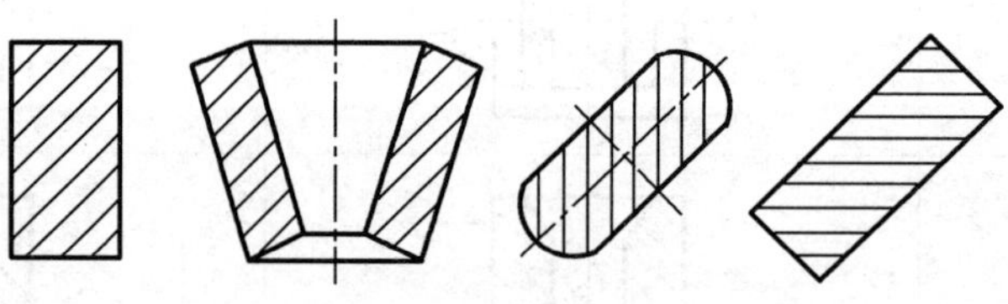

图 6-8　通用剖面线的画法

表 6-2　　几种材料的特定剖面符号(GB/T 17453—1998)

金属材料(已有规定的剖面符号者除外)	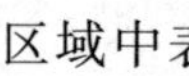	木质胶合板(不分层数)	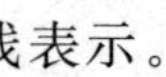
线圈绕组元件	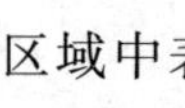	基础周围的泥土	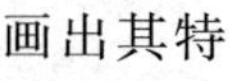
转子、电枢、变压器和电抗器等的叠钢片	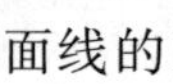	混凝土	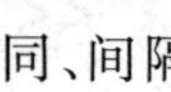

续表

材料	剖面符号	材料	剖面符号
非金属材料(已有规定的剖面符号者除外)		钢筋混凝土	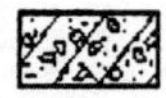
型砂、填砂、粉末冶金、砂轮、陶瓷刀片、硬质合金刀片等		砖	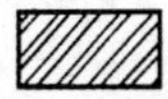
玻璃及供观察用的其他透明材料	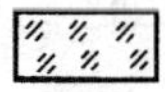	格网(筛网、过滤网等)	
木材　纵剖面		液体	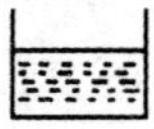
木材　横剖面			

注:①剖面符号仅代表材料的类型,材料的名称和代号必须另行标注。

②叠钢片的剖面线方向,应与束装中的叠钢片的方向一致。

③液面用细实线绘制。

(4)剖视图的标注。为了便于读图,了解剖切位置和投射方向,剖视图一般应进行标注,标注的内容应包括以下三要素,如图 6-9 所示。

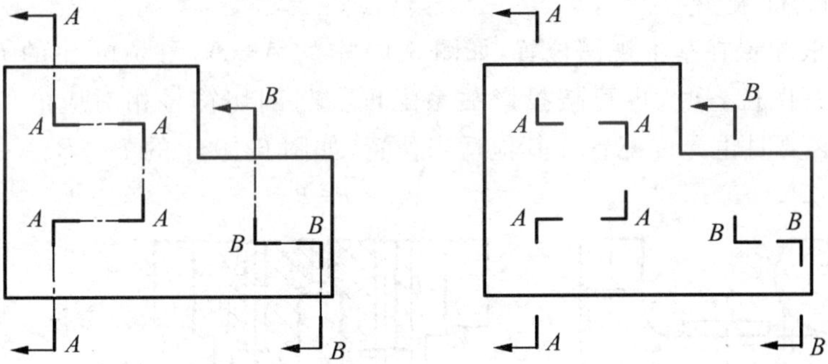

(a)　　(b)

图 6-9　剖视图的配置与标注(一)

①剖切线。指示剖切面位置的线,用细点画线表示,如图 6-9(a)所示。剖视图中通常省略不画,如图 6-9(b)所示。

②剖切符号。指示剖切面起、止和转折位置(用粗短画表示)及投射方向(用箭头表示)的符号。指示剖切面的起、止和转折位置的粗短画线尽可能不要与图形的轮廓线相交。投射方向用箭头表示,画在剖切符号的起、止两端,并与剖切符号末端垂直,如图 6-9(a)所示。

③字母。表示剖视图名称的大写拉丁字母,注写在剖视图的上方。剖视图的名称用“×－×”表示,“×”为大写拉丁字母,必须水平书写。如图 6-10 中的 $A-A$,$B-B$。

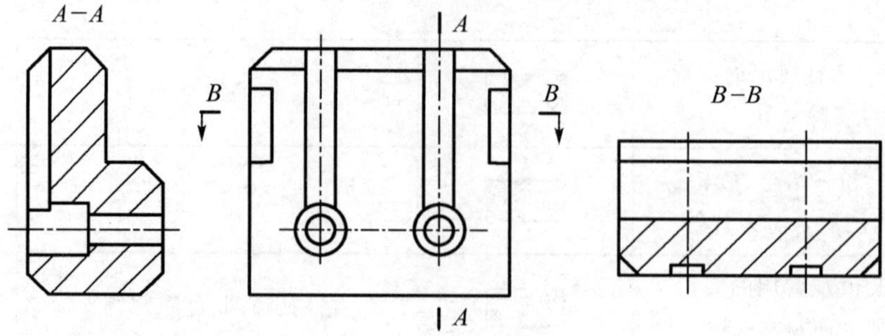

图 6-10　剖视图的配置与标注(二)

为便于读图时查找,应在剖切符号附近注写和剖视图名称相同的大写拉丁字母,如图 6-7(b)所示。

剖视图在下列情况下可简化或省略标注:

①当剖视图按投影关系配置,中间又无其他图形隔开时,可省略表示投射方向的箭头,如图 6-10 中的 $A-A$。

②当单一剖切平面通过机件的对称平面或基本对称平面,且剖视图按投影关系配置,中间又无其他图隔开时,则不必标注,如图 6-12 的左视图、图 6-14 的主视图。前面的图 6-7(b)的主视图也可不标注。

③当单一剖切平面的剖切位置明确时,局部剖视图不必标注。

3. 剖视图的配置

剖视图一般配置在基本视图位置,如图 6-10 中的 $A-A$,图 6-11 中的 $B-B$。如果无法配置在基本视图位置时,也可按投影关系配置在与剖切符号相对应的位置,如图 6-11 中的 $A-A$。必要时也允许配置在其他适当位置,如图 6-10 中的 $B-B$。

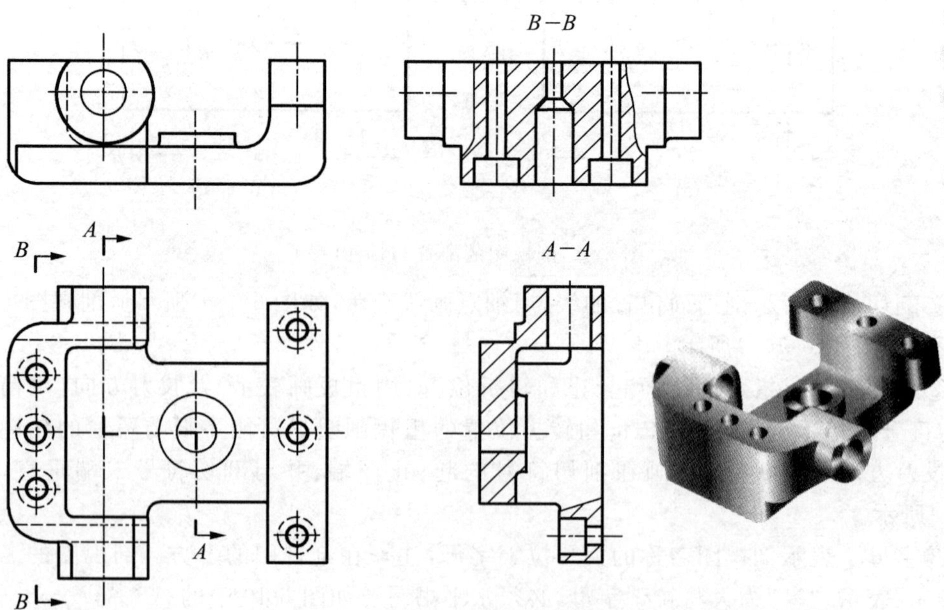

图 6-11　剖视图的配置与标注(三)

二、剖视图的种类

按机件被剖切的范围，剖视图可分为全剖视图、半剖视图、局部剖视图三种。

1. 全剖视图

用剖切面完全地剖开机件所得的剖视图称为全剖视图，如图 6-7、图 6-10 所示。全剖视图主要用于外形较简单、内部结构比较复杂而又不对称的机件表达。对于一些具有空心回转体的机件，即使结构对称，但由于外形简单，也常用全剖视图来表达，如表 6-1 中的机件。

画全剖视图时应按国家标准规定进行标注，方法如前所述。

同一机件可以假想进行多次剖切，画出多个剖视图，如图 6-12 所示。必须注意，各剖视图的剖面线方向和间隔应完全一致。在图 6-12 的左视图中，由于剖切面通过机件上的肋板，按国家标准规定，对于机件上的肋板、轮辐及薄壁（都是起支撑和加强作用）等结构，其纵向剖视图通常按不剖绘制，而用粗实线将它们与其邻接部分分开。图 6-13、图 6-14 也属于这种情况。

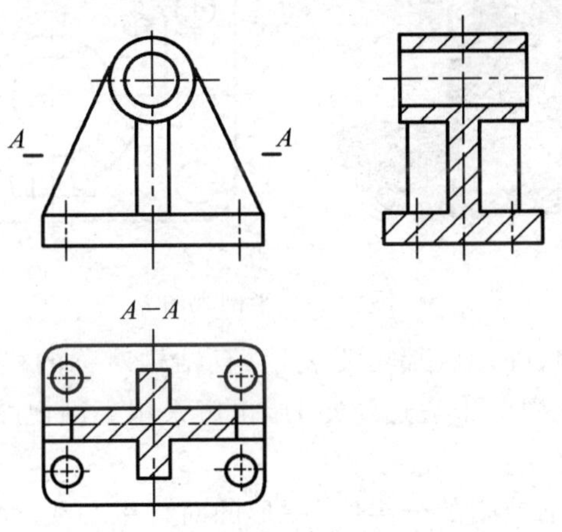

图 6-12　轴承的全剖视图和肋板的规定画法

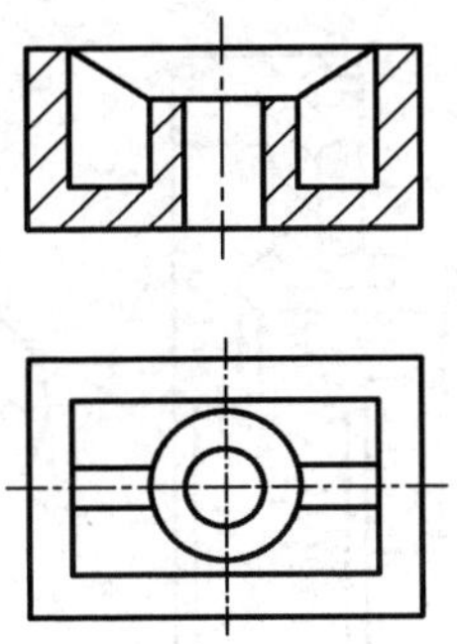

图 6-13　薄壁的规定画法

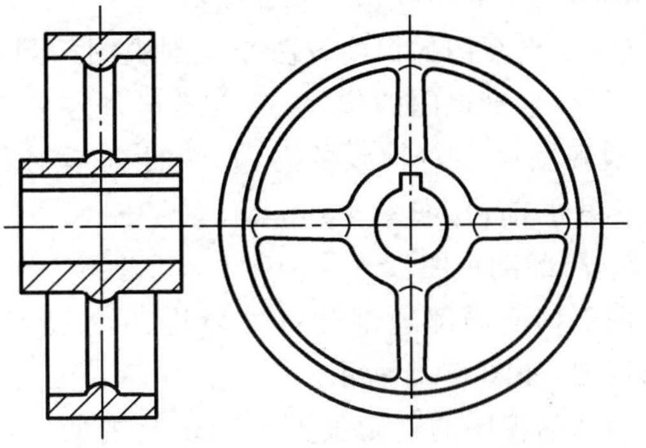

图 6-14　轮辐的规定画法

2. 半剖视图

当机件具有对称平面时，在垂直于对称平面的投影面上的投影，以对称中心线为界，一半画成剖视图，另一半画成视图，这种剖视图称为半剖视图。如图 6-15 所示，机件左右及前后对称，所以主视图和俯视图都可以画成半剖视图。

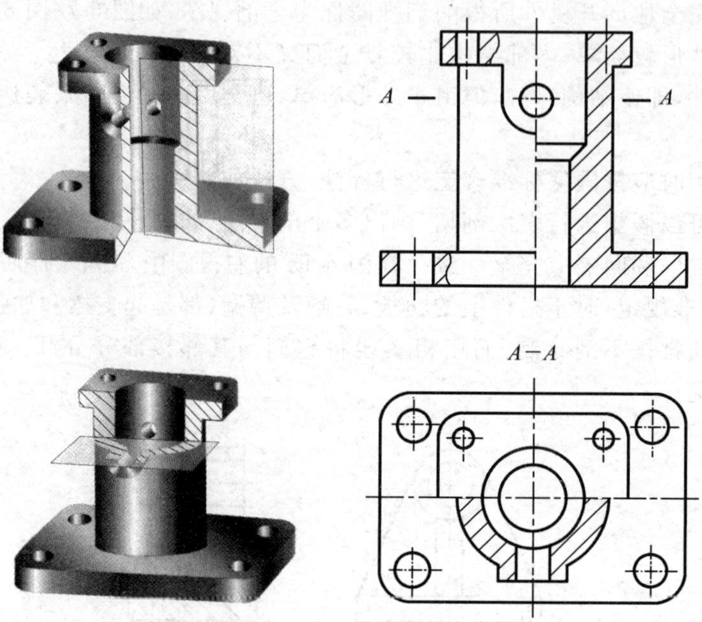

图 6-15　半剖视图

半剖视图主要用于内、外形状都需要表达，且结构对称的机件。当机件接近于对称，而且不对称部分已在其他视图中表达清楚时，也可采用半剖视图，如图 6-16 所示。

画半剖视图的注意事项：

(1)半个视图与半个剖视图的分界线(图形的对称中心线)是细点画线。

(2)由于图形对称，机件的内部形状在半个剖视图中已表达清楚，因此在表达外形的半个视图中不必画出相应的虚线。

(3)半剖视图的标注方法与全剖视图相同。

(4)半个剖视图的位置，通常是机件左右对称时把半个剖视图画在对称线的右边，机件前后对称时则画在对称线的前边，如图 6-15 所示。

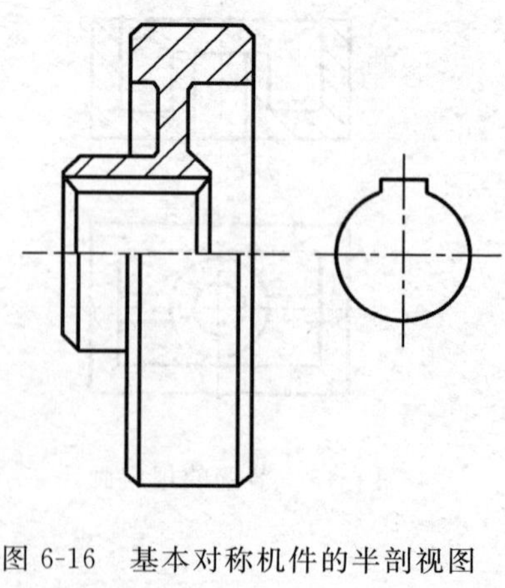

图 6-16　基本对称机件的半剖视图

3. 局部剖视图

用剖切面局部地剖开机件所得的剖视图，称为局部剖视图，如图 6-17 所示。

局部剖视图的剖切位置和剖切范围的大小根据需要而定，因此局部剖视图应用比较灵活，适用范围较广，主要用于以下几种情况：

(1)当机件只需要表达其局部的内部结构而又不

宜或不必采用全剖视图、半剖视图时,均可采用局部剖视图,如图 6-15 主视图中上、下底板的小孔。

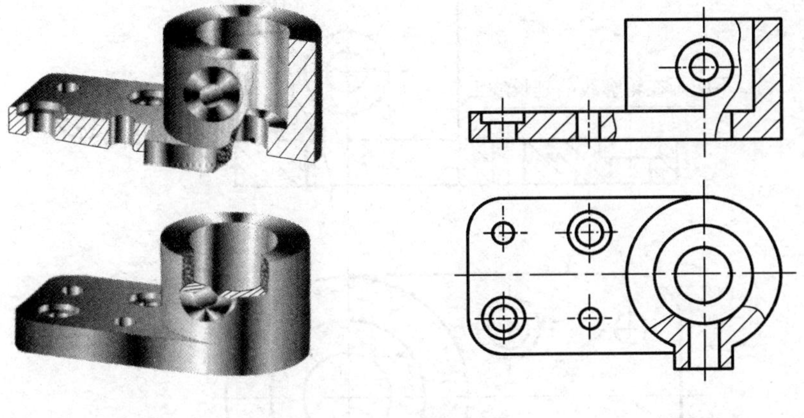

图 6-17 局部剖视图(一)

(2)当机件的轮廓线与对称中心线重合而不宜采用半剖视图时,也可采用局部剖视图,如图 6-18 所示。

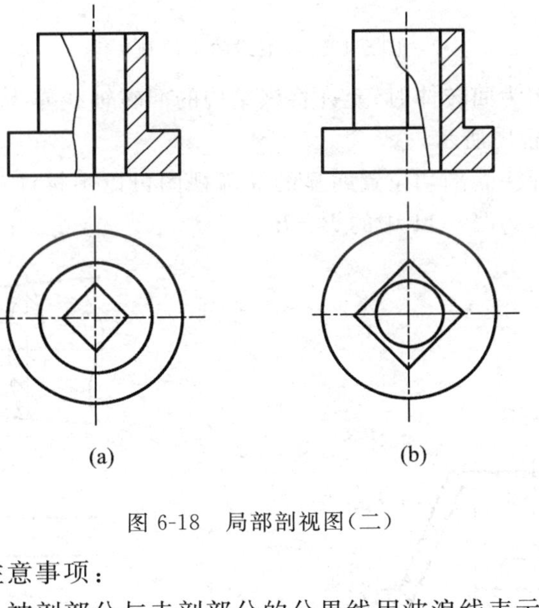

图 6-18 局部剖视图(二)

画局部剖视图的注意事项:

(1)局部剖视图中,被剖部分与未剖部分的分界线用波浪线表示。波浪线应画在机件的实体部分,不能超出视图的轮廓线,也不能画在机件的中空处。如图 6-19 所示的波浪线画法是错误的。

(2)波浪线不应与图样上其他图线重合,也不应画在其他轮廓线的延长位置上,如图 6-19 所示。

(3)局部剖视图的剖切范围也可以用双折线代替波浪线分界,如图 6-20 所示。

(4)在同一个视图中不宜过多使用局部剖视图,以免使图形显得零乱,给看图带来困难。

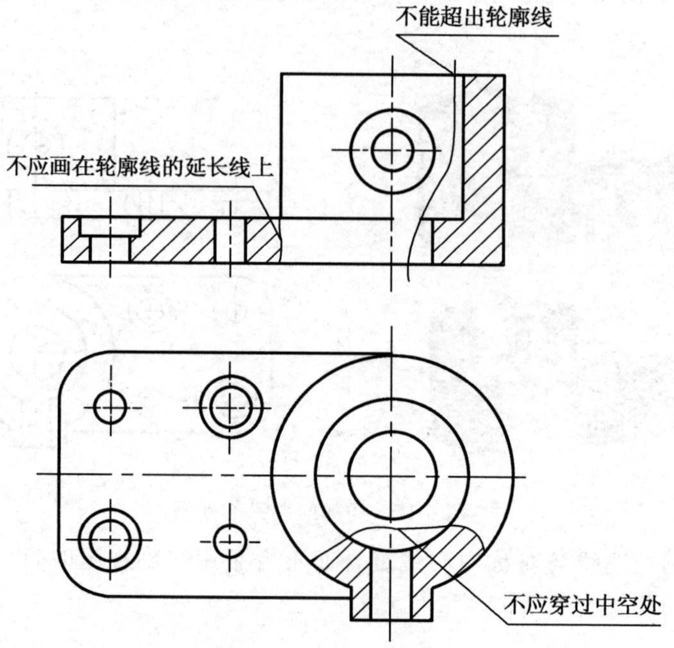

图 6-19　波浪线的错误画法

(5)当被剖切结构为回转体时，允许将该结构的回转轴线作为局部剖视图与视图的分界线，如图 6-21 的俯视图所示。

(6)局部视图的标注。剖切位置明显的局部视图可以不标注(见图 6-17)。当剖切位置不明显时仍需标注，如图 6-11 中的 $B-B$。

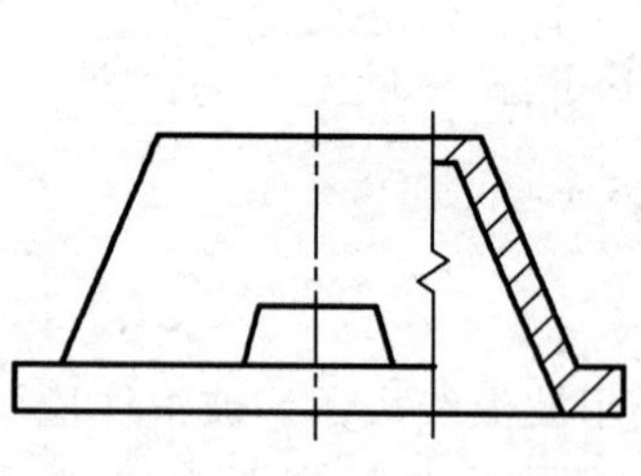

图 6-20　双折线代替波浪线

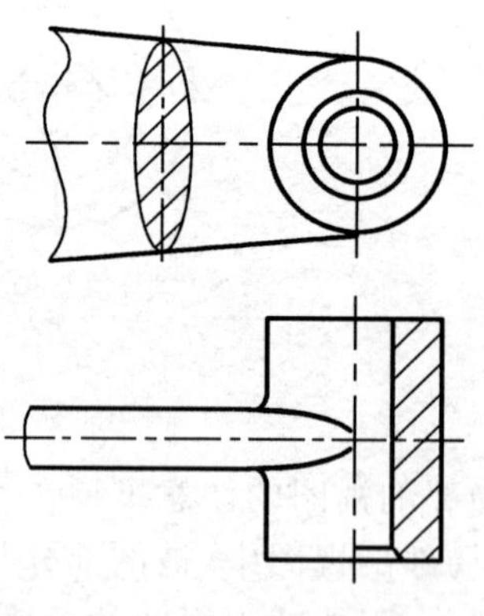

图 6-21　回转轴线代替波浪线

三、剖切面的分类

国家标准规定了三种剖切面，在画剖视图时，应根据机件结构特点和表达的需要选用不同的剖切面剖开机件。每一种剖切面均可剖得全剖视图、半剖视图和局部剖视图。

1. 单一剖切平面

单一剖切平面有两种情况：

(1)单一(正)剖切平面("正"字可省略)。这种剖切形式应用最多,如上述的全剖视图、半剖视图及局部剖视图,除图 6-11 中的 $A-A$ 外,都是采用这种单一剖切面得到的。

(2)单一斜剖切平面。当机件上倾斜结构的内部形状需要表达时,可选择一个与该倾斜部分平行且垂直于某一基本投影面的辅助投影面,用平行于该投影面的单一剖切面剖开机件,即可得到该部分结构的实形,如图 6-22 中的 A　A 剖视图。为使看图方便,应尽量使剖视图与剖切面投影关系相对应,剖视图最好配置在箭头所指的方向,并进行标注,但也允许平移放置在其他位置。在不致引起误解的情况下,允许将图形旋转,但必须加注旋转符号,如图 6-22 所示。

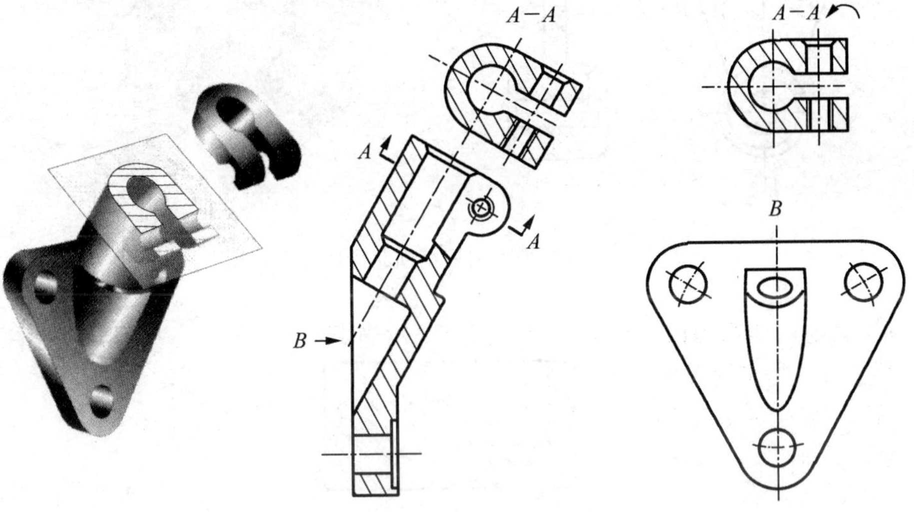

图 6-22　单一斜剖切平面获得的全剖视图

2. 几个平行的剖切平面

当机件的内部结构有较多不同的结构形状需要表达,而它们的中心又不在同一平行于投影面的平面上时,可采用两个或两个以上的平行剖切面来剖切。

如图 6-23 所示,支架上面的两个小孔和下方空心圆柱的轴线不在平行于投影面的同一个平面上,如果用两个相互平行的剖切平面,分别通过小孔和空心圆柱的轴线进行剖切,这样就可在一个剖视图上把几个小孔的形状表达清楚了。

当机件上具有较多的孔、槽,而且它们的轴线或对称面不在同一平面内时,常采用几个平行的剖切平面剖切。

这种剖视图不能省略标注。标注方法如图 6-23 所示,在剖切面的起、止和转折处用剖切符号表示剖切位置,各剖切位置符号转折处必须是直角,并在剖切符号处注写与剖视图相同的字母(参考图 6-9)。如果剖切符号的转折处因位置有限,且不会引起误解时,可不注写字母。如果剖视图配置在基本视图的位置,则可省略表示投射方向的箭头,如图 6-23 中的 $A-A$ 剖视图。

采用这种剖切平面画剖视图时应注意：

(1)因为剖切是假想的，所以在剖视图上不应画出剖切平面转折处的分界线，而且剖切平面的转折处不应与图中的轮廓线重合，如图 6-23 所示。

(2)剖视图中不应出现不完整的结构要素。只有当两个要素在图形上具有公共对称中心线或轴线时，才可以各画一半。此时，应以对称中心线或轴线为界，如图 6-24 所示。

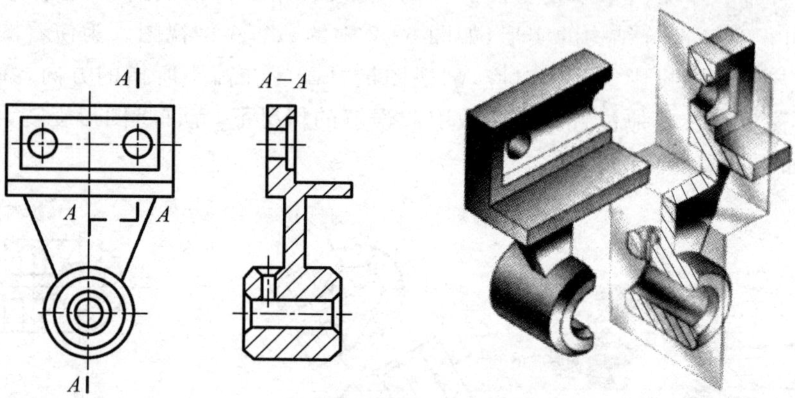

图 6-23　两个平行剖切平面获得的全剖视图

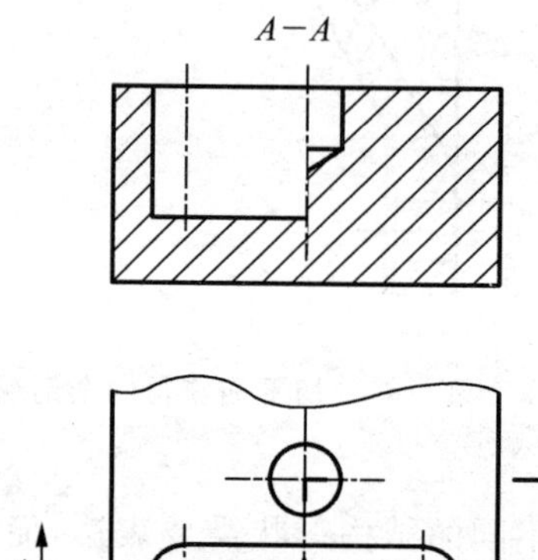

图 6-24　具有公共对称中心线的剖视图

3. 几个相交的剖切平面

如果机件的内部结构形状仅用单一剖切面不能完全表达，且这个机件又具有较明显的主体回转轴时，可采用两个(或两个以上)相交的剖切面剖开机件，并将与投影面倾斜的剖切面剖开的结构及其有关部分旋转到与选定的基本投影面平行后，再进行投影，如图 6-25 所示。

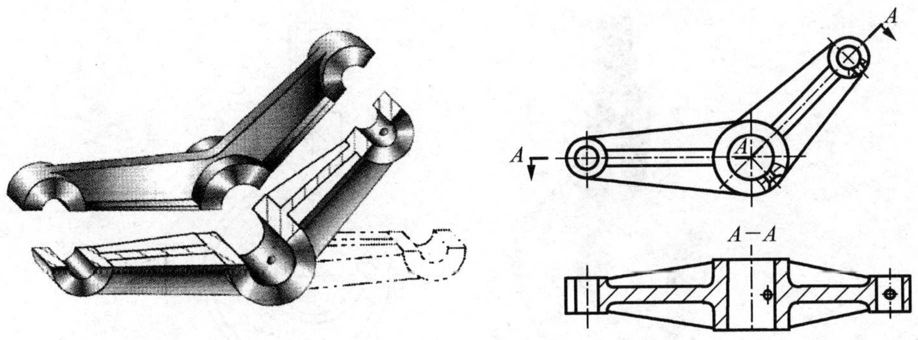

图 6-25　用两个相交平面获得的剖视图(一)

采用这种剖切平面的剖视图必须标注剖切位置、投射方向和名称，如图 6-25、图 6-26 所示。

采用这种剖切平面画剖视图的注意事项：

(1)剖切平面后的其他结构一般仍按原来位置投射，如图 6-25 中小油孔的投影。

(2)当剖切后产生不完整要素时，应将此部分结构按不剖绘制，如图 6-26 中主视图所示的一个臂只剖到一部分，图 6-26(a)是错误画法，图 6-26(b)是正确画法。

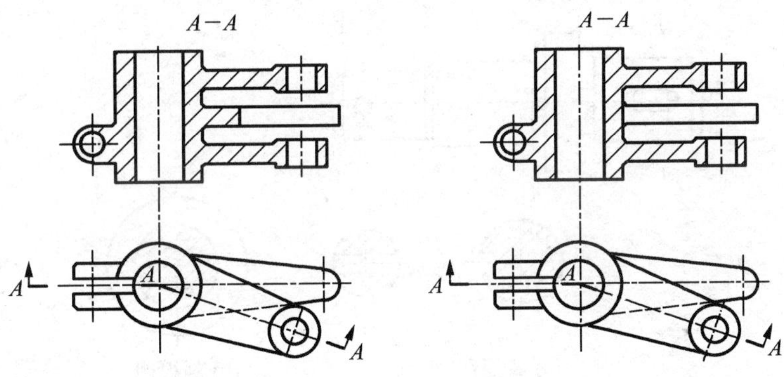

(a) 错误　　(b) 正确

图 6-26　用两个相交平面获得的剖视图(二)

第三节　断面图

一、断面图的概念

假想用剖切平面将机件某处切断，仅画出剖切面与机件接触部分的图形称为断面图，简称“断面”，如图 6-27、图 6-28(a)所示。

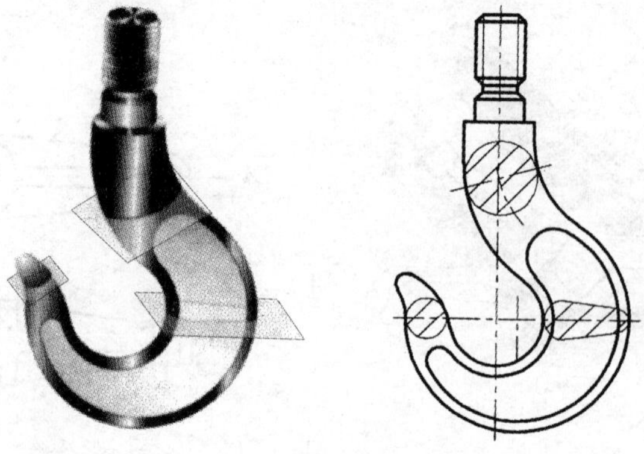

图 6-27　吊钩的断面图示例

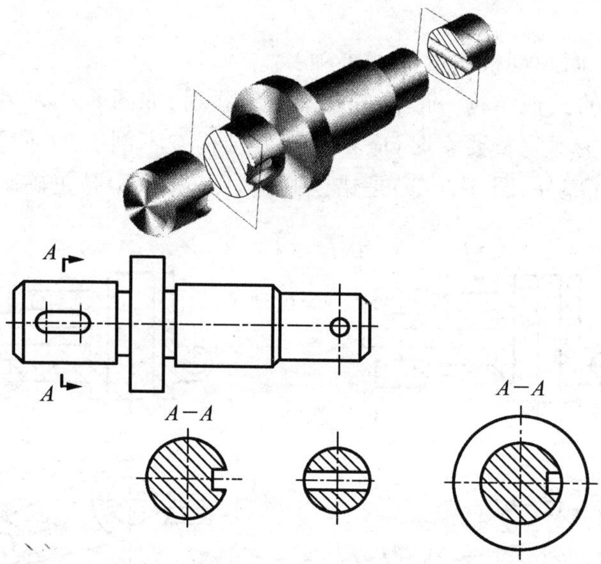

(a) 断面图　(b) 剖视图

图 6-28　断面图与剖视图的区别

图 6-27 用断面来表达吊钩被切断各处的断面形状，由此可以看出吊钩的断面是变化的。断面图这种表达方法既简单又清楚，常用来表达轴、杆类零件及变形截面零件局部的断面形状。断面图的画法要遵循国家标准 GB/T 17452—1998、GB/T 4458.6—2002 的规定。

断面图与剖视图的区别：断面图只画出机件被剖切断面的投影，如图 6-28(a)中的 $A-A$，而剖视图不仅画出断面的投影，还要画出其后所有可见部分的投影，如图 6-28(b)中的 $A-A$。

按断面图配置位置的不同，可分为移出断面图和重合断面图两种。

二、移出断面图

1. 移出断面图的概念及画法

画在视图外面的断面图，称为移出断面图。

移出断面图的轮廓线用粗实线绘制，如图 6-28(a)所示。为了得到断面的真实形状，剖切平面一般应垂直于零件上被剖切部分的主要轮廓线或轴线。获得剖视图采用的三种剖切面（单一剖切面、几个平行的剖切平面、几个相交剖切平面）完全适用于断面图。

2. 画移出断面图的注意事项

(1)由两个或多个相交的剖切平面剖切得到的移出断面图，中间一般应用波浪线（或双折线）断开绘制，如图 6-29 所示。

(2)特殊规定。当剖切平面通过回转面形成的孔或凹坑的轴线时，这些结构应按剖视图绘制，图 6-30 为正确画法和错误画法示例；当剖切平面通过非圆孔，会导致完全分离的两个断面图时，则此结构应按剖视图绘制，图 6-31 为正确画法和错误画法示例。

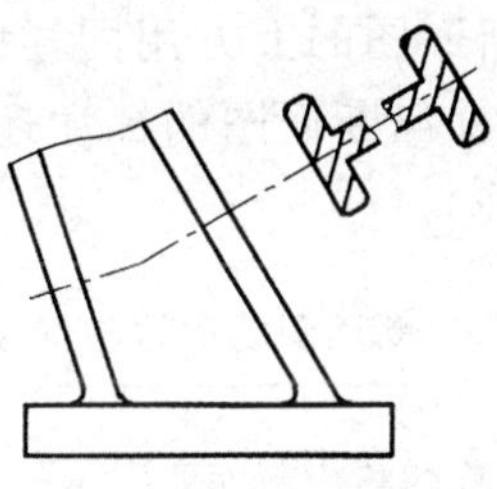

图 6-29　相交剖切面获得的移出断面图

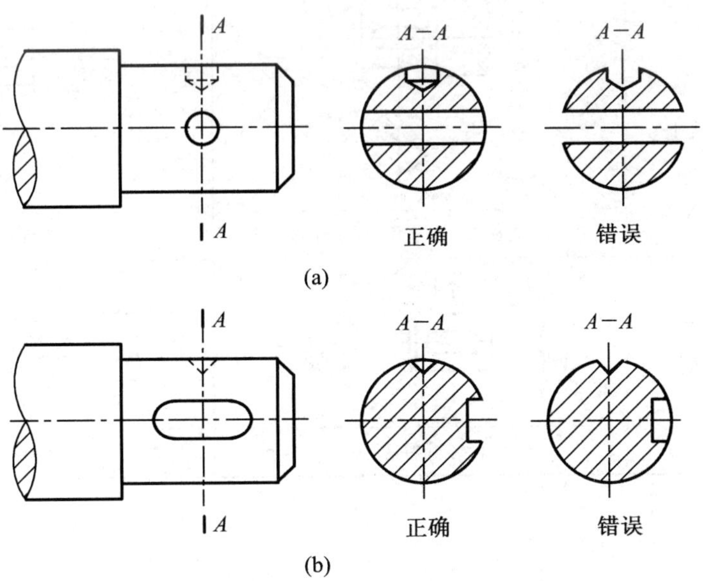

图 6-30　按剖视图绘制的断面图(一)

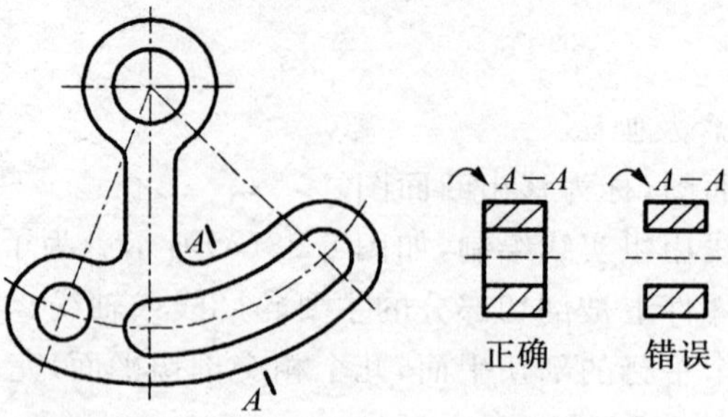

图 6-31　按剖视图绘制的断面图(二)

3. 移出断面图的配置与标注

移出断面图应尽量配置在剖切线的延长线上,必要时也可以配置在其他适当的位置,当剖面图形对称时也可画在视图中的切断处(见表 6-3)。

移出断面图的标注与剖视图的标注基本相同,一般应用剖切符号表示剖切位置,用箭头表示投射方向,并注上字母,在断面图的上方用同样的字母标出相应的名称“×－×”,如图 6-28(a)中的移出断面图。但移出断面图的标注还要根据移出断面图的配置等具体情况采用相应的标注方式(见表 6-3)。

表 6-3　　　　　　　　**移出断面图的配置与标注**

断面图 断面形状 配置	对称的移出断面	不对称的移出断面
配置在剖切线或剖切符号延长线上	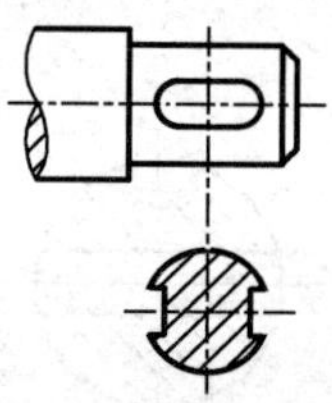	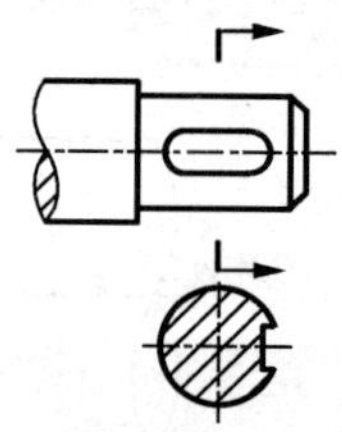
	不必标出字母和剖切符号	不必标注字母
按投影关系配置	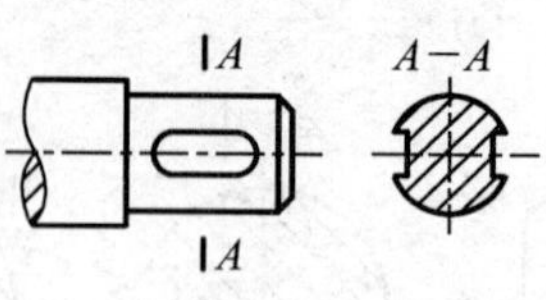	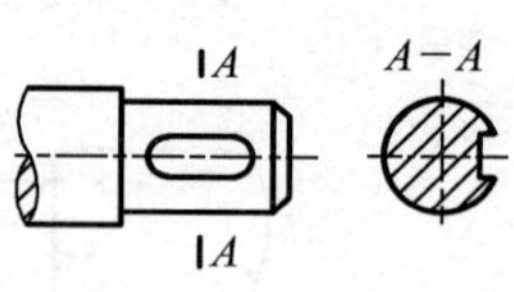
	不必标注箭头	不必标注箭头

续表

断面形状 断面图 配置	对称的移出断面	不对称的移出断面
配置在其他位置	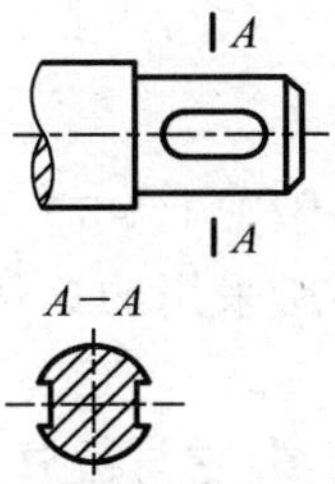	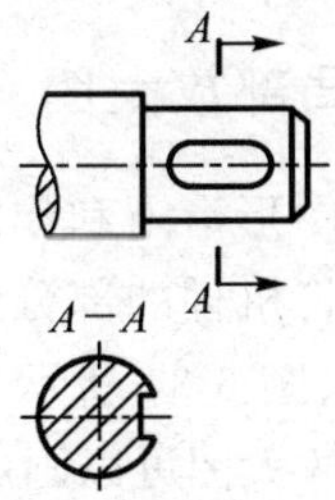
	不必标注箭头	应标注剖切符号(含箭头)和字母
配置在视图中断处	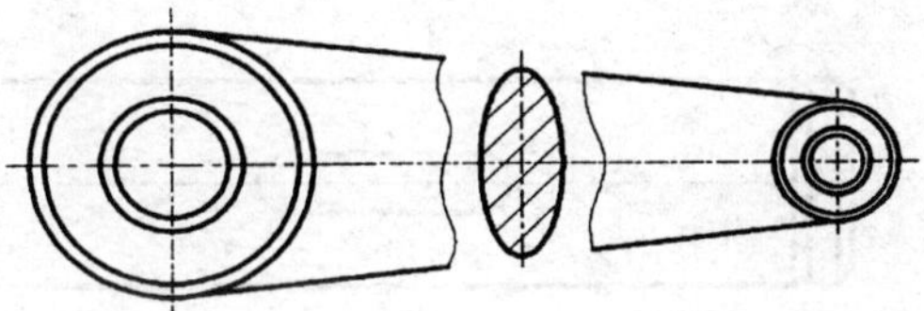	
	不必标注	图形不对称时，移出断面不得画在中断处

三、重合断面图

画在视图内的断面图，称为重合断面图，如图 6-27、图 6-32 所示。重合断面图的轮廓线用细实线绘制。当视图中的轮廓线与重合断面图重叠时，视图中的轮廓线仍应连续画出，不可断开，如图 6-32(b)所示。

重合断面图的标注：对称的重合断面图不加任何标注，其对称中心线即为剖切线，如图 6-27、图 6-30(a)所示；不对称的重合断面图在不引起误解时，可省略标注，如图 6-32(b)所示。

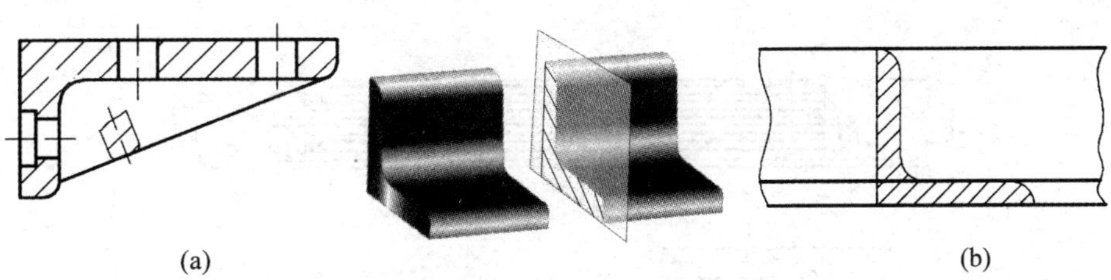

(a)　(b)

图 6-32　重合断面图

第四节　其他表达方法

一、局部放大图

为使图形清晰和作图简便，国家标准 GB/T 4458.1—2002 还规定了局部放大图的表示方法。将机件的部分结构，用大于原图形所采用的比例画出的图形，称为局部放大图，如图 6-33、图 6-34 所示。

局部放大图可以画成视图、剖视图、断面图，它与被放大部位的表示方式无关。当机件上某些细小结构在视图中表达不清楚或不便于标注尺寸和技术要求时，常采用局部放大图。

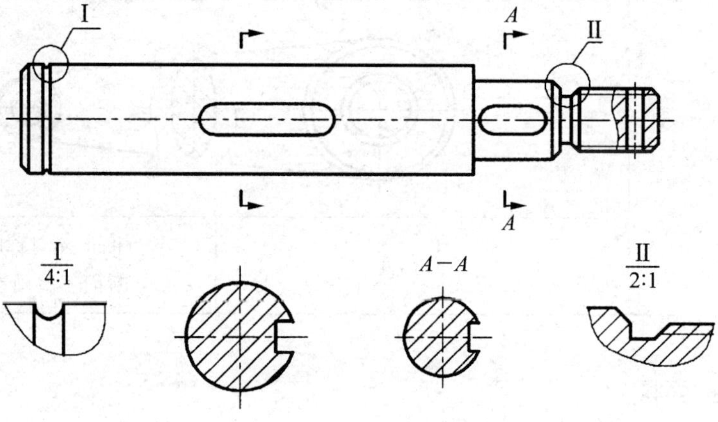

图 6-33　局部放大图(一)

绘制局部放大图时，除螺纹牙型、齿轮和链轮的齿形外，应在视图上用细实线圈出被放大的部位，并将局部放大图尽量配置在被放大部位的附近。当同一机件上有几个被放大的部分时，必须用罗马数字依次标明被放大的部位，并在局部放大图的上方标注出相应的罗马数字和所采用的比例，如图 6-33 所示。当机件上被放大的部位仅有一个时，在局部放大图的上方只需注明所采用的比例，如图 6-34 所示。

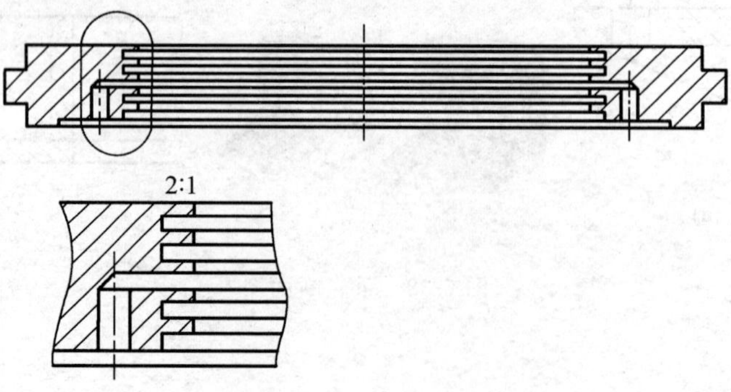

图 6-34　局部放大图(二)

二、图样的简化表示

图样画法中的简化表示法是机械制图中很重要的内容。图样的简化有助于提高绘图效率，降低绘图劳动强度，使工程图样清晰，便于识读和绘制。在不影响将机件的形状和结构表达完整、清晰的前提下，应力求制图简便。推进图样简化是工程技术语言的必然趋势。

下面是国家标准 GB/T 16675.1—1996 中介绍的几种常用简化画法。

1. 剖视图、断面图中的简化画法

(1)对于机件的肋、轮辐及薄壁等，如按纵向剖切，这些结构都不画剖面符号，而用粗实线将其与邻接部分分开，如图 6-12、图 6-13、图 6-14 所示；若按横向剖切，剖切的是其断面结构，这些结构要画剖面符号，如图 6-12 的俯视图。

(2)当零件回转体上均匀分布的肋、轮辐、孔等结构不处于剖切平面上时，可将这些结构旋转到剖切平面上画出，且对均布孔只需详细画出其中一个，其余只画出轴线即可，如图 6-35 所示。

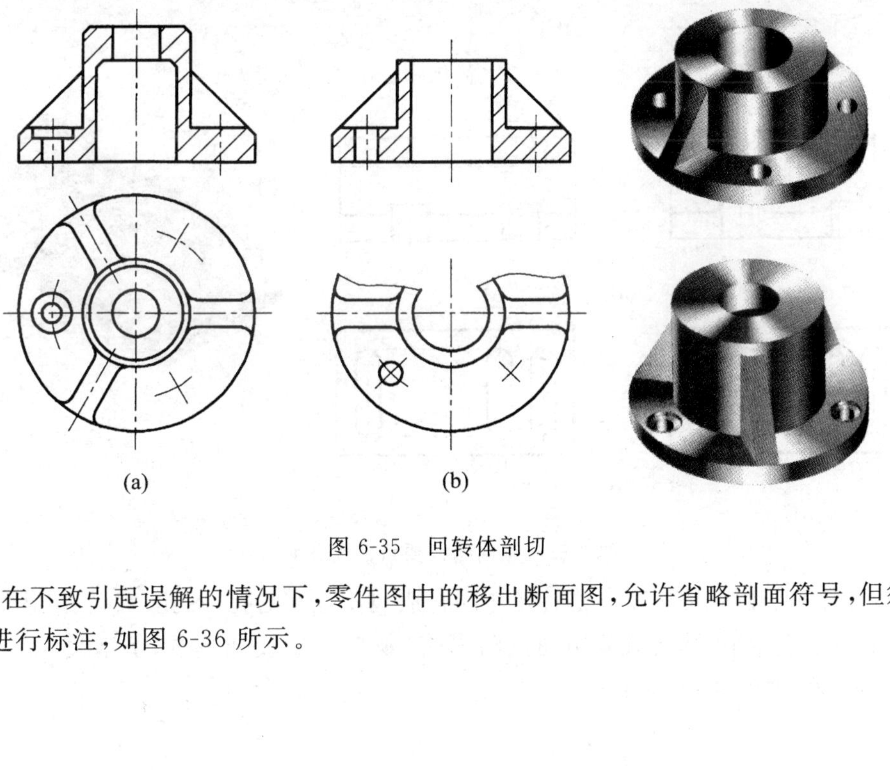

图 6-35　回转体剖切

(3)在不致引起误解的情况下，零件图中的移出断面图，允许省略剖面符号，但须按标准规定进行标注，如图 6-36 所示。

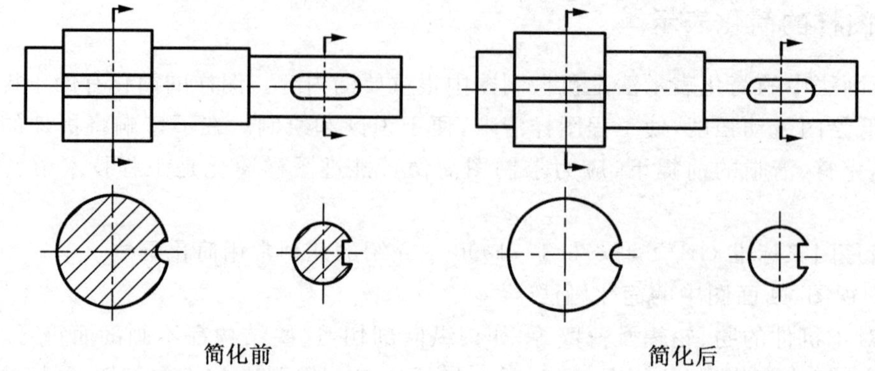

图 6-36　省略剖切符号

2. 相同结构要素的画法

(1)当机件具有若干个相同结构(齿、槽等),并按一定规律分布时,允许画出一个或几个完整的结构,其余用细实线连接,在零件图中则必须注明该结构的总数,如图 6-37 所示。

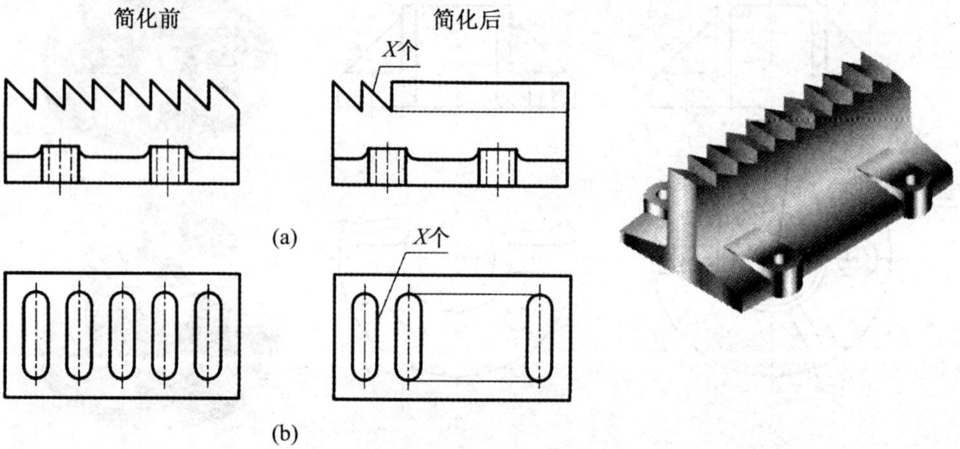

图 6-37　相同结构要素的简化画法

(2)当若干个相同结构要素是直径相同且成规律分布的孔(圆孔、螺孔、沉孔等)时,可以仅画出一个或几个,其余只需用细点画线或"⌖"(十字线加黑点,十字线为细实线)表示其中心位置,如图 6-38 所示。

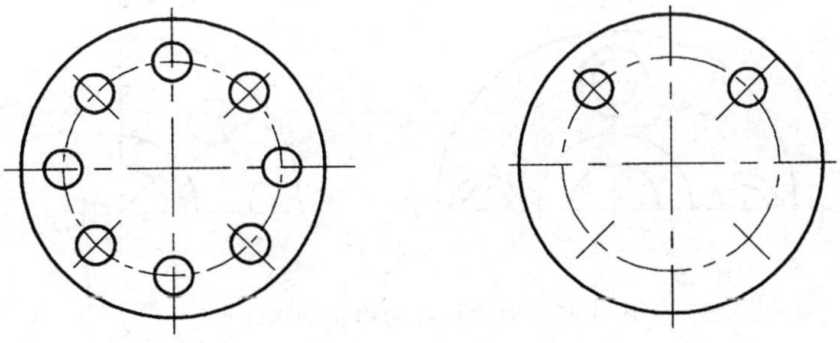

(a)

(b)

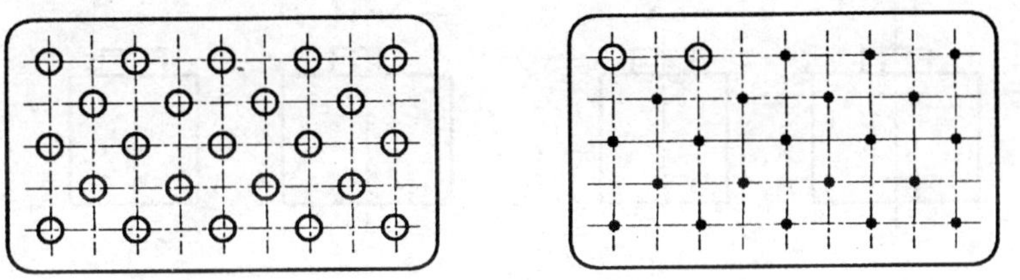

(c)

图 6-38　若干等径孔的简化画法

(3)圆柱形法兰盘和类似零件上均匀分布的孔，可用图 6-39 所示的方法表示(由机件外向该法兰端面方向投射)。

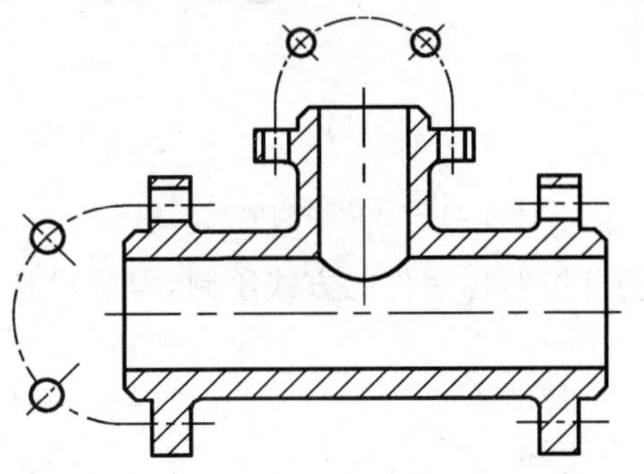

图 6-39　法兰上均布等径孔的简化画法

3. 对称机件的画法

(1)在不致引起误解时，对称机件的视图可只画 1/2 或 1/4，并在对称中心线的两端画出两条与其垂直的平行细实线，如图 6-40 所示。

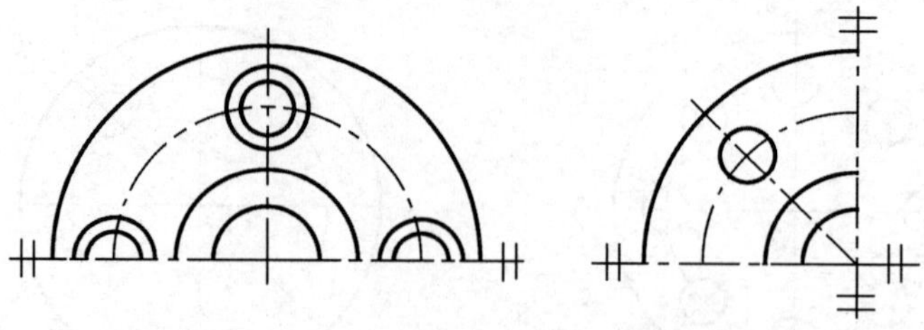

图 6-40　对称机件的简化画法

(2)零件上对称结构的局部视图可按图 6-41 所示的方法绘制。

简化前　　简化后

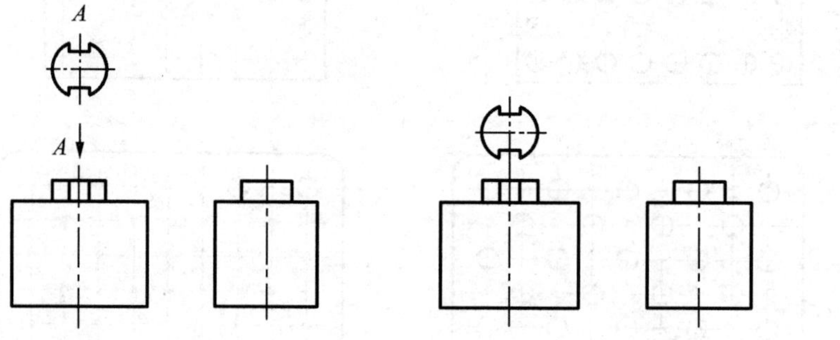

(a)

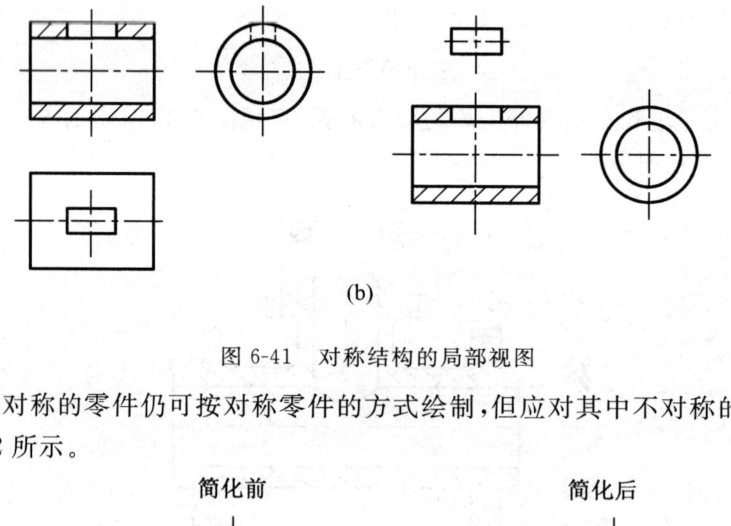

(b)

图 6-41　对称结构的局部视图

(3)基本对称的零件仍可按对称零件的方式绘制,但应对其中不对称的部分加标注说明,如图 6-42 所示。

简化前　　简化后

图 6-42　基本对称零件的简化画法

4. 断开画法

较长的机件(如轴、杆、型材、连杆等)沿长度方向的形状相同或按一定规律变化时,可断开后缩短绘制,如图 6-43 所示。采用这种画法时,断裂处一般用波浪线表示,但尺寸仍标注其实际长度。

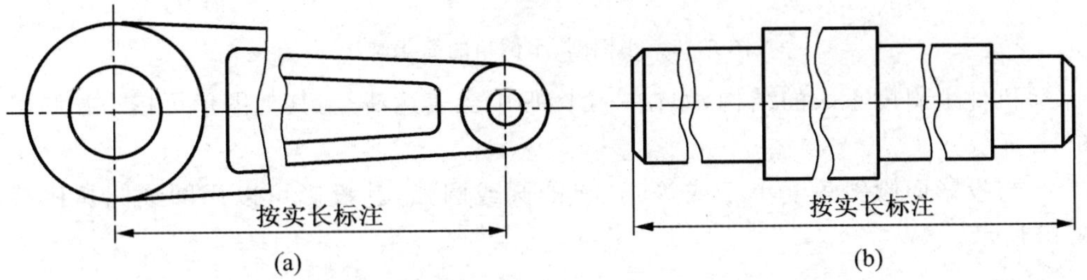

图 6-43　断开画法

5. 平面的表达方法

回转体零件上的平面可用平面符号(相交的两细实线)来表示,如图 6-44 所示。

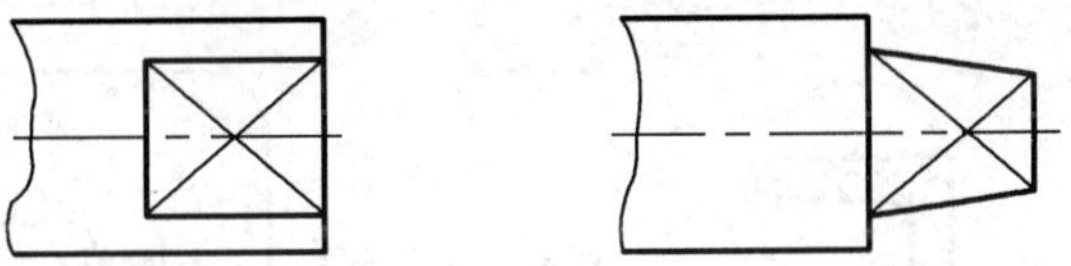

图 6-44　回转体上平面的简化表示法

6. 一些细部结构的简化画法

(1)机件上较小的结构,如在一个图形上已表示清楚时,其他图形可简化或省略,如图 6-45 所示。

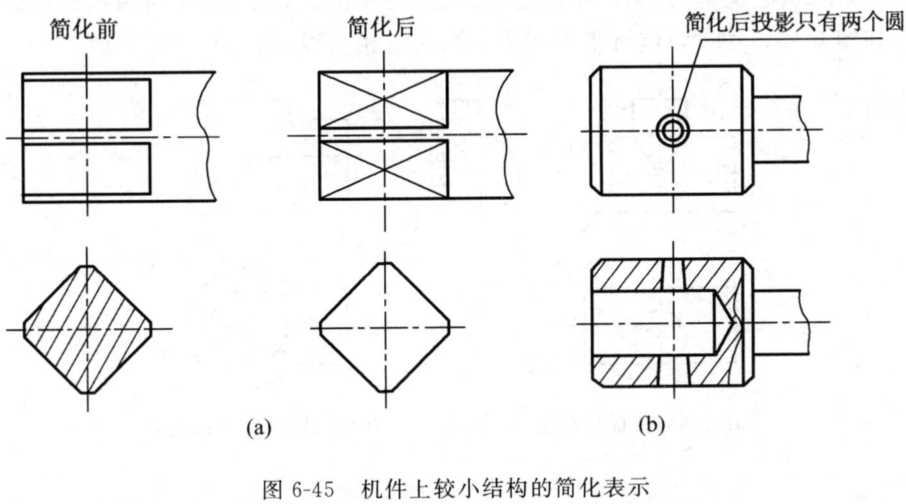

图 6-45　机件上较小结构的简化表示

(2)在不致引起误解时,零件图中的小圆角、锐边的小倒圆或 45°小倒角允许省略不画,但必须注明尺寸或在技术要求中加以说明,如图 6-46 所示。

图 6-46 小倒圆、小倒角的简化画法

(3)机件上斜度不大的结构,如在一个图形中已表达清楚,其他图形可按小端画出,如图 6-47 所示。

(4)与投影面倾斜角度小于或等于 30°的圆或圆弧,其投影可以用圆或圆弧代替,如图 6-48 所示。

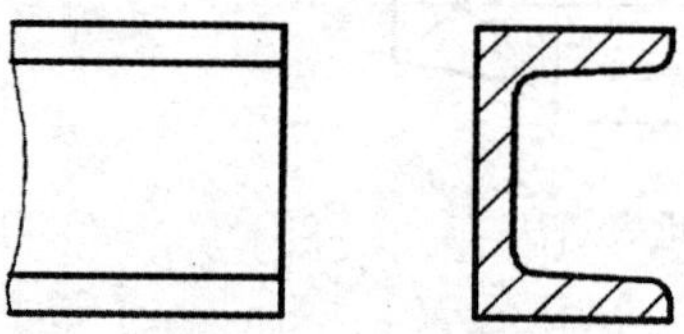

图 6-47 斜度不大结构的简化画法

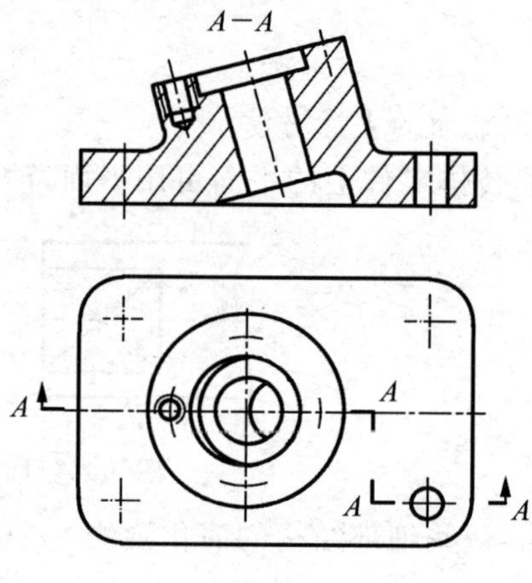

图 6-48 倾斜圆的简化画法

(5)在不致引起误解时,图形中的过渡线、相贯线可以简化,例如用圆弧或直线代替非圆曲线,如图 6-49(a)所示;也可采用模糊画法表示相贯线,如图 6-49(b)所示。

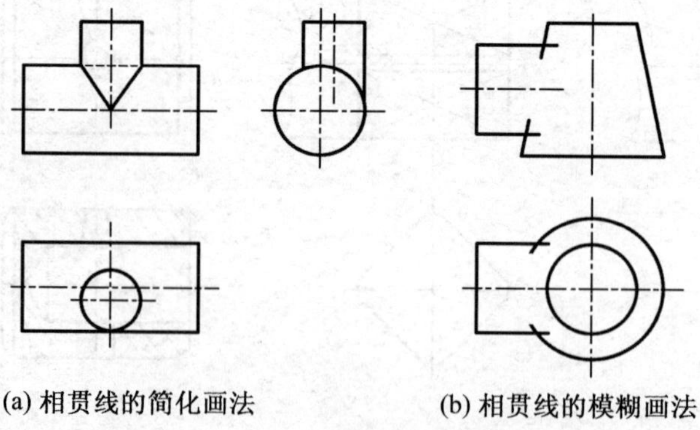

图 6-49 相贯线的简化画法

7. 网状物及滚花的画法

网状物、编织物或机件上的滚花部分,一般采用在轮廓线附近用细实线局部画出,也可省略不画，并在零件图上或技术要求中注明这些结构的具体要求，如图 6-50 所示。

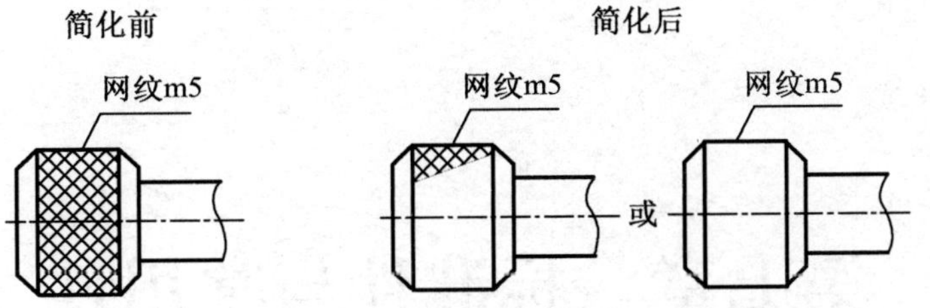

图 6-50　滚花的简化画法

8. 左右手零件画法

对于左右手零件，允许仅画出其中一件，另一件则用文字说明，其中“LH”为左件，“RH”为右件，如图 6-51 所示。

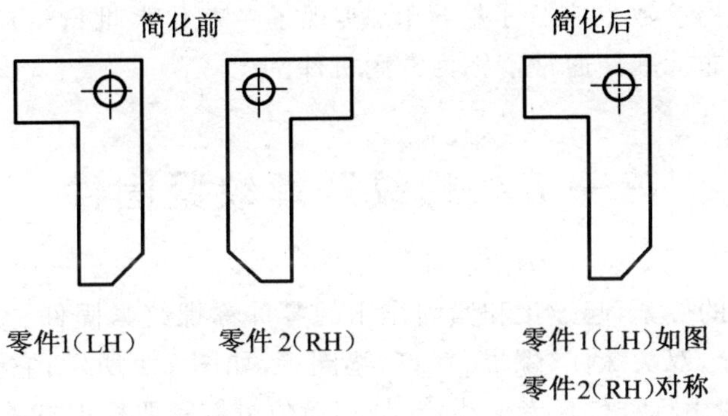

图 6-51　左右手零件的简化画法

第七章 标准件与常用件

在各种机械设备中，常用到如螺栓、双头螺柱、螺钉、螺母、垫圈、键、销和滚动轴承等零件或部件，其结构形状、尺寸、标记和技术要求等已经标准化，称为常用标准件；齿轮、弹簧等零件的部分结构参数也实行了标准化，实现了专业化大批量生产，称为常用非标准件。常用标准件和非标准件通常俗称为常用机件。

第一节 螺纹及螺纹紧固件

通过利用螺纹的旋紧，起连接和紧固作用的零件称螺纹紧固件。螺纹紧固件的种类很多，常用的有螺栓、双头螺柱、螺母、螺钉、垫圈等，如图 7-1 所示，它们的结构形式及尺寸均已标准化，一般由标准件厂专业生产，使用单位可按需要根据有关标准选用。

图 7-1 常用螺纹紧固件

一、螺纹

1. 螺纹的形成

螺纹是在圆柱或圆锥面上沿着螺旋线形成的、具有相同轴向剖面的连续凸起和沟槽。在圆柱或圆锥外表面上形成的螺纹称为外螺纹，如图 7-2(a)所示；在圆柱或圆锥内表面上形成的螺纹称为内螺纹，如图 7-2(b)所示。

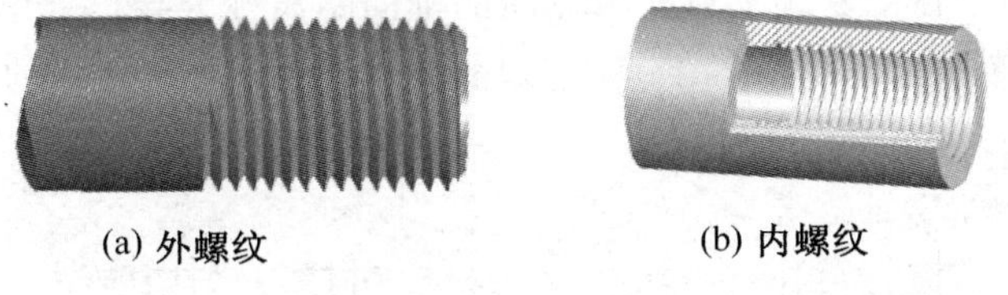

图 7-2　外螺纹与内螺纹

螺纹上凸起部分的顶端称为螺纹的牙顶；沟槽的底部称为螺纹的牙底；在通过螺纹轴线的剖面上，螺纹的轮廓形状称为牙型；螺纹的最大直径称为螺纹大径；螺纹的最小直径称为螺纹小径，如图 7-3 所示。

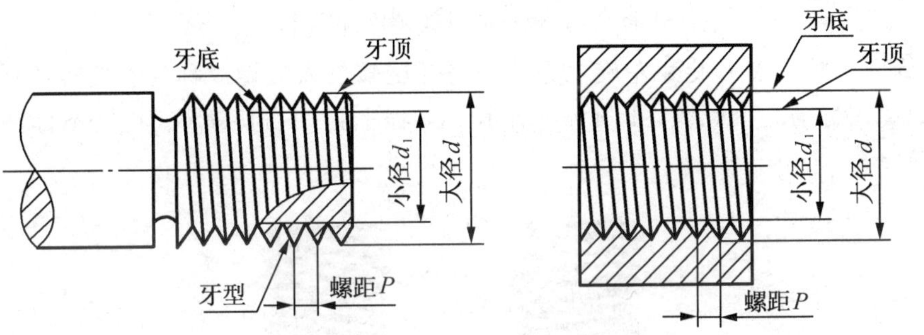

图 7-3　螺纹的牙型、大径、小径和螺距

2. 螺纹的要素

(1)螺纹的牙型。在通过螺纹轴线的剖面上，螺纹的轮廓形状称为螺纹的牙型，常见的有三角形、梯形、锯齿形和矩形等，如图 7-4 所示。

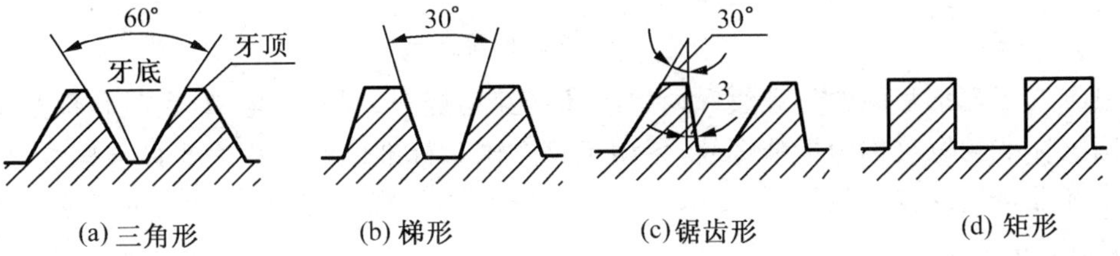

图 7-4　常见的螺纹牙型

(2)公称直径。螺纹的直径有大径(d 或 D)、小径(d_1 或 D_1)、中径(d_2 或 D_2)之分，如图 7-3 所示。普通螺纹和梯形螺纹的大径称为公称直径。螺纹的顶径是与外螺纹或内

螺纹牙顶相切的假想圆柱或圆锥的直径,即外螺纹的大径或内螺纹的小径;螺纹的底径是与外螺纹或内螺纹牙底相切的假想圆柱或圆锥的直径,即外螺纹的小径或内螺纹的大径。

(3)线数。螺纹有单线和多线之分。沿一根螺旋线形成的螺纹称单线螺纹,如图 7-5(a)所示;沿两根以上螺旋线形成的螺纹称多线螺纹,如图 7-5(b)所示。连接用的螺纹大多为单线。

(4)螺距和导程。螺纹相邻两牙在中径线上对应两点间的轴向距离称为螺距。同一条螺旋线上相邻两牙在中径线上对应两点间的轴向距离称为导程。单线螺纹的螺距等于导程,多线螺纹的螺距乘以线数等于导程,如图 7-5 所示。普通螺纹的公称直径和螺距的规定可见本书附录。

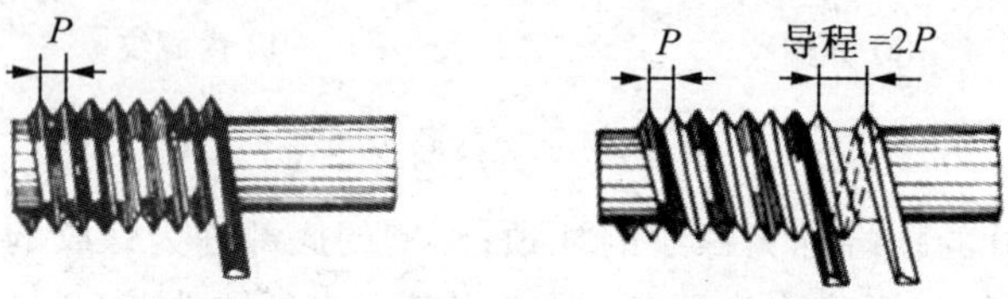

(a) 单线螺纹　　(b) 双线螺纹

图 7-5　螺纹的线数、螺距和导程

(5)旋向。螺纹有右旋和左旋之分。顺时针旋转旋入的螺纹称为右旋螺纹;逆时针旋转旋入的螺纹称为左旋螺纹,如图 7-6 所示。工程上常用右旋螺纹(右旋不标注,左旋标注“LH”)。

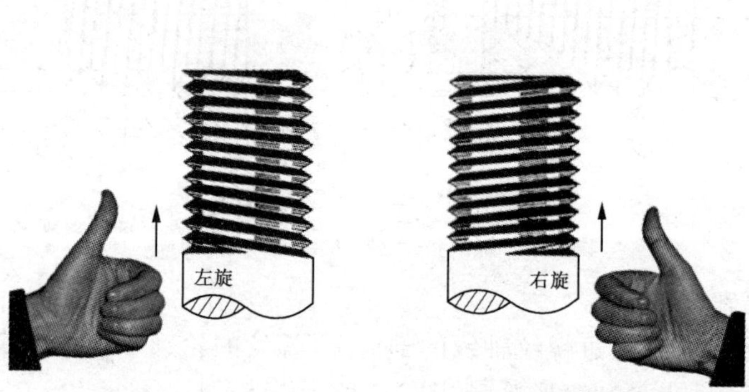

(a)左旋螺纹　　(b) 右旋螺纹

图 7-6　螺纹的旋向

只有五要素都相同的外螺纹和内螺纹才能互相旋合。其中,牙型、大径和螺距三项都符合国家标准的螺纹称为标准螺纹;牙型不符合国家标准的螺纹称为非标准螺纹;牙型符合国家标准,但大径或螺距不符合国家标准的螺纹称为特殊螺纹,在标注时,应在牙型符号前加注“特”字。

二、螺纹的规定画法

1. 外螺纹的画法

在平行于螺纹轴线投影面的视图中,外螺纹牙顶所在的轮廓线(大径线)画成粗实线,外螺纹牙底所在的轮廓线(小径线)画成细实线,螺纹终止线画成粗实线,螺纹的倒角或倒圆结构及螺纹退刀槽也应画出,但螺纹收尾不必表示。小径通常按大径的 0.85 倍近似绘制。但大径较大或为细牙螺纹时,小径数值应查阅有关手册,可按实际尺寸绘制。在垂直于螺纹轴线的投影面的视图(反应圆的视图)中,表示牙顶的大径圆画成粗实线圆,表示牙底的小径圆画成约 3/4 细实线圆(空出约 1/4 圆的位置不作规定),此时螺纹倒角或倒圆的投影不表示,如图 7-7 所示。

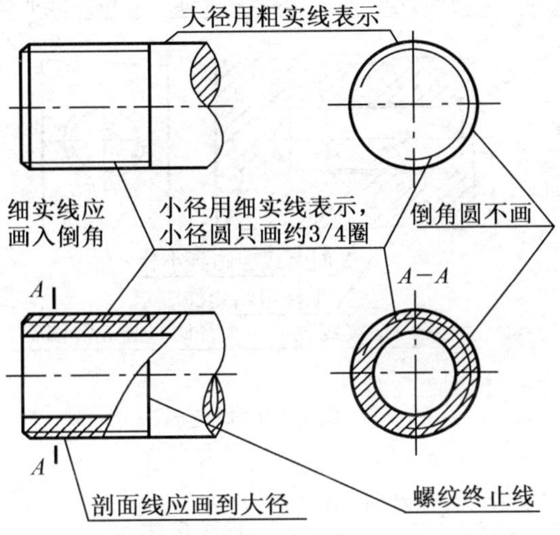

图 7-7　外螺纹的规定画法

2. 内螺纹的画法

在平行于螺纹轴线的投影面的剖视图或断面图(非圆视图)中,内螺纹牙底所在的轮廓线(大径线)画成细实线,内螺纹牙顶所在的轮廓线(小径线)画成粗实线,螺纹终止线画成粗实线。小径通常按大径的 0.85 倍近似绘制。但大径较大或为细牙螺纹时,小径数值应查阅有关手册,可按实际尺寸绘制,如图 7-8 所示。

在绘制不通的螺纹孔时,应将钻孔深度和螺纹部分的深度分别画出。不可见螺纹的所用图线均用虚线表示。在垂直于螺纹轴线的投影面的视图(反应圆的视图)中,表示牙顶的小径圆画成粗实线圆,表示牙底的大径圆画成 3/4 细实线圆,其起点和终点应离开表示轴线的点画线(空出约 1/4 圆的位置不作规定),此时螺纹倒角或倒圆的投影不表示,如图 7-8 所示。

3. 内外螺纹旋合时的画法

(1)不剖时,螺纹旋合部分的所有图线均画虚线,其余部分仍按前述规定画法表示。

(2)剖开时,螺纹旋合部分按外螺纹画法绘制,其余部分仍按内、外螺纹各自的规定画法表示,如图 7-9 所示。

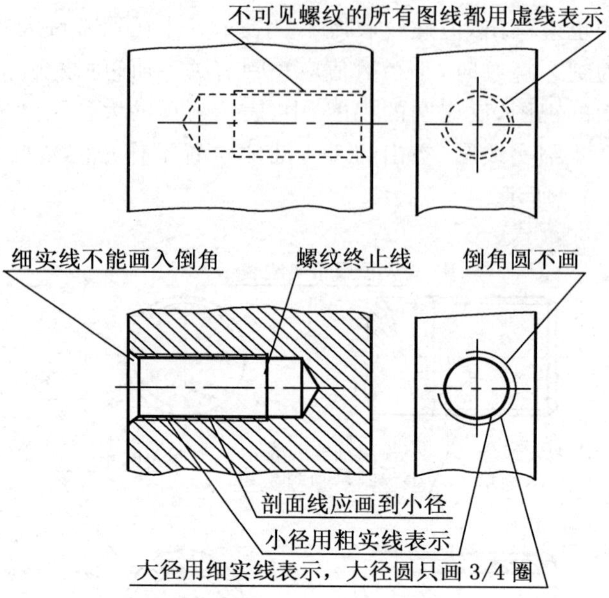

图 7-8　内螺纹的规定画法

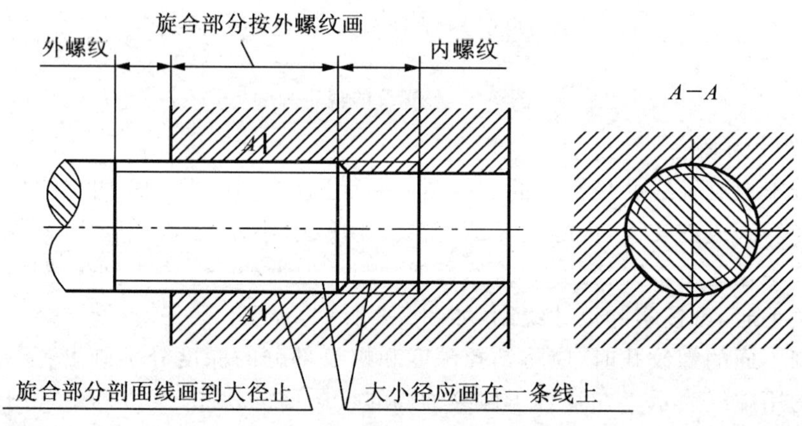

图 7-9　螺纹旋合画法

三、常用螺纹的分类和标注

1. 螺纹的分类

可以从各种不同的角度对螺纹进行分类。例如，按牙型、按牙型角、按螺距、按外形、按单位制、按标准化程度、按公差制和按配合种类等进行分类，但较多的场合是按用途进行分类。按用途可将我国采用的螺纹分为四类：

(1)紧固连接用螺纹，简称“紧固螺纹”。例如，普通螺纹、小螺纹、过渡配合螺纹和过盈配合螺纹。

(2)传动用螺纹,简称“传动螺纹”。例如,梯形螺纹、锯齿形螺纹和矩形螺纹。

(3)管用螺纹,简称“管螺纹”。例如,55°密封管螺纹、55°非密封管螺纹、60°密封管螺纹和米制锥螺纹。

(4)专门用途螺纹,简称“专用螺纹”。例如,自攻螺钉用螺纹、木螺钉螺纹和气瓶专用螺纹等。

普通螺纹(GB/T 197—1981)的牙型为三角形,牙型角为60°,螺纹特征代号为M。普通螺纹又分为粗牙和细牙两种,其特征代号均为M。一般连接都用粗牙螺纹。当螺纹的大径相同时,细牙螺纹的螺距和牙型高度都比粗牙螺纹的小,因此细牙螺纹适用于薄壁零件的连接以及一些微调机构。

管螺纹有圆柱管螺纹和圆锥管螺纹之分。按其功用又分为螺纹密封型和非螺纹密封型两种。圆柱管螺纹的牙型为三角形,牙型角为55°,其中,非螺纹密封的管螺纹,螺纹特征代号为G。螺纹密封的管螺纹,螺纹特征代号有3种:圆锥内螺纹(锥度1∶16)为R_c;圆柱内螺纹为R_p;圆锥外螺纹为R_1或R_2。梯形螺纹为常用的传动螺纹,牙型为等腰梯形,牙型角为30°,螺纹特征代号为T_r。

螺纹一般成对使用,成对使用的螺纹称为螺纹副。起连接作用的螺纹称连接螺纹,常用的有普通螺纹和管螺纹;起传动作用的螺纹称传动螺纹,常用的有梯形螺纹和锯齿形螺纹。

2. 螺纹的标记

在图样中,上述螺纹画法仅表达了螺纹的大径和小径。为了表示完整的螺纹五要素及其允许的尺寸变动范围等要求,则必须对螺纹进行标记。

(1)普通螺纹的标注形式与标注尺寸的形式相同,即从大径处引出尺寸线,标记的顺序如下:

螺纹代号　　　　公差带代号　　　　旋合长度代号

[螺纹特征代号] [公称直径]×[螺距] [旋向]-[中径公差带代号] [顶径公差带代号]-[旋合长度代号]

“螺纹代号”表示所注螺纹的五要素,即牙型符号、公称直径、螺距、导程和线数及旋向(右旋螺纹不标,左旋螺纹则需标注LH)。其中,粗牙普通螺纹不注螺距,细牙普通螺纹必须注明螺距。

“中径、顶径公差带代号”表示螺纹的精度要求,分别由基本偏差代号(外螺纹用小写字母,内螺纹用大写字母)和公差等级数字组成,如6H,7g等,当中径和顶径公差带代号相同时,只注一项。

“旋合长度代号”表示螺纹连接时对旋合长度的要求,普通螺纹的旋合长度分为“中等旋合长度N”“短旋合长度S”和“长旋合长度L”,其中“中等旋合长度N”可省略不标注。

(2)管螺纹的标注形式采用引线标注,格式为:

[螺纹特征代号] [尺寸代号] [公差等级代号]-[旋向]

对于特征代号为G的55°非密封管螺纹,其外螺纹公差等级有A、B两种,内螺纹不标注。各种管螺纹标注时,不论是内螺纹还是外螺纹,其标记一律注在引线上,引线的一端一律指到大径,并且不应与剖面线平行。

(3)梯形螺纹和锯齿形螺纹的标注格式为：

螺纹特征代号　公称直径 × 螺距(单线时) / 导程(*P* 螺距)(多线时)　旋向-中径公差带代号-旋合长度

梯形螺纹和锯齿形螺纹的螺纹公差带表示中径公差带，其旋合长度分为中、长两种，分别用 N、L 表示，当为中等旋合长度时，N 不标注。

表 7-1 列出了的几种常用螺纹的特征代号、标记与说明。

表 7-1　　常用标准螺纹的标记

螺纹类别	标准编号	特征代号	标记	标记示例	附注
普通螺纹	GB/T193—2003	M	M16-5g6g M6×1LH-6G	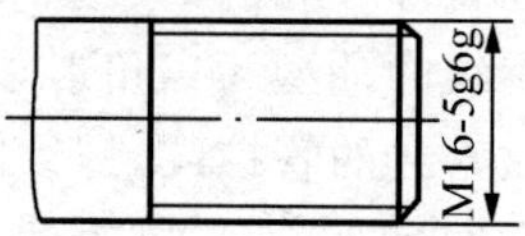 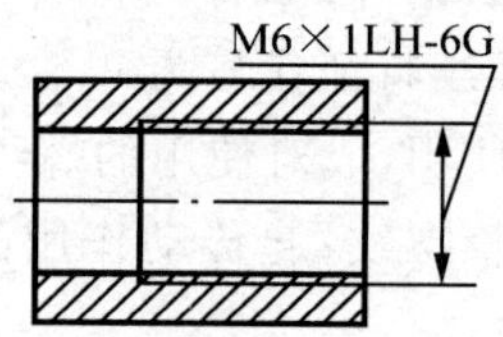	普通螺纹，粗牙不注螺距，中等旋合长度不标 N(以下同)
梯形螺纹	GB/T 5796.2—2005	T_r	T_r20×8(P4)LH-7e	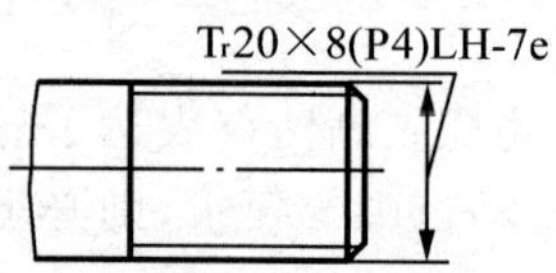	多线螺纹螺距和导程都可参照此格式标注
锯齿形螺纹	GB/T 13576—1992	B	B20×2LH	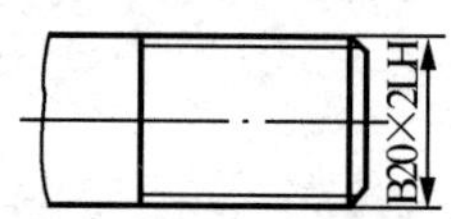	
55°非密封管螺纹	GB/T 7307—2001	G	G1	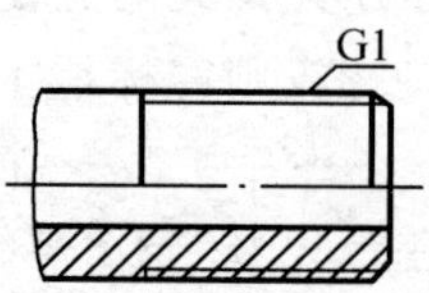	外螺纹公差等级分 A 级和 B 级两种；内螺纹公差等级只有一种；表示螺纹副时，仅需标注外螺纹的标记

续表

螺纹类别		标准编号	特征代号	标记	标记示例	附注
55°密封管螺纹	圆锥外螺纹	GB/T 7306.1—2000 GB/T 7306.2—2000	R_1	$R_c1/2$	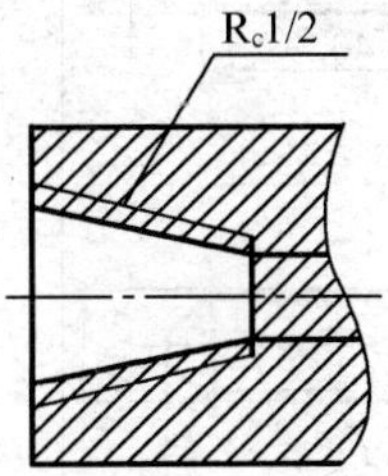	R_1 表示与圆柱内螺纹相配合的圆锥外螺纹；R_2 表示与圆锥内螺纹相配合的圆锥外螺纹；R_c 表示圆锥内螺纹；R_p 表示圆柱内螺纹。内、外螺纹均只有一种公差带；表示螺纹副时，尺寸代号只写一次
			R_2			
	圆锥内螺纹		R_c			
	圆柱内螺纹		R_p			

四、常用螺纹紧固件的规定画法和标注

在国家标准中，螺纹紧固件均有相应规定的标记，其完整的标记由名称、标准编号、螺纹规格、性能等级或材料等级、热处理、表面处理组成，一般主要标记前四项。螺纹紧固件的画法主要有以下两种：

查表画法：根据螺纹紧固件的标记查找有关标准，然后根据标准给出的尺寸进行画图。

比例画法：为了提高画图速度，螺纹紧固件可按比例关系画图，主要以螺纹公称直径为依据，但不得把按比例关系计算的尺寸作为螺纹紧固件的尺寸进行标注。

表 7-2 列出了部分常用螺纹紧固件及其规定标记，螺纹紧固件的详细结构尺寸详见本书附录。

表 7-2　　常用螺纹紧固件及其标记

名称及标准编号	名称及视图	比例画法	标记示例及说明
六角头螺栓：A 级和 B 级 GB/T 5782—2000	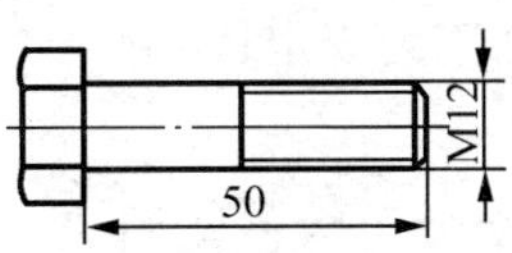	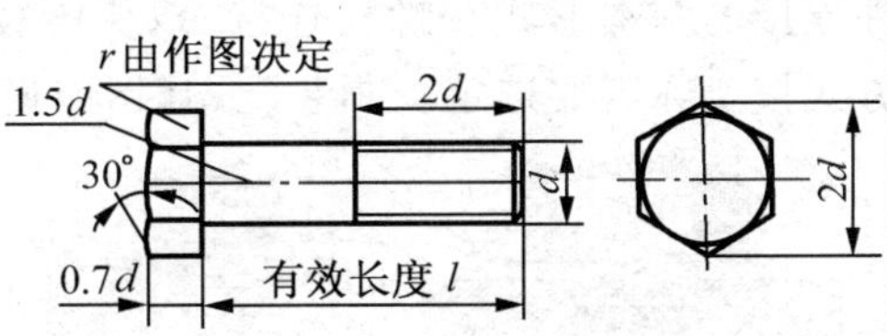	螺栓 GB/T 5782 M12×50：表示 A 级六角头螺栓，螺纹规格为 M12、有效长度为 50mm
双头螺柱 GB/T 899—1988	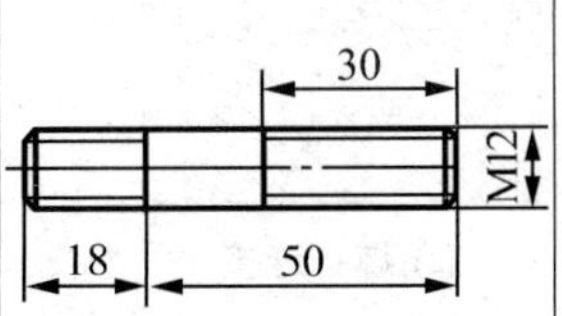		螺柱 GB/T 899 M12×50：表示两端均为粗牙普通螺纹，螺纹规格为 M12，有效长度为 50mm 的双头螺柱

续表

名称及标准编号	名称及视图	比例画法	标记示例及说明
开槽沉头螺钉 GB/T 67—2000	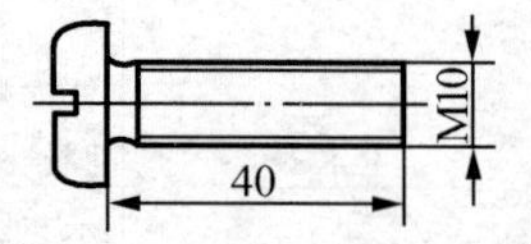	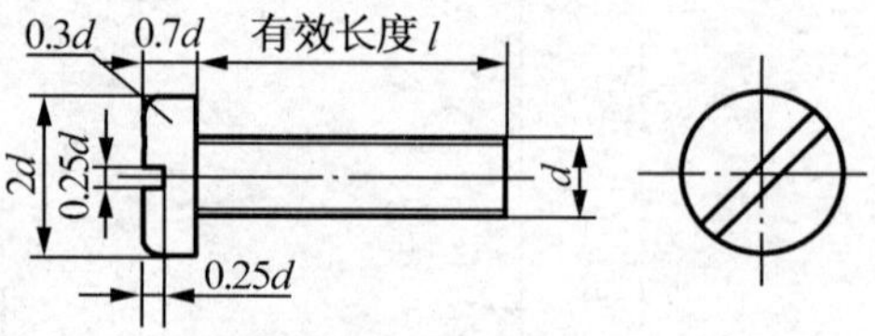	螺钉 GB/T 67 M10×40：表示开槽沉头螺钉，螺纹规格为 M10、公称长度为 60mm
开槽锥端紧定螺钉 GB/T 71—1985	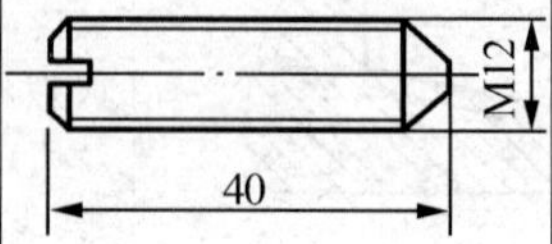	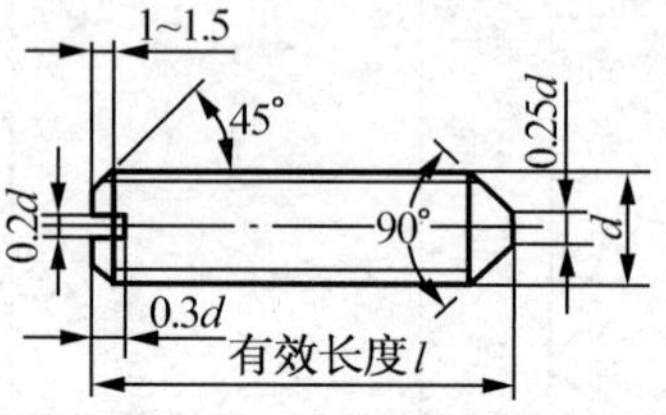	螺钉 GB/T 71 M12×40：表示开槽锥端紧定螺钉，螺纹规格为 M12、有效长度为 40mm
Ⅰ型六角螺母：A 级和 B 级 GB/T 6170—2000	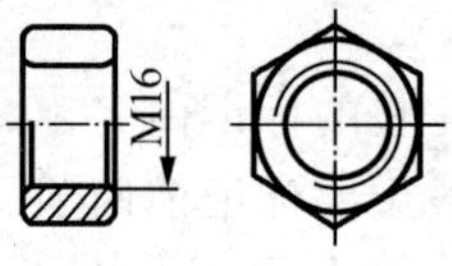	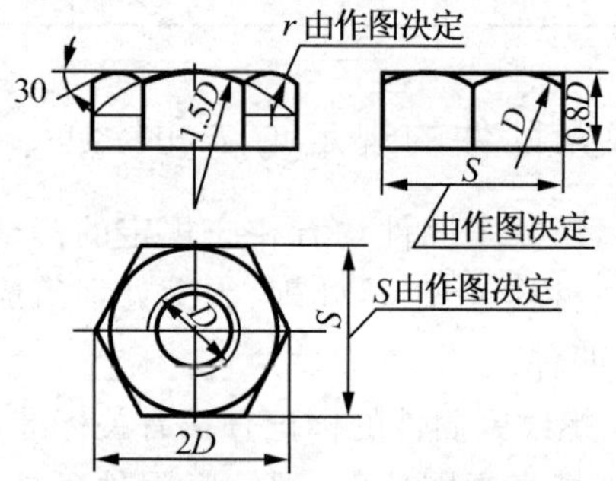	螺母 GB/T 6170 M16：表示 A 级Ⅰ型六角螺母，螺纹规格为 M16
平垫圈 GB/T 97.1—2000	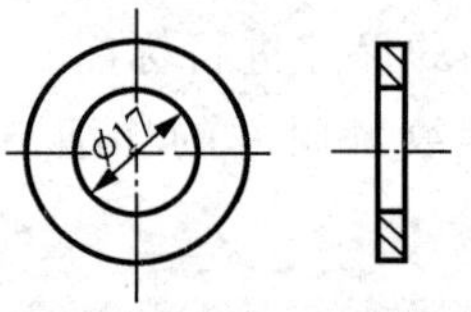	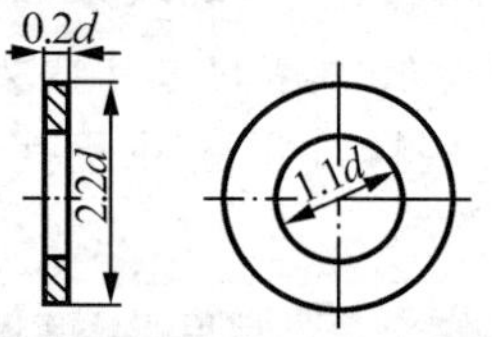	垫圈 GB/T 97.1 16：表示 A 级平垫圈，螺纹规格为 16mm

五、螺纹紧固件的装配画法

螺纹紧固件连接的基本形式有螺栓连接、双头螺柱连接、螺钉连接，如图 7-10 所示，采用何种连接方式按实际需要选定。画装配图时，应遵守下列规定：

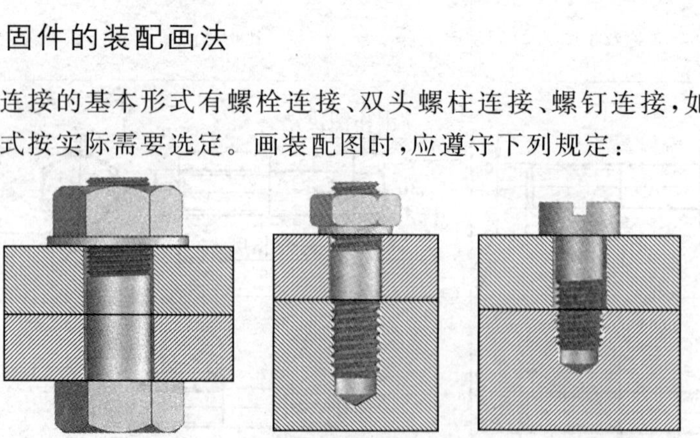

(a) 螺栓连接　(b) 双头螺柱连接　(c) 螺钉连接

图 7-10　螺纹紧固件连接的基本形式

(1)两零件的接触面画一条粗线。凡不接触的相邻表面,不论间隙大小,都画两条线。

(2)相邻两零件的剖面线应不同(方向相反或间隔不等)。但同一个零件在各视图中的剖面线方向和间隔必须一致。

(3)在剖视图中,若剖切平面通过螺纹紧固件的轴线(或对称中心线)时,这些零件均按不剖绘制,即仍画出其外形。若有特殊要求时,可采用局部剖视画法。

1. 螺栓连接的装配画法

螺栓连接用于被连接件都不太厚,允许加工成通孔且要求连接力较大的情况。在被连接零件上预先加工出螺栓孔,孔径 d_0 应大于螺栓直径,一般约为 $1.1d$,装配时,将螺栓插入螺栓孔中,垫上垫圈,拧上螺母,完成螺栓连接。螺栓连接的装配画法如图 7-11 所示。

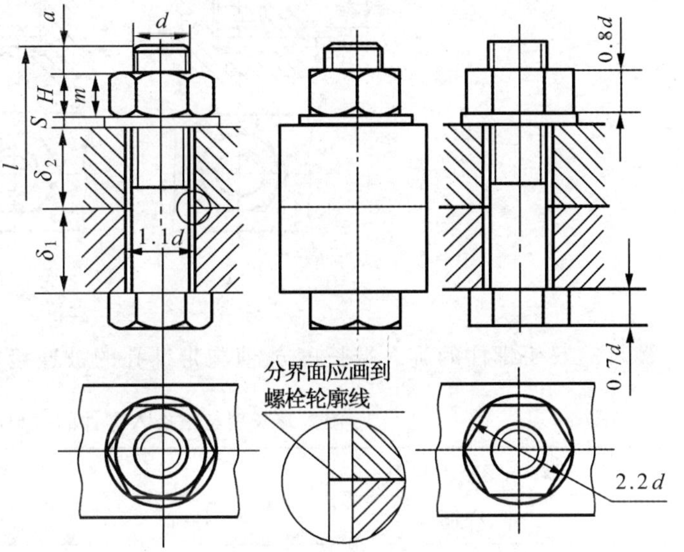

图 7-11　螺栓连接

(1)被连接件的孔径必须大于螺栓的大径,一般取 $1.1d$。螺栓的公称长度 l 可按以下方法估算:

$$l \geqslant \delta_1 + \delta_2 + S + H + a$$

式中,δ_1、δ_2 分别为被连接两零件的厚度;S 为垫圈的厚度;H 为螺母的厚度;a 为螺栓伸出螺母外的长度。

若采用比例画法,则 $S=0.15d$,$H=0.8d$,$a=0.3d$。计算出 l 后,还应根据螺栓的标准长度系列取标准长度值。

(2)在螺栓连接剖视图中,被连接零件的接触面画到螺栓大径处。

(3)螺母及螺栓的六角头的 3 个视图应符合投影关系,且主视图应反映六角头的三个棱面。

2. 螺柱连接的装配画法

螺柱连接常用于被连接件之一较厚,不适合加工成通孔,而另一被连接件较薄可以加工成通孔且要求连接力较大的情况。螺柱连接由双头螺柱、螺母、垫圈等组成。螺柱连接零件时,先将螺柱的旋入端旋入较厚零件的螺孔中,再将另一个带孔的零件套入螺柱,然后放入垫圈,用螺母旋紧。螺柱连接的装配画法如图 7-12 所示。

(1)根据螺纹紧固件螺柱、螺母、垫圈的标记,由附录查得它们的全部尺寸。

(2)确定螺柱的公称长度 l,如图 7-12 所示,可按以下方法估算:

$$l \geqslant \delta + S + H + a \quad [a\ 取(0.2 \sim 0.4)d]$$

由 l 的初算值,在螺栓标准的公称系列值中,选取一个与之最接近的标准值。

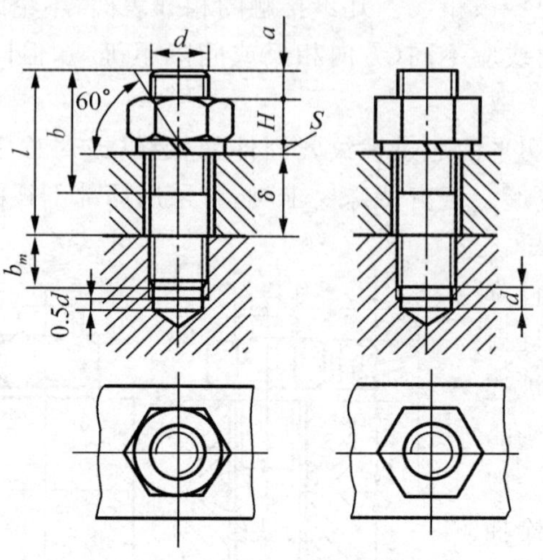

图 7-12 螺柱连接

(3)双头螺柱的旋入端长度 b_m值与带螺孔的被连接件的材料有关(见表 7-3)。

表 7-3 旋入端长度与被旋入零件的材料的关系

被旋入零件的材料	旋入端长度 b_m
钢、青铜	$b_m=d$
铸铁	$b_m=(1.25\sim1.5)d$
铝	$b_m=2d$

机件上螺孔的螺纹深度应大于旋入端螺纹长度 b_m,画图时,螺孔的螺纹深度可按 $b_m+0.5d$ 画出,钻孔深度可按 b_m+d 的比例画出。

(4)双头螺柱下部螺纹终止线应与螺孔顶面重合。

3. 螺钉连接的装配画法

螺钉连接多用于受力不大的零件之间的连接。用螺钉连接两个零件时,螺钉杆部穿过一个零件的通孔而旋入另一个零件的螺孔,将两个零件固定在一起。螺钉按用途分为连接螺钉和紧定螺钉两种。螺钉连接的装配画法如图 7-13 所示。

(1)螺钉的公称长度 l 可按下式估算:$l=\delta+b_m$,根据估算出的 l 值,在螺钉的标准中,选取与其近似的标准值,作为最后确定的 l。

(2)螺钉的旋入深度 b_m与带螺孔的被连接件的材料有关,可参照双头螺柱连接的旋入端长度 b_m 值。

(3)为使螺钉连接牢靠,螺钉的螺纹长度和螺纹孔的螺纹长度都应大于旋入深度 b_m。螺孔的螺纹长度可取 $b_m+0.5d$,钻孔深度一般取 b_m+d。被连接件的光孔直径可近似地画成 $1.1d$。

(4)为了使螺钉头能压紧被连接零件,螺钉的螺纹终止线应高出螺孔的端面。

(5)螺钉头部的一字槽,在俯视图上画成与中心线成 45°,若槽宽小于或等于 2mm

时，则应涂黑。

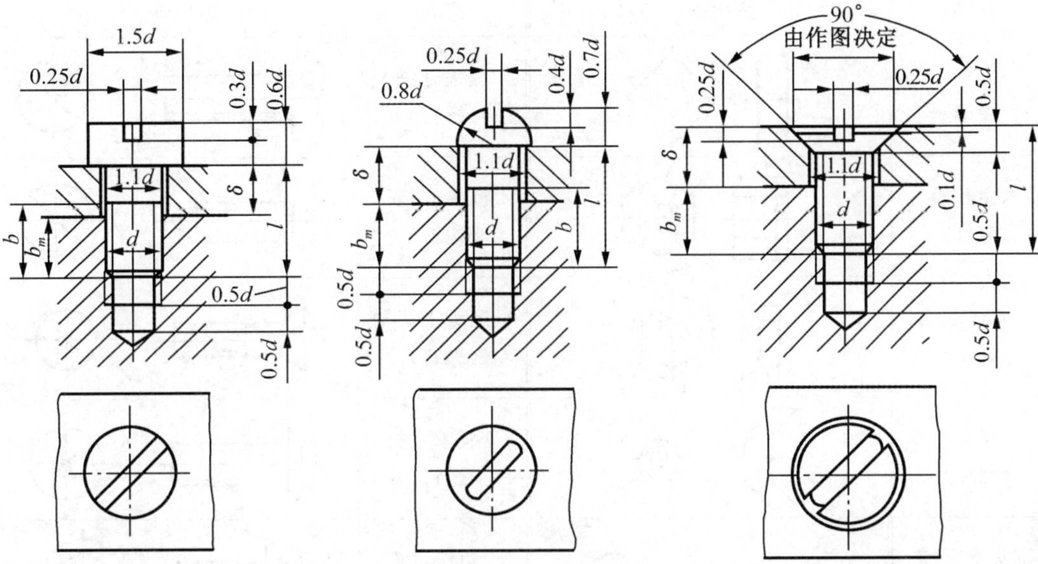

(a) 开槽圆柱头螺钉　　(b) 开槽半圆头螺钉　　(c) 开槽沉头螺钉

图 7-13　螺钉连接

六、螺纹紧固件的简化画法

国家标准规定，装配图中螺纹紧固件的某些结构允许按简化画法绘制，如螺栓、螺柱、螺钉末端的倒角、螺栓头部和螺母的倒角可省略不画见表 7-4；但对于未钻通的螺孔，其钻头留下的倒锥必须画出，如图 7-13 所示。

表 7-4　常用螺栓、螺钉的头部及螺母的简化画法

形式	简化画法	形式	简化画法
六角头（螺栓）	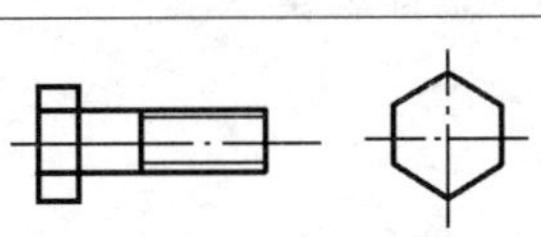	无头内六角（螺钉）	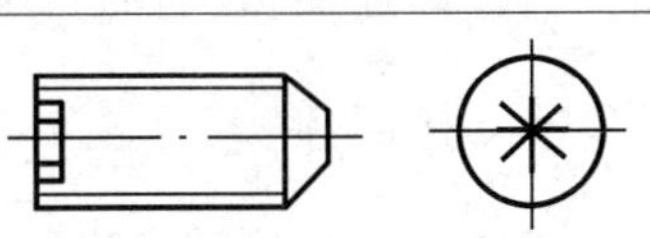
方头（螺栓）	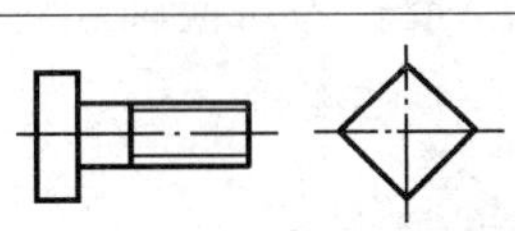	无头开槽（螺钉）	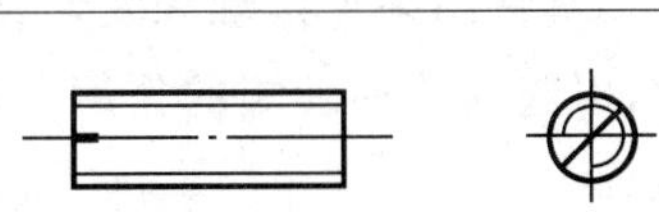
圆柱头内六角（螺钉）	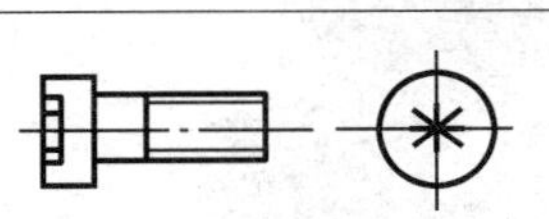	沉头开槽（螺钉）	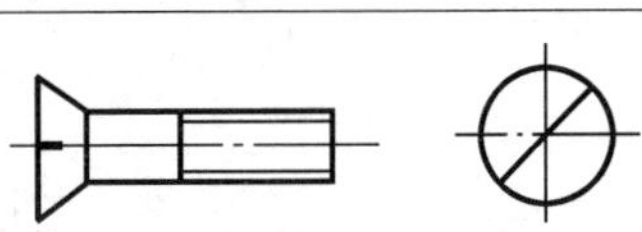
六角（螺母）	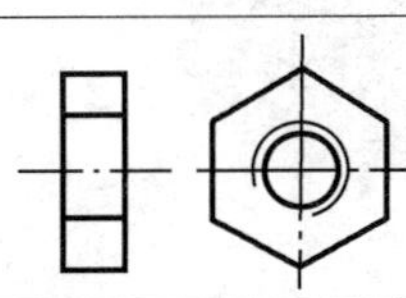	圆柱头开槽（螺钉）	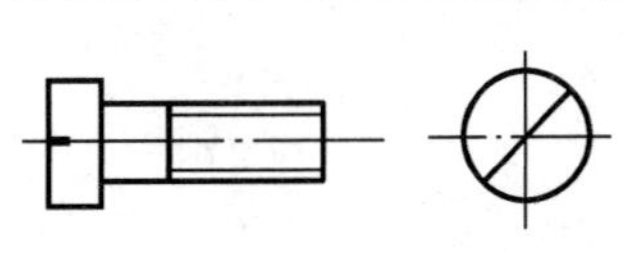

续表

形式	简化画法	形式	简化画法
方头（螺母）	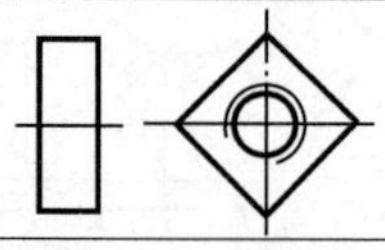	盘头开槽（螺钉）	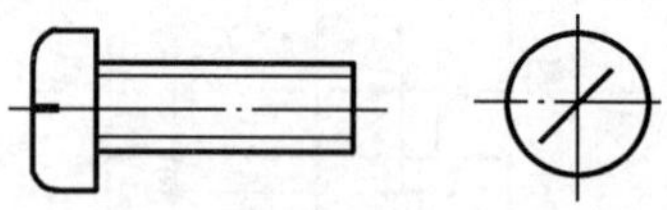
六角开槽（螺母）	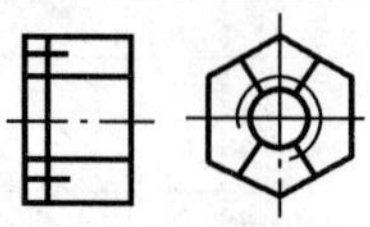	沉头开槽（螺钉）	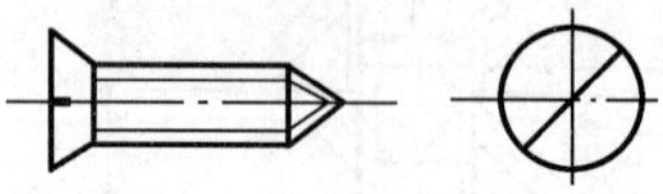
六角法兰面（螺母）	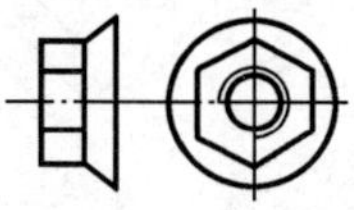	半沉头十字槽（螺钉）	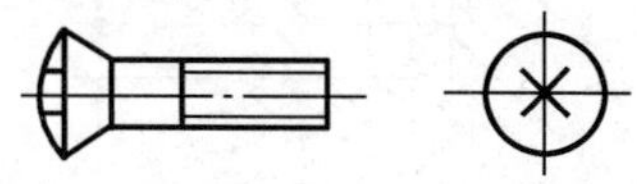
蝶形（螺母）	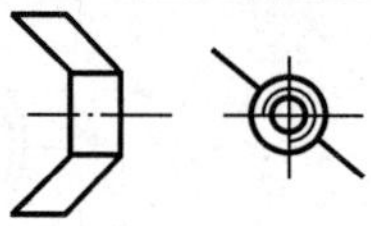	盘头十字槽（螺钉）	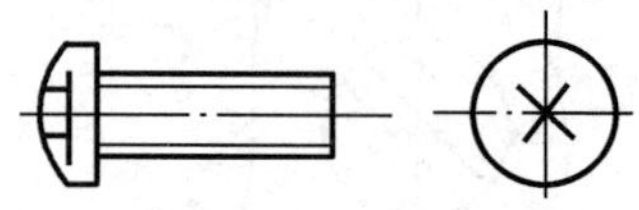
沉头十字槽（螺钉）	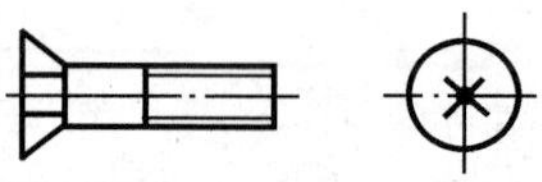	六角法兰面（螺栓）	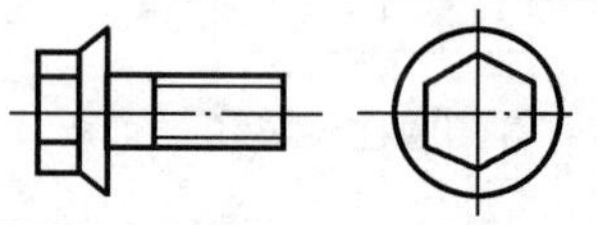
半沉头开槽（螺钉）	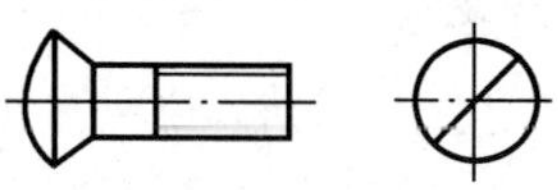	圆头十字槽（木螺钉）	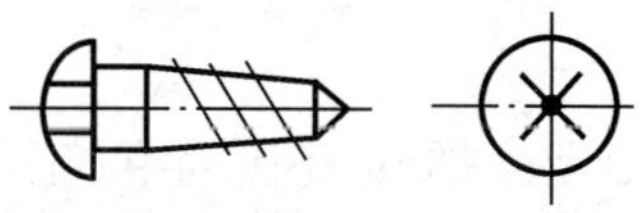

第二节　键、销

键、销都是机器上的常用标准件，键连接、销连接与螺纹连接一样，是机械工程中常使用的可拆卸连接，它们的画法与标记在国家标准中都有规定。

一、键连接

键常用来连接轴和安装在轴上的零件（如齿轮、带轮等），使轴和轮之间不发生相对转动，以起到传递转矩的作用。如图 7-14 所示为普通平键连接。

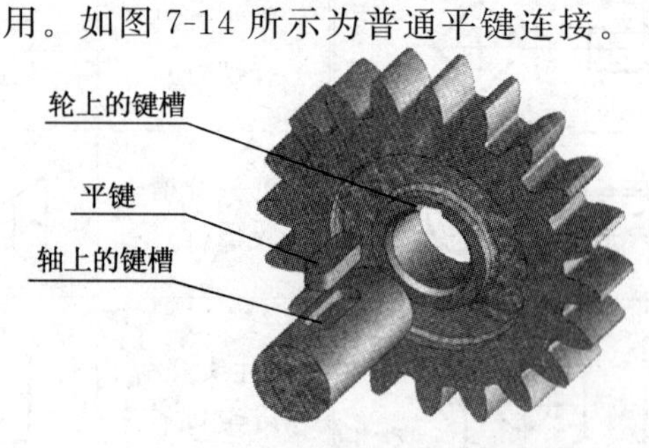

图 7-14　普通平键连接

1. 键的形式和规定标记

键的种类很多，常用的有普通平键、半圆键、钩头楔键和花键等，如图 7-15 所示。普通平键分 A 型、B 型、C 型 3 种。

(a) 普通平键　(b) 半圆键　(c) 钩头楔键　(d) 花键

图 7-15　常用的键

常用键的形式、尺寸和标记见表 7-5，选用时可根据轴的直径查附录。

表 7-5　　常用键的形式和标记

名称及标准	图例	标记
普通平键 A 型 GB/T 1096—2003	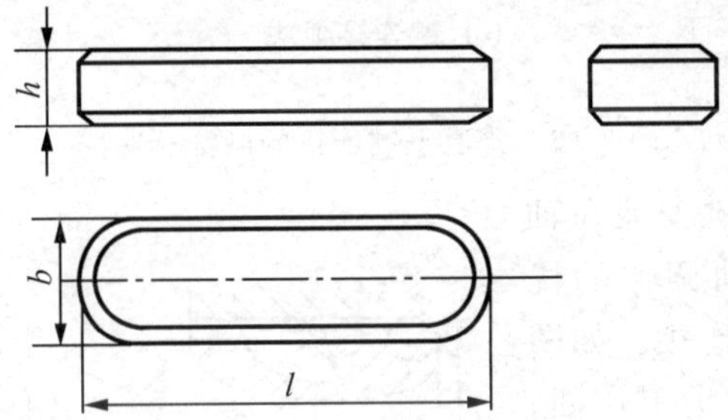	GB/T 1096 键 12×8×100 表示圆头普通平键（A 型圆头普通平键可不标出 A） 键宽 b=12mm 键高 h=8mm 键长 l=100mm
半圆键 GB/T 1099—2003	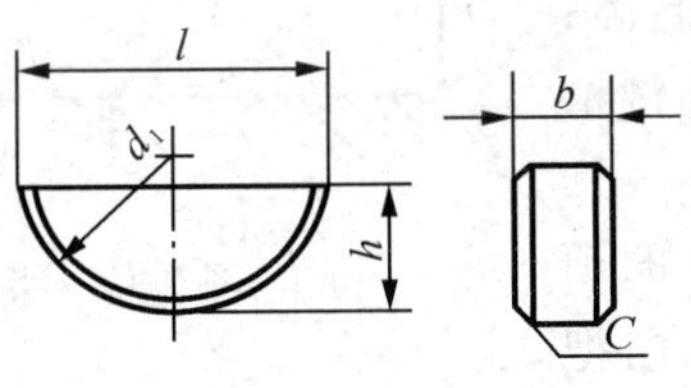	GB/T 1099.1 键 8×11×28 表示半圆键 键宽 b=8mm 键高 h=11mm 键圆直径 $d_1=\varnothing 28$mm
钩头楔键 GB/T 1565—2003	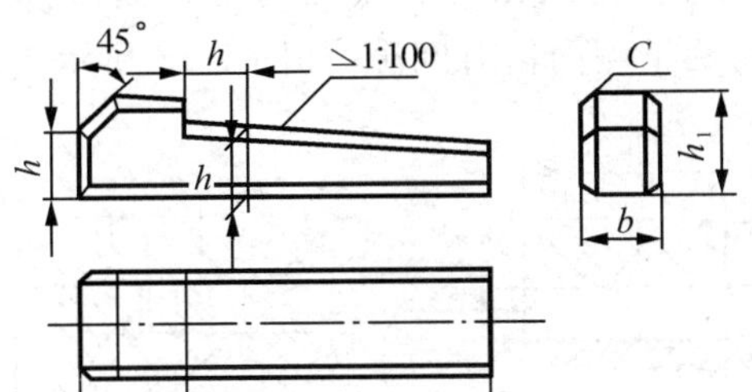	GB/T 1565 键 18×11×100 表示钩头楔键 键宽 b=18mm 键高 h=11mm 键长 l=100mm

2. 键的连接画法

(1)普通平键连接。图 7-16 所示为用普通平键与轴、轮的连接画法。普通平键的两个侧面与键槽侧面相接触，键的底面与轴键槽的底面相接触，故只画出一条粗实线，而键顶面与轮毂上键槽底面不接触，此处要画两条线。

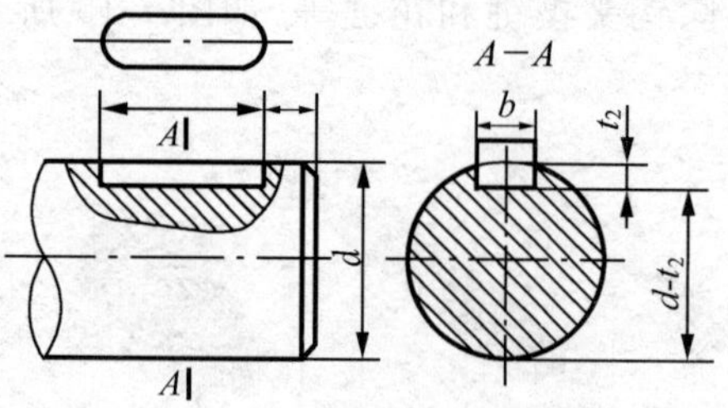

(a) 轴上的键槽

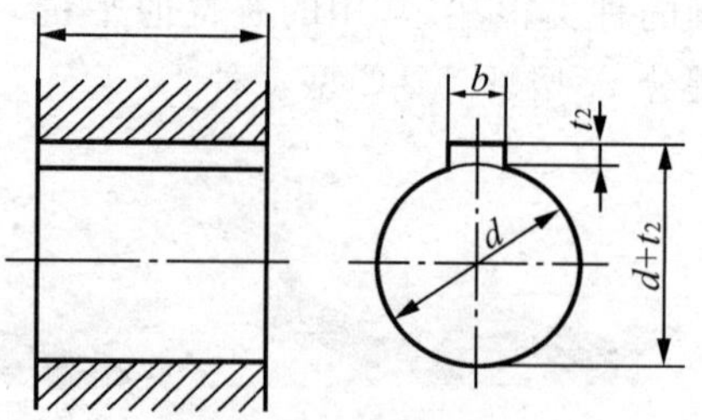

(b) 轮毂上的键槽

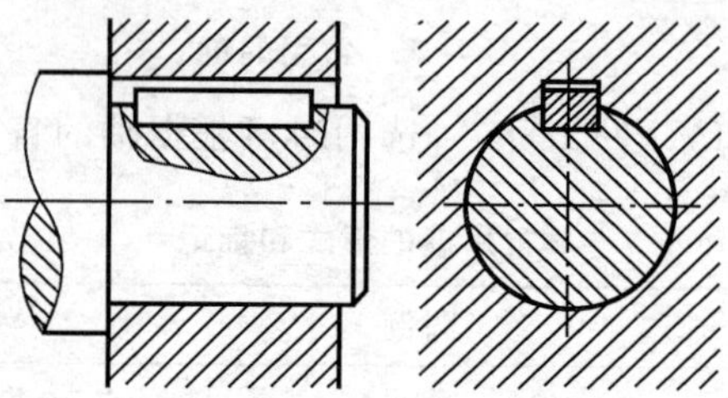

(c) 键连接画法

图 7-16 普通平键连接的画法

(2)半圆键连接。半圆键安装在轴上半圆形键槽内，具有自动调位的优点，常用于轻载和锥形轴的连接。如图 7-17 所示，半圆键两个侧面是工作面，画图时，键与键槽侧面之间不留间隙；而键顶面是非工作面，它与轮毂的键槽顶面之间留有间隙。

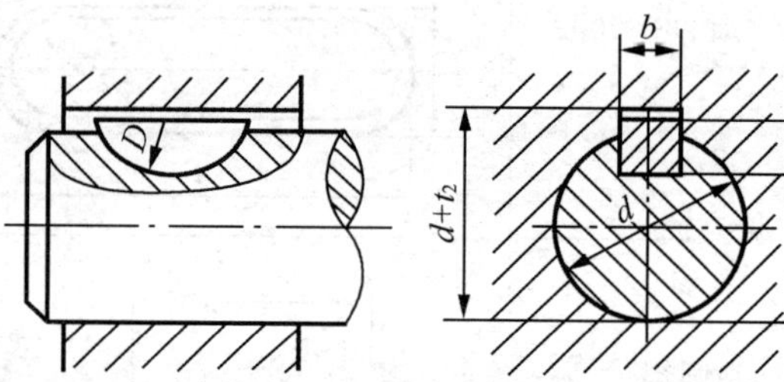

图 7-17 半圆键连接的画法

(3)钩头楔键连接。钩头楔键的顶面有 1∶100 的斜度，连接时沿轴向把键打入键槽，直到打紧为止，因此，键的顶面和底面为工作面，两侧面为非工作面。画图时，上、下表面与键槽接触，而两个侧面留有间隙，如图 7-18 所示。

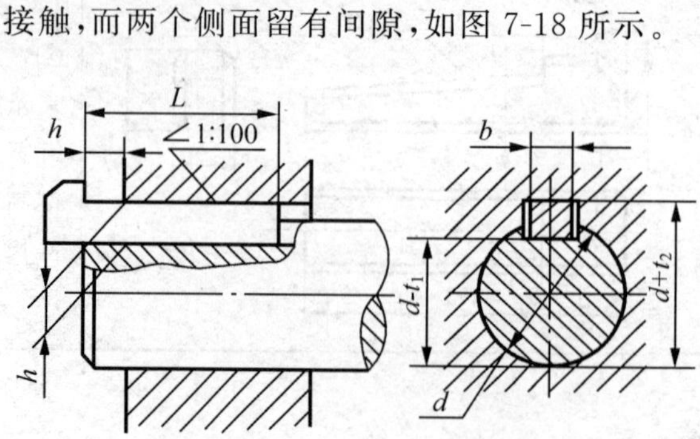

图 7-18 钩头楔键连接的画法

(4)花键连接。花键按齿形分为矩形花键和渐开线花键等,其结构要素已标准化。

外花键的画法:在平行于花键轴线的视图中,大径用粗实线画出,小径用细实线画出;在垂直于轴线的剖面图上,画出全部齿形,或一部分齿形(但要注明齿数)。花键工作长度 L 的终止端和尾部长度的末端均用与轴线垂直的细实线画出,花键尾部用细实线画出与轴线成 30°的斜线,如图 7-19 所示。

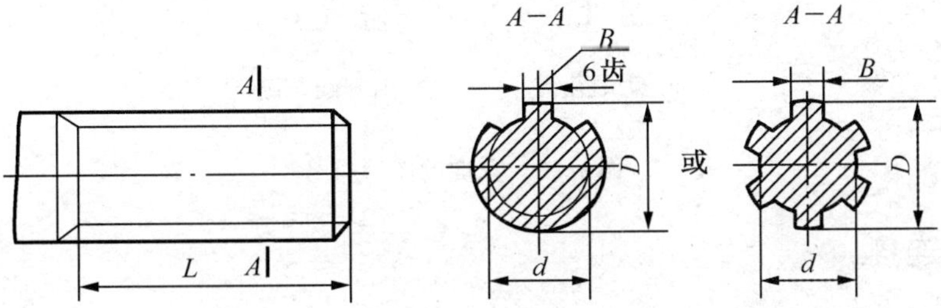

图 7-19　外花键的画法及尺寸标注

内花键的画法:在平行于花键轴线的剖视图中,大径与小径均用粗实线画出,齿按不剖绘制,并用局部视图画出一部分或全部齿形,如图 7-20 所示。

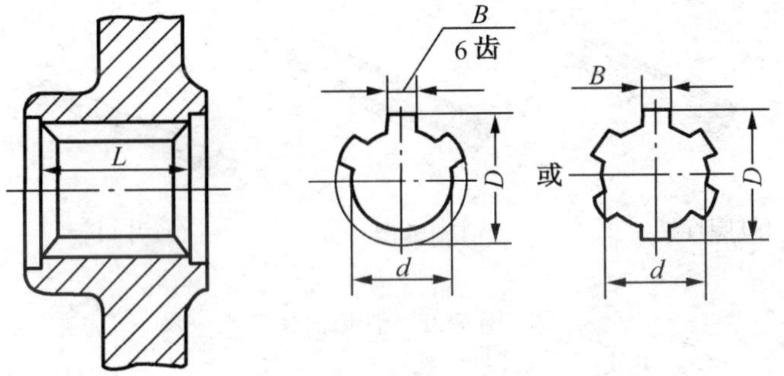

图 7-20　内花键的画法及尺寸标注

花键连接的画法:花键连接一般采用剖视画法,其连接部分按外花键画,如图 7-21 所示。

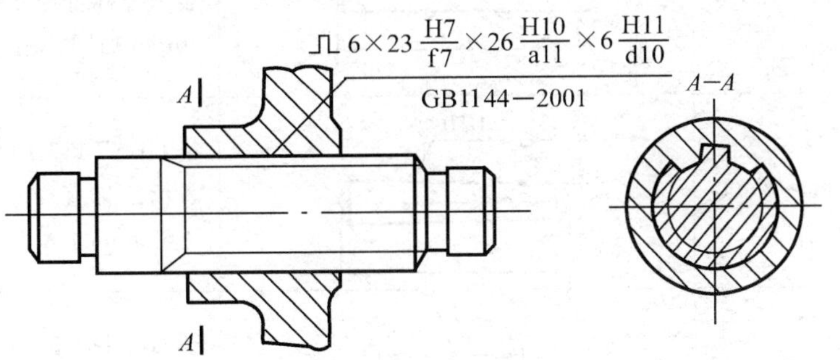

图 7-21　花键连接的画法

花键的标注：花键的标注方法有两种：一种是直接在图上标记出有关规格尺寸，如大径 D，小径 d，键宽 B，键数 N 和工作长度 L；另一种是用指引线标注出花键代号，如图 7-21 所示。花键类型由图形符号表示，表示矩形花键的图形符号如图 7-22(a)所示；表示渐开线花键的图形符号如图 7-22(b)所示。

(a) 矩形花键　　(b) 渐开线花键

图 7-22　花键的图形符号

二、销连接

1. 销的种类和标记

销是机械工程中广泛应用的一种零件，已标准化。常用的销有圆柱销、圆锥销和开口销等。圆柱销、圆锥销常用于零件间的连接或定位，开口销常与槽形螺母配合使用，以防止螺母松动或固定其他零件，如图 7-23 所示。它们的形式和标记见表 7-6。

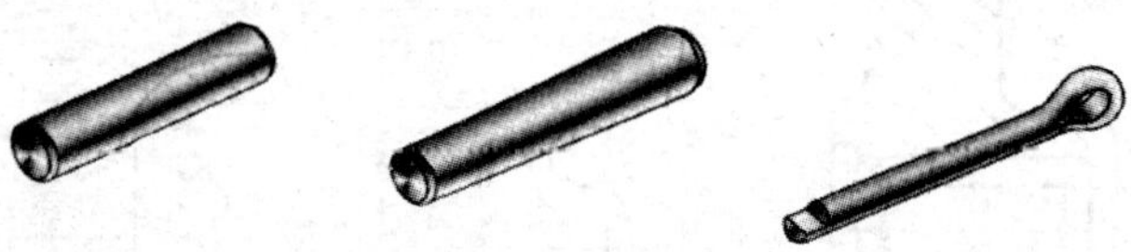

(a) 圆柱销　　(b) 圆锥销　　(c) 开口销

图 7-23　常用的销

表 7-6　　**销的形式和规定标记**

名称及标准	图例	标记
圆柱销 GB/T 119—2000	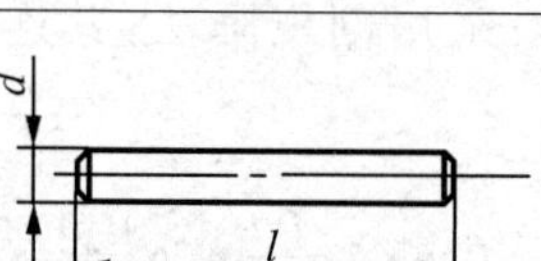	销 GB/T 119 8×30 表示公称直径 d=8mm，长度 l=30mm 的圆柱销
圆锥销 GB/T 117—2000	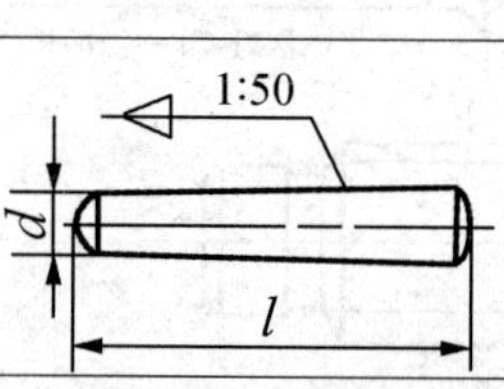	销 GB/T 117 10×60 表示公称直径 d=10mm，长度 l=60mm 的 A 型圆锥销
开口销 GB/T 91—2000	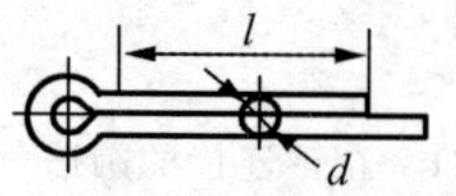	销 GB/T91 5×40 表示公称规格为 5mm，长度 l=40mm 的开口销

2. 销的连接画法

销的连接画法如图 7-24 所示，当剖切平面通过销的轴线时，销按不剖绘制。圆柱销、圆锥销连接的两个零件，装配要求较高，销孔通常在连接零件装配后一起加工。销孔的加工要求在相应的零件图上标注时，应采用旁注法，如图 7-25 所示。

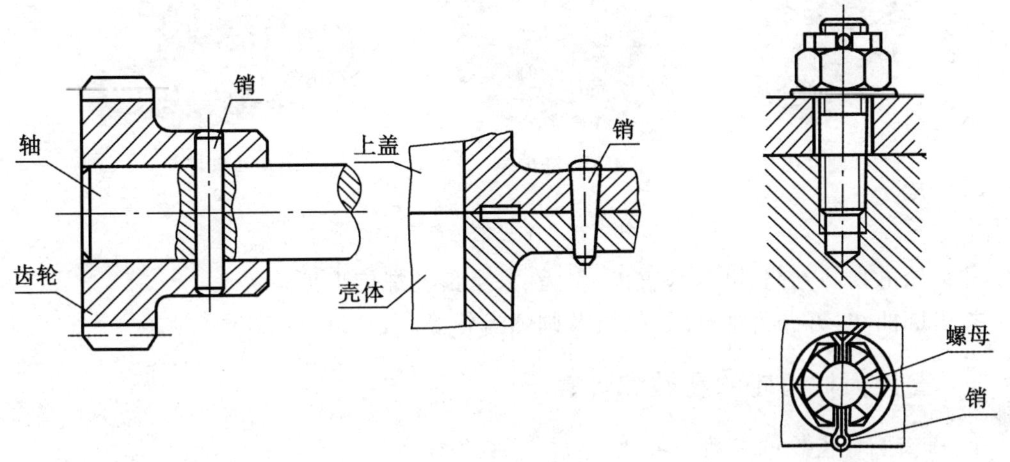

(a) 圆柱销连接　(b) 圆锥销连接　(c) 开口销连接

图 7-24　销的连接画法

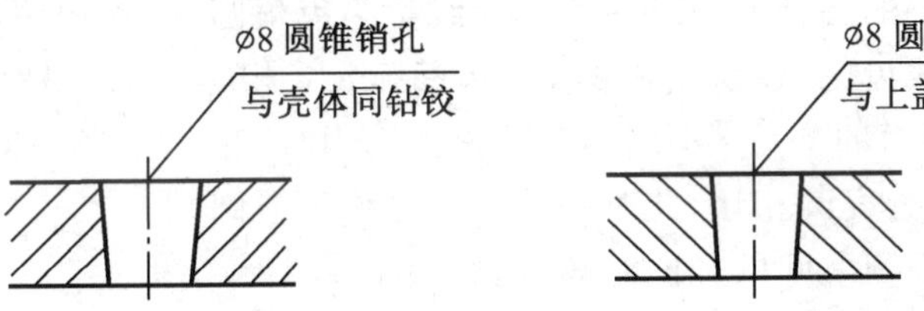

(a)上盖销孔　(b) 壳体销孔

图 7-25　锥销孔的尺寸标注

第三节　齿　轮

齿轮是机器中应用非常广泛的传动零件之一，其作用是传递运动和动力。如图 7-26 所示，常用的齿轮可分为三大类：

圆柱齿轮：用于传递两平行轴之间的传动，如图 7-26(a)所示。

锥齿轮：用于传递两相交轴之间的传动，如图 7-26(b)所示。

蜗轮与蜗杆：用于传递两交错轴之间的传动，如图 7-26(c)所示。

(a) 圆柱齿轮　(b) 锥齿轮　(c) 蜗轮与蜗杆

图 7-26　常见的齿轮传动

按齿轮的切制方向，可分为直齿、斜齿、人字齿及螺旋齿齿轮等。

按齿廓曲线，可分为渐开线、摆线及圆弧齿轮等。

一、直齿圆柱齿轮的参数和计算

1. 直齿圆柱齿轮的参数

直齿圆柱齿轮各部分的名称如图 7-27 所示，主要有：

齿数：轮齿的个数，用 z 表示。

齿顶圆：过轮齿齿顶的圆柱面与端平面的交线称为齿顶圆，其直径用 d_a 表示。

齿根圆：过轮齿齿根的圆柱面与端平面的交线称为齿根圆，其直径用 d_f 表示。

分度圆：对于渐开线齿轮，过齿厚弧长 s 与齿间弧长 e 相等处的圆柱面称为分度圆柱面。分度圆柱面与端平面的交线称为分度圆，其直径用 d 表示。当一对齿轮啮合安装后，在理想状态下，两个分度圆相切，此时的分度圆也称为节圆。

齿高：齿顶圆与齿根圆之间的径向距离，用 h 表示。

齿顶高：齿顶圆与分度圆之间的径向距离，用 h_a 表示。

齿根高：齿根圆与分度圆之间的径向距离，用 h_f 表示。

齿距：分度圆上相邻两齿的对应点之间的弧长，用 p 表示。

压力角：在端平面内，过端面齿廓与分度圆交点的径向直线与齿廓在该点的切线所夹的锐角，用 α 表示。我国采用的压力角为 20°。

模数：若齿轮的齿数用 z 表示，则分度圆的周长为 $\pi d=pz$，即 $d=pz/\pi$。令 $m=p/\pi$，则 $d=mz$，m 为模数，其单位为 mm。模数是设计和制造齿轮的一个重要参数。模数越大，轮齿越厚，齿轮的承载能力越大。为了便于设计和加工，国家标准中规定了齿轮模数的标准数值（见表 7-6）。

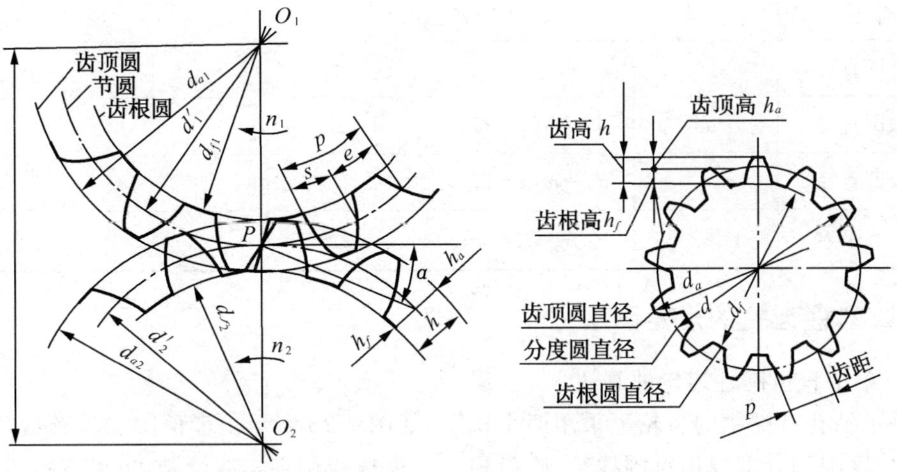

(a) 两齿轮啮合图　　(b) 单个齿轮图

图 7-27　直齿圆柱齿轮各部分的名称及参数

表 7-7　**齿轮标准模数 m**　单位：mm

第一系列	1	1.25	1.5	2	2.5	3	4	5	6
	50	8	10	12	16	20	25	32	40
第二系列	1.75	2.25	2.75	(3.25)	3.5	(3.75)	4.5	5.5	
	(6.5)	7	9(11)	14	18	22	28(30)	36	45

注：选用时，优先采用第一系列，括号内的模数尽可能不用。

2. 圆柱齿轮的计算

标准直齿圆柱齿轮轮齿各部分的尺寸，都与模数有关，设计齿轮时，先确定模数和齿数，然后根据表 7-8 中的计算公式计算出各部分尺寸。

表 7-8　**标准直齿圆柱齿轮各部分尺寸的关系**　单位：mm

名称	符号	计算公式	说明
模数	m	根据强度计算或测绘而得	z、m 是齿轮的基本参数，设计计算时，先确定 m、z，然后得出其他各部分尺寸
齿数	z	根据设计要求或测绘而定	
齿距	p	$p=\pi m$	
齿顶高	h_a	$h_a=m$	
齿根高	h_f	$h_f=1.25m$	
齿高	h	$h=2.25m$	

续表

名称	符号	计算公式	说明
分度圆直径	d	$d=mz$	
齿顶圆直径	d_a	$d_a=m(z+2)$	
齿根圆直径	d_f	$d_f=m(z-2.5)$	
中心距	a	$a=\frac{1}{2}m(z_1+z_2)$	

二、圆柱齿轮的规定画法

1. 单个直齿圆柱齿轮的画法

表示轴孔有键槽的齿轮可采用两个视图，如图 7-28 所示。齿顶圆和齿顶线用粗实线绘制；分度圆和分度线用点画线绘制；齿根圆和齿根线用细实线绘制，也可省略不画；在剖视图中，齿根线用粗实线绘制。齿顶处的倒角可省略不画。如需要表示轮齿（斜齿、人字齿）的方向时，可用 3 条与轮齿方向一致的细实线表示，如图 7-28(c)(d)所示。

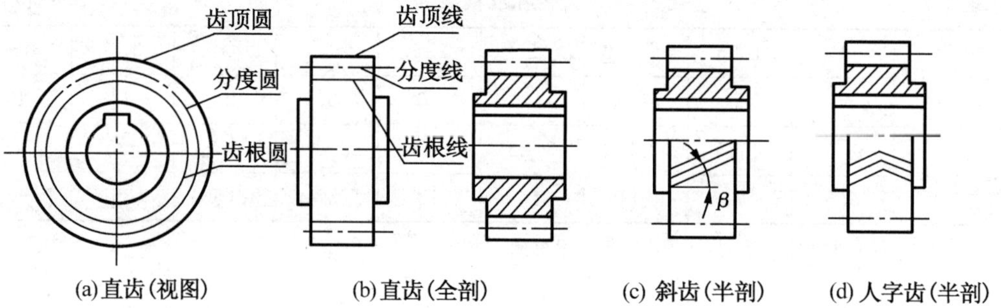

图 7-28 圆柱齿轮的画法

图 7-29 所示为某直齿圆柱齿轮的零件图，齿轮的几个重要参数“模数”“齿数”“压力角”“精度等级”等均要求列表标注在零件图的右上角。

2. 直齿圆柱齿轮的啮合画法

当一对直齿圆柱齿轮的模数和压力角相同时，该对齿轮可进行啮合传动，如图 7-30 所示。在传动时，必会出现一对相切的圆，切点处两齿轮的线速度相等，这对圆称为节圆。在标准齿轮传动中，齿轮的节圆与分度圆相重合，参与啮合的两齿轮间的中心距 a 为：

$$a=\frac{1}{2}(d_1+d_2)=\frac{1}{2}m(z_1+z_2)$$

其传动比 i 为：

$$i=\frac{n_1}{n_2}=\frac{z_2}{z_1}$$

式中，d_1、n_1、z_1 和 d_2、n_2、z_2 分别表示主动轮和从动轮的节圆直径、转速和齿数。

绘图时啮合部分按下述规定执行，而其余部分则仍按单个齿轮的画法来处理：

在投影为圆的外形视图中，啮合区内的齿顶圆均用粗实线绘制，两节圆相切，齿根圆省略不画，如图 7-30(a)所示；啮合区也可按省略画法绘制，如图 7-30(b)所示。

在投影为非圆的外形视图中，齿根线与齿顶线在啮合区内均不画出，而节线用粗实线表示，如图 7-30(c)所示。

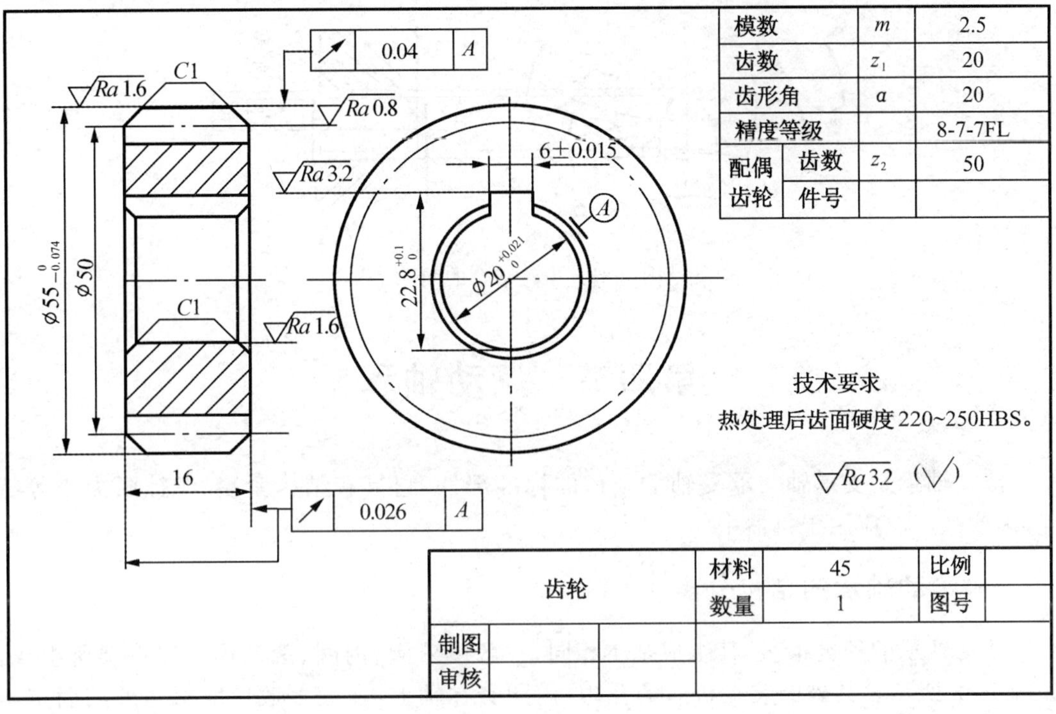

图 7-29　齿轮零件图

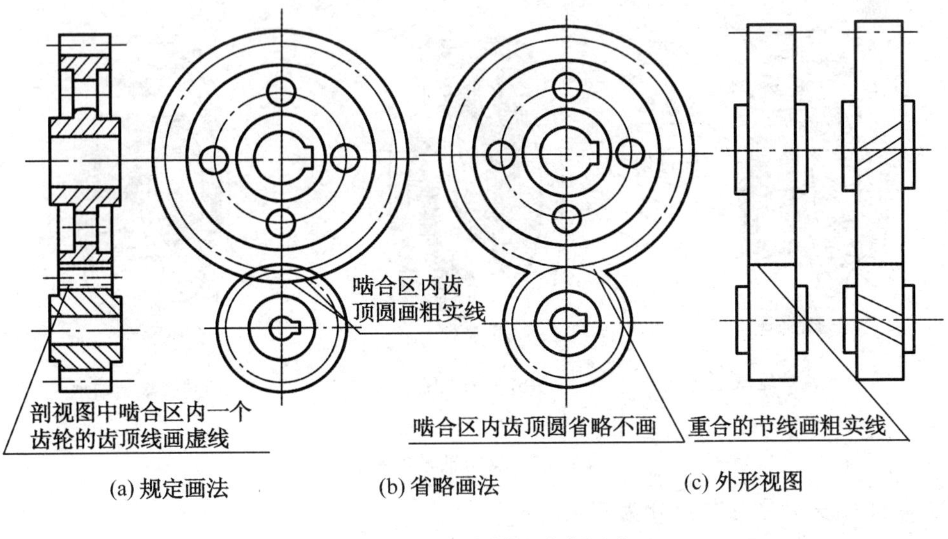

(a) 规定画法　　(b) 省略画法　　(c) 外形视图

图 7-30　圆柱齿轮的啮合画法

在投影为非圆的剖视图中，啮合区内将重合的两节线用细实线绘制，并将一个齿轮(主动轮)的轮齿用粗实线绘制，另一个齿轮(从动轮)的轮齿被遮住的部分用虚线绘制或省略不画，如图 7-30(a)所示。在啮合区内，一个齿轮的齿顶线与另一个齿轮的齿根线之间要留有 0.25 倍模数的径向间隙，如图 7-31 所示。齿轮只有当剖切平面通过其轴线时才画成剖视，否则一律按不剖绘制。

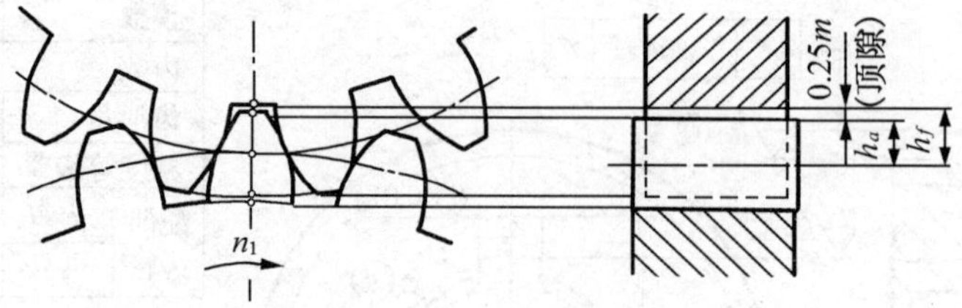

图 7-31　齿轮啮合的间隙

第四节　滚动轴承

滚动轴承是支承轴并承受轴上载荷的标准部件，它具有结构紧凑、摩擦阻力小等特点，因此被广泛应用于机器中。

一、滚动轴承的结构分类

滚动轴承的种类很多，其组成基本相同，一般由外圈、内圈、滚动体和保持架所组成，如图 7-32 所示。其外圈装在机座的孔内，内圈套在轴上，在大多数情况下是外圈固定不动而内圈随轴转动。

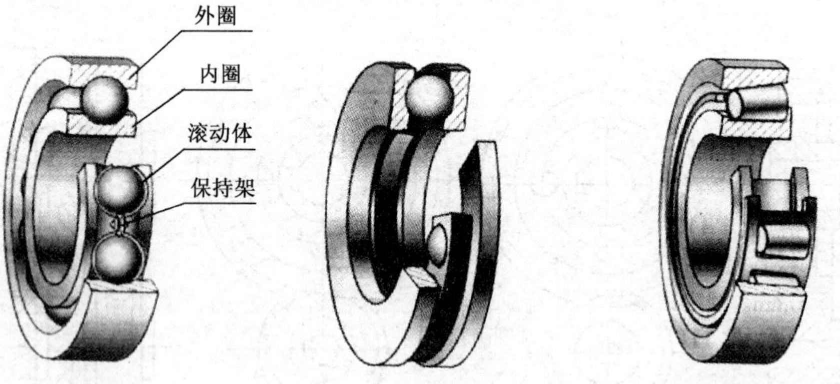

(a)深沟球轴承　(b)推力球轴承　(c)圆锥滚子轴承

图 7-32　滚动轴承的结构

滚动轴承按其受力方向分为三类：

(1)向心轴承。适用于承受径向载荷，如图 7-32(a)所示的深沟球轴承。

(2)推力轴承。适用于承受轴向载荷，如图 7-32(b)所示的推力球轴承。

(3)向心推力轴承。适用于同时承受径向载荷和轴向载荷，如图 7-32(c)所示的圆锥滚子轴承。

二、滚动轴承表示法

1. 滚动轴承的代号

滚动轴承是一种标准部件，它的结构特点、类型和内径尺寸等，均采用代号来表示。轴承代号由前置代号、基本代号、后置代号构成，其排列顺序如下：

前置代号　基本代号　后置代号

基本代号是轴承代号的基础，前置代号、后置代号是补充代号，由轴承类型代号、尺寸系列代号和内径代号构成。

轴承类型代号用数字或字母表示见表 7-9。

表 7-9　滚动轴承类型代号

代号	0	1	2	3	4	5	6	7	8	N	U	QJ
轴承类型	双列角接触球轴承	调心球轴承	调心滚子轴承、推力调心滚子轴承	圆锥滚子轴承	双列深沟球轴承	推力球轴承	深沟球轴承	角接触球轴承	推力圆柱滚子轴承	圆柱滚子轴承	外球面球轴承	四点接触球轴承

尺寸系列代号由轴承的宽（高）度系列代号和直径系列代号组成，用两位数字表示。它的主要作用是区别内径相同而宽度与外径不同的轴承。向心轴承、推力轴承尺寸系列代号见表 7-10。

表 7-10　向心轴承、推力轴承尺寸系列代号

直径系列代号	向心轴承								推力轴承			
	宽度系列代号								高度系列代号			
	8	0	1	2	3	4	5	6	7	9	1	2
	尺寸系列代号											
7	—	—	17	—	37	—	—	—	—	—	—	—
8	—	08	18	28	38	48	58	68	—	—	—	—
9	—	09	19	29	39	49	59	69	—	—	—	—
0	—	00	10	20	30	40	50	60	70	90	10	—
1	—	01	11	21	31	41	51	61	71	91	11	—
2	82	02	12	22	32	42	52	62	72	92	12	22

续表

直径系列代号	向心轴承								推力轴承			
	宽度系列代号								高度系列代号			
	8	0	1	2	3	4	5	6	7	9	1	2
	尺寸系列代号											
3	83	03	13	23	33	—	—	—	73	93	13	23
4	—	04	—	24	—	—	—	—	74	94	14	24
5	—	—	—	—	—	—	—	—	—	95	—	—

内径代号表示轴承的公称内径，一般用两位数字表示(见表 7-11)。

表 7-11 滚动轴承内径代号

轴承公称内径(mm)		内径代号	示例	
			代号	内径尺寸
0.6～10(非整数)		用公称内径毫米数直接表示，在其与尺寸系列代号之间用“/”分开	深沟球轴承 618/2.5	2.5mm
1～9(整数)		用公称内径毫米数直接表示，对深沟角接触球轴承 7、8、9 直径系列，内径与尺寸系列代号之间用“/”分开	深沟球轴承 618/5	5mm
10～17	10 12 15 17	00 01 02 03	深沟球轴承 6200	10mm
20 ～ 480(22、28、32 除外)		公称内径除以 5 的商数，商数为个位数时，需在商数左边加“0”，如 08	调心滚子轴承 23208	40mm
大于和等于 500 以及 22、28、32		用公称内径毫米直接表示，但在其尺寸系列代号之间用“/”分开	调心滚子轴承 230/500	500mm
			深沟球轴承 62/22	22mm

代号举例：

31307 的标记中，第一个数字“3”表示轴承类型代号：圆锥滚子轴承；中间两位数字“13”表示尺寸系列代号，其中，宽度系列代号为“1”，直径系列代号为“3”；最后两位数字表示轴承内径代号，表示轴承内径 $d=07\times5\text{mm}=35\text{mm}$。

2. 滚动轴承的画法

滚动轴承是标准件，不需要画零件图，在装配图中，可根据国家标准所规定的规定画法或简化画法表示。画图时，轴承内径 d、外径 D、宽度 B 等几个主要尺寸根据轴承代号查标准确定。表 7-12 列出了三种常用滚动轴承的画法。

表 7-12　　常用滚动轴承的画法

名称、标准号和代号	主要尺寸数据	规定画法	简化画法	装配示意图
深沟球轴承 60000	D d B	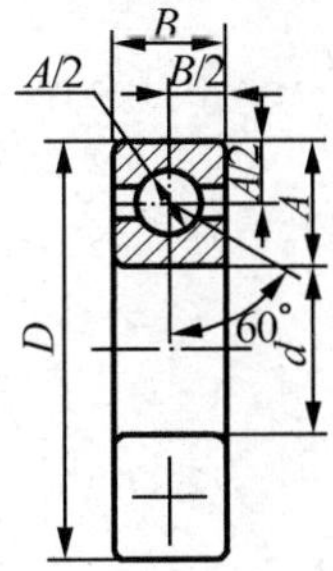	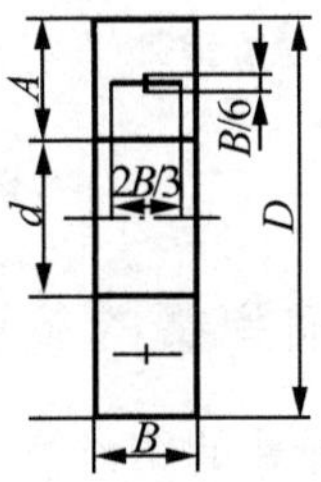	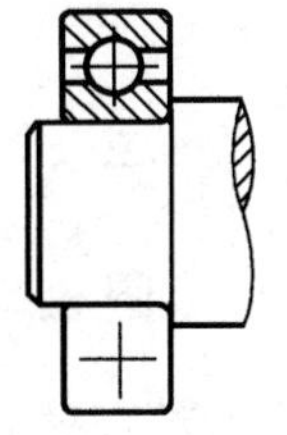
圆锥滚子轴承 30000	D d B T C	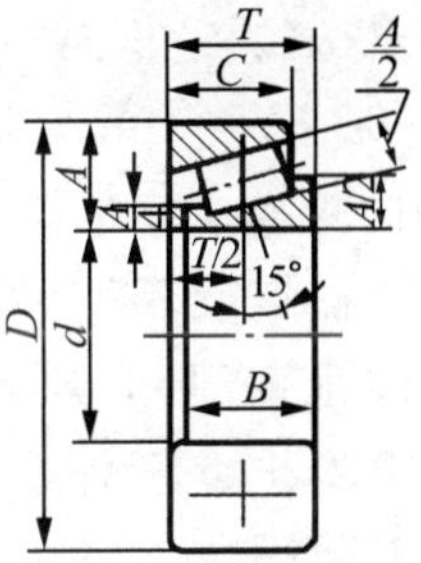	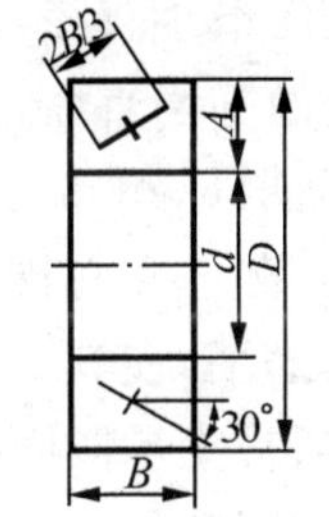	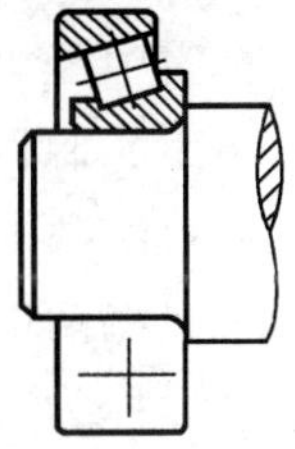
推力球轴承 50000	D d T	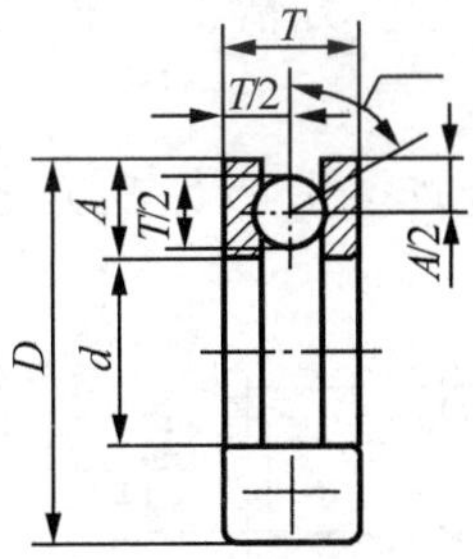	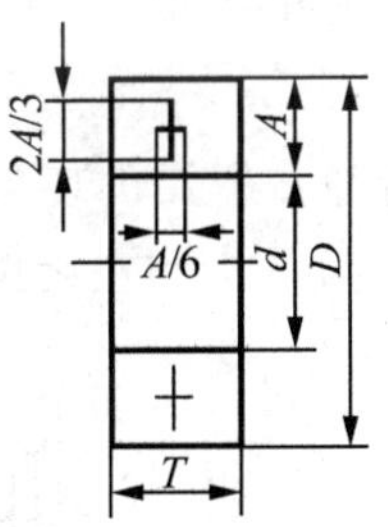	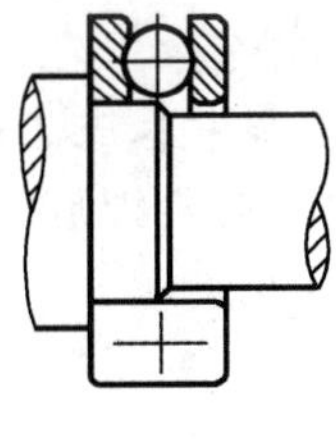

第五节　弹　簧

弹簧是一种常用零件，在机器、仪表和电器等产品中起到减震、储能和测量等作用。弹簧的种类很多，根据外形的不同，常见的有螺旋弹簧、板弹簧和涡卷弹簧，如图 7-33 所示。其中，圆柱螺旋弹簧应用较多，按用途可分为压缩弹簧、拉伸弹簧和扭转弹簧。下面重点介绍圆柱螺旋压缩弹簧的画法，其他种类弹簧的画法可参阅国家标准 GB/T 4459.4—2003 的有关规定。

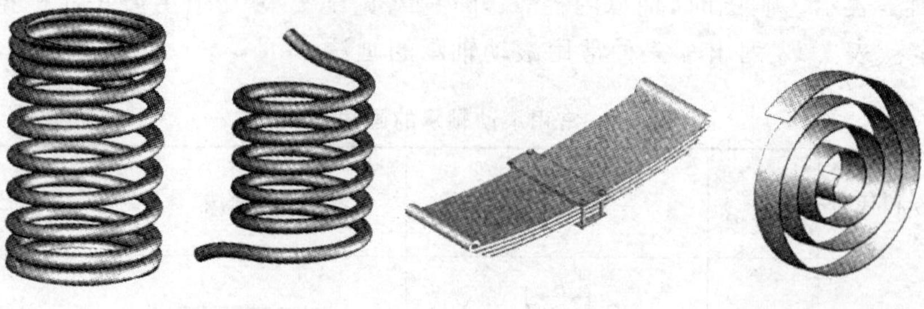

(a) 螺旋弹簧 (b) 板弹簧 (c) 平面涡卷弹簧

图 7-33 弹簧的种类

一、圆柱螺旋压缩弹簧的参数

簧丝直径 d：制造弹簧的钢丝直径。

弹簧外径 D：弹簧的最大直径。

弹簧内径 D_1：弹簧的最小直径，$D_1=D-2d$。

弹簧中径 D_2：弹簧的平均直径，$D_2=D-d$。

节距 t：除两端支承圈外，相邻两圈的轴向距离。

有效圈数 n、支承圈数 n_2 和总圈数 n_1：圆柱螺旋压缩弹簧由钢丝绕成，如图 7-34 所示。一般将两端并紧后磨平，使其端面与轴线垂直，便于支承。并紧磨平的若干圈不产生弹性变形称为支承圈，通常支承圈圈数有 1.5、2、2.5 三种。弹簧中参加弹性变形进行有效工作的圈数，称为有效圈数。总圈数即为有效圈数 n 与支承圈数 n_2 之和。

自由高度 H_0：弹簧并紧磨平后在不受外力情况下的全部高度，$H_0=nt+(n_2-0.5)d$。

展开长度 L：制造弹簧所用的坯料长度，$L\approx n_1\sqrt{(\pi D_2)^2+t^2}$。

旋向：螺旋弹簧分为右旋和左旋两种。

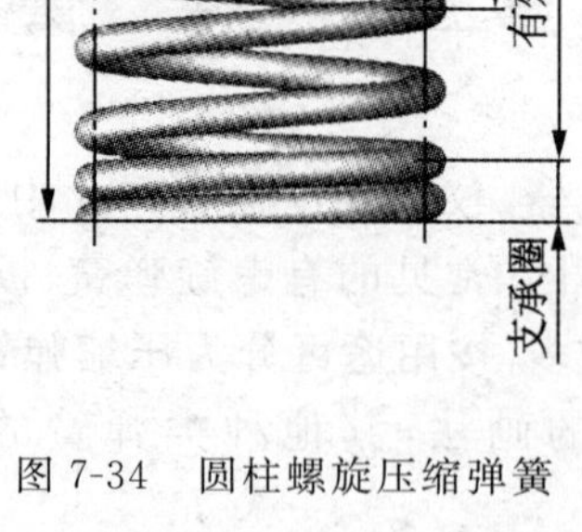

图 7-34 圆柱螺旋压缩弹簧

二、圆柱螺旋压缩弹簧的规定画法

(1)螺旋弹簧在平行于轴线的投影面上所得的图形,可画成视图,也可画成剖视图。其各圈的螺旋线应画成直线,如图 7-35 所示。

(2)螺旋弹簧均可画成右旋,但对左旋的螺旋弹簧,不论画成左旋或右旋,一律要标注旋向“左”字。

(3)有效圈数在 4 圈以上时,可只画出两端的 1～2 圈,中间各圈可省略不画。省略中间各圈后,允许缩短图形长度,并将两端用细点画线连起来。

(4)弹簧画法实际上只起一个符号的作用,因此不论支承圈是多少,均可按支承圈为 2.5 圈绘制。

(5)在装配图中,被弹簧遮挡的结构一般不画出,可见部分应从弹簧的外轮廓线或从弹簧钢丝剖面的中心线画起。当弹簧被剖切时,剖面直径或厚度在图形上等于或小于 2mm 时,可用涂黑表示,也允许用示意画法。

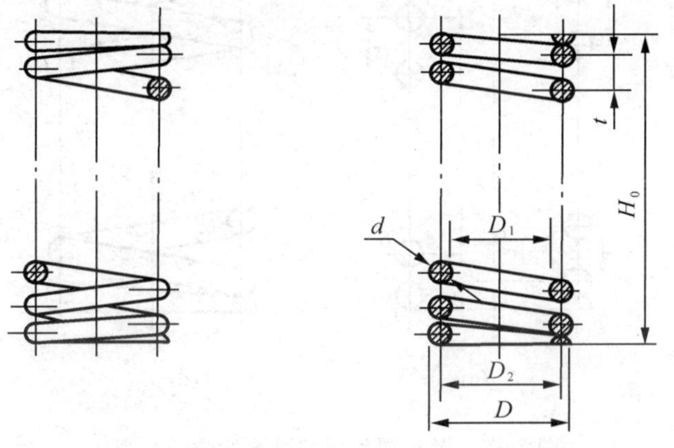

(a)外形图　　(b)剖视图

图 7-35　圆柱螺旋压缩弹簧的规定画法

三、圆柱螺旋压缩弹簧零件图举例

1. 圆柱螺旋压缩弹簧的画法

已知:钢丝直径 d,弹簧外径 D,弹簧节距 t,有效圈数 n,支承圈数 n_2,右旋。

画图步骤:

(1)根据计算出的弹簧中径及自由高度 H_0画出矩形 $ABCD$,如图 7-36(a)所示。

(2)在 AB、CD 线上画出弹簧支承圈的圆,如图 7-36(b)所示。

(3)画出两端有效圈弹簧丝的剖面,在 AB 上,由 1 点和 4 点量取节距 t 到 2、3 两点,然后从线段 12 和 34 的中点作水平线与对边 CD 相交于 5、6 两点;以 2、3、5、6 点为中心,以弹簧丝直径为直径画圆,如图 7-36(c)所示。

(4)按右旋方向作相应圆的公切线,如图 7-36(d)所示,即完成作图。

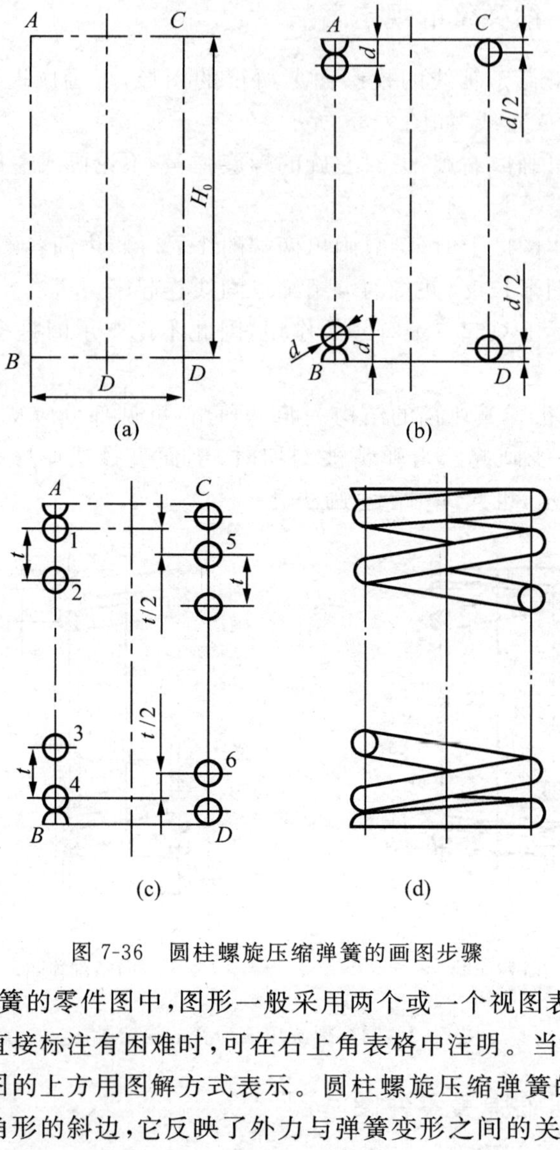

图 7-36　圆柱螺旋压缩弹簧的画图步骤

圆柱螺旋压缩弹簧的零件图中，图形一般采用两个或一个视图表示，弹簧的参数应直接标注在图形上，当直接标注有困难时，可在右上角表格中注明。当需要表明弹簧的机械性能时，可以在主视图的上方用图解方式表示。圆柱螺旋压缩弹簧的机械性能曲线画成直线，即图中直角三角形的斜边，它反映了外力与弹簧变形之间的关系，代号 P_1、P_2 为工作负荷，P_j 为工作极限负荷，如图 7-37 所示。

2. 弹簧在装配图中的画法

(1)弹簧后面被遮挡住的零件轮廓不必画出，如图 7-38(a)所示。

(2)当弹簧的簧丝直径小于或等于 2mm 时，端面可以涂黑表示，如图 7-38(b)所示；也可采用示意画法画出，如图 7-38(c)所示。

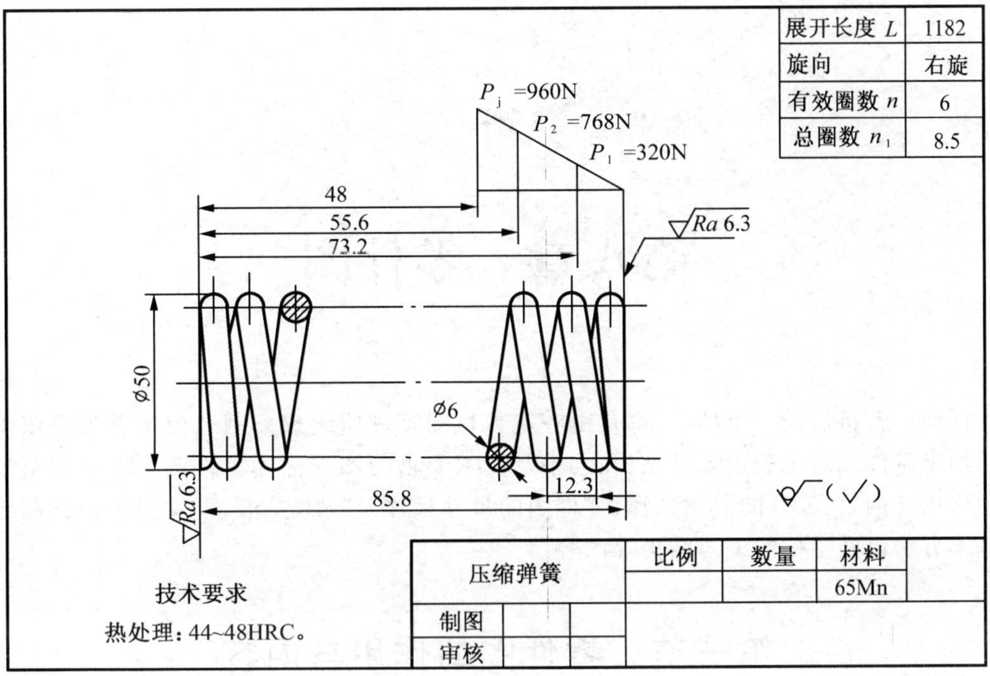

图 7-37　圆柱螺旋压缩弹簧的零件图

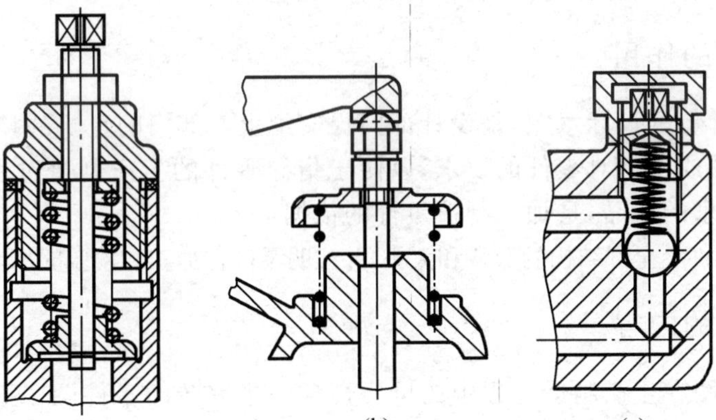

(a)　(b)　(c)

图 7-38　圆柱螺旋压缩弹簧在装配图中的画法

第八章　零件图

任何一台机器或一个部件，都是由一定数量的零件所组成。制造机器首先要依据零件图加工零件。用于表示零件结构、大小及技术要求的图样称为零件图。本章介绍零件图的作用与内容、零件的视图选择、零件图的尺寸标注及技术要求、零件图的识读和绘制的基本方法以及零件的工艺结构等内容。

第一节　零件图的作用与内容

零件图是制造和检验零件的主要依据。

一、零件图的作用

(1)反映设计者的设计意图，是设计部门提交给生产部门的重要的技术文件。

(2)表达机器或部件对零件的要求，以便于指导零件的生产制造过程，保证生产的零件是合乎设计要求的产品，是加工制造零件的依据。

(3)表达出零件上全部结构的形状和大小，并注明零件在加工和检验时所需要的技术要求。

二、零件图的内容

考虑到零件图在生产制造过程中的重要性。一张完整的零件图(见图 8-1)应包括以下四部分内容：

(1)一组图形。用一组适当的图形，包括各种视图、剖视图、断面图等各种国标规定的表达方法，完整、清晰地表达零件的内、外结构形状。

(2)完整的尺寸。用一组尺寸，正确、完整、清晰、合理地标注出零件的各结构形状的大小及相对几何关系。

(3)技术要求。用一些规定的符号、数字、字母和文字注解，说明零件在加工、制造、检验时所应达到的一些技术要求，如表面粗糙度、尺寸公差、形状和位置公差、表面处理和材料热处理等要求。

(4)标题栏。用标题栏注明零件的名称、材料、图样的编号、绘图比例、设计和制图人员姓名、单位等管理信息。

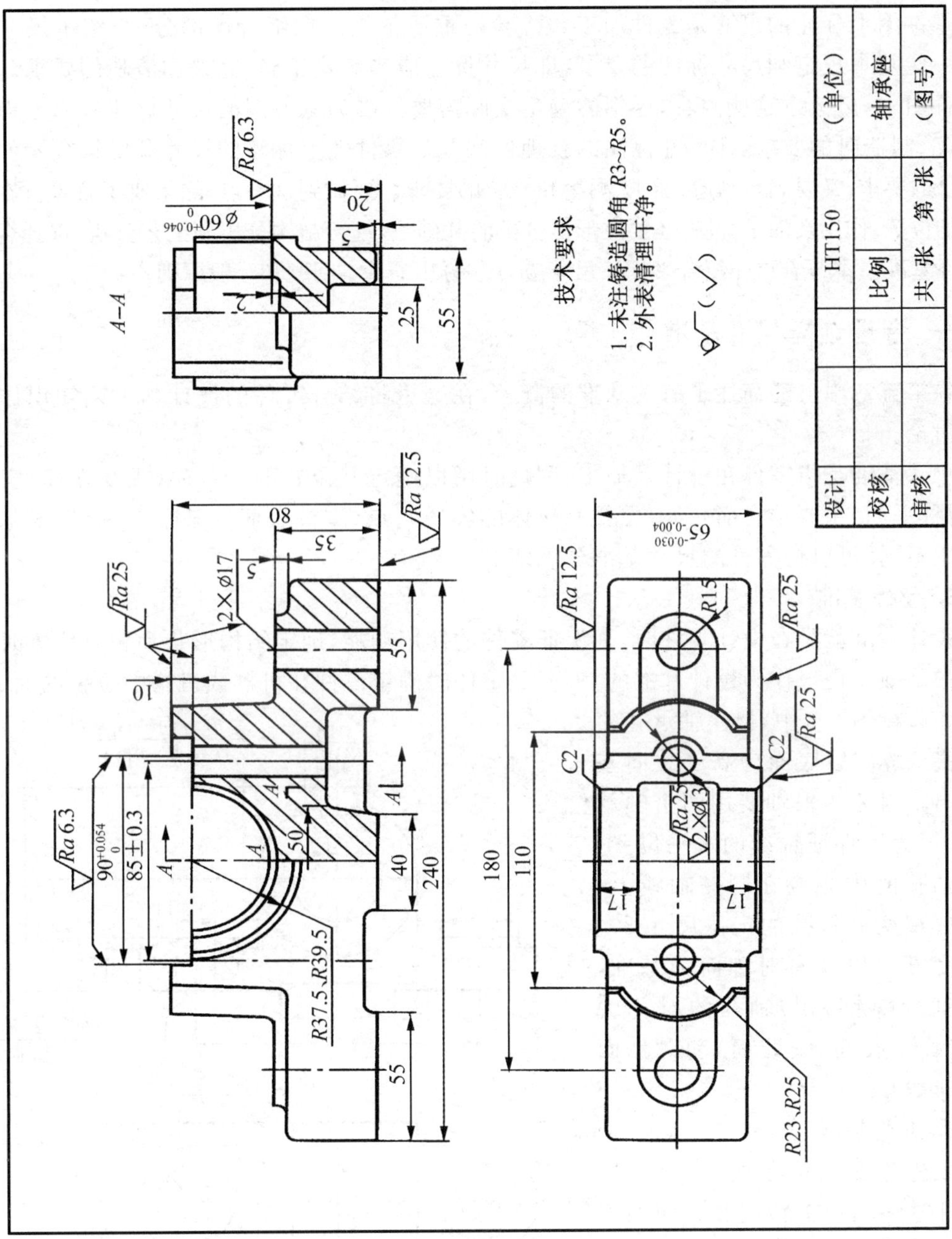

图 8-1　轴承座零件图

第二节　零件图的尺寸标注

零件图上标注的尺寸是零件加工和检验的重要依据。在组合体部分，介绍了尺寸标注的一些基本规定和尺寸标注的要求，即尺寸标注应当满足正确、完整和清晰的要求。但在零件图中，只考虑这些内容，还不能满足实际需要。因为零件图的尺寸标注应当考虑零件加工、制造时的要求，即尺寸标注的合理性问题。零件图上标注的尺寸既要符合零件功能设计的要求，又要满足制造、加工、测量和检验的要求。要做到这一点，除了要了解零件在机器中的位置、作用及加工方法，还要在形体分析的基础上，进行结构分析和工艺分析，选择合理的尺寸基准。本节着重介绍合理标注尺寸应考虑的几个基本问题和一般原则。

一、合理选择尺寸基准

在第五章中已经简述了有关基准的概念，在这里将结合零件的设计和工艺知识作进一步讨论。

尺寸基准是指零件在设计及加工、测量时用以确定其位置的一些面（重要端面、安装面、对称平面、主要结合面）、线（主要回转体的轴线）、点（零件表面上某个点）。根据基准的作用不同，可以把零件的尺寸基准分成两类：

1. 设计基准

设计基准就是在设计零件时，为保证零件的使用功能、确定结构形状和相对位置时所选用的基准。用来作为设计基准的，大多是工作时确定零件在机器或机构中位置的面、线或点。如在图 8-2 中，标注轴承孔的中心高 32，应以底面为高度方向基准注出。因为一根轴要用两个轴承座支承，为了保证轴线的水平位置，两个轴孔的中心应在同一轴线上。标注底板两螺钉孔的定位尺寸 80，其长度方向以左右对称面为基准，以保证两螺钉孔与轴孔的对称关系。因此，底面（安装面）和对称面是设计基准。

2. 工艺基准

工艺基准就是在加工零件时，为保证零件的加工精度和方便加工与测量而选用的基准。用来作为工艺基准的，大多是加工时用作零件定位的和对刀起点及测量起点的面、线或点。如图 8-2 中凸台的顶面

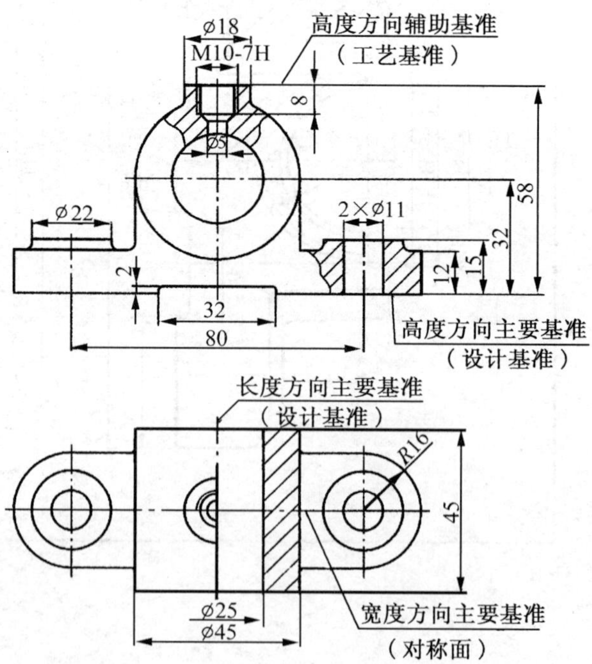

图 8-2　基准的选择

是工艺基准，以此为基准测量螺孔的深度尺寸 8 比较方便。

3. 基准的选择

每个零件都有长、宽、高三个方向（或者轴向、径向两个方向）的尺寸，每个方向至少有一个基准。当某一个方向上有若干个基准时，可以选择一个设计基准（决定零件主要尺寸的基准）为主要基准，其余的尺寸基准为辅助基准。主要基准与辅助基准之间应有一个尺寸直接联系起来。

从设计基准出发标注尺寸，可以直接反映设计要求，能保证所设计的零件在机器或机构中的位置和功能。从工艺基准出发标注尺寸，能把尺寸标注与零件的制造、加工以及测量统一起来。有时工艺基准可以和设计基准重合，这是最佳的选择。若两者不能统一时，应以保证设计要求为主。

二、合理标注尺寸的原则

1. 主要尺寸的标注

主要尺寸是指影响产品机械性能、工作精度等的尺寸。如零件的规格尺寸、连接尺寸、配合表面的尺寸、重要的定位尺寸、重要的结构尺寸等。主要尺寸必须从设计基准（主要基准）直接标出，一般尺寸则可以从工艺基准标出。

如图 8-3(a)所示，中心孔高度尺寸 A 和两个小孔的中心距尺寸 L 是主要尺寸。假如按图 8-3(b)，注写尺寸 B、C 和 E，完工后，中心孔高度尺寸和两个小孔的中心距尺寸容易产生误差，不能满足设计与安装要求。

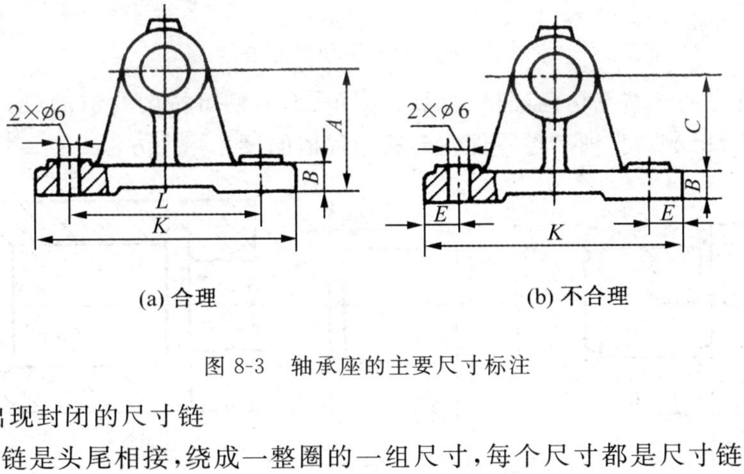

(a) 合理　　(b) 不合理

图 8-3　轴承座的主要尺寸标注

2. 避免出现封闭的尺寸链

封闭尺寸链是头尾相接，绕成一整圈的一组尺寸，每个尺寸都是尺寸链中的一个环。如图 8-4 所示，封闭尺寸链标注的尺寸在加工中难以保证设计要求，很可能将加工误差积累在某一重要尺寸上，从而导致废品。因此，标注尺寸时，应在尺寸链中取一个不重要的环（此环称为开口环或自由尺寸）不标注尺寸，则尺寸的加工误差可积累在这个不需要检验的开口环上。

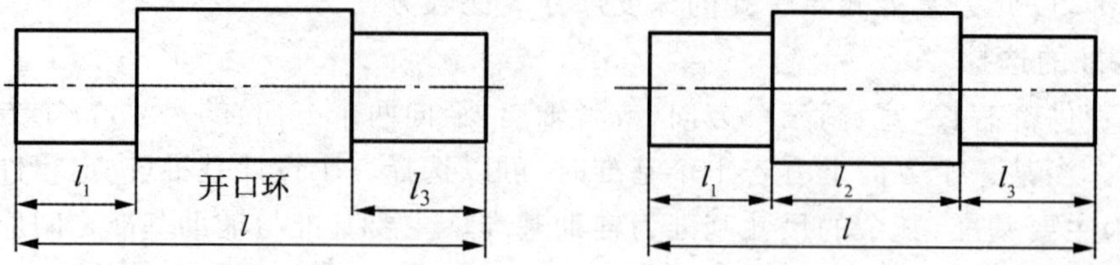

图 8-4　避免出现封闭的尺寸链

3. 标注尺寸要便于加工、测量

(1)退刀槽和砂轮越程槽的尺寸标注。轴套类零件上带有退刀槽或砂轮越程槽等工艺结构，标注尺寸时应将这类结构要素的尺寸单独注出，且包括在相应的某一段长度内。如图 8-5(a)所示，图中将退刀槽这一工艺结构包括在长度 13 内，因为加工时一般先粗车外圆到长度 13，再由切刀切槽，所以这种标注形式符合工艺要求，便于加工、测量，而图 8-5(b)所示的标注则不准确。

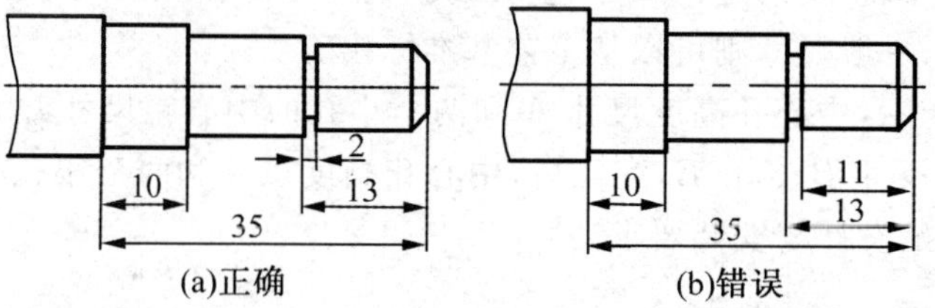

图 8-5　标注尺寸要便于加工、测量

零件上常见的工艺结构已经格式化，如倒角、退刀槽可按图 8-6(a)(b)所示的形式标注，而图 8-6(c)所示则为轴套类零件中砂轮越程槽的尺寸标注方法。

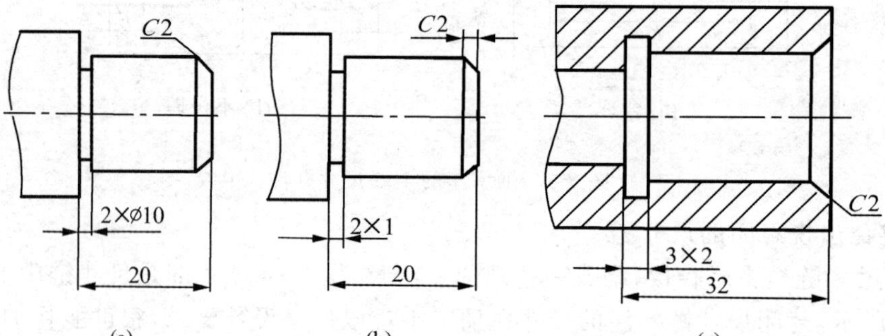

图 8-6　退刀槽和越程槽的尺寸标注

(2)键槽深度的尺寸标注。图 8-7 表示轴或轮毂上键槽的深度尺寸以圆柱面素线为基准进行标注，以便于测量。

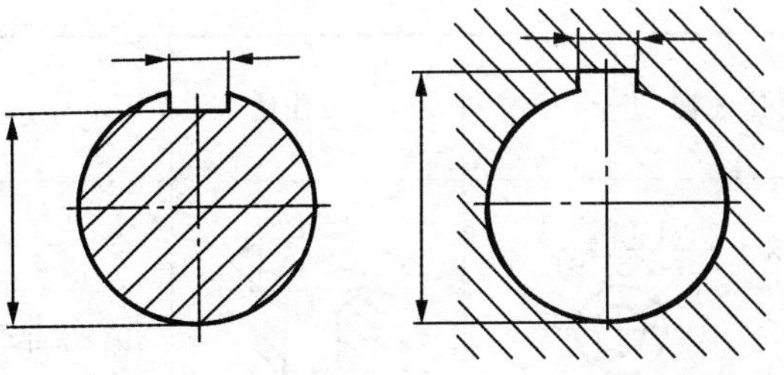

图 8-7　键槽深度的标注

(3)阶梯孔的尺寸标注。零件上阶梯孔的加工顺序一般是先做成小孔，再加工大孔，因此，轴向尺寸的标注应从端面注出大孔的深度，便于测量，如图 8-8 所示。

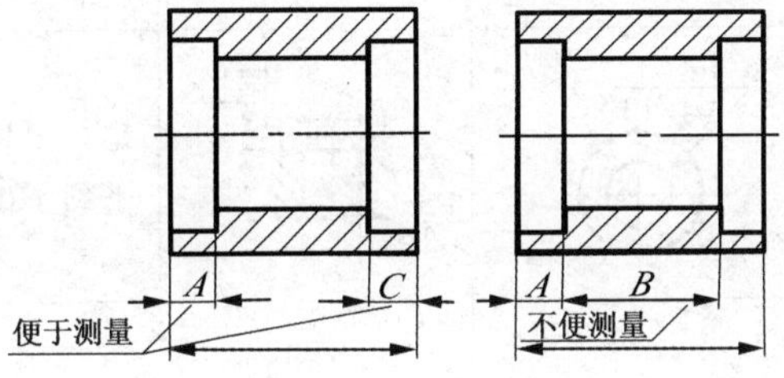

图 8-8　阶梯孔的标注

4. 各种孔的简化注法

零件上各种孔的尺寸标注方法见表 8-1。标注尺寸时应尽可能使用符号和缩写词(见表 8-2)。

表 8-1　　**零件上常见孔的尺寸标注**

零件结构类型		简化注法	一般作法	说明
光孔	一般孔	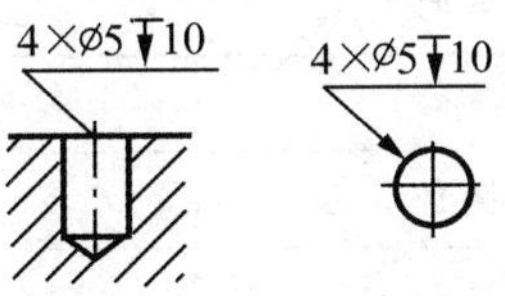	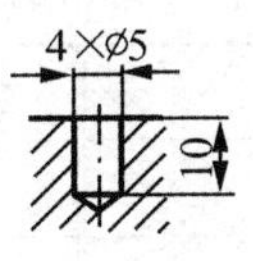	4×$\varnothing$5 表示直径为 5mm 的四个光孔，孔深可与孔径连注
	精加工孔	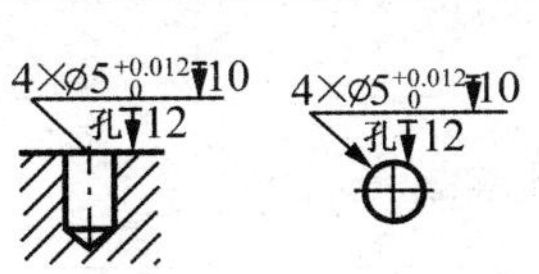	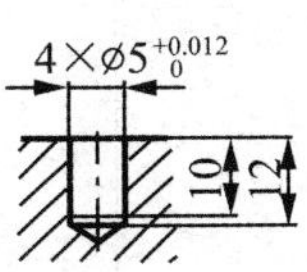	光孔深为 12mm，钻孔后需精加工至$\varnothing 5_{0}^{+0.012}$ mm，深度为 10mm
	锥孔	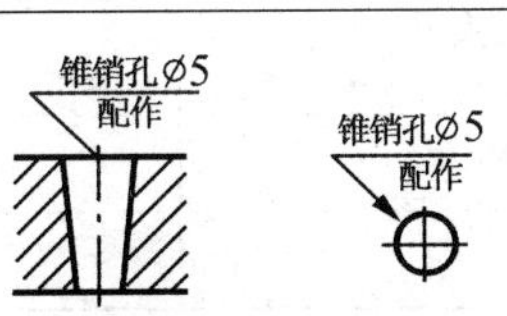	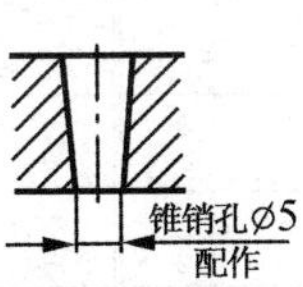	$\varnothing$5 为与锥销孔相配的圆锥销小头直径(公称直径)。锥销孔通常是两零件装在一起后加工的，故应注明“配作”

续表

<table>
<tr><th colspan="2">零件结构类型</th><th>简化注法</th><th>一般作法</th><th>说明</th></tr>
<tr><td rowspan="3">沉孔</td><td>锥形沉孔</td><td>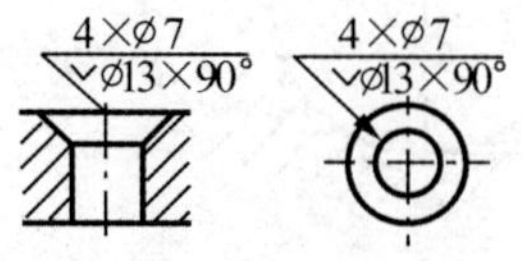
</td><td>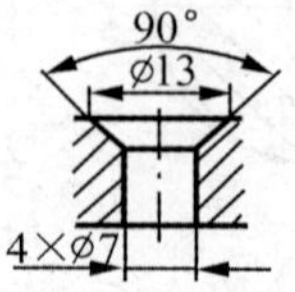
</td><td>4×∅7 表示直径为 7mm 的四个孔，90°锥形沉孔的最大直径为∅13</td></tr>
<tr><td>柱形沉孔</td><td>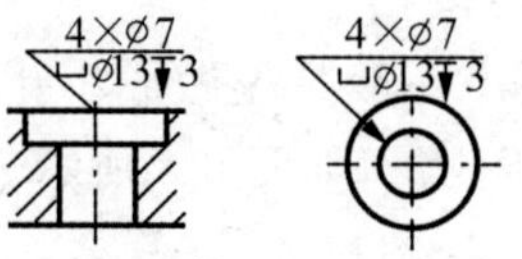
</td><td>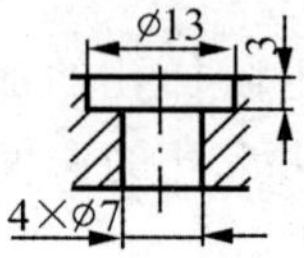
</td><td>四个柱形沉孔的直径为∅13，深度为 3mm</td></tr>
<tr><td>锪平沉孔</td><td>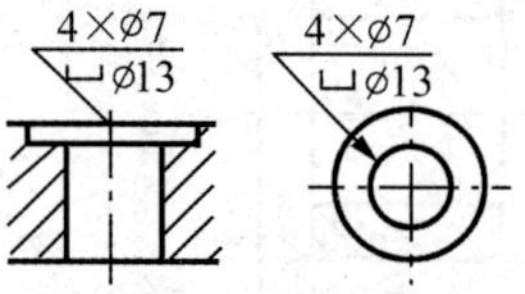
</td><td>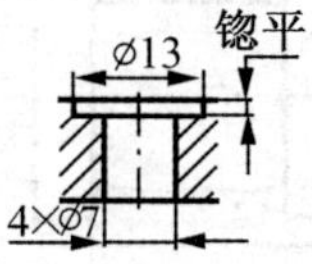
</td><td>锪孔∅13 的深度不必标注，一般锪平到不出现毛面为止</td></tr>
<tr><td rowspan="2">螺孔</td><td>通孔</td><td>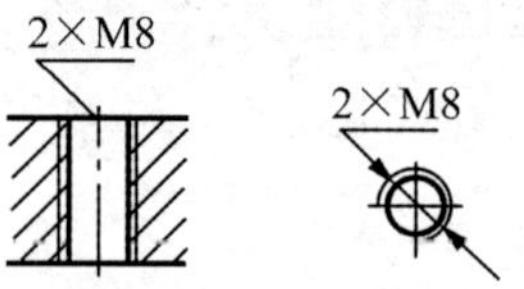
</td><td>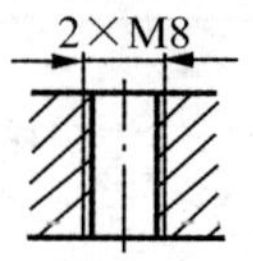
</td><td>2×M8 表示公称直径为 8mm 的两螺孔，中径和顶径的公差带为 6H</td></tr>
<tr><td>不通孔</td><td>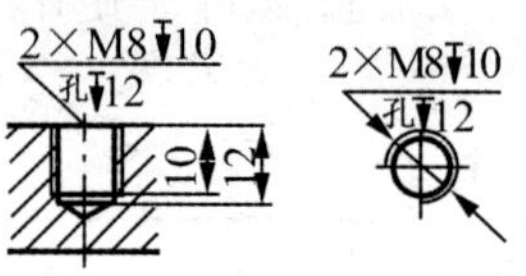
</td><td>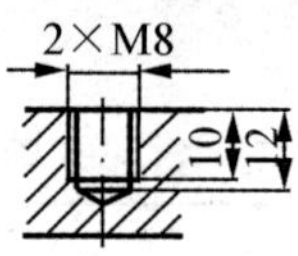
</td><td>表示两个螺孔 M8 的螺纹长度为 10mm，钻孔深度为 12mm，中径和顶径的公差带代号为 6H</td></tr>
</table>

表 8-2　　尺寸标注常用的符号和缩写词

名称	符号或缩写词	名称	符号或缩写词
直径	∅	45°倒角	C
半径	R	深度	↧
球直径	S∅	深孔或锪平	⌴
球半径	SR	埋头孔	⌵
厚度	t	均布	EQS
正方形	□		

三、合理标注尺寸的方法与步骤

标注零件尺寸之前，首先要对零件进行结构分析，了解零件的工作性能和加工、测量方法，选好尺寸基准。

【例题 8-1】 标注齿轮轴的尺寸(见图 8-9)

齿轮轴是回转体，故其径向尺寸基准为回转体的轴线，由此注出各轴段直径尺寸：∅16、∅34、∅16、∅14 以及分度圆直径尺寸∅30、M12×1.5 等。齿轮左端面是长度方向主要基准(即设计基准)，且 25 是设计的主要尺寸，应直接注出。长度方向第一辅助基准为左端面，由此注出轴的总长尺寸 105，主要基准与辅助基准直接注出联系尺寸 12。长度方向第二辅助基准是轴的右端面，通过长度尺寸 30 得出长度方向第三辅助基准∅16 轴段的右端面，由此注出键槽长度方向的定位尺寸 1 以及键槽的长度 10。键槽的深度和宽度在断面图中注出。其他尺寸可用形体分析法补齐。

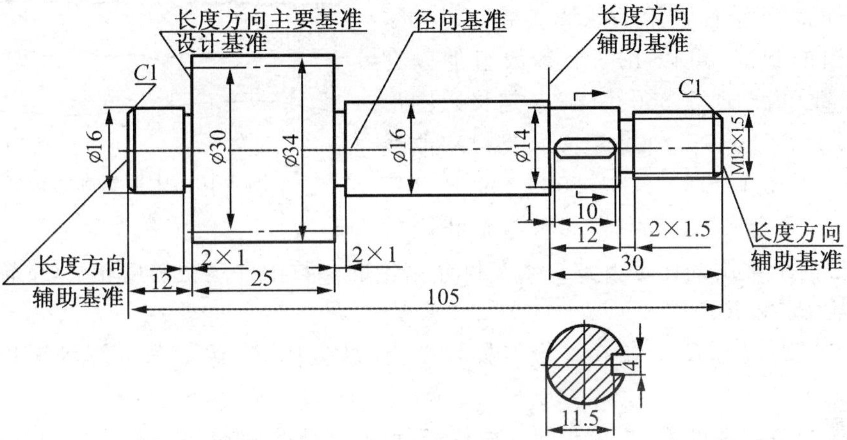

图 8-9　齿轮轴标注示例

第三节　零件图中的技术要求

零件对机械加工质量的要求称为加工精度，主要包括表面粗糙度、尺寸精度、形状和位置精度等。这些在制造零件时满足的加工要求通称为“技术要求”，技术要求一般是用符号、代号或标记标注在图形上，或者用文字注写在图样中的适当位置。

一、表面结构的图样表示法

表面结构是表面粗糙度、表面波纹度、表面缺陷、表面纹理和表面几何形状的总称。表面结构的各项要求在图样上的表示法在 GB/T 131—2006 中均有具体规定。本节主要介绍表面粗糙度的表示法。

1. 基本概念及术语

(1)表面粗糙度。指零件表面上具有的较小间距和峰谷所形成的微观几何形状误差。

它是由于刀具与加工面摩擦、金属塑性变形及加工时高频振动等原因产生的。

表面粗糙度数值的大小直接影响零件的摩擦磨损、耐腐蚀、疲劳强度、接触刚度、配合精度及零件的使用寿命。零件表面粗糙度的选用，既要满足零件表面的功能要求，又要考虑经济合理。一般情况下，凡是零件上有配合要求或者有相对运动的表面，粗糙度参数值要小，参数值越小，表面质量越高，但加工成本也越高。因此，在满足使用要求的前提下，应尽量选用较大的粗糙度参数值，以降低成本。

(2)表面波纹度。在机械加工过程中，由于机床、工件和刀具系统的振动，在工件表面所形成的间距比粗糙度大得多的表面不平度称为波纹度。零件表面的波纹度是影响零件使用寿命和引起振动的重要因素。

表面粗糙度、表面波纹度以及表面几何形状总是同时生成并存在于同一表面，如图 8-10 所示。

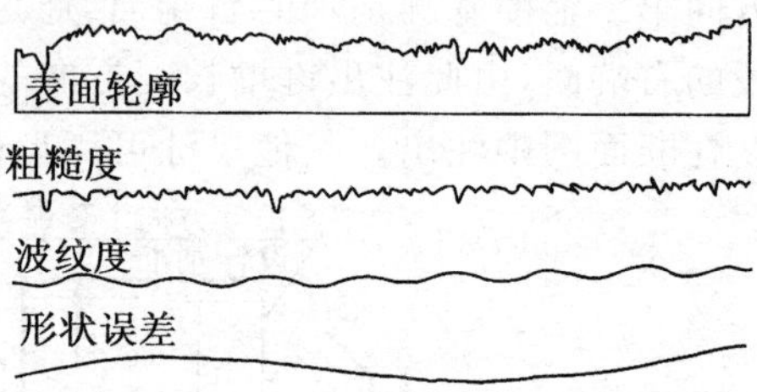

图 8-10　表面轮廓的构成

(3)评定表面结构常用的轮廓参数。对于零件表面结构的状况，可以由三个参数组加以评定：轮廓参数(由 GB/T 3505—2000 定义)、图形参数(由 GB/T 18618—2002 定义)、支撑率曲线参数(由 GB/T 18778.2—2003 和 GB/T 18778.3—2006 定义)。其中轮廓参数是我国机械图样中目前最常用的评定参数。本节仅介绍轮廓参数中评定粗糙度轮廓(R 轮廓)的两个高度参数 Ra 和 Rz。

①算术平均偏差 Ra。指在一个取样长度内，纵坐标 Z_X 绝对值的算术平均值，如图 8-11 所示。

②轮廓的最大高度 Rz。指在同一取样长度内，最大轮廓峰高与最大轮廓谷深之和的高度，如图 8-11 所示。

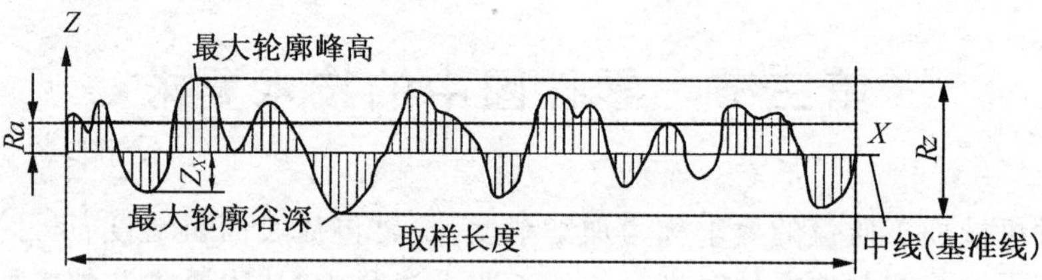

图 8-11　算术平均偏差 Ra 和轮廓的最大高度 Rz

(4)基本术语。检验评定表面结构的参数值必须在特定条件下进行。国家标准规定，图样中注写参数代号及其数值要求的同时，还应明确其检验规范。

检验规范方面相关的基本术语有取样长度和评定长度、轮廓滤波器和传输带以及极限值判断规则。

①取样长度和评定长度。以粗糙度高度参数的测量为例，由于表面轮廓的不规则性，测量结果与测量段的长度密切相关。当测量段过短时，各处的测量结果会产生很大差异；

当测量段过长时，测量的高度值中将不可避免地包含波纹度的幅值。因此，应在 X 轴上选取一段适当的长度进行测量，这段长度称为取样长度。

在每一个取样长度内的测得值通常是不等的，为取得表面粗糙度最可靠的值，一般取几个连续的取样长度进行测量，并以各取样长度内测量值的平均值作为测得的参数值。这段在 X 轴方向上用于评定轮廓的、包含着一个或几个取样长度的测量段称为评定长度。

②轮廓滤波器和传输带。粗糙度等三类轮廓各有不同的波长范围，它们又同时叠加在同一表面轮廓上，因此，在测量评定三类轮廓上的参数时，必须先将表面轮廓在特定仪器上进行滤波，以及分离获得所需波长范围的轮廓。这种可将轮廓分成长波和短波成分的仪器称为轮廓滤波器。有两个不同截止波长的滤波器分离获得的轮廓波长范围则称为传输带。

③极限值判断规则。完工零件的表面按检验规范测得轮廓参数值后，需与图样上给定的极限值比较，以判断其是否合格。极限值判断规则有两种：

a. 16%规则。运用本规则时，当被检表面测得的全部参数值中超过极限值的个数不多于总个数的16%时，该表面是合格的。

b. 最大规则。运用本规则时，被检的整个表面上测得的参数值，一个也不应超过给定的极限值。

16%规则是所有表面结构要求标注的默认规则，即当参数代号后未注写"max"字样时，均默认为应用16%规则（例如 Ra 0.8）；反之，则应用最大规则（例如 Ra_{max} 0.8）。

2. 标注表面结构的图形符号

标注表面结构要求时的图形符号见表8-3。

表8-3　　标注表面结构要求时的图形符号

符号名称	符号	含义
基本图形符号	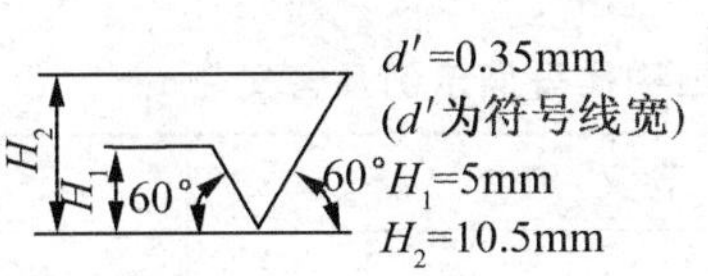	未指定工艺方法的表面，当通过一个注释时可单独使用
扩展图形符号	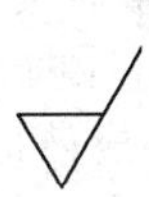	用去除材料方法获得的表面，仅当其含义是"被加工表面"时可单独使用
		不去除材料的表面，也可用于保持上道工序形成的表面，不管这种状态是通过去除或不去除材料形成的
完整图形符号	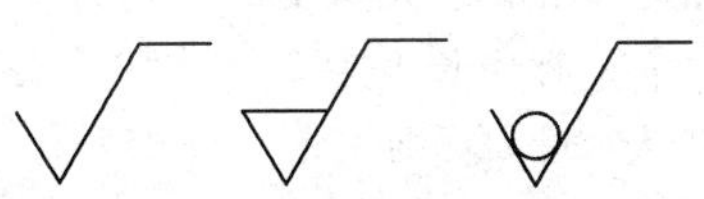	在以上各种符号的长边上加一横线，以便注定对表面结构的各种要求

注：表中 d'、H_1 和 H_2 的大小是当图样中尺寸数字高度选取 $h=3.5$mm 时按 GB/T131—2006 的相应规定给定的。表中 H_2 是最小值，必要时允许加大。

当图样中某个视图上构成封闭轮廓的各表面有相同的表面结构要求时，在完整图形符号上加一圆圈，标注在封闭轮廓线上，如图 8-12 所示。

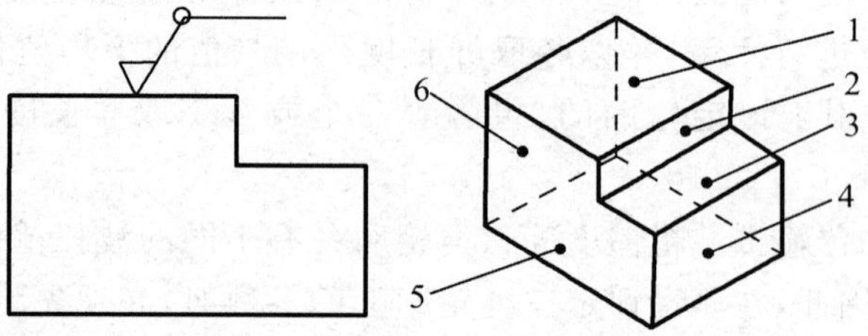

图 8-12　对周边各面有相同的表面结构要求的注法

3．表面结构要求在图形符号中的注写位置

为了明确表面结构要求，除了标注表面结构参数和数值外，必要时应标注补充要求，包括传输带、取样长度、加工工艺、表面纹理及方向、加工余量等。这些要求在图形符号中的注写位置如图 8-13 所示。

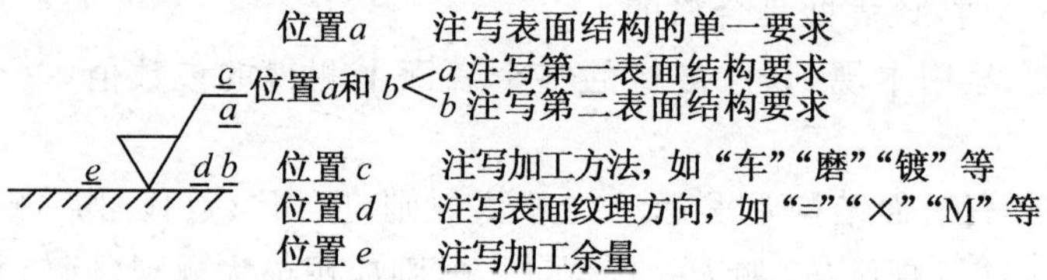

图 8-13　补充要求的注写位置（a～e）

4．表面结构代号

表面结构符号中注写了具体参数代号及数值等要求后即称为表面结构代号。表面结构代号的实例及含义见表 8-4。

表 8-4　表面结构代号的示例及含义

序号	代号示例	含义/解释	补充说明
1	Ra 0.8	表示不允许去除材料，单向限值，默认传输带，R 轮廓上限值为 0.8μm，评定长度为 5 个取样长度（默认），16％规则（默认）	参数代号与极限值之间应留空格，本例未标注传输带，应理解为默认传输带，此时取样长度可在 GB/T 10610 和 GB/T 6062 中查取
2	Rz_{max} 0.2	表示去除材料，单向上限值，默认传输带，R 轮廓，轮廓最大高度的最大值为 0.2μm，评定长度为 5 个取样长度（默认），最大规则	示例 1～4 均为单向极限要求，且均为单向限值，则均可不加注“U”；若为单向下限值，则应加注“L”

续表

序号	代号示例	含义/解释	补充说明
3	√0.008-0.8 / Ra 3.2	表示去除材料，单向上限值，传输带0.008～0.8mm，R轮廓，算术平均偏差为3.2μm，评定长度为5个取样长度，16%规则（默认）	传输带“0.008-0.8”中的前后数值分别为短波和长波滤波器的截止波长（λ_s和λ_c），以示波长范围，此时取样长度等于λ_c，即l_r＝0.8mm
4	√-0.8 / Ra3 3.2	表示去除材料，单向上限值，传输带0.025～0.8mm，R轮廓，算术平均偏差为3.2μm，评定长度包含3个取样长度，16%规则（默认）	传输带仅注出一个截止波长值（本例0.8表示λ_s值）时，另一截止波长值长λ_s应理解为默认值，由GB/T 6062中查知λ_s＝0.0025mm
5	√U Ra_{max} 3.2 L Ra 0.8	表示不允许去除材料，双向极限值，两极限值均使用默认传输带，R轮廓。上限值：算术平均偏差为3.2μm，评定长度为5个取样长度（默认），最大规则；下限值：算术平均偏差为0.8μm，评定长度为5个取样长度（默认），16%规则（默认）	本例为双向极限要求，用“U”和“L”分别表示上限值和下限值，在不致引起歧义时，可不加注“U”“L”

5. 表面结构要求在图样中的注法

(1)表面结构要求对每一表面一般只标注一次，并尽可能标注在相应的尺寸及其公差的同一视图上。除非另有说明，所标注的表面结构要求是对完工零件表面的要求。

(2)表面结构的注写和读取方向与尺寸的注写和读取方向一致。表面结构要求可标注在轮廓线上，其符号应从材料外指向并接触表面，如图8-14所示。必要时，表面结构也可用带箭头或黑点的指引线引出标注，如图8-15所示。

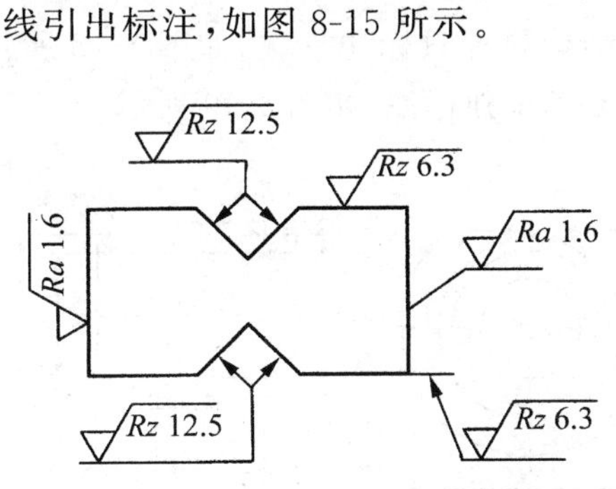

图8-14　表面结构要求在轮廓线上的标注

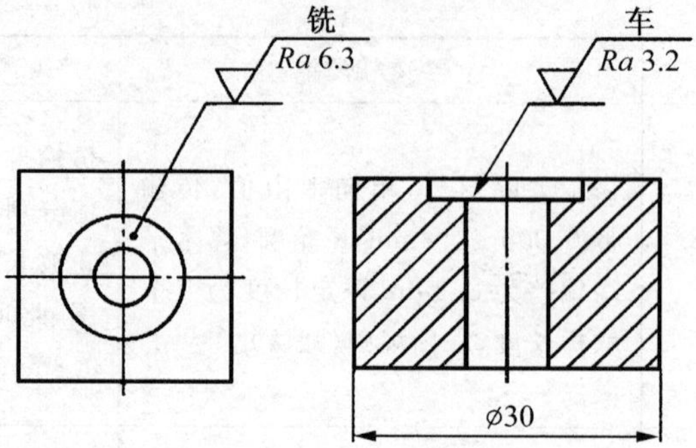

图 8-15　用指引线引出标注表面结构要求

(3)在不致引起误解时,表面结构要求可以标注在给定的尺寸线上,如图 8-16 所示。

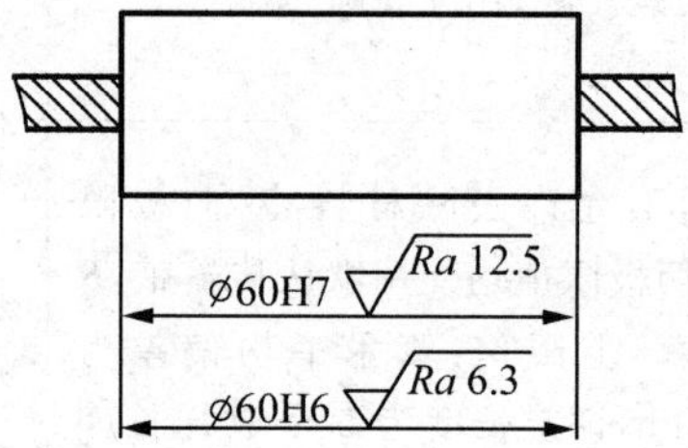

图 8-16　表面结构要求标注在尺寸线上

(4)表面结构要求可标注在形位公差框格的上方,如图 8-17 所示。

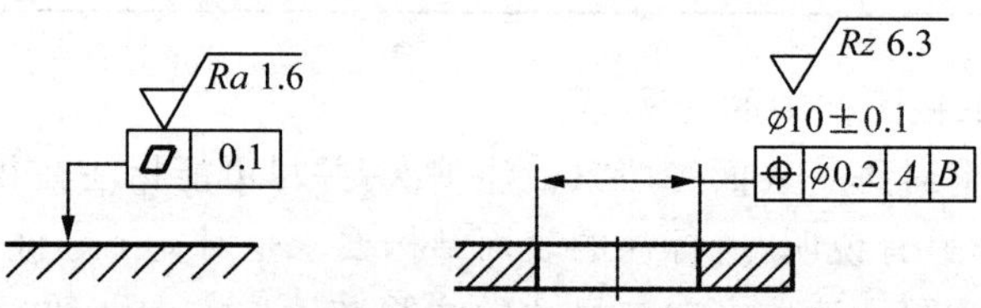

图 8-17　表面结构要求在形位公差框格的上方

(5)圆柱和棱柱的表面结构要求只标注一次,如图 8-18 所示。如果每个棱柱表面有不同的表面结构要求,则应分别单独标注,如图 8-19 所示。

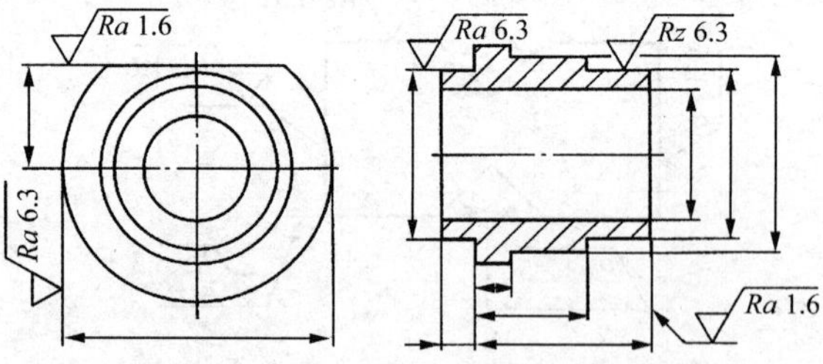

图 8-18　表面结构要求标注在圆柱特征的延长线上

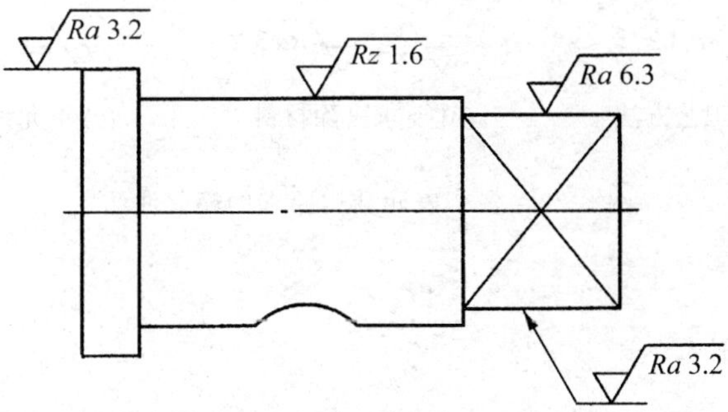

图 8-19　圆柱与棱柱的表面结构要求的注法

6. 表面结构要求在图样中的简化注法

(1)有相同表面结构要求的简化注法。如果在工件的多数(包括全部)表面有相同的表面结构要求,则其表面结构要求可统一标注在图样标题栏附近(不同的表面结构要求应直接标注在图形中)。此时,表面结构要求的符号后面应有:

①在圆括号内给出无任何其他标注的基本符号,如图 8-20(a)所示。

②在圆括号内给出不同的表面结构要求,如图 8-20(b)所示。

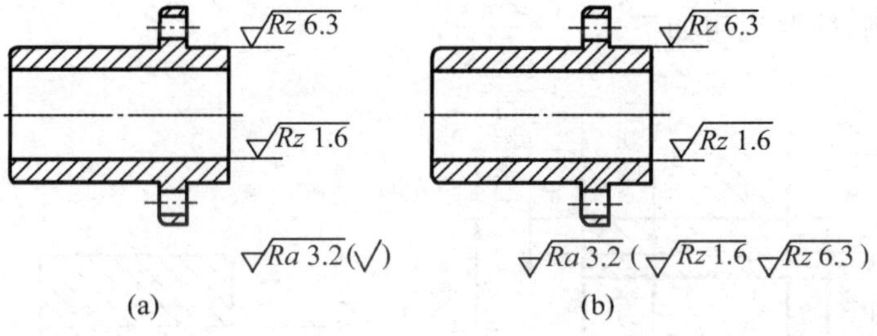

图 8-20　大多数表面有相同表面结构要求的简化画法

(2)多个表面有共同要求的标注法

①用带字母的完整符号的简化标注法,如图 8-21 所示。用带字母的完整符号以等式的形式,在图形或标题栏附近对有相同表面结构要求的表面进行简化标注。

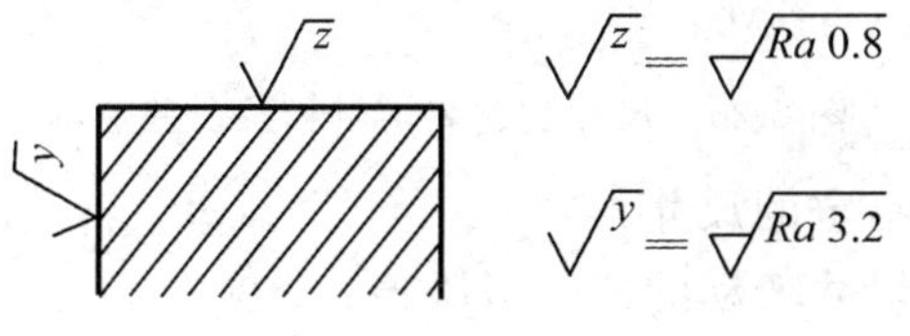

图 8-21　在图纸空间有限时的简化注法

②只用表面结构符号的简化注法,如图 8-22 所示。用表面结构符号以等式的形式给出多个表面共同的表面结构要求。

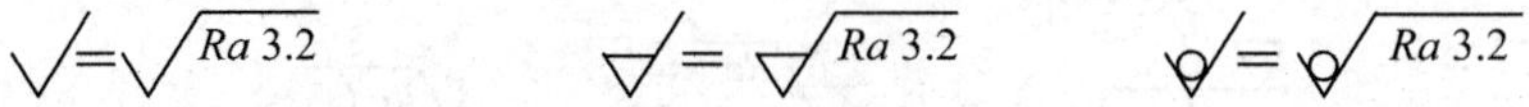

(a) 未指定工艺方法　　(b) 要求去除材料　　(c) 不允许去除材料

图 8-22　多个表面结构要求的简化注法

二、极限与配合

现代化大规模生产要求零件具有互换性，即从一批规格相同的零件中任取一件，不经修配就能立即装到机器或者部件上，并能保证使用要求。零件的这种性质称为互换性。零件具有互换性，不仅给机器的装配、维修带来方便，而且满足生产部门广泛的协作要求，为大批量和专门化生产创造条件，从而缩短生产周期，提高劳动效率和经济效益。下面简要介绍国家标准《极限与配合》(GB/T 1800.1～4)的基本内容。

1. 尺寸公差

零件在制造过程中，由于加工或测量等因素的影响，完工后的实际尺寸总存在一定的误差。为保证零件的互换性，必须将零件的实际尺寸控制在允许变动的范围内，这个允许尺寸的变动量称为尺寸公差。关于尺寸公差的一些名词，现以图 8-23(a)圆柱孔尺寸∅30±0.01为例，简要说明如下：

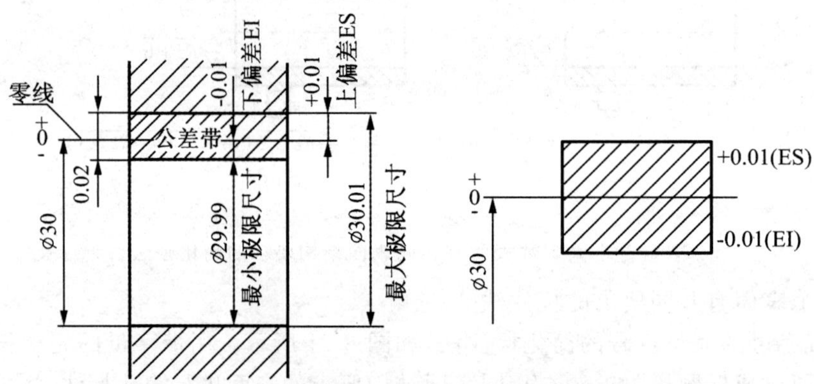

(a)尺寸公差名词解释　　(b)公差带图

图 8-23　尺寸公差名词解释及公差范围

(1)基本尺寸。设计给定的尺寸：∅30。

(2)极限尺寸。允许尺寸变动的两个极限值：

最大极限尺寸：30＋0.01＝30.01

最小极限尺寸：30－0.01＝29.99

(3)极限偏差。极限尺寸减基本尺寸所得的代数差，即最大极限尺寸和最小极限尺寸减基本尺寸所得的代数差，分别为上偏差和下偏差，统称极限偏差。孔的上、下偏差分别用大写字母 ES 和 EI 表示，轴的上、下偏差分别用小写字母 es 和 ei 表示。

上偏差 ES＝30.01－30＝＋0.01

下偏差 EI＝29.99－30＝－0.01

(4)尺寸公差(简称“公差”)。允许尺寸的变动量,即最大极限尺寸减最小极限尺寸所得公差,也等于上偏差减下偏差所得的代数差。尺寸公差是一个没有符号的绝对值。

公差:30.01－29.99＝0.02

或 ｜0.01－(－0.01)｜＝0.02

(5)公差带和零线。公差带是由代表上偏差和下偏差的两条直线所限定的一个区域。为简化起见,一般只画出上、下偏差围成的方框简图,称为公差带图,如图 8-23(b)所示。在公差带图中,零线是表示基本尺寸的一条直线。零线上方的偏差为正值,零线下方的偏差为负值。公差带由公差大小及相对零线的位置确定。

(6)极限制。经标准化的公差与偏差制度。

2. 配合

基本尺寸相同的、相互结合的孔和轴公差带之间的关系称为配合。由于孔和轴的实际尺寸不同,配合后会产生间隙或过盈。孔的尺寸减去相配合轴的尺寸之差为正时是间隙,为负时是过盈。

根据实际需要,配合分为三类:间隙配合、过渡配合以及过盈配合。

(1)间隙配合。孔的实际尺寸总比轴的实际尺寸大,装配在一起后,一般来说,轴在孔中能自由转动或移动,如图 8-24(a)所示。

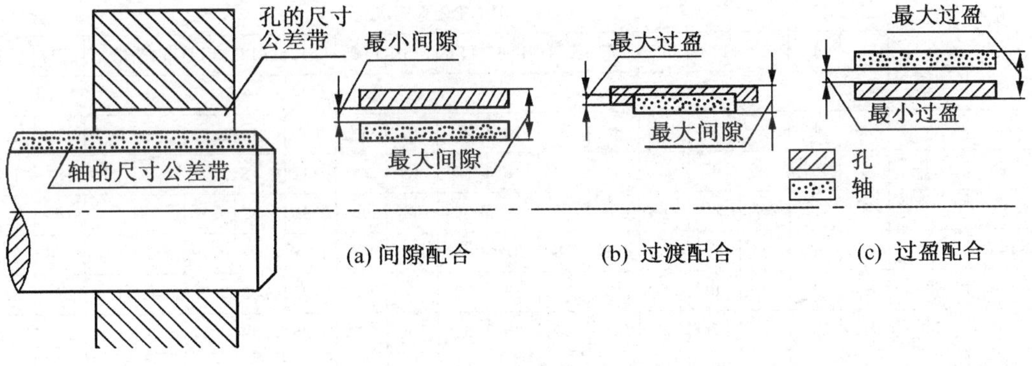

图 8-24　配合类别

(2)过渡配合。轴的实际尺寸比孔的实际尺寸有时小,有时大。孔与轴装配后,轴比孔小时能活动,但比间隙配合稍紧;轴比孔大时不能活动,但比过盈配合稍松。这种介于间隙和过盈之间的配合,即为过渡配合。此时,孔的公差带与轴的公差带相互重叠,如图 8-24(b)所示。

(3)过盈配合。孔的实际尺寸总比轴的实际尺寸小,装配时需要一定的外力或将孔零件加热膨胀后才能把轴装入孔中。所以,轴与孔装配后不能做相对运动,如图 8-24(c)所示,孔的公差带在轴的公差带之下。

3. 标准公差与基本偏差

为了满足不同的配合要求,国家标准规定,孔、轴公差带由标准公差和基本偏差两个要素组成。标准公差确定公差带大小,基本偏差确定公差带位置,如图 8-25 所示。

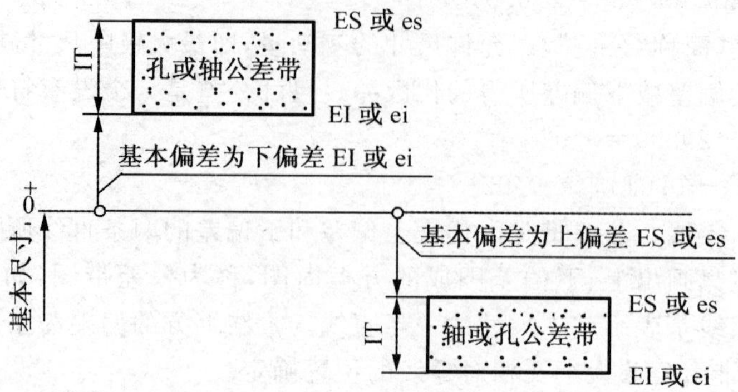

图 8-25　公差带大小及位置

(1)标准公差(IT)。由标准规定的任一公差。标准公差的数值由基本尺寸和公差等级来确定,其中公差等级确定尺寸的精确程度。标准公差顺次分为 20 个等级,即 IT01,IT0,IT1,…,IT18。IT 表示公差,数字表示公差等级。IT01 公差值最小,精度最高;IT18 公差值最大,精度最低。在 20 个标准公差等级中,IT01～IT11 用于配合尺寸,IT12～IT18 用于非配合尺寸。各级标准公差的数值可查阅表 8-5。

表 8-5　　标准公差数值(GB/T 1800.4—1999)

基本尺寸(mm)		标准公差等级																	
		IT1	IT2	IT3	IT4	IT5	IT6	IT7	IT8	IT9	IT10	IT11	IT12	IT13	IT14	IT15	IT16	IT17	IT18
大于	至	μm											mm						
—	3	0.8	1.2	2	3	4	6	10	14	25	40	60	0.1	0.14	0.25	0.4	0.6	1	1.4
3	6	1	1.5	2.5	4	5	8	12	18	30	48	75	0.12	0.18	0.3	0.48	0.75	1.2	1.8
6	10	1	1.5	2.5	4	6	9	15	22	36	58	90	0.15	0.22	0.36	0.58	0.9	1.5	2.2
10	18	1.2	2	3	5	8	11	18	27	43	70	110	0.18	0.27	0.43	0.7	1.1	1.8	2.7
18	30	1.5	2.5	4	6	9	13	21	33	52	84	130	0.21	0.33	0.52	0.84	1.3	2.1	3.3
30	50	1.5	2.5	4	7	11	16	25	39	62	100	160	0.25	0.39	0.62	1	1.6	2.5	3.9
50	80	2	3	5	8	13	19	30	46	74	120	190	0.3	0.46	0.74	1.2	1.9	3	4.6
80	120	2.5	4	6	10	15	22	35	54	87	140	220	0.35	0.54	0.87	1.4	2.2	3.5	5.4
120	180	3.5	5	8	12	18	25	40	63	100	160	250	0.4	0.63	1	1.6	2.5	4	6.3
180	250	4.5	7	10	14	20	29	46	72	115	185	290	0.46	0.72	1.15	1.85	2.9	4.6	7.2
250	315	6	8	12	16	23	32	52	81	130	210	320	0.52	0.81	1.3	2.1	3.2	5.2	8.1

(2)基本偏差。用来确定公差带相对零线位置的上偏差或下偏差,一般是指孔和轴的公差带中靠近零线的那个偏差。当公差带在零线的上方时,基本偏差为下偏差;反之则为上偏差,如图 8-26 所示 。基本偏差的代号用字母表示,大写的为孔(EI、ES),小写的为轴(ei、es)。

GB/T1800.2—1998 对孔和轴各规定了 28 个基本偏差,如图 8-26 所示。其中 A～H(a～h)用于间隙配合,J～ZC(j～zc)用于过渡配合和过盈配合。从基本偏差系列图中可以看到：孔的基本偏差 A～H 为下偏差，J～ZC 为上偏差；轴的基本偏差 a～h 为上偏差，j～zc 为下偏差；JS 和 js 没有基本偏差，其上、下偏差与零线对称，孔和轴的上、下偏差分别是＋IT/2、－IT/2。基本偏差系列图只表示公差带的位置，不表示公差带的大小，因此，公差带的一端是开口的，开口的另一端由标准公差限定。

基本偏差和标准公差等级确定后，孔和轴的公差带大小和位置就确定了，这时它们的配合性质也确定了。

根据尺寸公差的定义，基本偏差和标准公差有以下计算式：

$$ES = EI + IT \text{ 或 } EI = ES - IT$$

$$es = ei + IT \text{ 或 } ei = es - IT$$

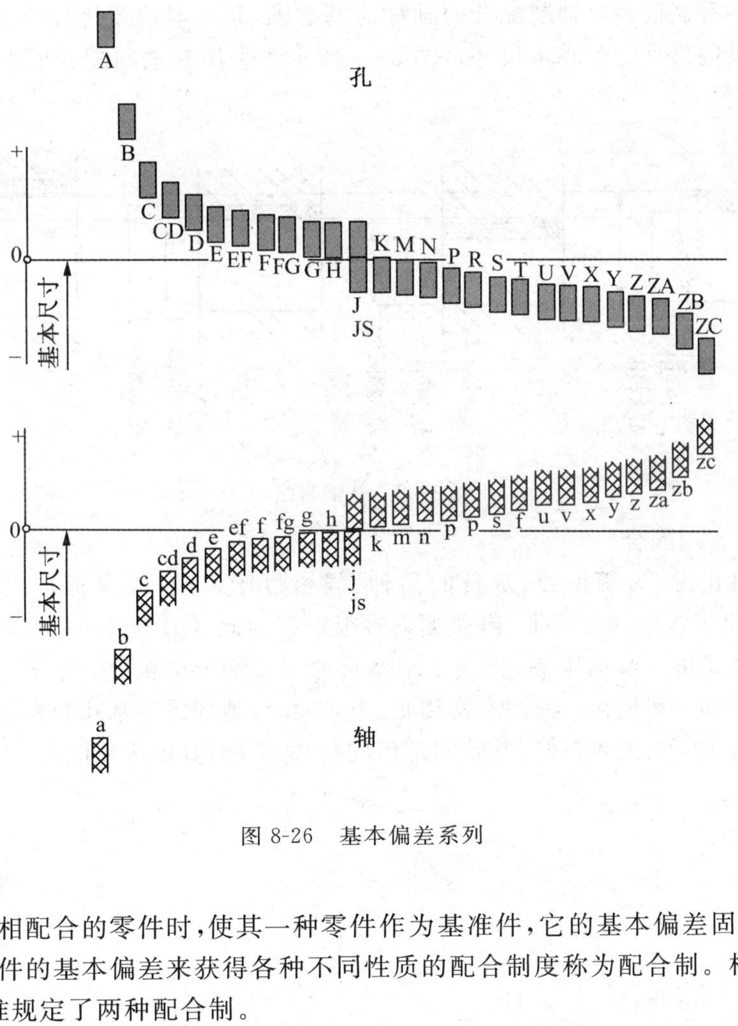

图 8-26　基本偏差系列

4. 配合制

在制造互相配合的零件时，使其一种零件作为基准件，它的基本偏差固定，通过改变另一种非基准件的基本偏差来获得各种不同性质的配合制度称为配合制。根据生产实际需要，国家标准规定了两种配合制。

(1)基孔制配合。基本偏差为一定的孔的公差带，与不同基本偏差的轴的公差带形成各种配合的一种制度。基孔制配合的孔称为基准孔，其基本偏差代号为 H，下偏差为零，即它的最小极限尺寸等于基本尺寸。图 8-27 所示为采用基孔制配合所得到的各种不同程度的配合。

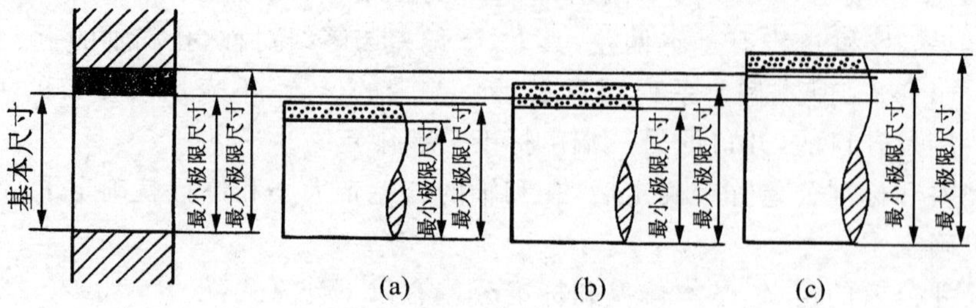

图 8-27　基孔制配合

(2)基轴制配合。基本偏差为一定的轴的公差带,与不同基本偏差的孔的公差带形成各种配合的一种制度。基轴制配合的轴称为基准轴,其基本偏差代号为 h,上偏差为零,即它的最大极限尺寸等于基本尺寸。图 8-28 所示为采用基轴制配合所得到的各种不同程度的配合。

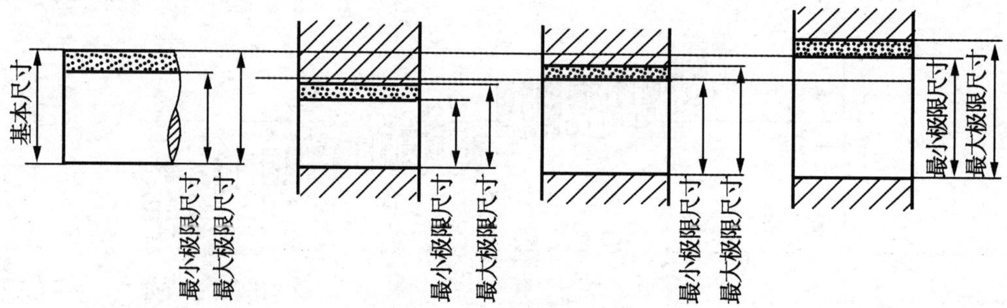

图 8-28　基轴制配合

5. 优先、常用配合

从经济性出发,为避免刀、量具的品种、规格过于繁杂,国家标准 GB/T 1800.4—1999 虽只提供了常用的公差带,但种类仍然很广。为此,GB/T 1801—1999 对公差带和配合的选择作了进一步的限制,规定了基本尺寸至 3150mm 的孔、轴公差带,分为优先、常用(含优先)和一般用途(含优先、常用)三类,并相应地规定了基孔制常用配合共 59 种,其中优先配合 13 种(见表 8-6);基轴制常用配合共 47 种,其中优先配合 13 种(见表 8-7)。

表 8-6　　**基孔制优先、常用配合**

基准孔	轴																				
	a	b	c	d	e	f	g	h	js	k	m	n	p	r	s	t	u	v	x	y	z
	间隙配合								过渡配合			过盈配合									
H6						H6/f5	H6/g5	H6/h5	H6/js5	H6/k5	H6/m5	H6/n5	H6/p5	H6/r5	H6/s5	H6/t5					
H7						H7/f6	◤H7/g6	◤H7/h6	H7/js6	◤H7/k6	H7/m6	◤H7/n6	◤H7/p6	H7/r6	◤H7/s6	H7/t6	◤H7/u6	H7/v6	H7/x6	H7/y6	H7/z6
H8					H8/e7	◤H8/f7	H8/g7	◤H8/h7	H8/js7	H8/k7	H8/m7	H8/n7	H8/p7	H8/r7	H8/s7	H8/t7	H8/u7				
				H8/d8	H8/e8	H8/f8		H8/h8													
H9			H9/c9	◤H9/d9	H9/e9	H9/f9		◤H9/h9													
H10			H10/c10	H10/d10				H10/h10													
H11	H11/a11	H11/b11	◤H11/c11	H11/d11				◤H11/h11													
H12		H12/b12						H12/h12	1. 常用配合共 59 种，其中优先配合 13 种。标注◤的为优先配合 2. H6/n5、H7/p6 在基本尺寸小于或等于 3mm 和 H8/r7 在基本尺寸小于或等于 100mm 时为过渡配合												

表 8-7　　**基轴制优先、常用配合**

基准轴	孔																				
	A	B	C	D	E	F	G	H	JS	K	M	N	P	R	S	T	U	V	X	Y	Z
	间隙配合								过渡配合			过盈配合									
h5						F6/h5	G6/h5	H6/h5	JS6/h5	K6/h5	M6/h5	N6/h5	P6/h5	R6/h5	S6/h5	T6/h5					
h6						F7/h6	G7/h6	◤H7/h6	JS7/h6	◤K7/h6	M7/h6	◤N7/h6	◤P7/h6	R7/h6	◤S7/h6	T7/h6	◤U7/h6				
h7					E8/h7	◤F8/h7		◤H8/h7	JS8/h7	K8/h7	M8/h7	N8/h7									
h8				D8/h8	E8/h8	F8/h8		H8/h8													
h9				◤D9/h9	E9/h9	F9/h9		◤H9/h9													
				D10/h10				H10/h10													
h11	A11/h11	B11/h11	◤C11/h11	D11/h11				◤H11/h11													
h12		B12/h12						H12/h12	常用配合共 47 种，其中优先配合 13 种。标注◤的为优先配合												

三、形状和位置公差简介

1. 基本概念

零件加工过程中，不仅会产生尺寸误差，也会出现形状和相对位置误差。如加工轴时可能会出现轴线弯曲或大小头的现象，这就是零件形状误差。如图 8-29(a)所示的圆柱销，除了注出直径的尺寸公差外，还标注了圆柱轴线的形状公差代号，表示圆柱实际轴线必须在∅0.006mm 的圆柱面内。又如图 8-29(b)所示，箱体上的两个孔是安装锥齿轮轴的孔，如果两孔的轴线歪斜太大，必定影响一对锥齿轮的啮合传动。为了保证正常的啮合，必须标注位置公差——垂直度。图中代号的意义是：水平孔的轴线必须位于距离为 0.05mm，且垂直于另一个孔的轴线的两平行平面之间。

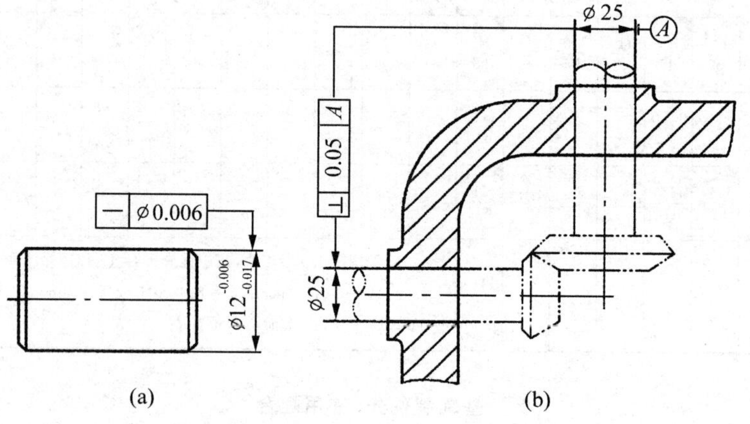

图 8-29　形位公差示例

由于形状和位置公差的误差过大会影响机器的工作性能，因此对零件除应保证尺寸精度外，还应控制其形状和位置的误差。对形状和位置误差的控制是通过形状和位置公差来实现的。

形状公差是零件实际要素形状对其理想形状所允许的变动量，位置公差是零件实际要素的位置对其理想位置所允许的变动量。形状公差和位置公差简称形位公差。形位公差特征项目的分类及符号见表 8-8。

表 8-8　　形位公差特征项目的分类及符号

分类	项目	符号
形状公差	直线度	—
	平面度	▱
	圆度	○
	圆柱度	⌭
形状或位置公差	线轮廓度	⌒
	面轮廓度	⌓

分类		项目	符号
位置公差	定向	平行度	//
		垂直度	⊥
		倾斜度	∠
	定位	同轴(同心)度	◎
		对称度	⌯
		位置度	⊕
	跳动	圆跳动	↗
		全跳动	⌰

2. 形位公差代号

如图 8-30(a)所示,形位公差的框格线用细实线绘制,分成两格或多格,框格高度是图中尺寸数字高度的 2 倍,框格长度根据需要而定。框格中的字母、数字与图中数字等高。形位公差项目符号的线宽为图中数字高度的 1/10,框格应水平或垂直绘制。如图 8-30(b)所示为标注公差时所用的基准符号。

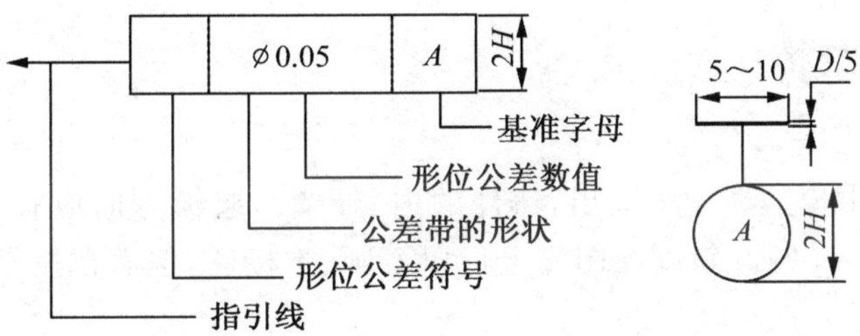

(a) 形位公差代号　　(b) 基准符号

图 8-30　形位公差的框格和基准符号

3. 形位公差代号的标注示例

如图 8-31 所示为气门阀杆形位公差的标注示例。从图中可以看到,当被测要素为轮廓要素时,从框格引出的指引线箭头,应指在该要素的轮廓线或其延长线上。当被测要素是轴线或对称中心线(中心要素)时,应将箭头与该要素的尺寸线对齐,如 M8×1 轴线的同轴度注法。当基准要素是轴线时,应将基准符号与该要素的尺寸线对齐,如图 8-31 中的基准 A。

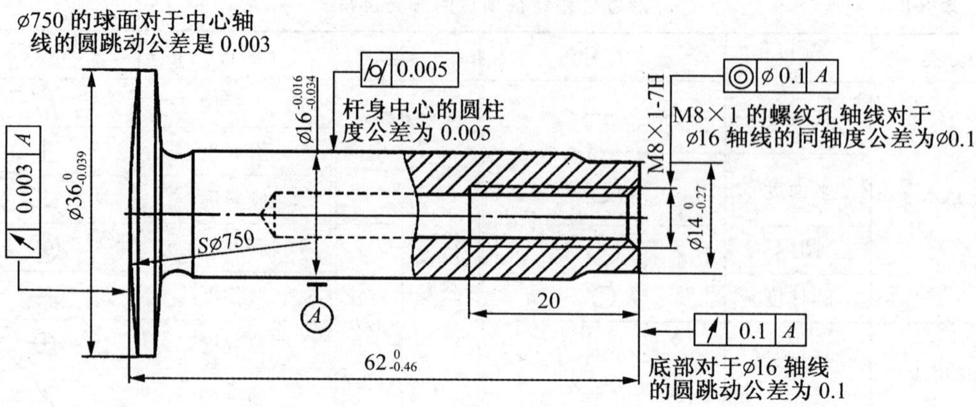

图 8-31 形位公差标注示例

第四节 零件的工艺结构

机器上的大多数零件都是通过铸造和机械加工制造而成的，其结构形状除应满足设计要求外，还要考虑便于制造与安装。

一、铸造工艺结构

1. 起模斜度

为了顺利地将木模从砂型中取出，铸件的内、外壁沿起模方向应有一定的起模斜度，一般为 1∶20（见图 8-32）。斜度在图样上可以不画、不标注，但需在技术要求中注明。

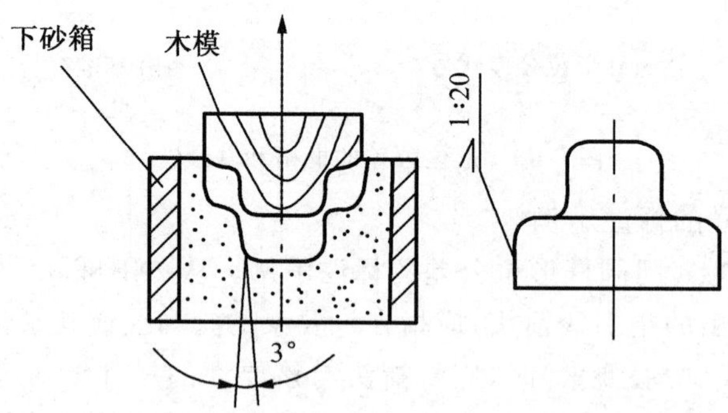

图 8-32 起模斜度

2. 铸造圆角

铸件的表面相交处应有过渡圆角，以防浇注铁水时冲坏砂型尖角处，冷却时产生缩孔和裂纹。圆角半径一般取壁厚的 0.2～0.4 倍，同一铸件的圆角半径尽可能相同，如图 8-33所示。

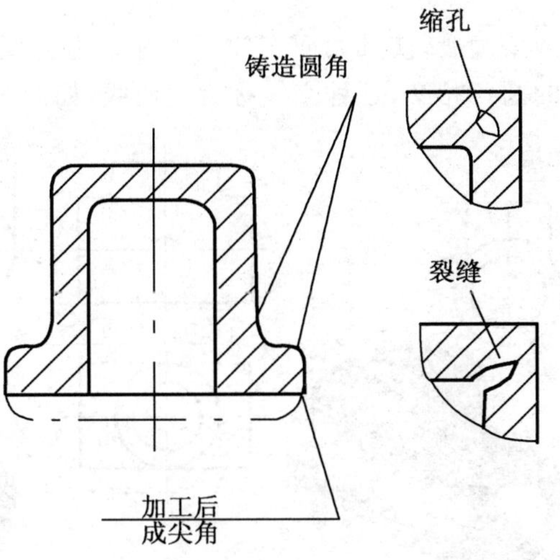

图 8-33　铸造圆角

3. 铸件壁厚

铸件在浇注后的冷却过程中，容易因厚薄不均匀而产生裂纹和缩孔等缺陷，因此，铸件各处的壁厚应尽量均匀或逐渐过渡，如图 8-34 所示。

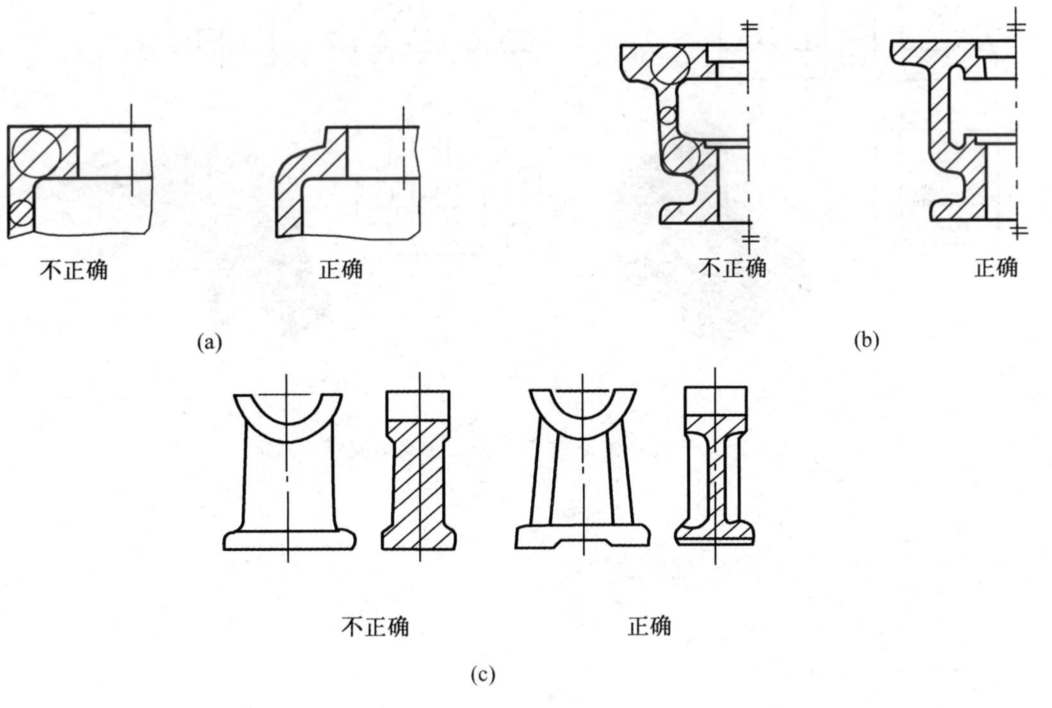

图 8-34　铸件壁厚

4. 过渡线

由于铸件两表面有圆角过渡，使其表面交线不明显。为方便读图，仍要画出交线，但交线的两端不与轮廓线的圆角相交，这种交线称为过渡线，如图 8-35 至图 8-37 所示。

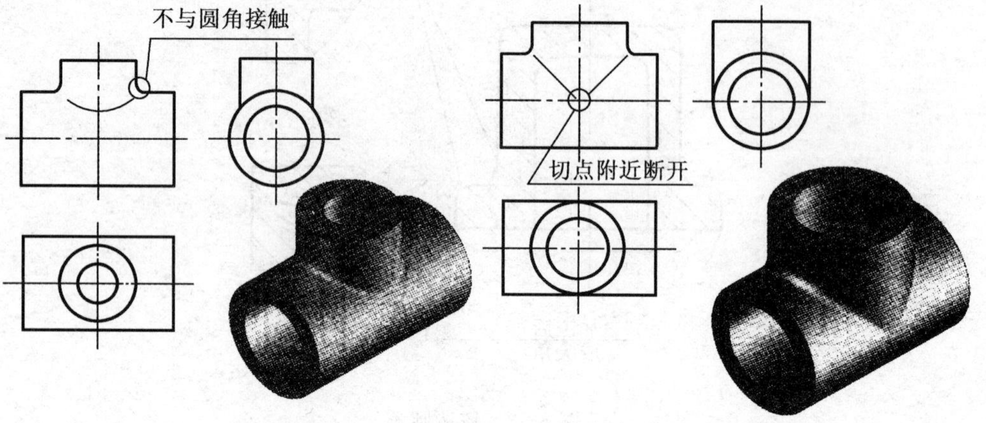

(a) (b)

图 8-35 两圆柱相交过渡线的画法

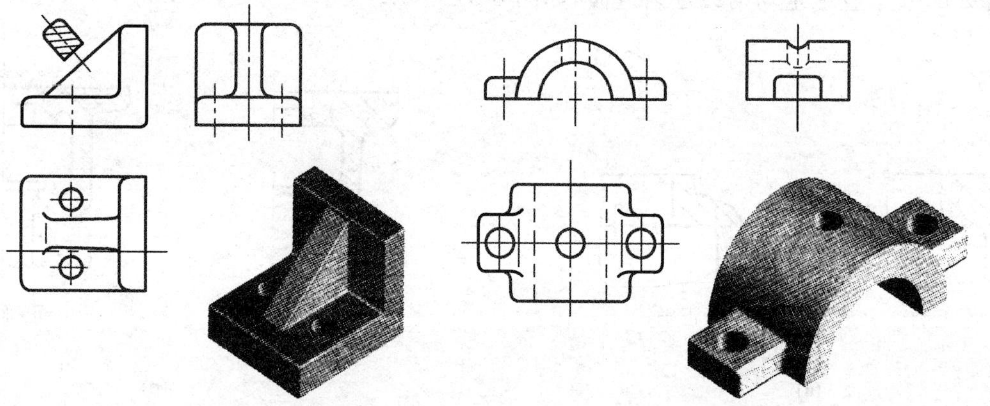

(a) (b)

图 8-36 平面与平面、平面与曲面相交过渡线的画法

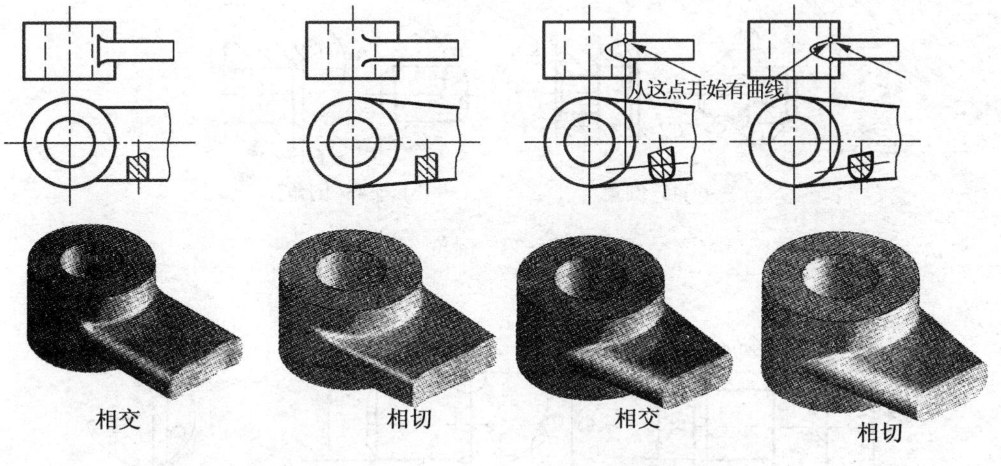

(a) 断面为长方形　　(b) 断面为长圆形

图 8-37　肋板与圆柱相交过渡线的画法

二、机械加工工艺结构

1. 退刀槽和砂轮越程槽

零件在切削时为方便进、退刀和被加工表面的完全加工，通常在螺纹端部、轴肩和孔的台阶部位设计出退刀槽或砂轮越程槽，如图 8-38 所示。

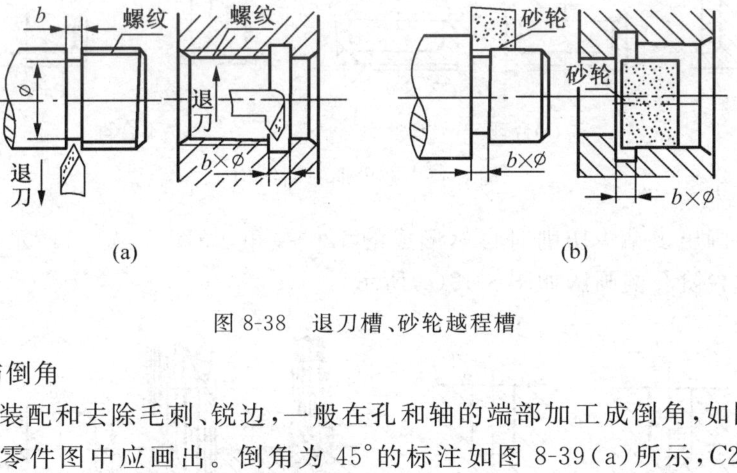

(a)　　(b)

图 8-38　退刀槽、砂轮越程槽

2. 倒圆与倒角

为了便于装配和去除毛刺、锐边，一般在孔和轴的端部加工成倒角，如图 8-39 所示。倒角和倒圆在零件图中应画出。倒角为 45°的标注如图 8-39(a)所示，$C2$ 表示宽度为 2mm、倒角为 45°的简化标注法。倒角非 45°时的尺寸标注如图 8-39(b)所示。为了避免应力集中，在轴肩处加工成倒圆，如图 8-40 所示。

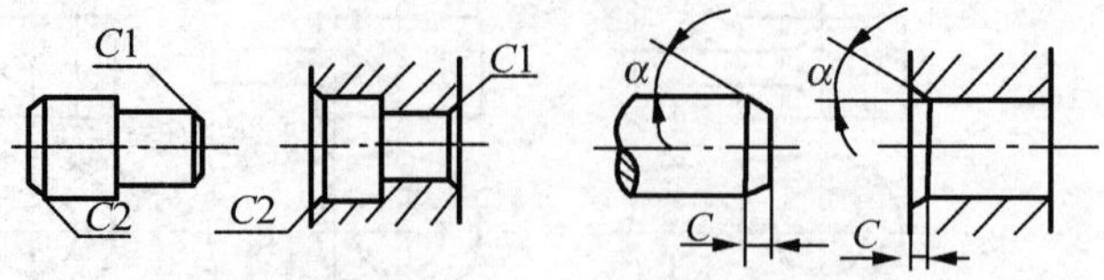

(a)45°倒角　　(b) 非45°倒角

图 8-39　倒角

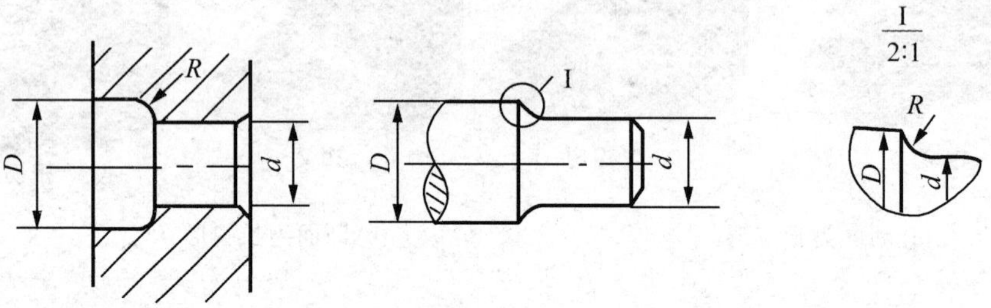

图 8-40　倒圆

3. 减少加工面结构

减少加工面结构,可提高零件接触表面的加工精度与装配精度,节省材料,减轻零件重量,如图 8-41 所示。

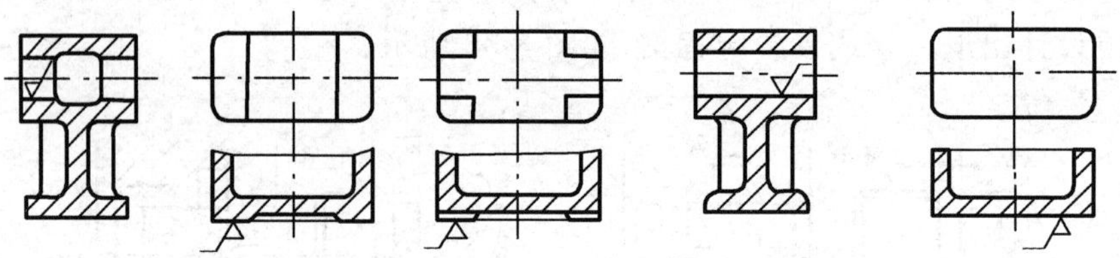

(a)合理　　(b)不合理

图 8-41　减少加工面结构

4. 钻孔结构

不通孔要画出由钻头切削时自然形成的 120°钝角,如图 8-42(a)所示。用两个不同直径的钻头钻台阶孔的画法如图 8-42(c)所示。

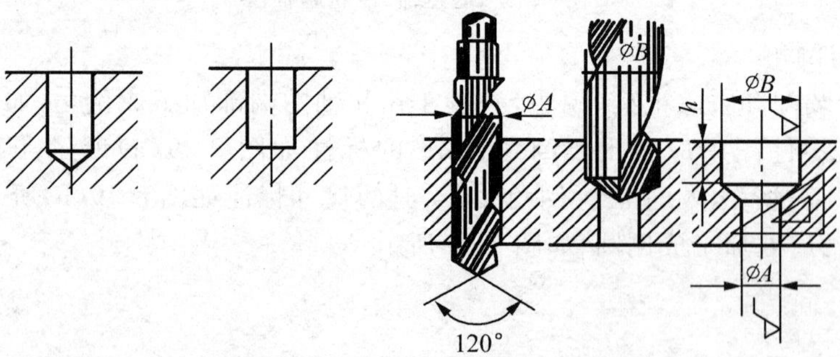

(a)合理　　(b)不合理　　(c)合理

图 8-42　钻孔锥角

钻削端面要与钻头的轴线垂直(见图 8-43),以保证准确钻孔和避免钻头折断。

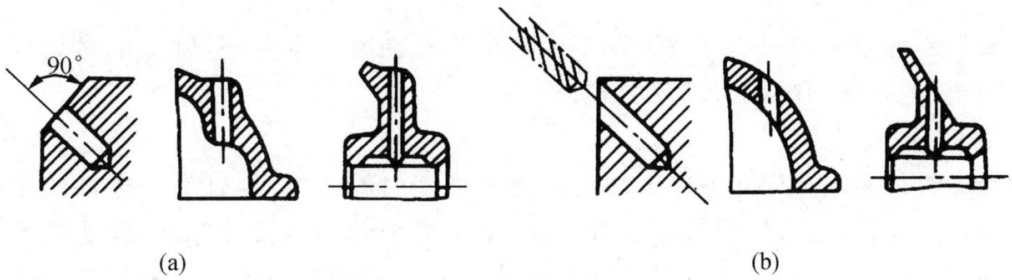

图 8-43　孔端面应垂直于孔轴线

第五节　典型零件表达方案

零件图应把零件的结构形状正确、完整、清晰地表达出来。要满足这些要求,首先要对零件的结构形状特点进行分析,并了解零件在机器或部件中的位置、作用及加工方法,然后灵活地选择基本视图、剖视图、断面图及其他各种表示法。在零件表达清楚的前提下尽量减少图形的数量。合理地选择主视图和其他视图,确定一个较合理的表达方案是表示零件结构形状的关键。

主视图的选择原则:

(1)加工位置原则。主视图应尽量符合零件的主要加工位置,以利于操作者加工零件时读图。

(2)工作位置原则。主视图应能反映零件在机器或部件中的工作位置,以利于形象读图。

(3)形状特征原则。主视图的投射方向应最能反映零件的结构和形状特征,以易于读图。

根据零件结构形状及加工过程的共性,一般零件分为轴套类、轮盘类、叉架类、箱体类等。下面仅以典型的几种零件为例,对常见零件的功用、使用范围、结构、视图表达、尺寸标注、技术要求等内容进行分析。

一、轴套类零件

1. 功能、结构及加工分析

轴是组成机器的主要零件之一。在机械传动中,轴既传递动力,又承载一切回转运动的零件(如皮带轮、齿轮等),这些零件都需要安装在轴上才能进行运动,实现对动力的传递。轴套主要起到轴向定位的作用。安装在轴上的传动件,有些是依靠轴套来定位分割的,以避免在回转过程中,因离心力作用发生轴向窜动,使传动失效。

轴的主体结构为若干段相互衔接的直径和长度不同的圆柱体(称为“轴段”),各段长度总和明显或远大于圆柱体直径。常用的为各轴段具有共同轴线的阶梯轴。轴之所以做成“阶梯”状,一是为了轴上零件定位,二是为了便于轴上零件的装配。套类零件结构一般比较简单,孔端通常加工出倒角,但也有比较复杂的套类零件。

轴套类零件上的常见局部功能结构为键槽、花键、螺纹、弹簧挡圈槽、销孔和装紧定螺钉用的凹坑等。

轴套类零件主要的加工方法为在车床上车削和在磨床上磨削，轴上的常见局部工艺结构有倒角、退刀槽和越程槽以及中心孔。

2. 视图选择

轴套类零件多在车床和磨床上加工。为了加工时看图方便，轴套类零件的主视图按其加工位置选择，一般将轴线水平放置，用一个主视图并结合尺寸标注，就能清楚地反映出阶梯轴的各段形状、相对位置以及轴上各种局部结构的轴向位置。轴上的局部结构一般采用断面图、局部剖视图、局部放大图、局部视图来表达。

如图 8-44 所示，该螺杆主视图采用局部剖视的表达方法，表达了螺杆的基本外形和螺纹牙型。螺杆的外形是左端为一半径为 25mm 的球体，其余各段为直径不同的圆柱体，其上有直径为 22mm 的通孔，右端有螺纹结构。轴套类零件，其主要结构为回转体，所以基本视图一般只需要主视图再加以尺寸标注，就可以将其基本形状表达清楚。对于零件上的键槽、孔等结构，可用移出断面图、局部剖视图、局部放大图、局部视图来表达。

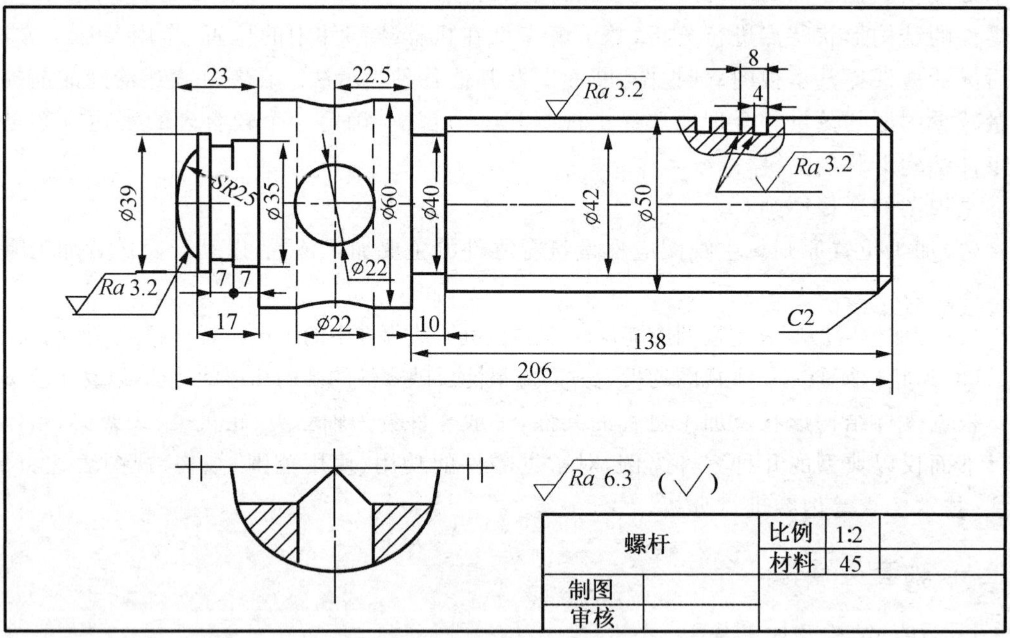

图 8-44　螺杆零件图

此图选用一移出断面图来表达螺杆上两孔相贯的结构，由于上下对称，采用了简化画法。同时，采用局部剖视图表达了螺纹的牙型。

3. 尺寸标注

(1)各轴段直径尺寸以共同轴线为基准直接注出。

(2)正确选择基准，合理标注轴向尺寸是轴类零件标注尺寸的重点。

轴套类零件，因基本形状是同轴回转体，所以其轴线常作为径向基准，以重要的端面作轴向基准，如图 8-44 中的 206、138 均从右端面标出，这个端面即为这些尺寸的基准。

(3)轴上各局部结构(如键槽、花键、螺纹、倒角、退刀槽和中心孔等)参数、规格应符合标准规定,尺寸注法应符合标准注法或习惯注法。

4. 技术要求

(1)一般轴的表面均为切削加工表面。要求较高的配合表面,其粗糙度数值分别直接注出。其余一般表面应力求选择统一粗糙度数值,在标题栏附近统一标注。

(2)需指定数值的尺寸公差及形位公差直接注出;按未注公差处理的,在技术要求项下标明。

(3)对热处理的要求在技术要求项下注出。

除上述阶梯轴外,工程中有时也使用曲轴和偏心轴,其图样画法基本相同,只是在尺寸标注时要标出偏心轴段的偏心距离。

套类零件的画法,除因其均有空腔,主视图需用全剖或半剖外,其余与轴的画法亦基本相同,不再详述。

二、轮盘类零件

轮盘类零件常见的有圆形为主的盘盖和圆轮两种,下面重点介绍第一种。

1. 功能、结构及加工分析

各种手轮、带轮、法兰盘、端盖等均属此类零件。轮类零件多用于传递扭矩,盘类零件多用于连接、支承和密封。

此类零件主体结构为同一轴线的多个圆柱体(和圆柱孔腔),直径明显大于轴向(长度或厚度)尺寸,由于安装位置的限制和结构需要,常有将某一圆柱切去一部分的情况。常见局部功能结构为安装螺钉的螺纹孔或穿过螺钉的光孔(常为多个均布)、定位用的销孔、键槽、弹簧挡圈槽及润滑用的加油孔和油沟等。常见局部工艺结构为倒角、退刀槽和越程槽等。

此类零件的加工方法多为铸、锻形成毛坯后再经切削加工。切削加工以车、磨、铣为主。

2. 视图选择

(1)一般都以过中心轴线的全剖视图或旋转剖的全剖视图为主视图,中心轴线水平放置。如此选择使主视图与盘类零件在车床和外、内圆磨床上加工时状态一致,便于加工者看图。如此选择亦符合表示零件结构、形状信息量最多的原则。

(2)左视图的作用是表示均布孔(槽)的分布情况,如图 8-45 所示。

有时,当主视图确定后需要使用右视图而不宜使用左视图。此时,为读图方便与习惯,常将右视图作向视图处理。有时要左、右视图同时使用。可按规定配置。

(3)某些局部结构因过小以致结构、形状不清或标注尺寸和技术要求有困难时,可用局部放大图表达。

3. 尺寸标注

(1)各主体圆柱直径尺寸以轴线为基准标注在主视图中,尽量避免标注在左或右视图的同心圆上。

(2)标注长度方向尺寸时,要注意当长度尺寸较多时,可在主视图上、下方分开标注。

(3)标注长度方向尺寸时要正确选择基准、合理标注,以利于保证功能和便于加工、测量。轮盘类零件通常选用通过轴孔的轴线作为径向尺寸基准。图 8-45 中的端盖就是这样选择的，径向尺寸基准也是标注方形凸缘的高、宽方向的尺寸基准。轴向的尺寸基准，常选用重要的端面。图 8-45 中端盖的右端面为轴向的主要基准。

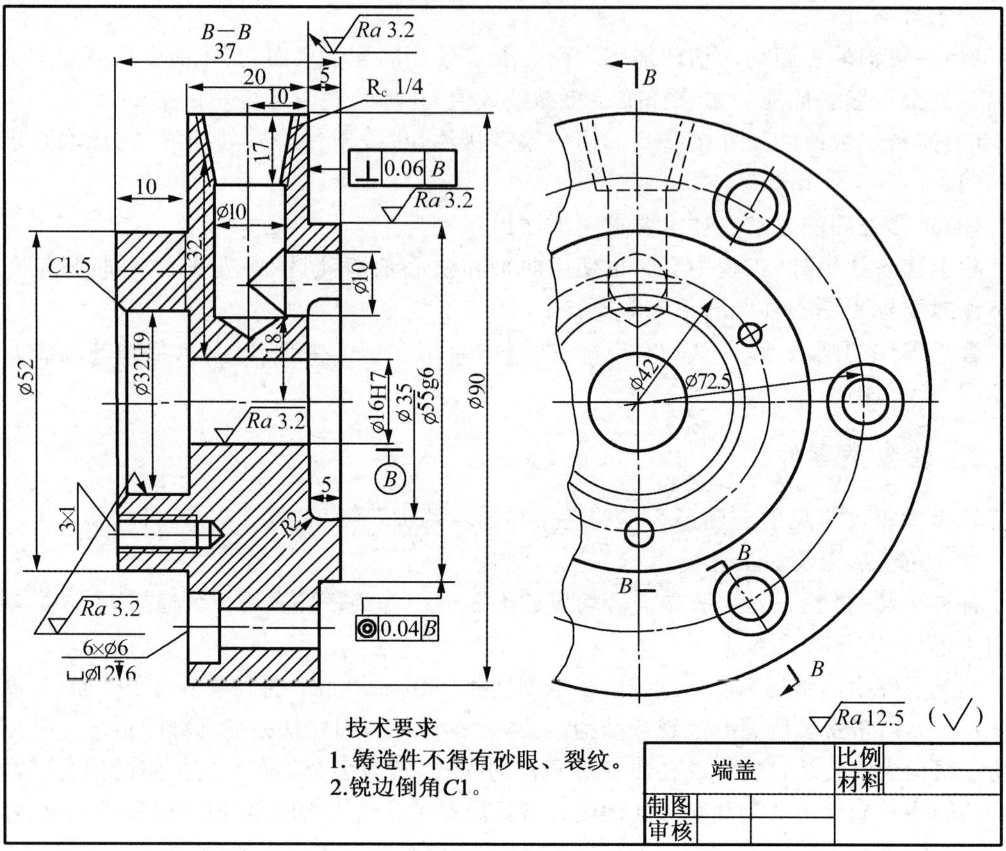

图 8-45　端盖零件图

(4)此类零件中均布孔的定形、定位尺寸标注在左、右视图中已形成规律，应尽量使用国标推荐的简化标注法。

4. 技术要求

因此类零件主要功能为支承、定位和连接，故外圆柱表面与内孔表面有同轴度要求，大端面对轴线有垂直度要求。这些形位公差要求用规定符号注出。

表面粗糙度和尺寸公差的标注方法与轴套类零件基本相同。

三、叉架类零件

1. 功能、结构及加工分析

叉架类零件主要起支承、操纵、传动或连接作用。拨叉、连杆、支架、支座等均属于此类零件。叉架类零件结构形状比较复杂多样，毛坯多为不规则的铸、锻件，杆身断面形状常为矩形、椭圆形、工字形、T 字形或十字形等。其主体结构常分为安装部分、连接部分和工作部分等三部分。局部功能结构主要是叉体部分多有肋板，目的是既保证强度、刚度，又减轻重量。

2. 视图选择

(1)以最能表示零件结构、形状特征的视图为主视图，一般主视图中，使零件“摆正”（也称“自然状态”），使形态稳定、平衡，便于画图，能同时反映工作状态则更如人意。此种选择也有利于铸、锻操作者看图。

(2)因常有形状扭斜，仅用基本视图往往不能反映真实形状，所以常用斜视图、局部视图和斜剖等表达方法。

(3)对肋结构用断面图表示，当杆类零件较长时可用断开后缩短画法。

如图 8-46 所示的托架零件图，主视图以工作位置放置并考虑形状特征，表达了相互垂直的安装面、U 形肋、支承孔以及夹紧用的螺孔等结构。俯视图主要表达安装板的形状和安装孔的位置以及工作部分孔 ∅35 等处。为了表明螺纹夹紧部分的外形结构，采用 *B* 向局部视图。用移出断面表达 U 形肋的断面形状。

3. 尺寸标注

叉架类零件标注尺寸时，通常选择用安装基面或零件的对称面作为尺寸基准。如图 8-46 所示，托架选用安装板下端面作为高度方向的尺寸基准；选用安装板的右面（*B* 面）作为长度方向的尺寸基准；宽度方向的尺寸基准是前后方向的对称平面。

4. 技术要求

根据需要按规定注法标注即可。

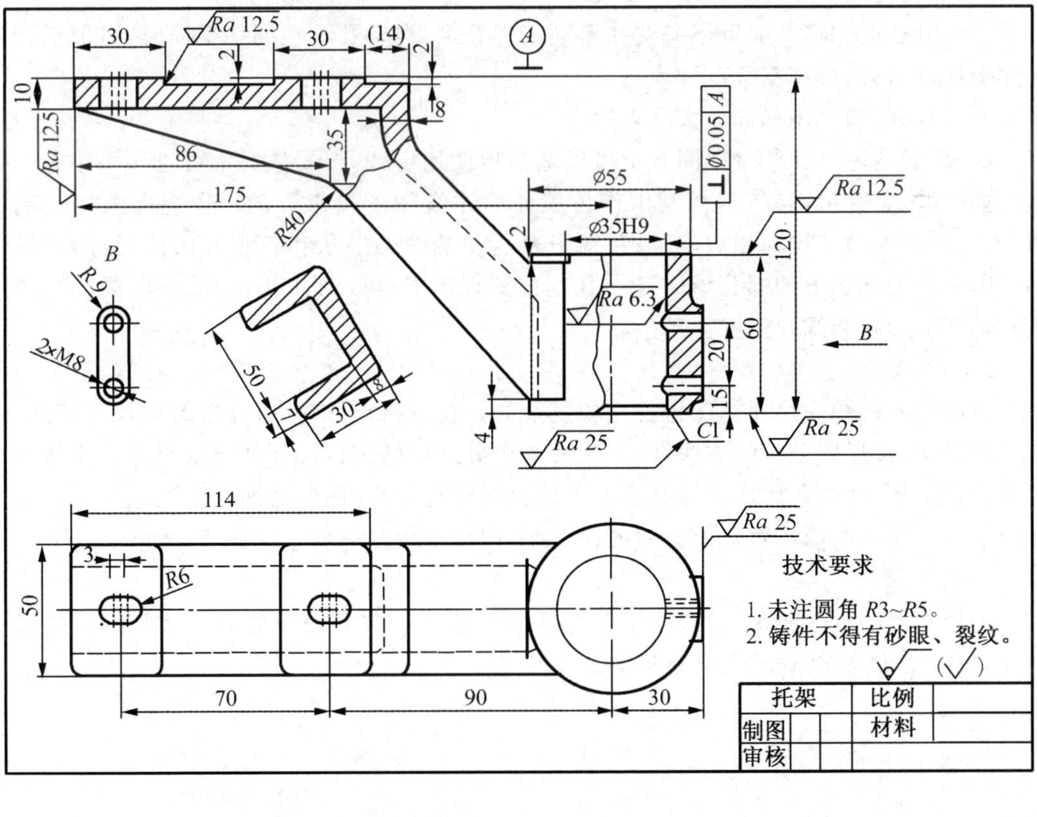

图 8-46　托架零件图

四、箱体类零件

1. 功能、结构及加工分析

箱体的功能是包容、支承、安装、固定部件中的其他零件，并作为部件的基础与机架相连接。

箱体的主体结构按功能需要差异很大，但一般常包括四个部分：具有较大空腔的体身，安装、支承轴及轴承的轴孔，与机架相连的底板和与箱盖相连的顶板等。

箱体上常见的局部功能结构为加强用的肋板和凸台，定位、安装用的凸台、凹坑或凸、凹导轨；定位用的销孔，安装、连接用的螺孔；定位或润滑用的沟槽等。由于这些结构的存在，使箱体结构、形状复杂。箱体上常见的局部工艺结构有铸造圆角、起模斜度、孔口的倒角、棱边的倒棱和退刀槽等。

绝大多数金属材料的箱体由铸造形成毛坯，少数由焊接形成。塑料箱体由注塑法形成毛坯。形成毛坯后经多道切削加工工序最后制造完成。

2. 视图选择

(1)主视图应反映箱体工作状态及结构、形状特点。

(2)箱壳类零件的包容功能决定了其结构和加工要求重点在于内腔，一般主视图采用剖视画法(全、半剖视或较大面积的局部剖视)，需要时常将主视外形图作向视图处理。

(3)当表达复杂零件而采用较多视图时，要注意合理配置和正确标注。

(4)选取剖视时，一般以把完整孔形剖出为原则，当轴孔不在同一平面时，可灵活运用局部剖视、阶梯剖视和复合剖视表达。

(5)细部结构可用局部放大图表达。

(6)为表达完整和减少视图数量可以适当地使用虚线，但要注意不可过多采用。

如图 8-47 所示，泵体选择其工作位置作为主视图的投影方向。主视图采用全剖视图，表达各空腔的结构和相对位置；左视图表达左端面的形状和各螺孔的位置，采用局部剖视图表达前端面上的螺孔结构；$B-B$ 剖视图表达支承板的 T 形断面；C 向局部视图表达右端面的形状和螺孔位置。

3. 尺寸标注

箱体类零件图中尺寸标注也是比较复杂的。在分析尺寸时，首先要看清尺寸基准，抓住主要尺寸，按形体分析的方法，逐一认清各部分结构的定位尺寸和定形尺寸。泵体的底面为安装基面，因此泵体底面为高度方向尺寸的设计基准，同时底面又是工艺基准。宽度方向尺寸以泵体的前后对称面为基准，长度方向尺寸以泵体的左端面为基准。

4. 技术要求

箱体零件的技术要求，主要集中在重要的箱体孔和重要表面部分。这些部分的尺寸精度、表面结构要求，通常还会有形位公差要求。

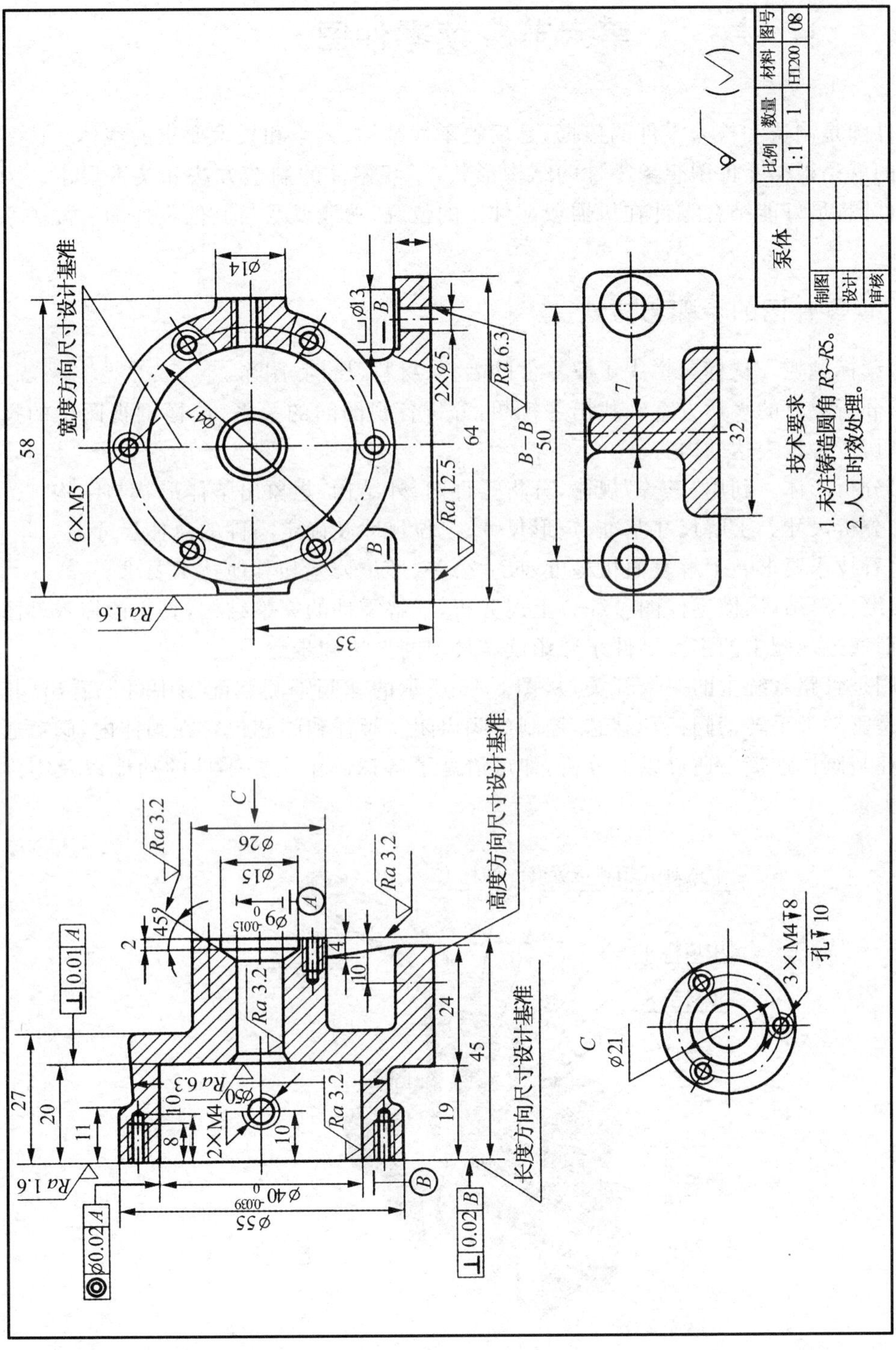

图8.47　泵体零件图

第六节 读零件图

零件图是制造和检验零件的依据，是反映零件结构、大小和技术要求的载体。读零件图的目的就是根据零件图想象零件的结构形状，了解零件的制造方法和技术要求。为了读懂零件图，最好能结合零件在机器或部件中的位置、功能以及与其他零件的装配关系来读图。

一、读零件图的步骤与方法

(1)读标题栏。从标题栏中了解零件的名称、材料、比例、用途。

(2)分析零件的表达方案。找出主视图，分析各视图间的关系，读懂剖视图中的投射方向、剖切位置及表达的内容。

(3)分析形体。利用“三等”规律，分析零件内、外结构，想象出整体形状与结构。

(4)分析尺寸。了解尺寸基准、定形尺寸、定位尺寸及确定零件的总体尺寸。

(5)看技术要求。了解表面粗糙度、尺寸公差、形位公差和其他技术要求。

(6)综合总结，读懂零件图。综合上述分析，了解零件的完整结构，真正读懂零件图。

下面通过球阀中的主要零件来介绍读零件图的方法和步骤。

球阀是管路系统中的一个开关，从图 8-48 所示的球阀轴测装配图中可以看出，其工作原理是驱动扳手转动阀杆和阀芯，控制球阀启闭。阀杆和阀芯包容在阀体内，阀盖通过四个螺柱与阀体连接。通过以上分析，即可清楚了解球阀中主要零件的功能以及零件间的装配关系。

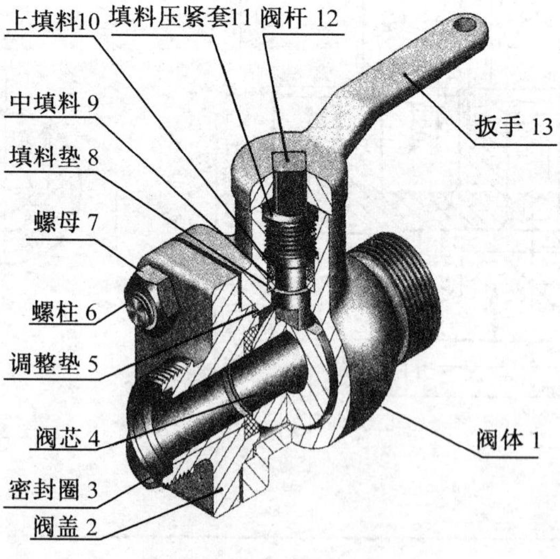

图 8-48　球阀轴测装配图

二、阀杆（见图 8-49）

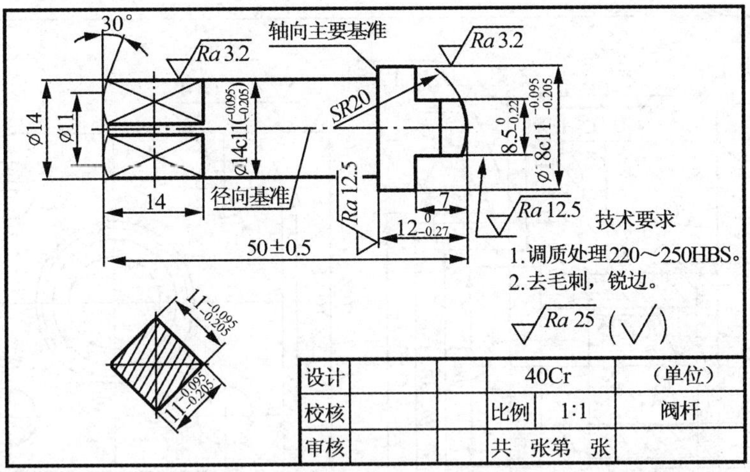

图 8-49　阀杆零件图

1. 结构分析

对照球阀轴测装配图可以看出：阀杆的上部为四棱柱体，与扳手的方孔配合；阀杆下部分带球面的凸榫插入阀芯上部的通槽内，以便使用扳手转动阀杆，带动阀芯旋转，控制球阀启闭和流量。

2. 表达分析

阀杆零件图用一个基本视图和一个断面图表达，主视图按加工位置将阀杆水平横放。左端的四棱柱体采用移出断面图表示。

3. 尺寸分析

阀杆以水平轴线作为径向尺寸基准，也是高度和宽度方向的尺寸基准。由此注出径向各部分尺寸$\varnothing$14、$\varnothing$11、$\varnothing 14c11(^{-0.095}_{-0.205})$、$\varnothing 18c11(^{-0.095}_{-0.205})$。凡尺寸数字后面注写公差带代号或偏差值，一般指零件该部分与其他零件有配合关系。如$\varnothing 14c11(^{-0.095}_{-0.205})$和$\varnothing 18c11(^{-0.095}_{-0.205})$分别与球阀中的填料压紧套和阀体有配合关系（见图 8-48），表面粗糙度的要求较严，*Ra* 值为 3.2μm。

选择表面粗糙度为 *Ra* 12.5 的端面作为阀杆长度方向的主要尺寸基准，由此注出尺寸 $12^{0}_{-0.27}$，以右端面为轴向的第一辅助基准，注出尺寸 7 和 50±0.5，以左端面为轴向的第二辅助基准，注出尺寸 14。

阀杆应经过调质处理 220～250HBS，以提高材料的韧性和强度。

三、阀盖(见图 8-50)

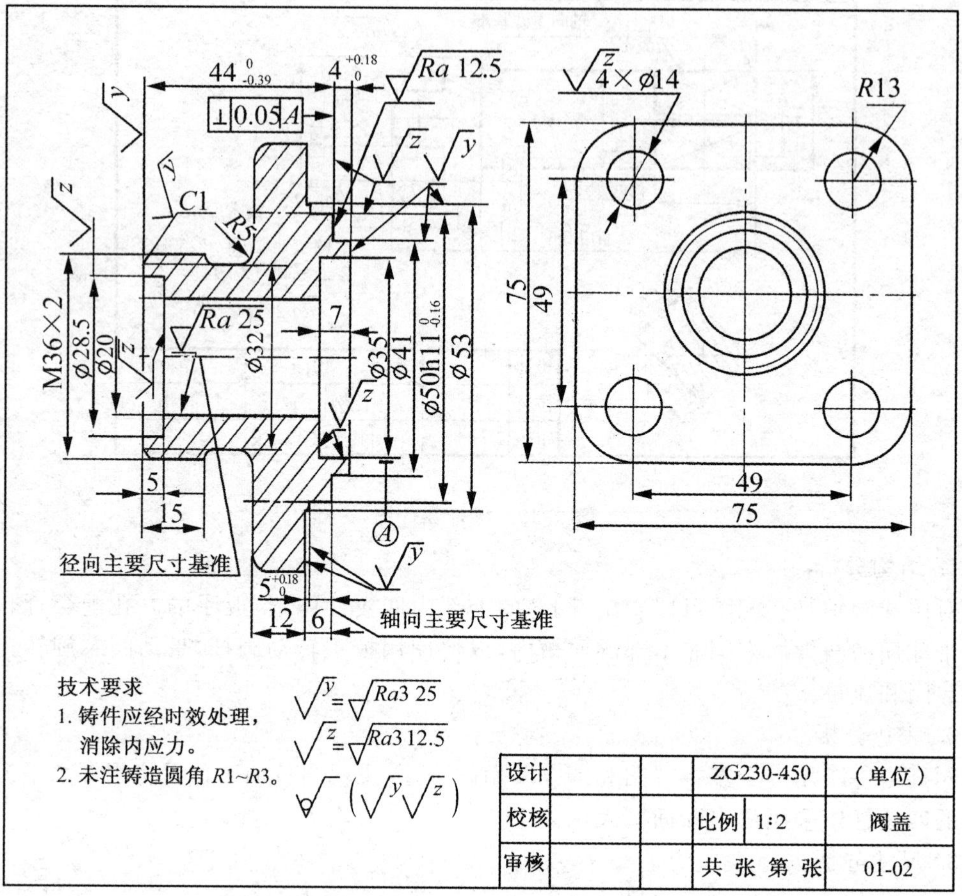

图 8-50　阀盖零件图

1. 结构分析

对照轴测装配图，阀盖的右边与阀体有相同的方形法兰盘结构。阀盖通过螺柱与阀体连接，中间的通孔与阀芯的通孔对应。阀盖的左侧有与阀体右侧相同的外管螺纹连接管道，形成流体通道。

2. 表达分析

阀盖零件图用两个基本视图表达，主视图采用全剖视图，表示零件的空腔结构以及左端的外螺纹。主视图的安放既符合主要加工位置，也符合阀盖在部件中的工作位置。左视图表达了带圆角的方形凸缘和四个均布的通孔。

3. 尺寸分析

多数盘盖类零件的主体结构是回转体，所以通常以轴孔的轴线作为径向尺寸基准，由此注出阀盖各部分同轴线的直径尺寸，方形凸缘也用它作为高度和宽度方向的尺寸基准。

在注有公差的尺寸$\varnothing 50h11(^{\ 0}_{-0.16})$处，表明在这里与阀体有配合要求。

以阀盖的重要端面作为轴向尺寸基准，即长度方向的主要尺寸基准，此例为注有表面粗糙度 Ra 12.5 的右端凸缘的端面。由此注出尺寸 $4^{+0.18}_{\ 0}$、$44^{\ 0}_{-0.39}$ 以及 $5^{+0.18}_{\ 0}$、6 等。有关长度方向的辅助基准和联系尺寸，请读者自行分析。

4. 了解技术要求

阀盖是铸件，需要进行时效处理，消除内应力。视角中有小圆角(铸造圆角 $R1 \sim R3$)过渡的表面是不加工表面。注有尺寸公差的$\varnothing$50，对照球阀轴测装配图可以看出，与阀体有配合关系，但由于相互之间没有相对运动，所以表面粗糙度要求不严，Ra 值为 12.5μm。作为长度方向主要尺寸基准的端面，相对阀盖水平轴线的垂直度位置公差为 0.05mm。

四、阀体(见图 8-51)

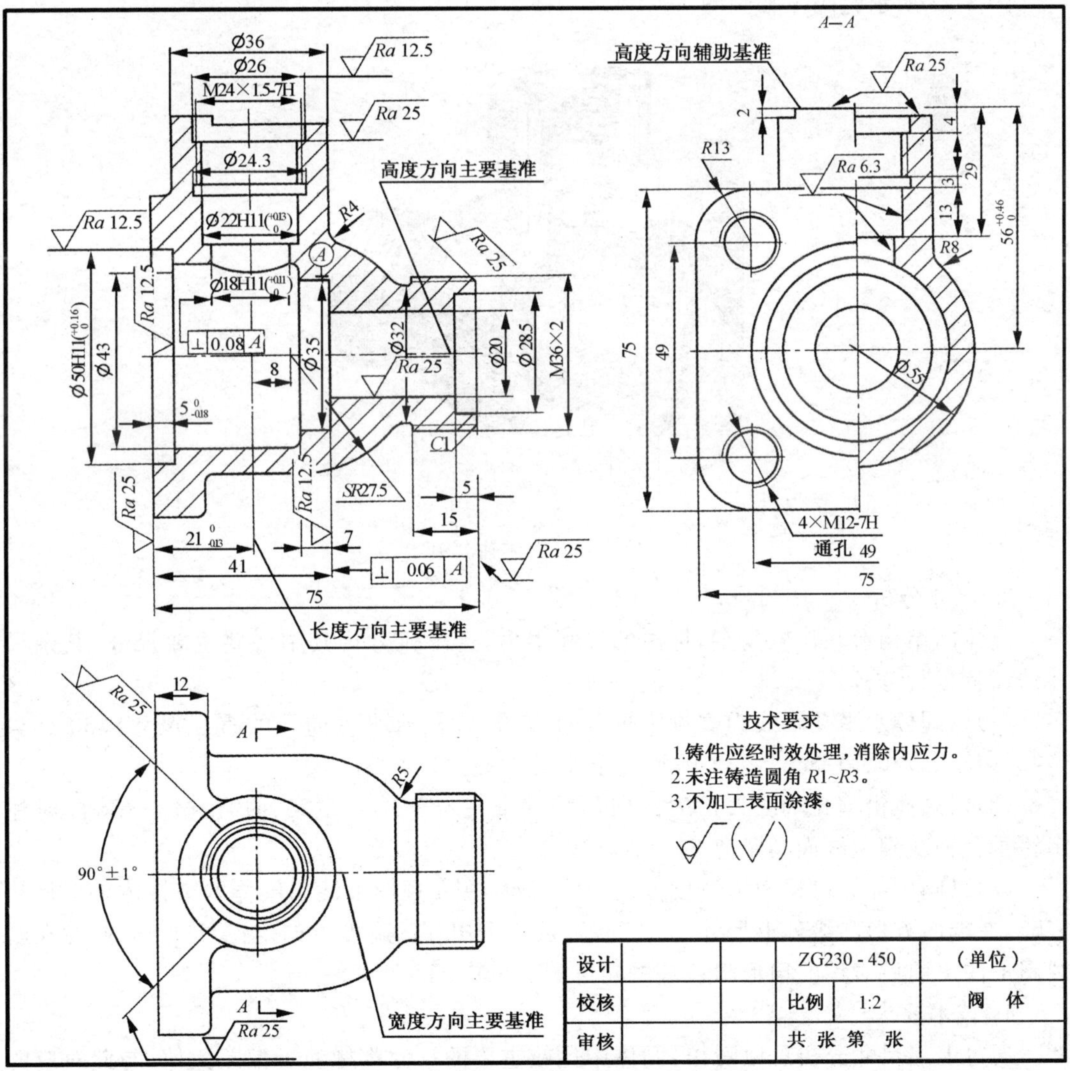

图 8-51　阀体零件图

1. 结构分析

阀体的作用是支承和包容其他零件。阀体的结构特征明显，是一个具有三通管式空腔的零件。水平方向空腔容纳阀芯和密封圈；阀体右侧有外管螺纹与管道相通，形成流体通道；阀体右侧有$\varnothing 50^{+0.16}_{0}$圆柱形槽与阀盖右侧$\varnothing 50^{0}_{-0.16}$圆柱形凸缘相配合，阀杆的凸缘在这个孔内转动。

2. 表达分析

阀体采用三个基本视图，主视图采用全剖视图，表达零件的空腔结构；左视图的图形对称，采用半剖视图，既表达零件的空腔结构形状，也表达零件的外部形状；俯视图表达阀体俯视图方向的外形。将三个视图综合起来想象阀体的结构形状，并仔细看懂各部分的局部结构。如俯视图中标注 90°±1°的两段粗短线，对照主视图和左视图看懂 90°扇形限位块，它是用来控制扳手和阀杆的旋转角度的。

图 8-52 所示为阀体轴测图。

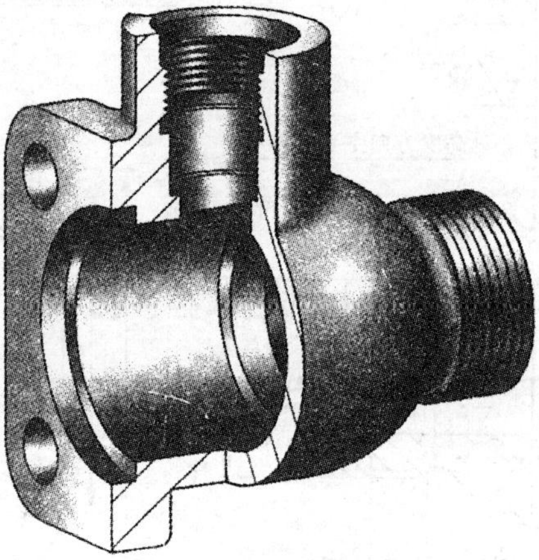

图 8-52　阀体轴测图

3. 尺寸分析

阀体的结构形状比较复杂，标注的尺寸很多，这里仅分析其中一些主要尺寸，其余尺寸请读者自行分析。

(1)以阀体水平孔轴线为高度方向尺寸基准，注出水平方向孔的直径尺寸$\varnothing 50^{+0.16}_{0}$、$\varnothing$43、$\varnothing$35、$\varnothing$20、$\varnothing$28.5、$\varnothing$32 以及右端外螺纹 M36×2 等。

(2)以阀体铅垂孔轴线为长度方向尺寸基准，注出$\varnothing$36、$\varnothing$26、M24×1.5 等，同时注出铅垂孔轴线到左端面的距离 $21^{0}_{-0.13}$。

(3)以阀体前后对称面为宽度方向尺寸基准，在左视图上注出阀体的圆柱体外形尺寸$\varnothing$55，左端面方形凸缘外形尺寸 75×75，以及四个螺孔的宽度方向定位尺寸 49，同时在俯视图上注出前后对称的扇形限位块的角度尺寸 90°±1°。

4. 技术要求

通过上述尺寸分析可以看出，阀体中比较重要的尺寸都标注了偏差数值，与此对应的表面粗糙度要求也较严，Ra 值一般为 6.3μm。阀体左端和空腔右端的阶梯孔$\varnothing$50、$\varnothing$35

分别与密封圈有配合关系，但因密封圈的材料是塑料，所以相应的表面粗糙度要求较低，Ra 的上限值为 12.5μm。零件上不太重要的加工表面粗糙度 Ra 值一般为 25μm。

主视图中对于阀体的形位公差要求是：空腔右端面相对∅35 轴线的垂直度公差为 0.06mm；∅18 圆柱孔轴线相对∅35 圆柱孔轴线的垂直度公差为 0.05mm。

第九章　装配图

第一节　装配图的作用与内容

任何机器都是根据机器的性能和工作原理，由若干个零件按一定的装配关系和技术要求装配在一起的。表达机器或部件的工作原理、结构性能以及各零件之间连接装配关系的图样称为装配图。表达一台完整机器的装配图称为总装配图。表达机器中某个部件(或组件)的装配图称为部件(或组件)装配图。图 9-1 所示为铣刀头的装配图与分解图，由 17 个零件组成。

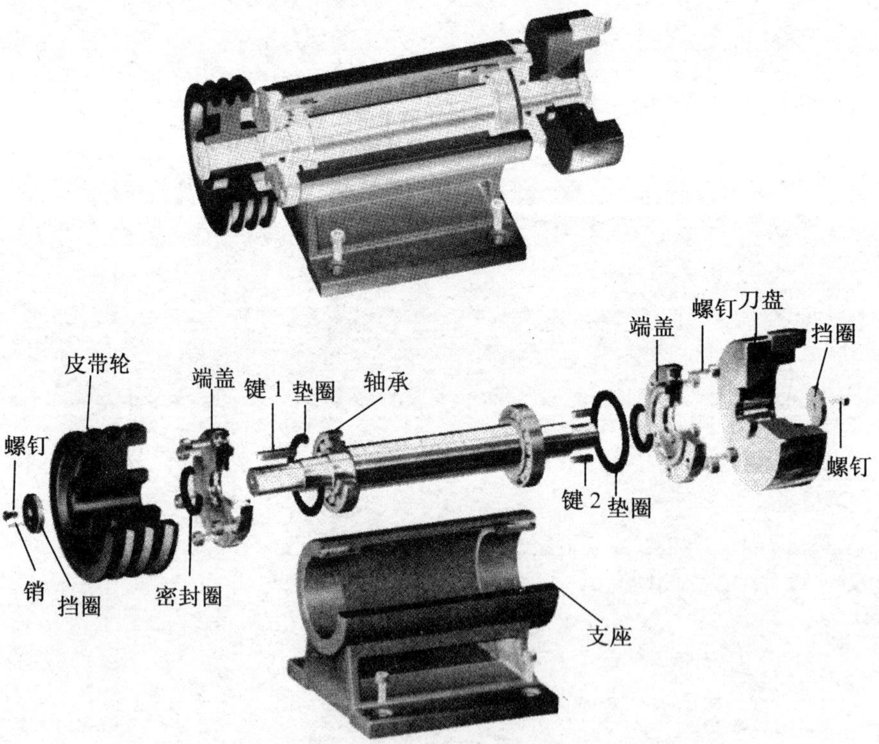

图 9-1　铣刀头的装配图与分解图

一、装配图的作用

装配图主要表达机器或部件的结构形状、装配关系、工作原理和技术要求等内容。

1. 在设计产品时，通常是根据设计任务书，先画出符合设计要求的装配图，再根据装配图画出符合要求的零件图。

2. 在制造产品时，要根据装配图制定装配工艺规程进行装配、调试和检验产品。

3. 在使用产品时，要从装配图上了解产品的结构、性能、工作原理及保养、维修的方法和要求。

由此可见，装配图是生产中主要的技术文件之一。

二、装配图的内容

1. 一组视图

用一组视图表达机器或部件的工作原理、零件间的装配关系、连接方式，以及主要零件的结构形状。如图 9-2 所示的球阀装配图中的主视图采用全剖视，表达球阀的工作原理和各主要零件间的装配关系；俯视图表达主要零件的外形，并采用局部剖视表达扳手与阀体的连接关系；左视图采用半剖视，表达阀盖的外形以及阀体、阀杆、阀芯间的装配关系。

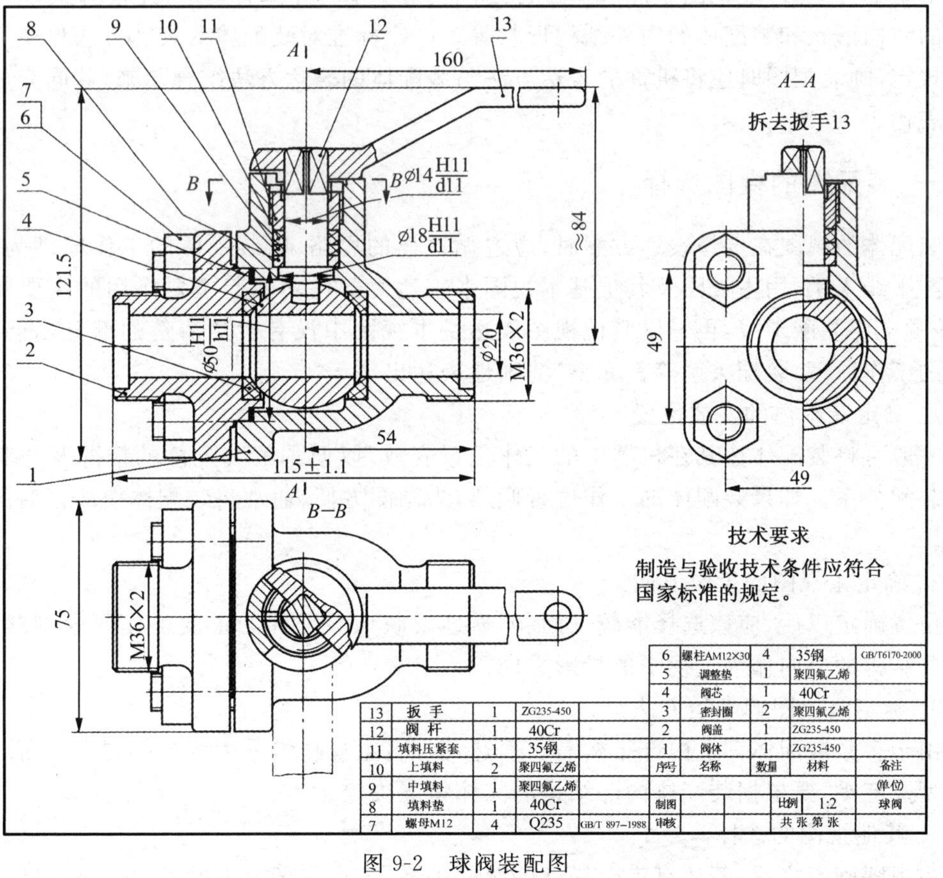

序号	名称	数量	材料	备注
13	扳手	1	ZG235-450	
12	阀杆	1	40Cr	
11	填料压紧套	1	35钢	
10	上填料	2	聚四氟乙烯	
9	中填料	1	聚四氟乙烯	
8	填料垫	1	40Cr	
7	螺母M12	4	Q235	GB/T 897–1988
6	螺柱AM12×30	4	35钢	GB/T6170-2000
5	调整垫	1	聚四氟乙烯	
4	阀芯	1	40Cr	
3	密封圈	2	聚四氟乙烯	
2	阀盖	1	ZG235-450	
1	阀体	1	ZG235-450	

图 9-2　球阀装配图

2.必要的尺寸

用来标注机器或部件的规格尺寸、零件之间的配合或相对位置尺寸、机器或部件的外形尺寸、安装尺寸以及设计时确定的其他重要尺寸等。

3.技术要求

说明机器或部件的装配、安装、调试、检验、使用与维护等方面的技术要求，一般用文字写出。如图 9-2 所示，除三处注明配合要求外，还用文字说明了球阀的制造与验收条件。

4.标题栏、序号和明细栏

在标题栏中写明装配体的名称、图号、比例以及设计、制图、审核人员的签名和日期等。在装配图中对每一零件编写序号，并在明细栏中依次列出零件序号、名称、数量、材料等。

第二节　装配图的表达方法

前面学过的机件的各种表达方法在装配图的表达中同样适用。但由于机器或部件是由若干个零件组成，装配图重点表达零件之间的工作原理、装配关系、连接方式以及主要零件的结构形状和装配体的内外结构形状等。国家标准对装配体的表达方法作了一些专门的规定，画装配图时应将机件的表达方法与装配体的表达方法结合起来，共同完成装配体的表达。

一、装配图的视图选择

装配体的视图在选择表达方案时，应遵循这样的思路：以装配体的工作原理为线索，从装配干线入手，用主视图及其他基本视图来表达对部件功能起主要作用的主要装配干线，兼顾次要装配干线，再辅以其他视图表达基本视图中没有表达清楚的部分，直到把装配体的工作原理、装配关系等都完整、清晰地表达出来。

1. 确定装配体的安放位置

一般可将装配体按其在机器中的工作位置安放，以便了解装配体的情况及与其他机器的装配关系。如果装配体的工作位置倾斜，为画图方便，通常将装配体按放正后的位置画图。

2. 确定主视图的投影方向

位置确定以后，应该选择能较全面、明显地反映该装配体的主要工作原理、装配关系及主要结构的方向作为主视图的投影方向。

3. 确定主视图的表达方法

由于多数装配体都有内部结构需要表达，因此，主视图多采用剖视图画出。所取剖视的类型及范围，要根据装配体内部结构的具体情况决定。

4. 其他视图的选择

主视图确定之后，若还有带全局性的装配关系、工作原理及主要零件的主要结构还未表达清楚，应选择其他基本视图来表达，如图 9-3 所示。

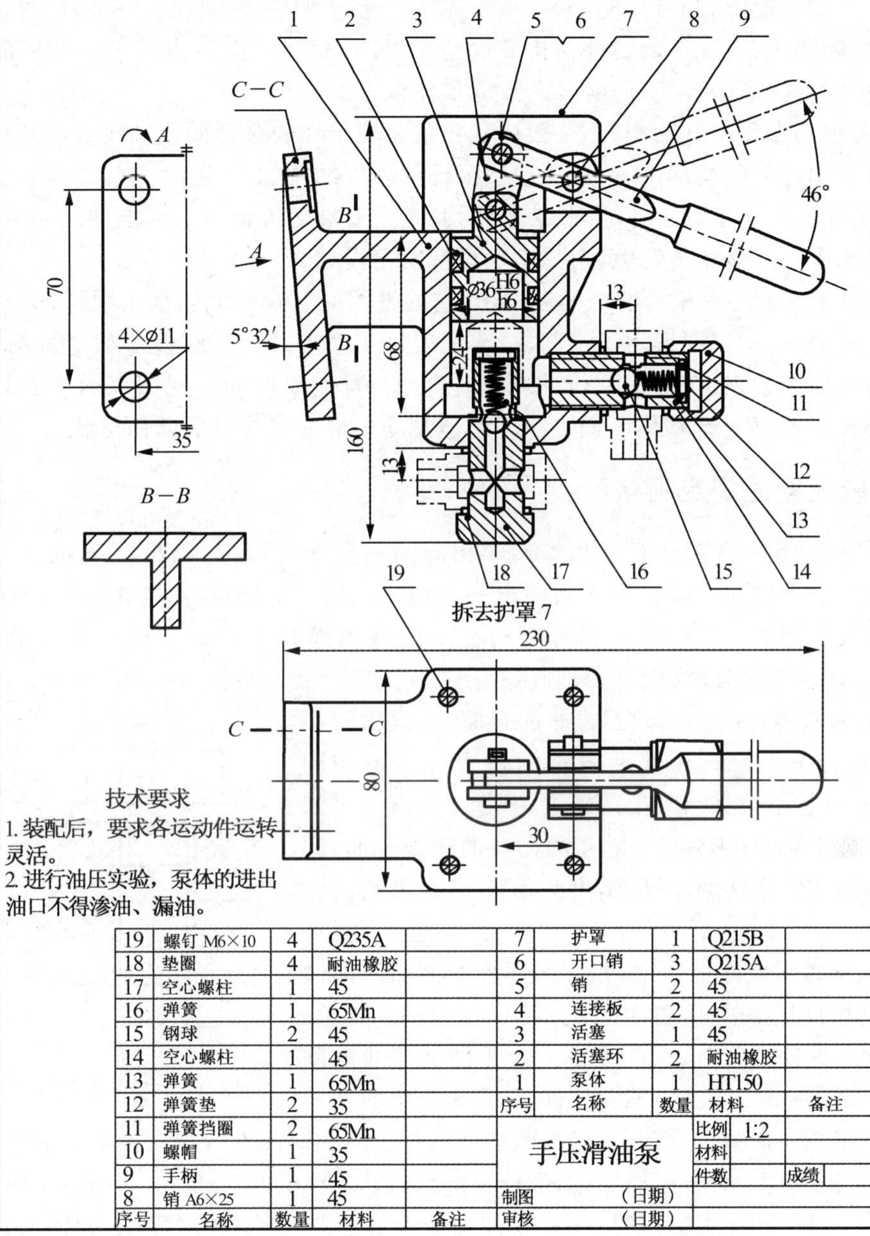

技术要求

1. 装配后，要求各运动件运转灵活。

2. 进行油压实验，泵体的进出油口不得渗油、漏油。

序号	名称	数量	材料	备注	序号	名称	数量	材料	备注
19	螺钉 M6×10	4	Q235A		7	护罩	1	Q215B	
18	垫圈	4	耐油橡胶		6	开口销	3	Q215A	
17	空心螺柱	1	45		5	销	2	45	
16	弹簧	1	65Mn		4	连接板	2	45	
15	钢球	2	45		3	活塞	1	45	
14	空心螺柱	1	45		2	活塞环	2	耐油橡胶	
13	弹簧	1	65Mn		1	泵体	1	HT150	
12	弹簧垫	2	35		序号	名称	数量	材料	备注
11	弹簧挡圈	2	65Mn		手压滑油泵			比例	1:2
10	螺帽	1	35					材料	
9	手柄	1	45					件数	成绩
8	销 A6×25	1	45		制图		（日期）		
序号	名称	数量	材料	备注	审核		（日期）		

图 9-3　手压滑油泵装配图

基本视图确定后，若装配体上尚还有一些局部的外部或内部结构需要表达时，可灵活地选用局部视图、局部剖视图或断面图等来补充表达。

选择表达方案时的注意事项：

(1)应从装配体的全局出发，综合进行考虑，特别是一些复杂的装配体，可能有多种表达方案，应通过比较择优选用。

(2)设计过程中绘制的装配图应详细一些，以便为零件设计提供结构方面的依据。指导装配工作的装配图，则可简略一些，重点在于表达每种零件在装配体中的位置。

(3)装配图中，装配体的内外结构应以基本视图来表达，而不应以过多的局部视图来表达，以免图形支离破碎，看图时不易形成整体概念。

(4)若视图需要剖开绘制时，一般应从各条装配干线的对称面或轴线处剖开。同一视图中不宜采用过多的局部剖视，以免使装配体的内外结构的表达不完整。

(5)装配体上对于其工作原理、装配结构、定位安装等方面没有影响的次要结构，可不必在装配图中一一表达清楚，可留待零件设计时由设计人员自定。

如图 9-3 所示为手压滑油泵的装配图，它的视图配置较好地体现了视图选择的原则。按工作位置放置；主视图采用了全剖视，清楚表达了两条装配干线及多数零件的位置；拆去护罩的俯视图来表达部件外形及护罩安装孔的情况；A 向局部视图表示了安装面的外形及安装孔位置；$B-B$ 移出断面表示了泵体左端中部连接部分的断面形状。

二、装配图的规定画法

1. 相邻两零件的接触面或基本尺寸相同的轴孔配合面，只画出一条线表示公共轮廓。间隙配合即使间隙较大也必须画出一条线。如图 9-4 所示，被连接零件的接触面只画出一条线。图 9-2 主视图中螺母与阀盖 2 的接触面和注有∅50H11/h11、∅18H11/c11、∅14H11/c11 的配合面等，只画出一条线。

2. 相邻两零件的非接触面或非配合面，应画出两条线，表示各自的轮廓。相邻两零件的基本尺寸不相同时，即使间隙很小也必须画出两条线，如图 9-4 所示。如图 9-2 中阀杆 12 的榫头与阀芯 4 的槽口的非配合面，阀盖 2 与阀体 1 的非接触面等，画出两条线，表示各自的轮廓线。

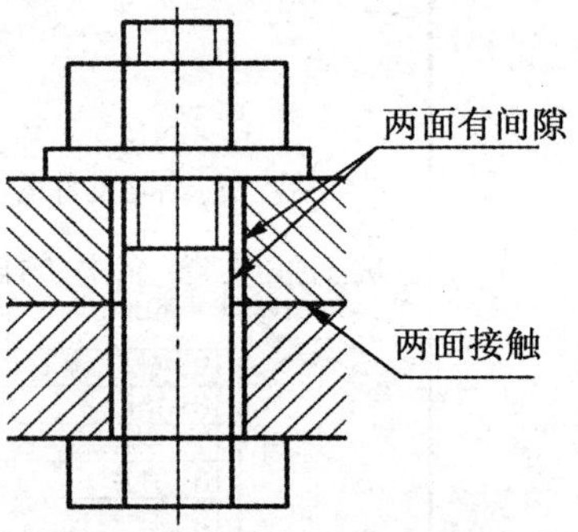

图 9-4　装配图的规定画法

3. 在剖视图或断面图中，相邻两零件的剖面线的倾斜方向应相反或方向相同而间隔不同，如图 9-4 所示。如两个以上零件相邻时，可改变第三个零件剖面线的间隔或使剖面线错开，以区分不同零件，如图 9-2 中的剖面线画法。在同一张图样上，同一零件的剖面线的方向和间隔在各视图中必须保持一致。

4. 在剖视图中，对于标准件(如螺栓、螺母、键、销等)和实心的轴、手柄、连杆等零件，当剖切平面通过其基本轴线时，这些零件均按不剖绘制，即不画剖面线，如图 9-2 主视图中的阀杆 12。当需表明标准件和实心件的局部结构时，可用局部剖视表示，如图 9-2 中的扳手 13 的方孔处。

三、装配图的特殊画法

1. 拆卸画法

在装配图中，当某些零件遮挡住被表达零件的装配关系或其他零件时，可假想将一个或几个遮挡的零件拆卸，只画出所表达部分的视图，这种画法称为拆卸画法。拆卸画法的拆卸范围比较灵活，可以将某些零件全拆，也可以将某些零件半拆。半拆时以对称线为界，类似于半剖。还可以将某些零件局部拆卸，此时，以波浪线分界，类似于局部剖。采用拆卸画法的视图需加以说明时，可标注“拆去××零件”等字样。如图 9-2 中的左视图，它是拆去扳手 13 后画出的(扳手的形状在另两视图中已表达清楚)。

2. 沿结合面剖切画法

在装配图中，为表达某些结构，可假想沿两零件的结合面剖切后进行投影，称为沿结合面剖切画法。此时，零件的结合面不画剖面线，其他被剖切的零件应画剖面线。如图 9-5 中转子泵装配图中的右视图(*A*－*A* 剖视图)是沿泵体和泵盖的结合面(中间的垫片)处剖切后画出的。

3. 单个零件的画法

在装配图中，当个别零件在装配图中未表达清楚而又需要表达时，可单独画出该零件的视图，并在零件视图上方注出该零件的名称或编号，其标注方法与局部视图类似，如图 9-5 中转子泵中泵盖零件的 *B* 向视图，但应注意在视图上方标注“泵盖 *B*”或“某某零件 *B*”。

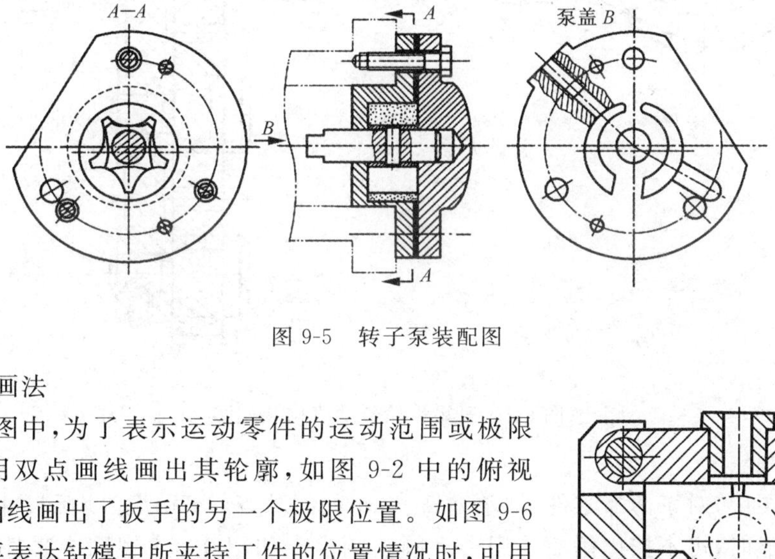

图 9-5　转子泵装配图

4. 假想画法

在装配图中，为了表示运动零件的运动范围或极限位置，可采用双点画线画出其轮廓，如图 9-2 中的俯视图，用双点画线画出了扳手的另一个极限位置。如图 9-6 所示，当需要表达钻模中所夹持工件的位置情况时，可用双点画线画出所夹持工件的外形轮廓。

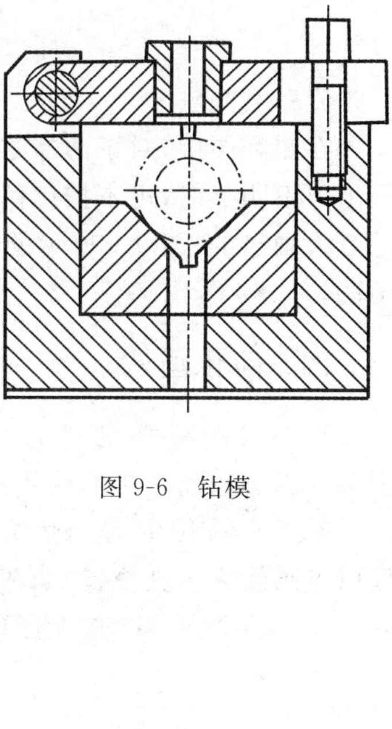

图 9-6　钻模

5. 展开画法

为了表达传动机构的传动路线和装配关系，可假想按传动顺序沿轴线剖切，然后依次将各剖切平面展开在一个平面上，画出其剖视图。此时应在展开图的上方注明“×－×展开”字样，如图 9-7 所示。

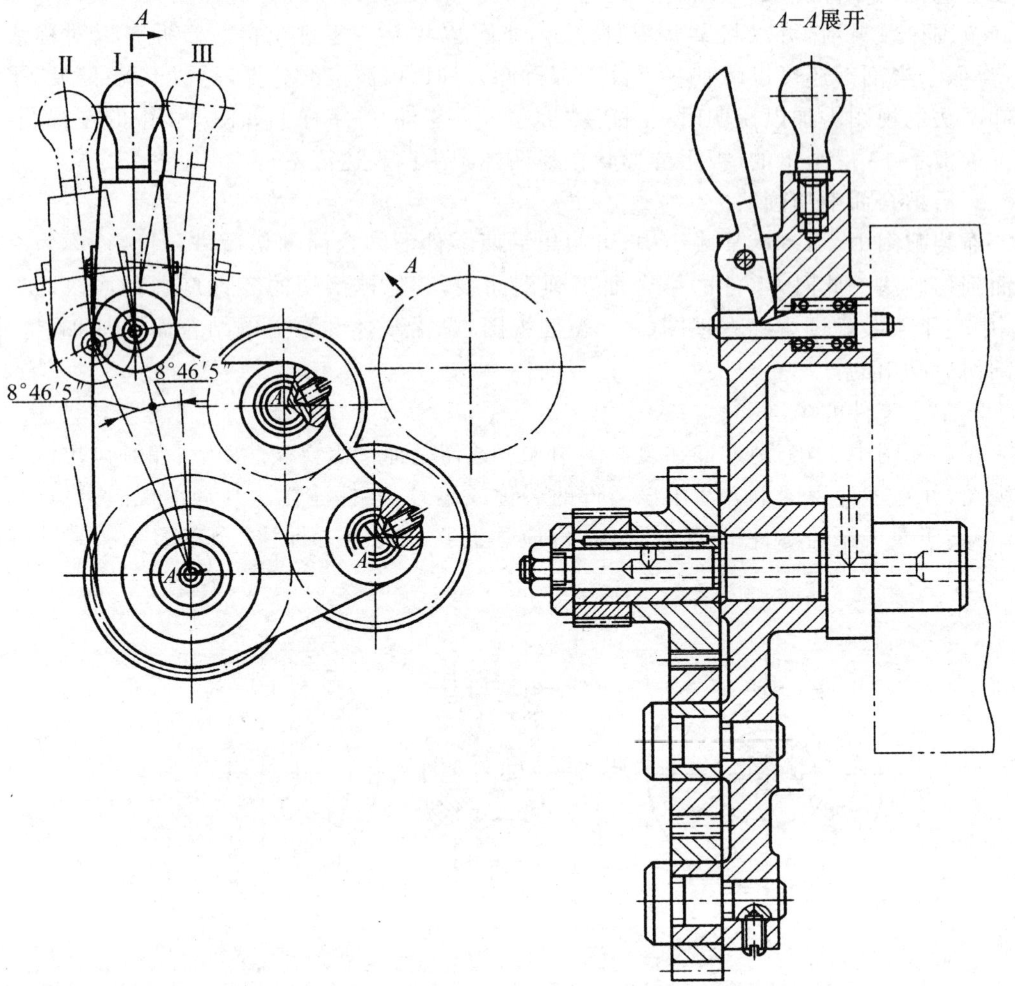

图 9-7　三星齿轮传动机构装配图

6. 夸大画法

在装配图中，对于薄片零件、细丝弹簧、微小的间隙等，当无法按实际尺寸画出或虽能画出但不明显时，可不按比例而采用夸大画法画出。如图 9-2 主视图中零件 5 的厚度就是夸大画出的；图 9-5 所示的轴承盖与轴套之间、平键上顶面与齿轮上键槽之间采用间隙画法。

四、简化画法

1. 在装配图中，零件的工艺结构如小圆角、倒角、退刀槽等允许不画出；螺栓、螺母的倒角和因倒角而产生的曲线允许省略，如图 9-8 所示。

2. 在装配图中，若干相同的零件组（如螺纹紧固件等），允许详细地画出一处，其余各处以点画线表示其位置，如图 9-8 所示的螺钉画法。

3. 在装配图中，滚动轴承采用规定画法或简化画法。如图 9-8 中滚动轴承采用了规定画法。在同一图样中，一般只允许采用同一种画法。

4. 在剖视图或断面图中，如果零件的厚度在 2mm 以下，允许用涂黑代替剖面符号，如图 9-8 中的垫片。

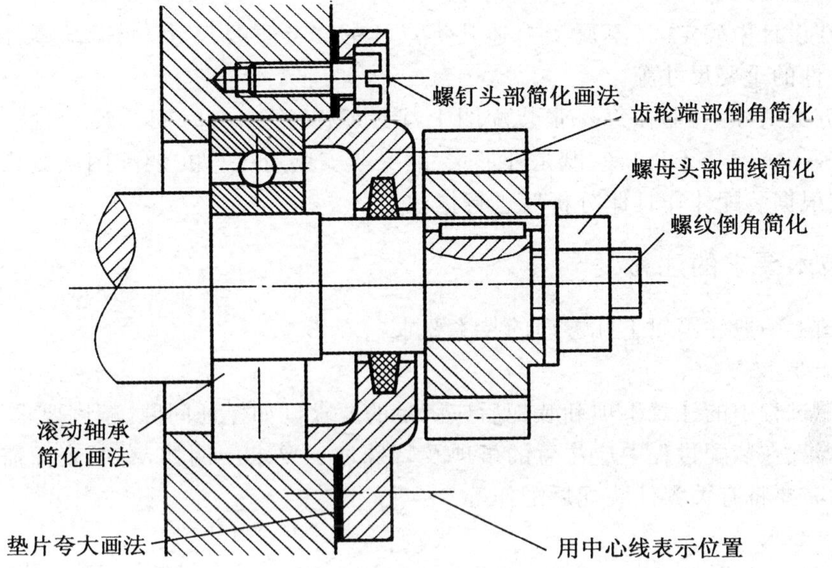

图 9-8　装配图中的简化画法

第三节　装配图的尺寸标注与技术要求

一、装配图的尺寸标注

在装配图中，不必标注出所有零件的尺寸，只需标注出说明机器或部件的性能、工作原理、装配关系、安装要求等方面的尺寸。这些尺寸按其作用分为以下几类：

1. 性能与规格尺寸

性能与规格尺寸是表示机器或部件性能(规格)的尺寸。这类尺寸在设计时就已确定，是设计、了解和选用该机器或部件的依据，如图 9-2 中球阀的管口直径∅20。

2. 装配尺寸

装配尺寸由两部分组成：一部分是各零件间的配合尺寸，如图 9-2 中的∅50H11/h11 等尺寸；另一部分是装配有关零件间的相对位置尺寸，如图 9-2 左视图中的 49。

3. 外形尺寸

外形尺寸是表示装配体外形轮廓大小的尺寸，即总长、总宽和总高。它为包装、运输和安装过程所占的空间提供了依据。如图 9-2 中球阀的总长、总宽和总高分别为 115±1.1、75 和 121.5。

4. 安装尺寸

安装尺寸是机器或部件安装时所需的尺寸，如图 9-2 主、左视图中的 84、54 和 M36×2-6g等。

5. 其他重要尺寸

它是在设计中确定，又不属于上述几类尺寸的一些重要尺寸，如运动零件的极限尺寸、主体零件的重要尺寸等。

上述五类尺寸，并非在每一张装配图上都必须标注全，有时同一尺寸可能有几种含义，如图 9-2 中的 115±1.1，它既是外形尺寸，又与安装有关。在装配图上到底应标注哪些尺寸，应根据装配体作具体分析后进行标注。

二、技术要求的注写

装配图上一般注写以下几方面的技术要求：

1. 装配要求

在装配过程中的注意事项和装配后应满足的要求。如保证间隙、精度要求、润滑和密封的要求等。在装配过程中应注意的事项及特殊加工要求。例如，有的表面需装配后加工，有的孔需要将有关零件装配后配作等。

2. 检验要求

装配体基本性能的检验、试验规范和操作要求等。

3. 使用要求

对装配体的规格、参数及维护、保养、使用时的注意事项及要求。

装配图上的技术要求一般注写在明细栏上方或图样右下方的空白处，如图 9-2 所示。

三、装配图中的零部件序号和明细栏

为了便于读图、进行图样管理和做好生产准备工作，装配图中的所有零部件都必须编写序号。装配图中，一个部件可只编写一个序号，同一装配图中，尺寸规格完全相同的零部件，应编写相同的序号。装配图中的零部件的序号应与明细栏中的序号一致。

1. 零部件序号的编排方法

零部件序号包括指引线、序号数字和序号排列顺序。

(1)指引线。指引线用细实线绘制，应从所指零件的轮廓线内引出，并在末端画一圆点，如图 9-9 所示。若所指零件很薄或为涂黑断面，可在指引线末端画出箭头，并指向该部分的轮廓，如图 9-10 所示。

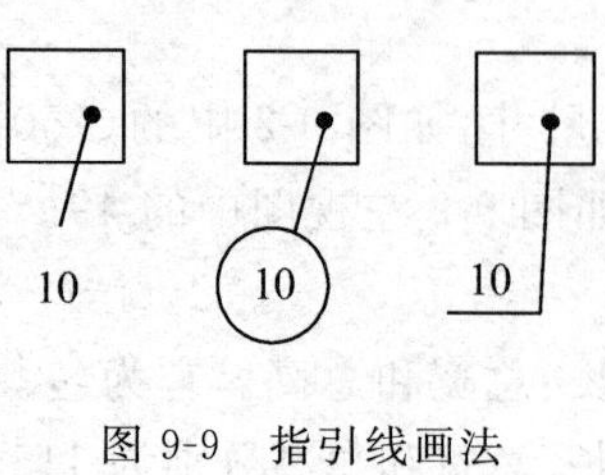

图 9-9　指引线画法

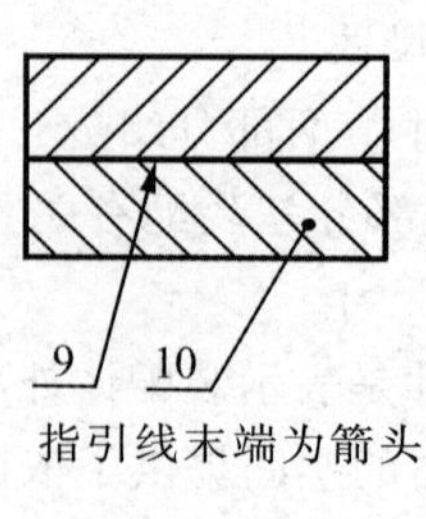

图 9-10　指引线末端为箭头的画法

指引线的另一端可弯折成水平横线、为细实线圆或为直线段终端，如图 9-9 所示。

指引线相互不能相交，当通过有剖面线的区域时，不应与剖面线平行。必要时，指引线可以画成折线，但只允许折一次。

一组紧固件或装配关系清楚的零件组，可采用公共指引线，如图 9-11 所示。

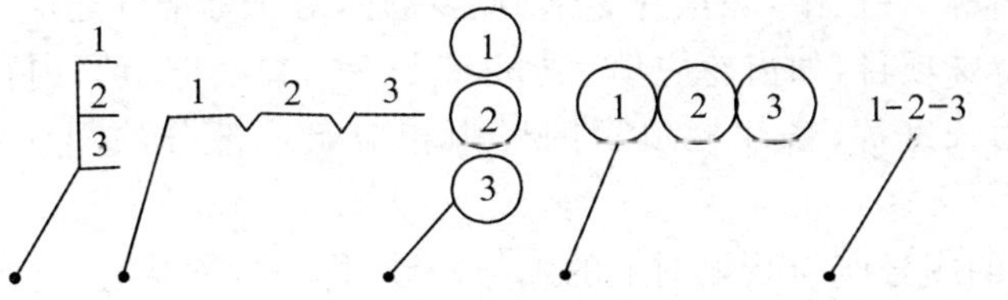

图 9-11　公共指引线

(2)序号数字。序号数字应比图中尺寸数字大一号或两号，但同一装配图中编注序号的形式应一致。

相同的零部件应编写一个序号，一般只标注一次。多次出现的相同零部件，必要时也可以重复编注。

(3)序号的排列。序号在装配图周围按水平或垂直方向排列整齐，序号数字可按顺时针或逆时针方向依次增大，以便查找，如图 9-2 所示。在一个视图上无法连续编写完全所需序号时，可在其他视图上按上述原则继续编写，如图 9-3 所示。

(4)序号的画法。为使序号的布置整齐美观，编注序号时应先按一定位置画好横线或圆圈(画出横线或圆圈的范围线，取好位置后再擦去范围线)，然后再找好各零部件轮廓内的适当处，一一对应地画出指引线和圆点。

2. 明细栏

明细栏是机器或部件中全部零件的详细目录，应画在标题栏上方，当位置不够用时，可续接在标题栏左方。明细栏外框竖线为粗实线，其余各线为细实线，其下边线与标题栏上边线重合，长度相等。

明细栏可采用图 9-12 所示的格式。

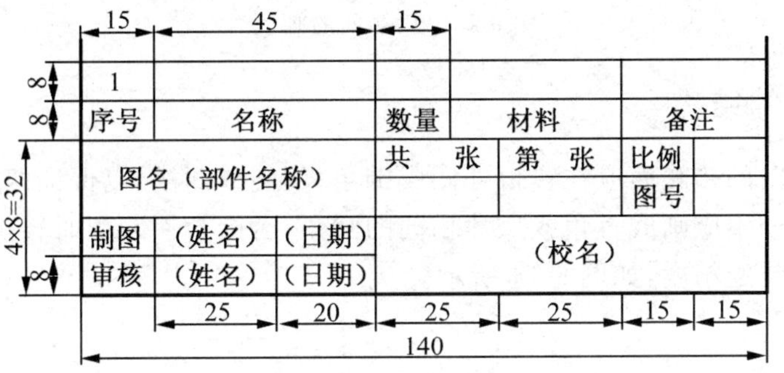

图 9-12　标题栏、明细栏

明细栏的填写：

(1)明细栏直接画在装配图中时，明细栏中的序号应按自下而上的顺序填写，以便发现有漏编的零件时，可继续向上填补，如果是单独附页的明细栏，序号应按自上而下的顺序填写。

(2)明细栏“名称”一栏中，除填写零部件名称外，对于标准件还应填写其规格，有些零件还要填写一些特殊项目，如齿轮应填写“$m=$”“$z=$”，弹簧应填写内径或外径、弹簧丝直径、有效圈数、自由长度等，备注栏填写图样中相应组成部分的图样代号或标准件的国标号。

(3)明细栏中的序号应与装配图上的编号一致，即一一对应。

第四节　装配工艺结构

在绘制装配图时，为保证装配体达到应用性能要求，又考虑安装与拆卸方便，应注意装配结构的合理性。

一、接触面的数量和结构

两零件在同一方向(横向、竖向或径向)只能有一对接触面，这样既保证接触良好，又降低加工要求，否则将使加工困难，并且不可能同时接触，如图 9-13 所示。

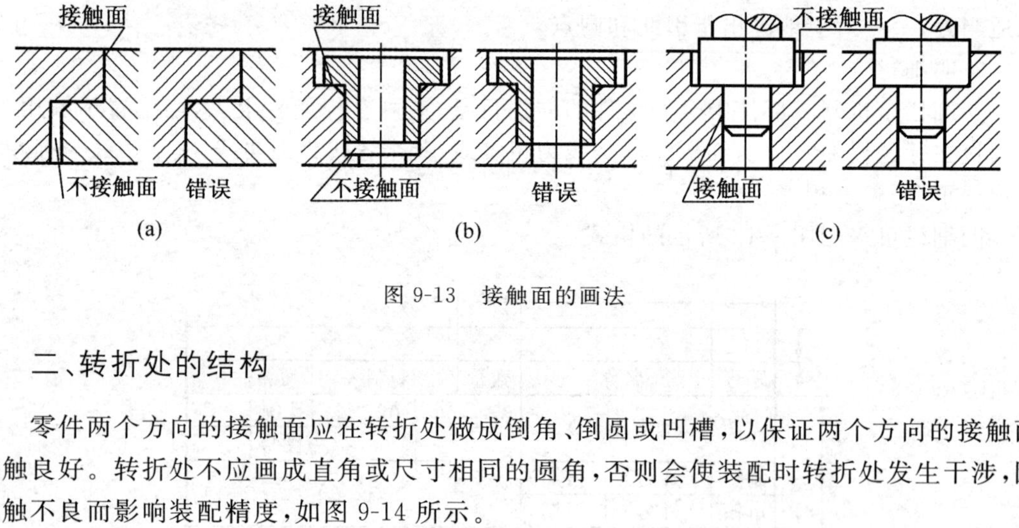

图 9-13　接触面的画法

二、转折处的结构

零件两个方向的接触面应在转折处做成倒角、倒圆或凹槽，以保证两个方向的接触面接触良好。转折处不应画成直角或尺寸相同的圆角，否则会使装配时转折处发生干涉，因接触不良而影响装配精度，如图 9-14 所示。

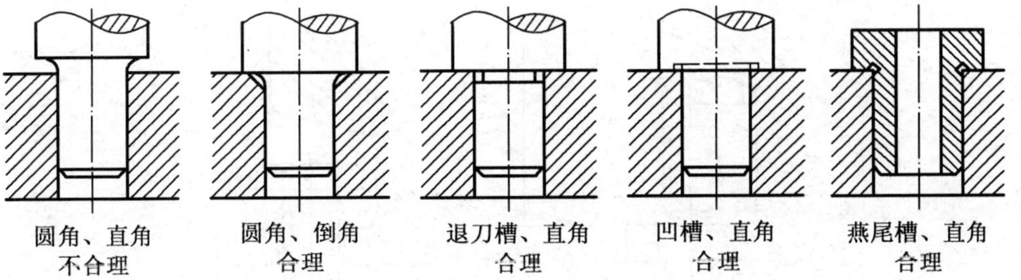

图 9-14　接触面转折处的结构

三、螺纹连接的结构

为了保证螺纹旋紧，应在螺纹尾部留出退刀槽或在螺孔端部加工出凹坑或倒角，如图 9-15 所示。

为了保证连接件与被连接件间接触良好，被连接件上应做成沉孔或凸台，被连接件通孔的直径应大于螺孔大径或螺杆直径，如图 9-16 所示。

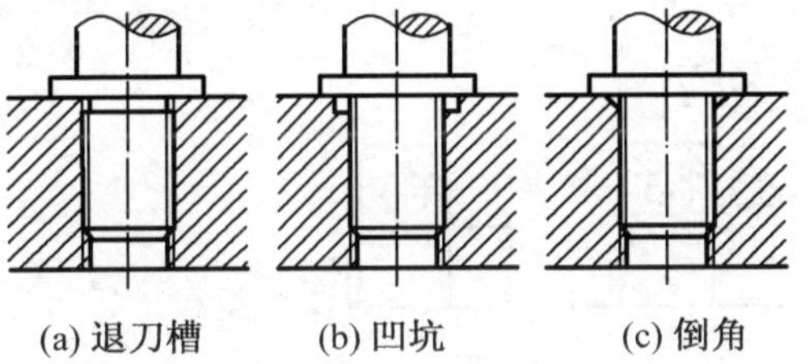

图 9-15　利于旋紧的结构

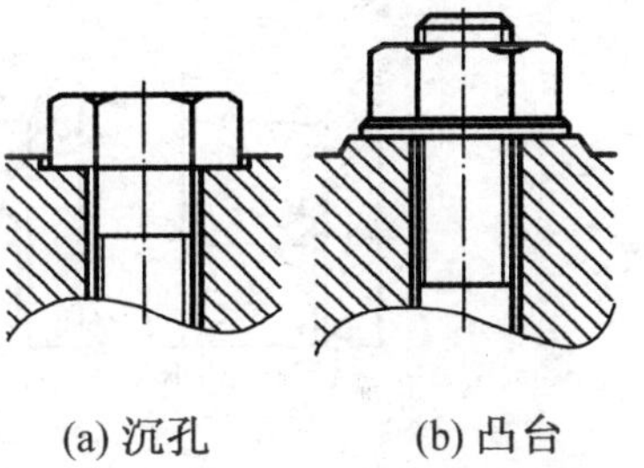

图 9-16　保证良好接触的结构

四、维修、拆卸的结构

当用螺栓连接时，应考虑足够的安装和拆卸空间，如图 9-17、图 9-18 所示。

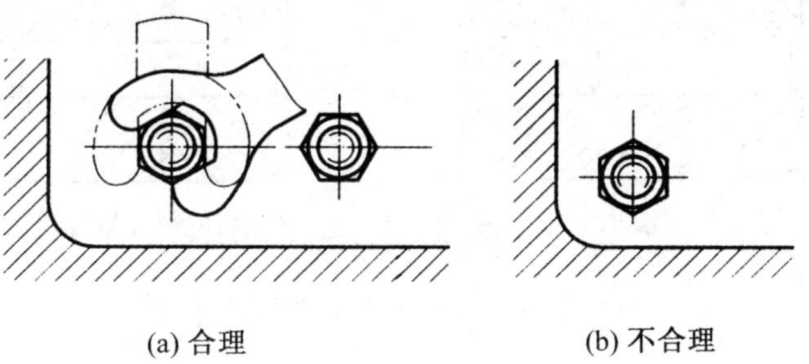

图 9-17　留出扳手操作空间

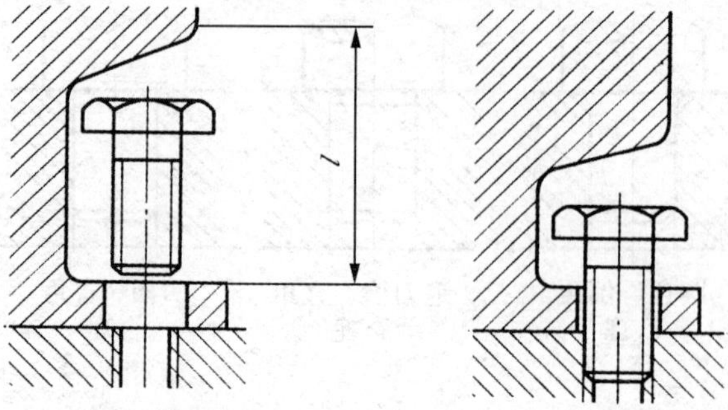

(a) 合理　　(b) 不合理

图 9-18　加大装、拆空间

在用孔肩或轴肩定位滚动轴承时，应考虑维修时拆卸的方便，即孔肩高度必须小于轴承外圈厚度，轴肩高度必须小于轴承内圈厚度，如图 9-19 所示。

为使两零件装配时准确定位及拆卸后不降低装配精度，常用圆柱销或圆锥销将两零件定位，如图 9-20(a)所示。为了加工和拆卸方便，在可能时将销孔做成通孔，如图 9-20(b)所示。

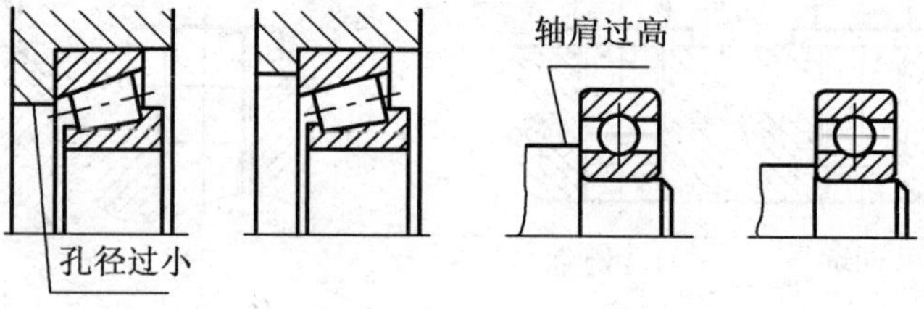

(a) 不合理　　(b) 合理　　(c) 不合理　　(d) 合理

图 9-19　滚动轴承用孔肩或轴肩定位的结构

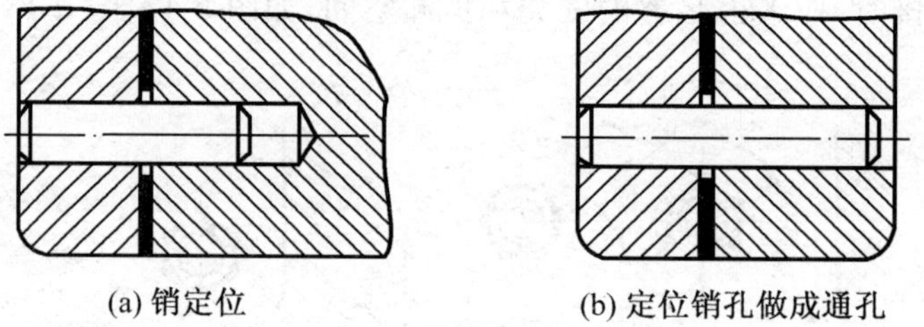

(a) 销定位　　(b) 定位销孔做成通孔

图 9-20　销定位结构

第五节　装配图的画法

一、绘制装配示意图

为了便于装配体被拆开后仍能顺利装配复原，对于较复杂的装配体，拆卸过程中应绘制出装配示意图，用以记录各种零件的名称、数量及其在装配体中的相对位置及装配连接关系，同时也为绘制正式的装配图作好资料准备。

装配示意图是将装配体看作透明体来画的，在画出外形轮廓的同时，又画出其内部结构。装配示意图，应采用机械制图国家标准“机构运动简图符号”(GB/T 4460—1984)所规定的符号。对于国家标准中没有规定符号的零件，可用简单线条勾出大致轮廓。如图9-21所示为顶尖座的立体图和装配示意图。

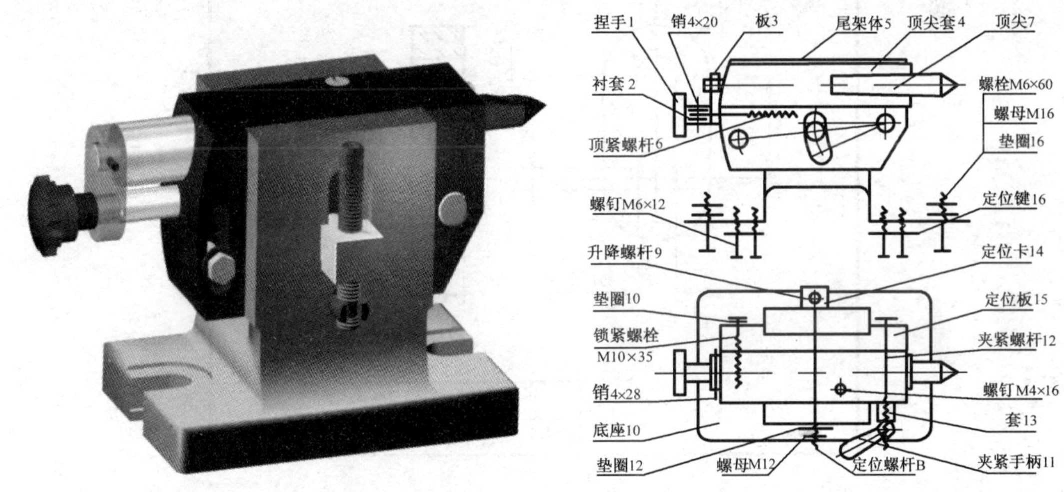

图 9-21　顶尖座的立体图和装配示意图

二、拆卸零件

在拆卸零件时，要把拆卸顺序搞清楚，并选用适当的工具。拆卸时注意不要破坏零件间原有的配合精度，还要注意不要将小零件如销、键、垫片、小弹簧等丢失。对于高精度的零件，要特别注意，不要碰伤或使其变形、损坏。

顶尖座的拆卸顺序是：松开夹紧手柄 11，逆时针旋转捏手 1 即可将顶紧螺杆 6 及顶尖套 4 组合件从尾架体 5 上卸出。然后旋下螺母 M12，定位螺杆 8 及升降螺杆 9 组合件，即可从定位板 15 及底座 10 的孔中抽出。此时，定位板 15 及尾架体 5 组合部分可从底座的上方卸出，最后取掉各组合件间的连接件，即可将全部零件分离。

组成装配体的零部件，除去标准件，其余非标准件均应画出零件草图及工作图，如图

9-22 至图 9-28 所示。

在画零件草图时要注意以下几点：

(1)零件间有连接关系或配合关系的部分，它们的基本尺寸应相同。测绘时，只需测出其中一个零件的有关基本尺寸，即可分别标注在两个零件的对应部分，以确保尺寸的协调。

(2)标准件要测出其规格尺寸，并根据其结构和外形，从有关标准中查出它的标准代号，把名称、代号、规格尺寸、数量等填入装配图的明细栏中。

(3)零件的各项技术要求(尺寸公差、形位公差、表面粗糙度、材料、热处理及硬度等)应根据零件在装配体中的位置、作用等因素来确定。也可参考同类产品的图纸，用类比法来确定。

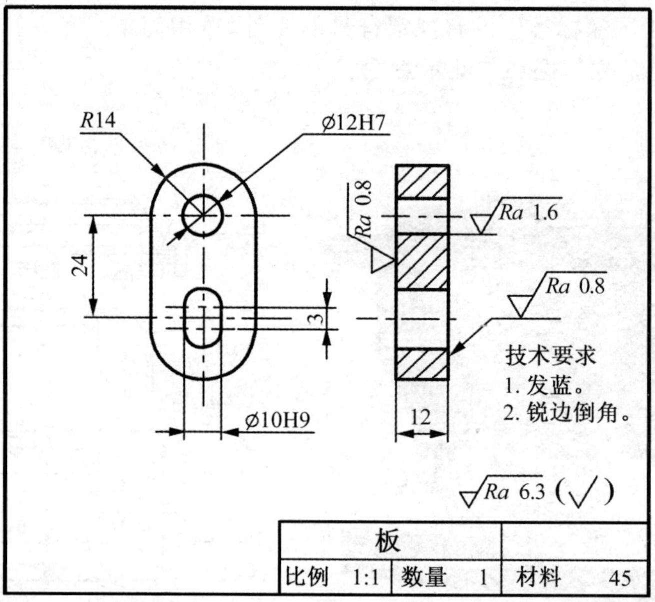

图 9-22　顶尖座零件图——板

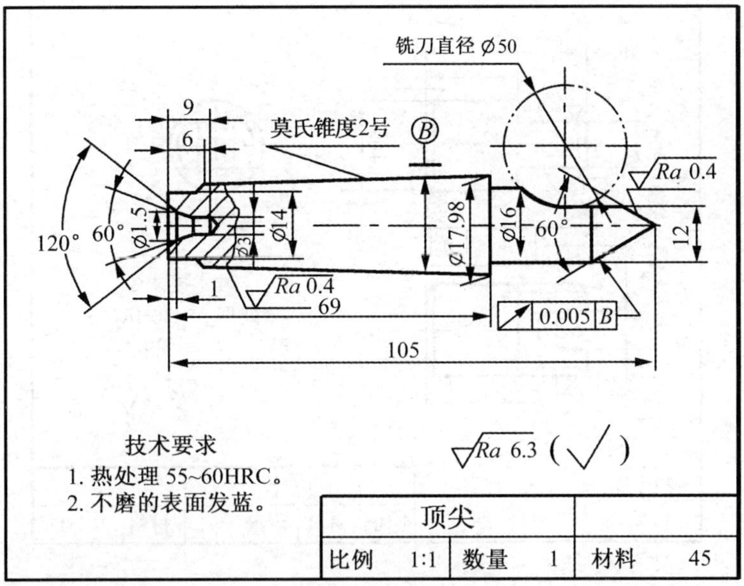

图 9-23　顶尖座零件图——顶尖

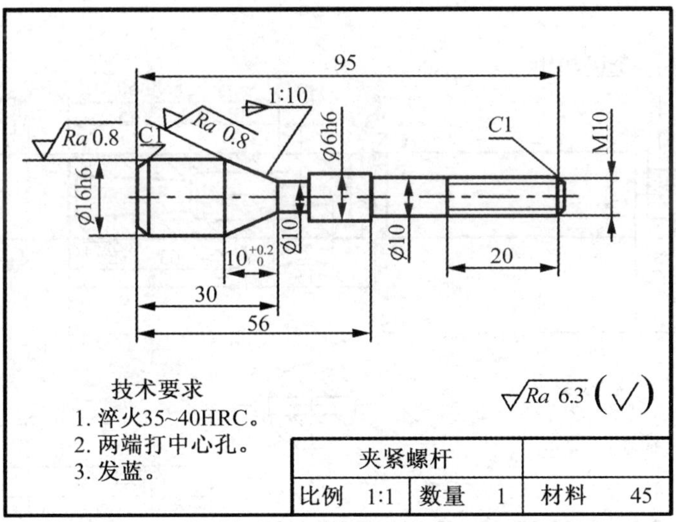

图 9-24　顶尖座零件图——夹紧螺杆

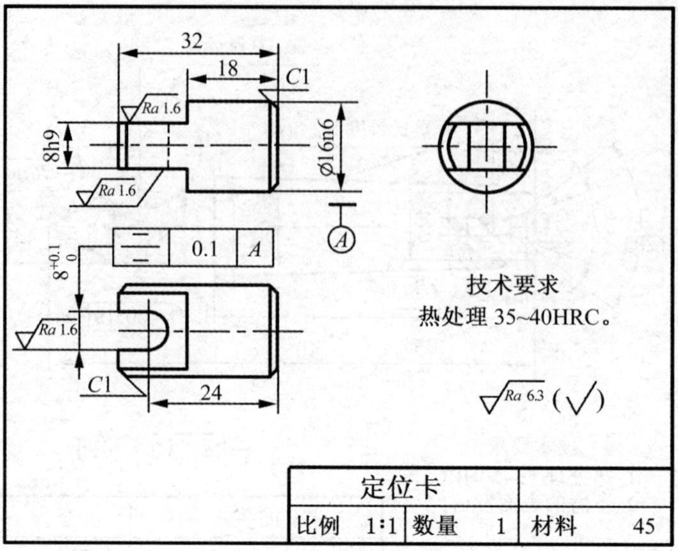

图 9-25　顶尖座零件图——定位卡

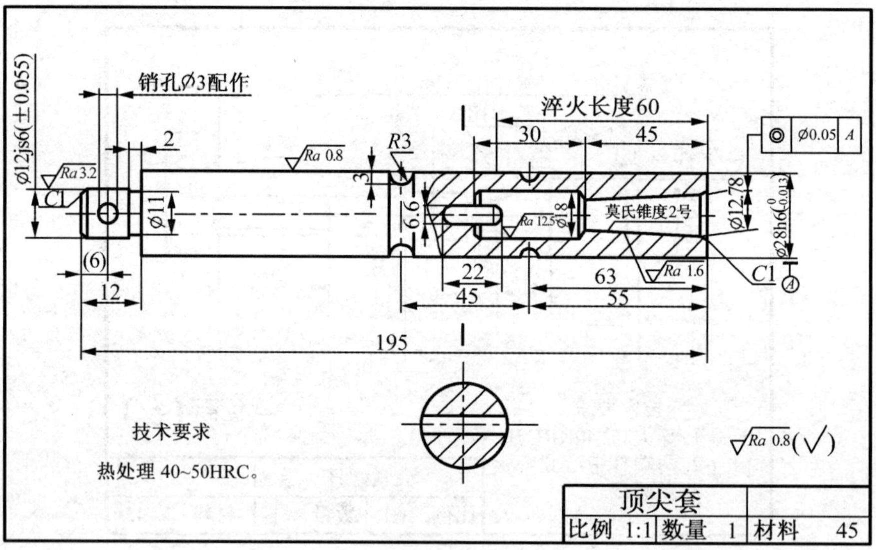

图 9-26　顶尖座零件图——顶尖套

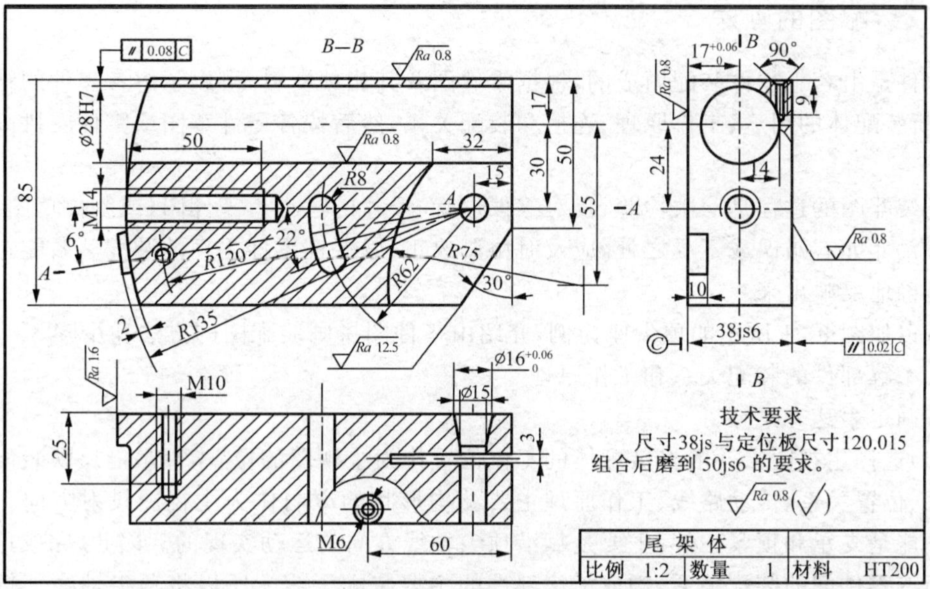

图 9-27　顶尖座零件图——尾架体

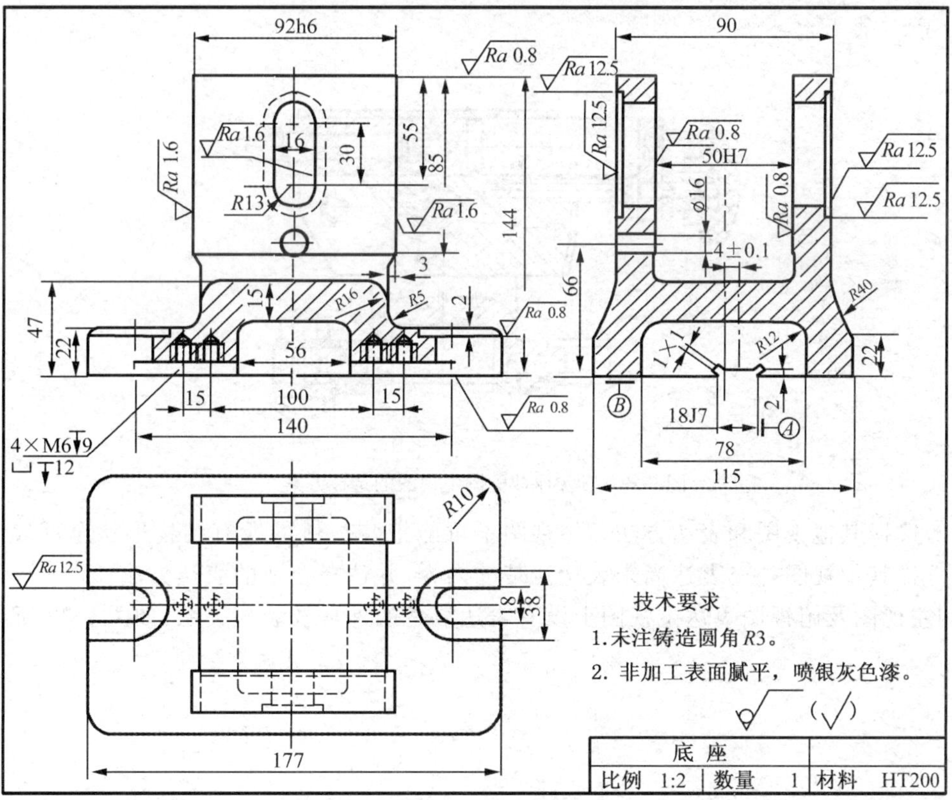

图 9-28　顶尖座零件图——底座

三、装配图的画法

部件是由若干零件装配而成的，根据零件图及其相关资料，可以了解各零件的结构形状，分析装配体的用途、工作原理、连接和装配关系，然后按各零件草图或零件图拼画成装配图。

画装配图的过程是一次检验、校对零件形状、尺寸的过程。零件图(或零件草图)中的形状和尺寸如有错误或不妥之处，应及时协调改正，以保证零件之间的装配关系能在装配图上正确地反映出来。

现以如图 9-21 所示的顶尖座为例，介绍由零件图拼画装配图的方法和步骤。

1. 了解部件的装配关系和工作原理

2. 确定表达方案

(1)选择主视图。一般将装配体的工作位置作为主视图的位置，以最能反映装配体装配关系、位置关系、传动路线、工作原理主要结构形状的方向作为主视图投射方向。顶尖座的功能是支承和顶紧工件，主要是靠沿顶尖轴线方向的运动实现的。因此，完成这一运动的所有零件间的装配关系，构成了该部件的主要装配干线。所以将顶尖轴线平行于正面放置，并选取一正平面通过顶尖轴线及顶紧螺杆的轴线将其剖开，作为主视图，如图9-29所示。

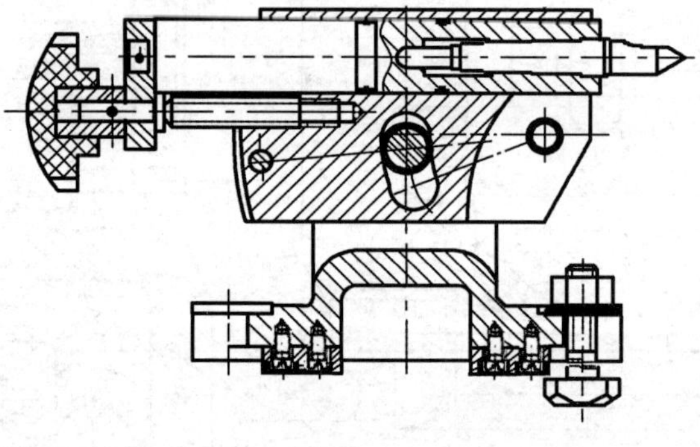

图 9-29　顶尖座装配图主视图的选择方案

(2)选择其他视图和表达方法。主视图不可能把装配体的所有结构形状全部表达清楚，应选择其他视图补充表达尚未表达清楚的内容，并选择合适的表达方法。

用左视图及俯视图表达主视图上没有表达清楚的外形及装配关系，如图 9-30 所示。

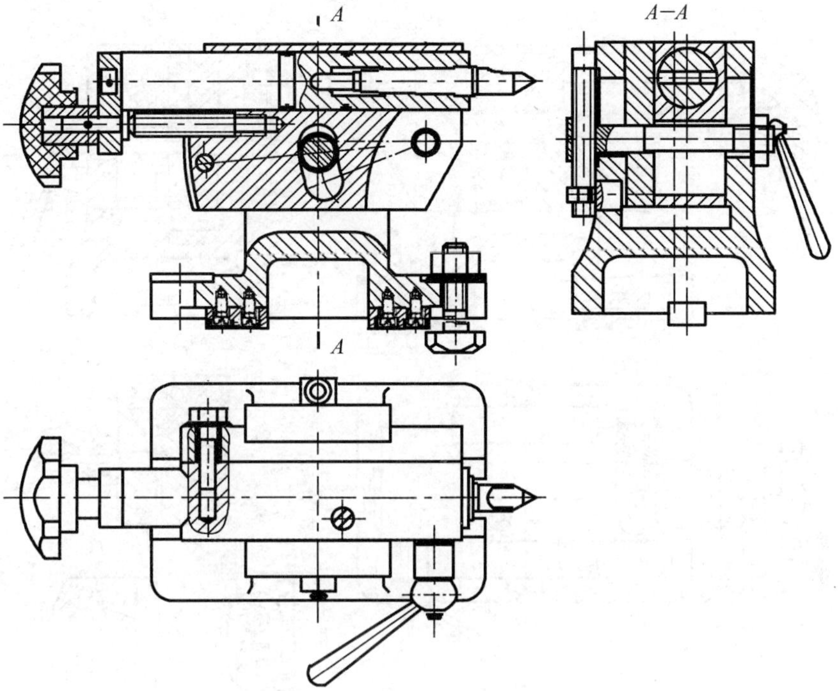

图 9-30 顶尖座装配图俯、左视图的选择方案

用 $C-C$ 剖视表示顶尖轴向运动的锁紧机构;用 $B-B$ 剖视表示转动角度的刻度指示情况及捏手 1、衬套 2 与顶紧螺杆 6 的连接情况;用 D 向局部视图显示出可转动的最大范围,如图 9-31 所示。

3. 确定比例和图幅

根据装配体的大小及复杂程度选定绘制装配图的合适比例。一般情况下,为便于看图,应尽量选用 1∶1 的比例画图。比例确定后,再根据选好的视图,并考虑标注必要的尺寸、零件序号、标题栏、明细栏和技术要求等所需的图面位置,确定出图幅的大小。

4. 画装配图应注意的事项

(1)要正确确定各零件间的相对位置。运动件一般按其一个极限位置绘制(如顶尖座中的顶尖 7 及定位螺杆 8 就是按一个极限位置绘制的),另一个极限位置需要表达时,可用双点画线画出其轮廓。螺纹连接件一般按将连接零件压紧的位置绘制。

(2)某视图已确定要剖开绘制时,应先画被剖切到的内部结构,即由内逐层向外画。这样其他零件被遮住的外形就可以省略不画,如顶尖座的主视图中,底座上部的外形就不用画出。

(3)装配图中各零件的剖面线是看图时区分不同零件的重要依据之一,必须按前面所讲的有关规定绘制。剖面线的密度可按零件的大小来决定,不宜太稀或太密。

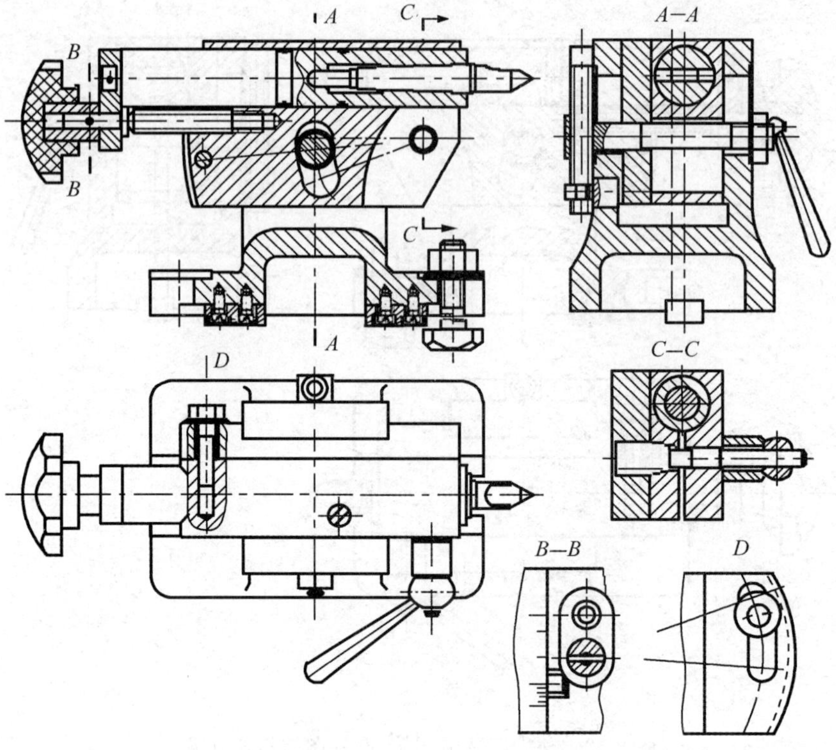

图 9-31　顶尖座装配图其他视图的选择方案

5. 画装配图的具体步骤

(1)定位布局画顶尖及顶尖套的大致轮廓,如图 9-32 所示。

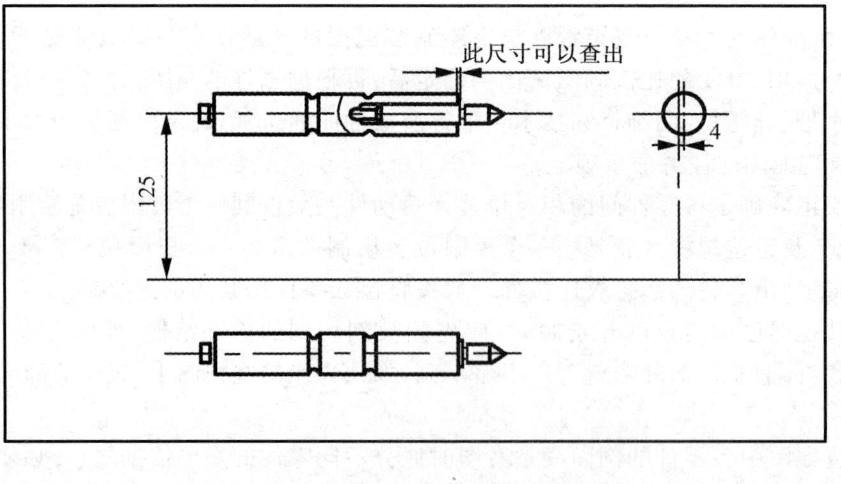

图 9-32　画顶尖及顶尖套的大致轮廓

(2)画尾架体的大致轮廓,如图 9-33 所示。

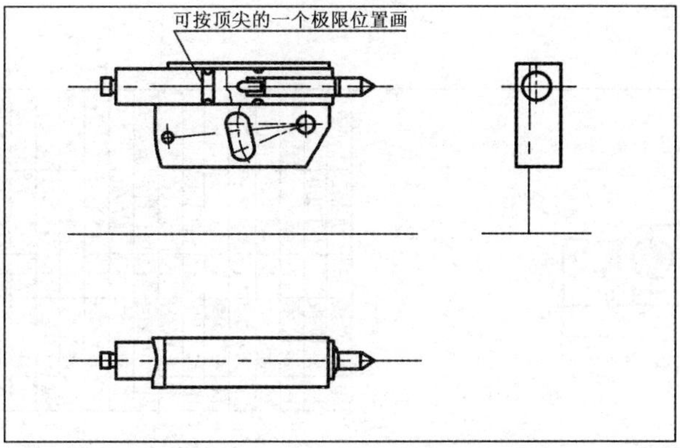

图 9-33　画尾架体的大致轮廓

(3)画定位螺杆和顶紧螺杆,如图 9-34 所示。

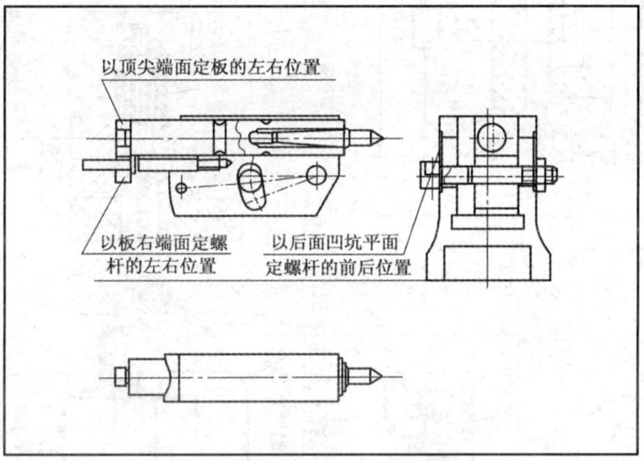

图 9-34　画定位螺杆和顶紧螺杆

(4)画底座和升降螺杆,如图 9-35 所示。

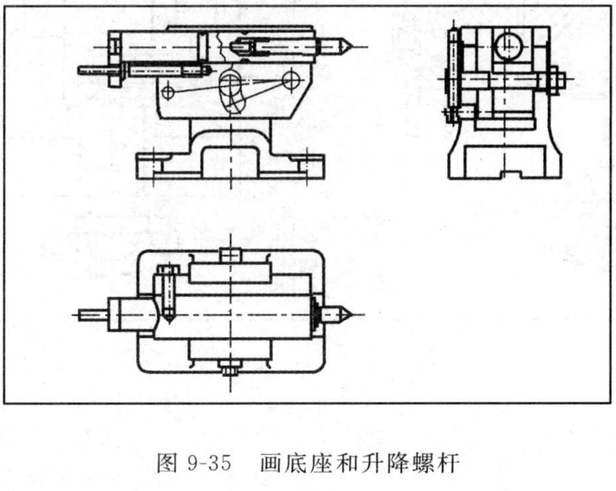

图 9-35　画底座和升降螺杆

(5)完成全图,如图 9-36 所示。

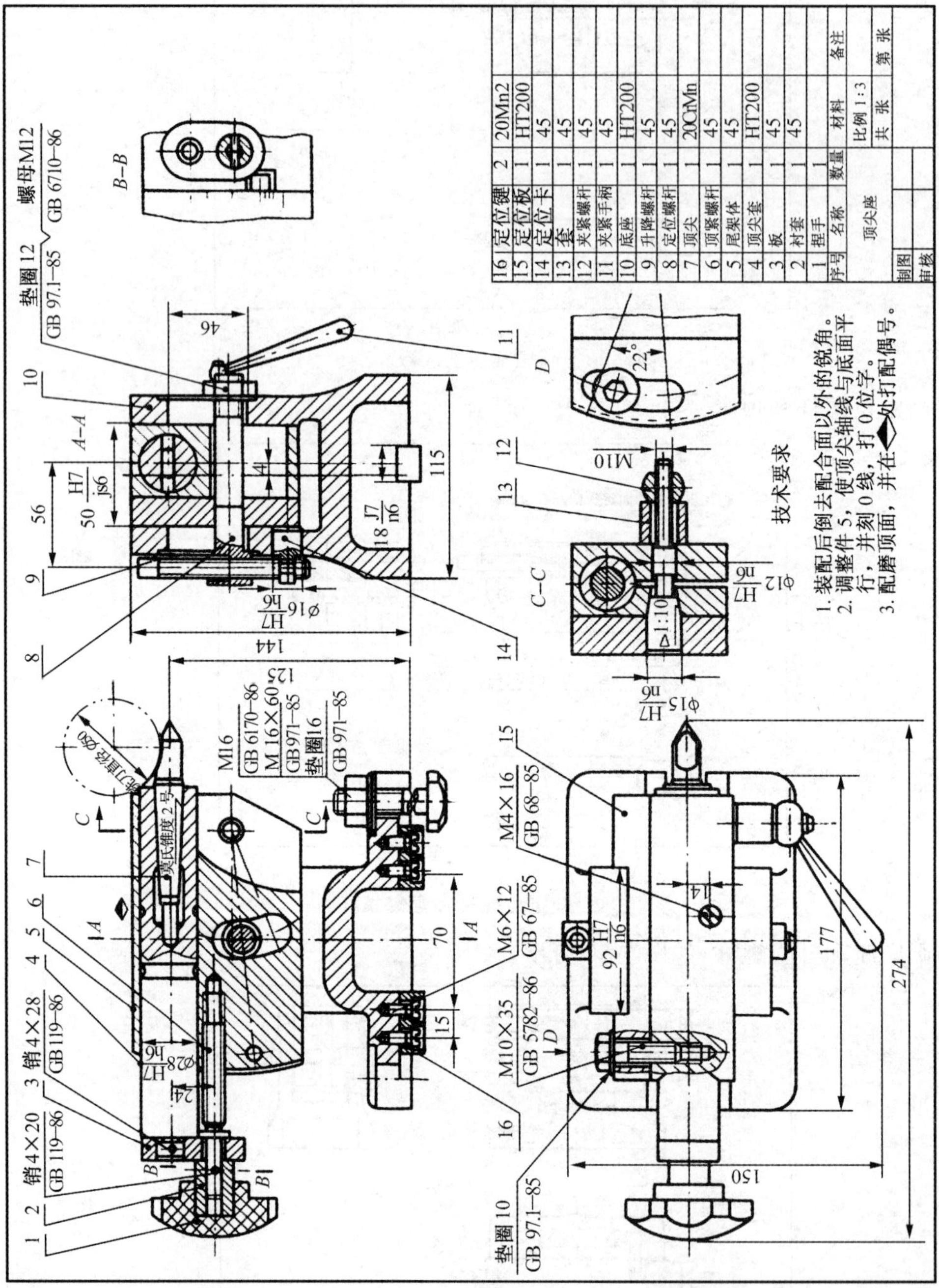

16 定位键 2 20Mn2
15 定位板 1 HT200
14 定位卡 1 45
13 套 1 45
12 夹紧螺杆 1 45
11 夹紧手柄 1 45
10 底座 1 HT200
9 升降螺杆 1 45
8 定位螺杆 1 45
7 顶尖 1 20CrMn
6 顶紧螺杆 1 45
5 尾架体 1 HT200
4 顶尖套 1 45
3 板 1 45
2 衬套 1 45
1 捏手 1
序号 名称 数量 材料 备注
顶尖座 比例 1:3
共 张 第 张
制图
审核
技术要求
1. 装配后倒去配合面以外的锐角。
2. 调整件5，使顶尖轴线与底面平行，并刻0线，打0位字。
3. 配磨顶面，并在◇处打配偶号。

图 9-36 顶尖座装配图

第六节 识读装配图

在机器的设计、制造、使用和维修以及产品的技术交流中都离不开装配图。因此，作为工程技术人员必须具备熟练识读装配图的能力。

识读装配图的目的是：了解部件的作用和工作原理，了解各零件间的装配关系、拆装顺序及各零件的主要结构形状和作用，了解主要尺寸、技术要求和操作方法。在设计时，还要根据装配图画出该部件的零件图。

一、读装配图及由装配图拆画零件图的方法和步骤

1.概括了解

读装配图时，首先由标题栏了解机器或该部件的名称；由明细栏了解组成机器或部件中各零件的名称、数量、材料及标准件的规格，估计部件的复杂程度；由画图的比例、视图大小和外形尺寸，了解机器或部件的大小；由产品说明书和有关资料，并联系生产实践知识，了解机器或部件的性能、功用等，从而对装配图的内容有一个概括的了解。

2.分析视图

首先找到主视图，再根据投影关系识别其他视图的名称，找出剖视图、断面图所对应的剖切位置。根据向视图或局部视图的投射方向，识别出表达方法的名称，从而明确各视图表达的意图和侧重点，为下一步深入看图作准备。

3.分析零件，读懂零件的结构形状

分析零件，就是弄清每个零件的结构形状及其作用。一般应先从主要零件入手，然后是其他零件。当零件在装配图中表达不完整时，可对有关的其他零件仔细观察和分析，然后再作结构分析，从而确定该零件的内外结构形状。

4.分析装配关系和工作原理

对照视图仔细研究部件的装配关系和工作原理，是深入看图的重要环节。在概括了解装配图的基础上，从反映装配关系、工作原理明显的视图入手，找到主要装配干线，分析各零件的运动情况和装配关系；再找到其他装配干线，继续分析工作原理、装配关系、零件的连接、定位以及配合的松紧程度等。

5.由装配图拆画零件图

由装配图拆画零件图是设计过程中的重要环节，也是检验看装配图和画零件图的能力的一种常用方法。拆画零件图前，应对所拆零件的作用进行分析，然后把该零件从与其组装的其他零件中分离出来。分离零件的基本方法是：首先在装配图上找到该零件的序号和指引线，顺着指引线找到该零件；再利用投影关系、剖面线的方向找到该零件在装配图中的轮廓范围。经过分析，补全所拆画零件的轮廓线。有时，还需要根据零件的表达要求，重新选择主视图和其他视图。选定或画出视图后，采用抄注、查取、计算的方法标注零件图上的尺寸，并根据零件的功用注写技术要求，最后填写标题栏。

二、识读装配图及由装配图拆画零件图举例

读齿轮油泵的装配图（见图 9-37），并拆画右端盖 7 的零件图。

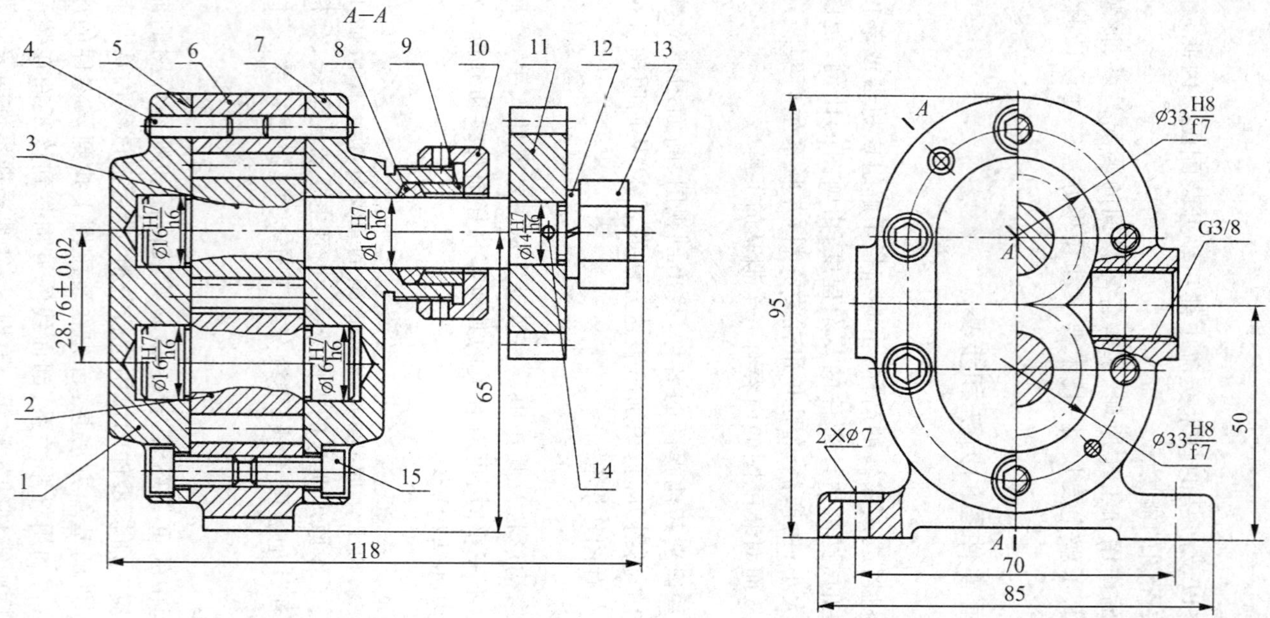

技术要求

1. 齿轮安装后，应转动灵活。
2. 两齿轮轮齿的接触斑点应占齿高的3/4以上。

序号	名称	数量	材料	备注
15	螺钉M6×16	12	35	GB/T 70.1
14	键4×10	1	45	GB/T 1096
13	螺母M12×15	1	35	GB/T 6170
12	垫圈	1	65Mn	GB/T 93
11	传动齿轮	1	45	
10	压盖螺母	1	35	
9	压盖	1	ZCuSn5-5-5	
8	密封圈	1	毛毡	
7	右端盖	1	HT200	
6	泵体	1	HT200	
5	垫片	2	纸	t=1
4	销 5m6×18	4	45	GB/T 119.1
3	传动齿轮轴	1	45	m=3、z=9
2	齿轮轴	1	45	m=3、z=9
1	左端盖	1	HT200	

制图		比例		齿轮油泵
审核		共 张 第 张		

图 9-37　齿轮油泵装配图

1. 概括了解

齿轮油泵是机器中用来输送润滑油的一个部件。如图 9-37 所示的齿轮油泵是由泵体,左、右端盖,运动零件(传动齿轮、齿轮轴等),密封零件以及标准件等所组成。对照零件序号及明细栏可以看出:齿轮油泵共由 17 种零件装配而成,并采用两个视图表达。全剖视的主视图,反映了组成齿轮油泵各个零件间的装配关系。左视图采用沿左端盖 1 与泵体 6 结合面剖切后移去了垫片 5 的半剖视图 $B-B$,它清楚地反映了油泵的外部形状,齿轮的啮合情况以及吸、压油的工作原理;再以局部剖视反映吸、压油的情况。齿轮油泵的外形尺寸是 118、85、95,由此知道这个齿轮油泵的体积。

2. 分析视图

齿轮油泵采用两个基本视图表达。主视图采用全剖视图,反映了组成齿轮油泵的各个零件间的装配关系。左视图采用了沿垫片 5 与泵体 6 结合面处的剖切画法,产生了"$B-B$"半剖视图,又在吸、压油口处画出了局部剖视图,清楚地表达了齿轮油泵的外形和齿轮的啮合情况。

3. 分析零件,读懂零件的结构形状

从装配图看出,泵体 6 的外形形状为长圆,中间加工成"8"字型通孔,用以安装齿轮轴 2 和传动齿轮轴 3;四周加工有两个定位销孔和六个螺孔,用以定位和旋入螺钉 15 并将左端盖 1 和右端盖 7 连接在一起;前后铸造出凸台并加工成螺孔,用以连接吸油和压油管道;下方有支承脚架与长圆连接成整体,并在支承脚架上加工有通孔,用以穿入螺栓将齿轮油泵与机器连接在一起。左端盖 1 的外形形状为长圆,四周加工有两个定位销孔和六个阶梯孔,用以定位和装入螺钉 15 将左端盖 1 与泵体连接在一起;在长圆结构左侧铸造出长圆凸台,以保证加工支承齿轮轴 2、传动齿轮轴 3 孔的几个深度;右端盖 7 的右上方铸造出圆柱形结构,外表面加工螺纹,用以零件压紧螺母,内部加工成通孔以保证齿轮传动轴伸出,其他结构与左端盖 1 相似。其他零件的结构形状请读者自行分析。

4. 分析装配关系和工作原理

泵体 6 是齿轮油泵中的主要零件之一,它的内腔容纳一对齿轮。将齿轮轴 2、传动齿轮轴 3 装入泵体后,两侧有左端盖 1、右端盖 7 支承着一对齿轮轴的旋转运动。由销 4 将左、右端盖与泵体定位后,再用螺钉 15 将左、右端盖与泵体连接成一个整体。为了防止泵体与端盖结合面处以及传动齿轮轴 3 伸出端漏油,分别用垫片 5 及密封圈 8、轴套 9、压紧螺母 10 密封。齿轮轴 2、传动齿轮轴 3、传动齿轮 11 是油泵中的运动零件。当传动齿轮 11 按逆时针方向(从左视图观察)转动时,通过键 14,将扭矩传递给传动齿轮轴 3,经过齿轮啮合带动齿轮轴 2,从而使后者做顺时针方向转动。如图 9-38 所示,当一对齿轮在泵体内做啮合传动时,啮合区内右边空间的容积由小增大产生局部真空,油池内的油在大气压力

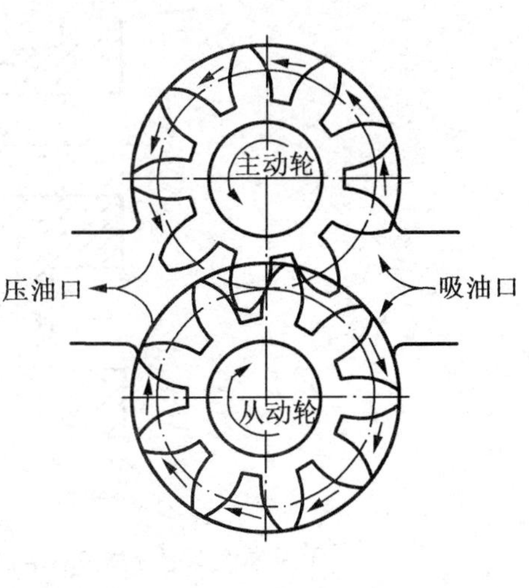

图 9-38　齿轮油泵工作原理

作用下进入油泵低压区内的吸油口，随着齿轮的转动，齿槽中的油不断沿箭头方向被带至左边空间，此时容积由大变小，压力增大，从而把油压出，送至机器中需要润滑的部位。

5.齿轮油泵装配图中的配合和尺寸分析

根据零件在部件中的作用和要求，应注出相应的公差带代号。由于传动齿轮 11 要通过键 14 传递扭矩并带动传动齿轮轴 3 转动，因此需要做出相应的配合。从图中可以看到，它们之间的配合尺寸是∅14H7/k6；齿轮轴 2 和传动齿轮轴 3 与左、右端盖的配合尺寸是∅16H7/h6；轴套 9 扣右端盖 7 的孔配合尺寸是∅20H7/h6；齿轮轴 2 和传动齿轮轴 3 的齿顶圆与泵体 7 内腔的配合尺寸是∅34.5H8/f7。

尺寸 28.76±0.016 是齿轮轴 2 和传动齿轮轴 3 的中心距，准确与否将直接影响齿轮的啮合传动。尺寸 65 是传动齿轮轴线离泵体安装面的高度尺寸。这两个尺寸分别是设计和安装所要求的尺寸。吸、压油口的尺寸 G3/8 表示尺寸代号为 3/8 的 55°非密封管螺纹。两个螺栓之间的尺寸 70 表示齿轮油泵与机器连接时的安装尺寸。

6.由装配图拆画右端盖的零件图

现以拆画右端盖 7 的零件图为例进行分析。拆画零件图时，先在装配图上找到右端盖 7 的序号和指引线，再顺着指引线找到右端盖 7，并利用“高平齐”的投影关系找到该零件在左视图上的投影关系，确定零件在装配图中的轮廓范围和基本形状。在装配图的主视图上，由于右端盖 7 的一部分轮廓线被其他零件遮挡，因此分离出来的是一幅不完整的图形，如图 9-39(a)所示。经过想象和分析，可补画出被遮挡的可见轮廓线，如图 9-39(b)所示。从装配图的主视图中拆画出的右端盖 7 的图形，反映了右端盖 7 的工作位置，并表达了各部分的主要结构形状，仍可作为零件图的主视图。因为右端盖 7 属于轮盘类零件，一般需要用两个视图表达内外结构形状。因此，当右端盖 7 的主视图确定后，还需要用右视图辅助完成主视图尚未表达清楚的外形、定位销孔和六个阶梯孔的位置等。

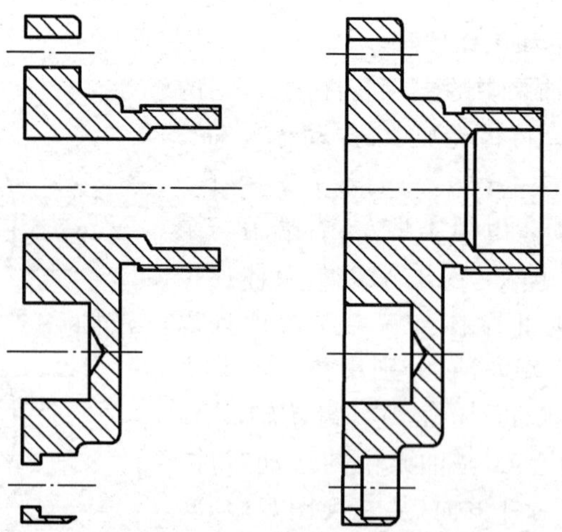

(a) 从装配图中分离出右端盖的主视图　　(b) 补全右端盖主视图上的图线

图 9-39　由齿轮油泵装配图拆画右端盖零件图的思考过程

图 9-40 是画出表达外形的右视图后的右端盖 7 零件图。在图中按零件图的要求标注出尺寸和技术要求，有关的尺寸公差和螺纹的标记是根据装配图中已有的要求抄注的，内六角圆柱头螺钉孔的尺寸可在有关标准中查找，最后填写标题栏。

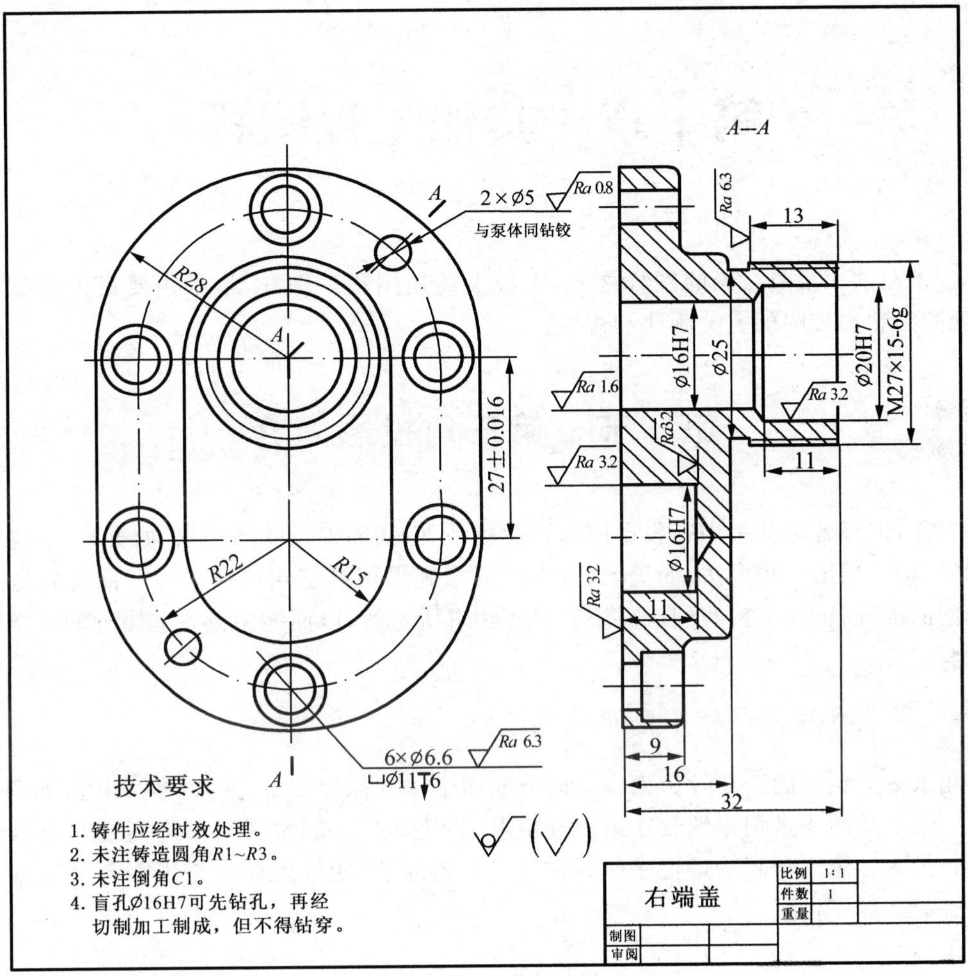

图 9-40　右端盖零件图

第十章　其他工程图样

除了在前面章节讨论的图样之外，工程上还使用很多图样，本章主要讨论第三角画法、展开图和焊接图的有关画法和规定。

第一节　第三角投影简介

目前，世界各国都采用正投影原理表达机件，但我国以及欧洲国家（如英国、俄罗斯和德国等）均采用第一角画法，而美国、日本等国家则采用第三角画法。为了能更好地适应国际间的工程技术交流，我们应对第二角画法有所了解，以便能阅读一些国外的图样和技术资料。

一、第三角画法与第一角画法的区别

用水平和铅垂的两个投影面将空间分成四个区域称为分角，并按顺序编号，如图10-1所示。第一角画法是把零件放在第一分角内，并使其处于观察者与投影面之间而得到的多面正投影。第三角画法是把零件放在第三分角内，并使投影面处于观察者与物体之间而得到的多面正投影。

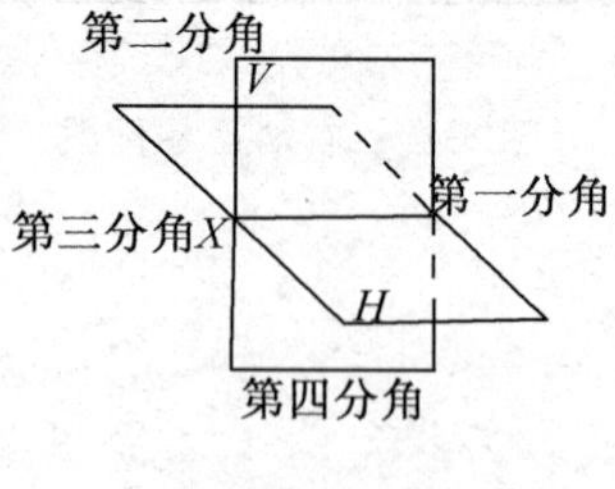

图 10-1　分角

二、第三角画法

1. 三视图的形成与投影面的展开

(1)三视图的形成如图 10-2(a)所示，按第三角投影，假想将物体放在三个相互垂直透

明的投影面体系中，即放在 H 之下、W 面之后、W 面之左的空间，然后分别沿三个方向进行投射。从前向后投射，在 V 面上所得到的投影称为主视图；从上向下投射，在 H 面上所得到的投影称为俯视图；从右向左投射，在 W 面上所得到的投影称为右视图。

(2)三视图的展开

为了使三个投影面展开成一个平面，规定 V 面不动，H 面绕它与 V 面的交线向上翻转 90°，W 面绕它与 V 面的交线向右旋转 90°，即可得三视图。在实际画图时，投影面的边框不必画出。

三个视图的位置关系是：俯视图在主视图的上方，右视图在主视图的右方。

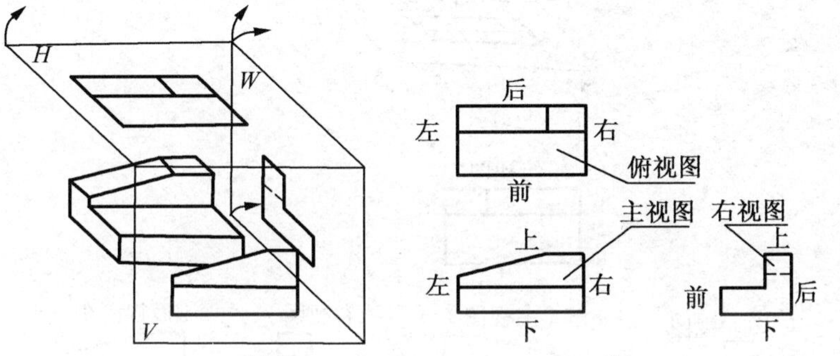

(a)　　(b)

图 10-2　第三角画法及三视图

2. 三视图的形成特点

与第一角画法比较，第三角画法三视图的形成有如下特点：

(1)人(观察者)、物、投影面的相对位置关系。第一角画法为人—物—面的位置关系，即物体在人与投影面之间；第三角画法为人—面—物的位置关系，即投影面在物体与人之间。

(2)展开时投影面翻转方向与观察者视线方向的关系。第一角画法中，投影面展开时，H 面和 W 面均顺着观察者的视线方向翻转。而在第三角画法中，H 面和 W 面均逆着观察者的视线方向翻转，即：人从 H 面上方向下观察物体，H 面向上翻转；人从 W 面右方向左观察物体，W 面向右翻转。所以，在第三角画法中，俯视图在主视图的上方，右视图在主视图的右方。

明确以上两个特点对读、画、用第三角画法画出的图样是极为重要的。

3. 三视图之间的投影关系

(1)主视图和俯视图长对正。

(2)主视图和右视图高平齐。

(3)俯视图和右视图宽相等。

还应注意：俯视图和右视图靠近主视图一侧的均为物体的前面。

4. 基本视图

按第三角画法得到的六个基本视图分别为：以主视图为基准，俯视图配置在主视图上方；左视图配置在主视图的左方；右视图配置在主视图的右方；仰视图配置在主视图的下方;后视图配置在主视图的右方,如图 10-3 所示。

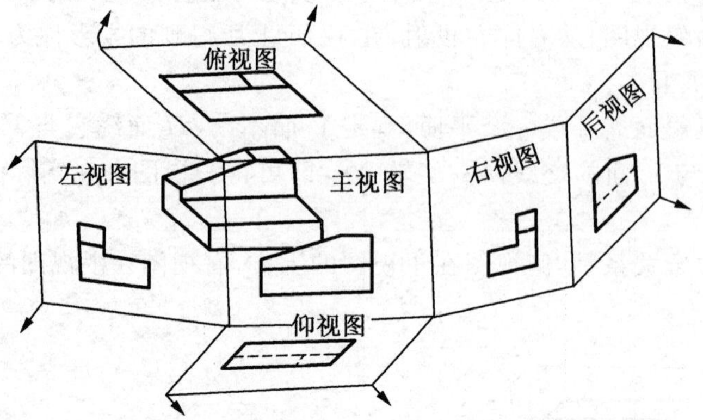

(a)

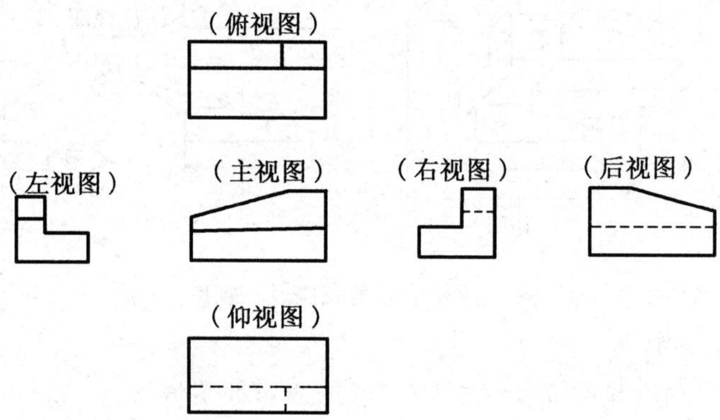

(b)

图 10-3　采用第三角画法的六个基本视图

投影面的展开方法是:V 面保持不动,其余投影按图 10-3(a)箭头所指方向展开成一个 平面。展开后各视图的配置关系如图 10-3(b)所示。在同一张图纸上,按图 10-3(b)所示配置视图时,一律不注写名称。

5. 第三角画法和第一角画法的标记

在 ISO 国际标准中,第三角画法称为 A 法,规定用图 10-4(a)所示的识别符号表示,识别符号画在标题栏附近;第一角画法称为 E 法,规定用图 10-4(b)所示的识别符号表示。采用第一角画法时,一般不画出其识别符号。

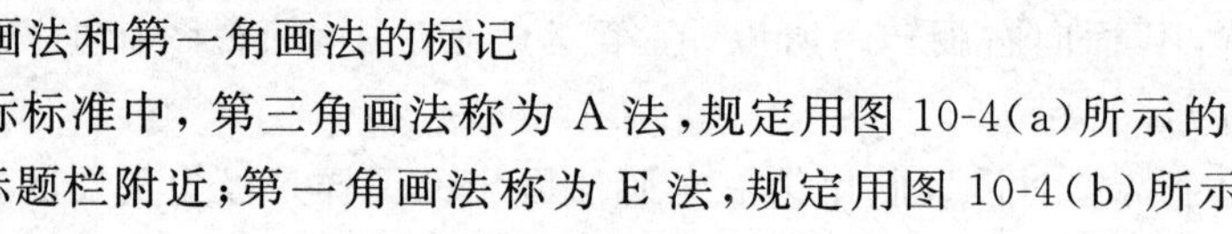

(a) 第三角画法　　(b) 第一角画法

图 10-4　第三角画法和第一角画法的识别符号

6. 举例

图 10-5(a)所示为用第三角画法绘制的机件的主视图、俯视图和右视图。根据投影规律及读图方法，不难想象出该机件的形状，即图 10-5(b)。

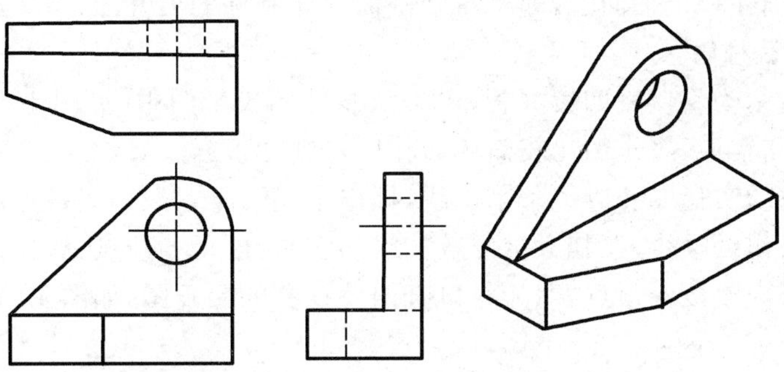

(a)　　　　(b)

图 10-5　机件的第三角画法

第二节　展开图

在生产中，经常用到各种薄板制件，如油罐、水箱、防护罩以及各种管接头等。图 10-6所示的饲料集粉筒就是一例。制造这类制件时，通常是先在金属薄板上放样画出表面展开图，然后下料弯制成形，最后经焊接或铆接而成。

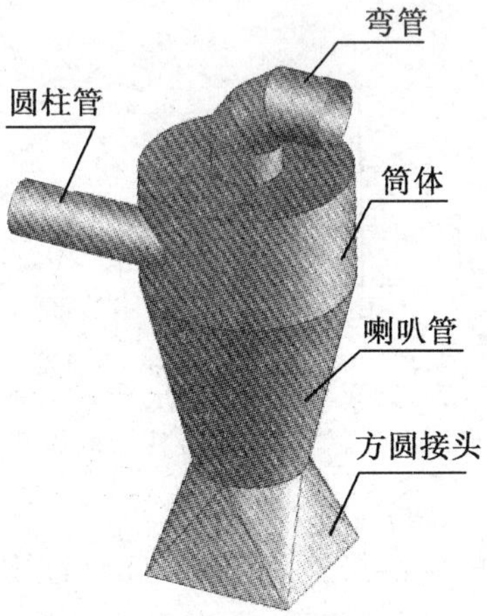

图 10-6　集粉筒

将制件各表面按其实际大小和形状依次连续地展开在一个平面上，称为制件的表面展开，展开所得图形称为表面展开图，简称“展开图”。

一、平面立体制件的展开图

由于平面立体的表面都是平面，因此平面制件的展开，只要做出各表面的实形，并将它们依次连续地画在一个平面上，即可得到平面立体制件的展开图。

1. 斜口直四棱柱管

图 10-7(a)所示为斜口直四棱柱管，由于从制件的投影图中[见图 10-7(b)]可直接量得各表面的边长和实形，故作图比较简单。作图步骤如下：

(1)将各底边的实长展开成一条水平线，标出Ⅰ、Ⅱ、Ⅲ、Ⅳ、Ⅰ等各点。

(2)过这些点作铅垂线，在其上量取各棱线的实长，即得各顶点 A、B、C、D、A。

(3)用直线依次连接各顶点，即为斜口直四棱柱管的展开图，如图 10-7(c)所示。

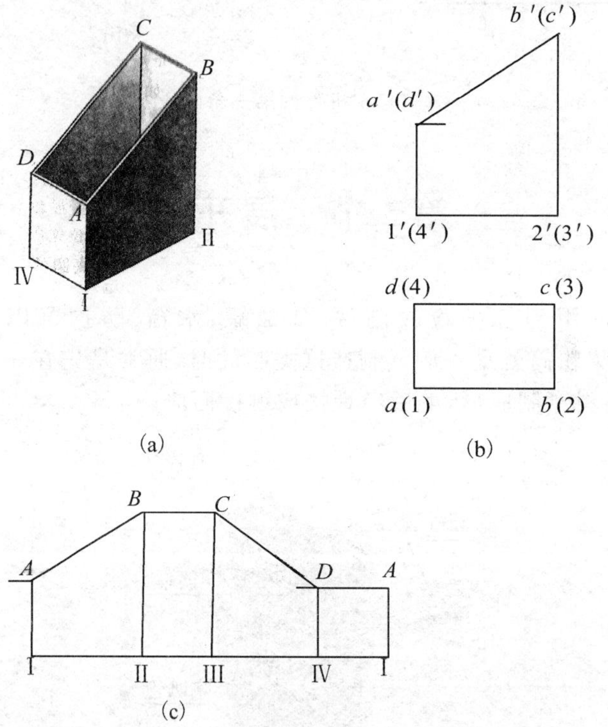

图 10-7　斜口直四棱柱管的展开

2. 吸气罩(四棱台管)

图 10-8(a)所示为吸气罩的两面投影，图 10-8(b)所示为吸气罩的轴测图。从图中可知，吸气罩是由四个梯形平面围成，其前后、左右对应相等，在其投影图上并不反映实形。要依次画出四个梯形平面的实形，可先求出四棱台管棱线的实长，以此为半径画出扇形，再在扇形内作出四个等腰梯形，其中对应面梯形相等。

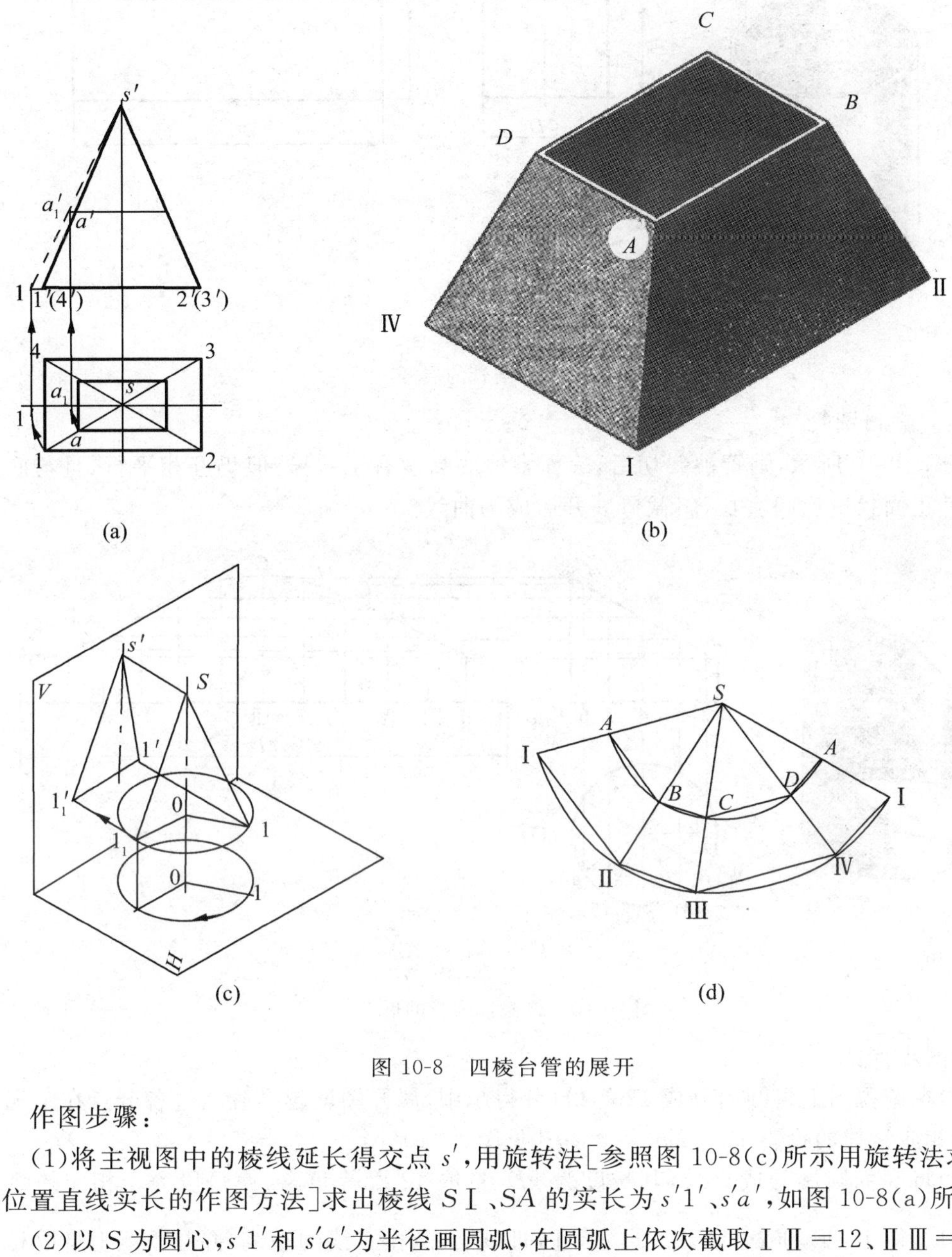

图 10-8　四棱台管的展开

作图步骤：

(1)将主视图中的棱线延长得交点 s'，用旋转法[参照图 10-8(c)所示用旋转法求作一般位置直线实长的作图方法]求出棱线 SⅠ、SA 的实长为 $s'1'$、$s'a'$，如图 10-8(a)所示。

(2)以 S 为圆心，$s'1'$和 $s'a'$为半径画圆弧，在圆弧上依次截取ⅠⅡ=12、ⅡⅢ=23、ⅢⅣ=34、ⅣⅠ=41，并过Ⅰ、Ⅱ、Ⅲ、Ⅳ、Ⅰ各点向 S 连线，再过 A 点依次作底边的平行线，得 AB、BC、CD、DA，即为吸气罩的表面展开图，如图 10-8(d)所示。

二、圆管制件的展开图画法

1. 圆管

如图 10-9 所示，圆管的展开图为一矩形，矩形底边的边长为圆管(底面圆)周长 πD，高为管高 H。

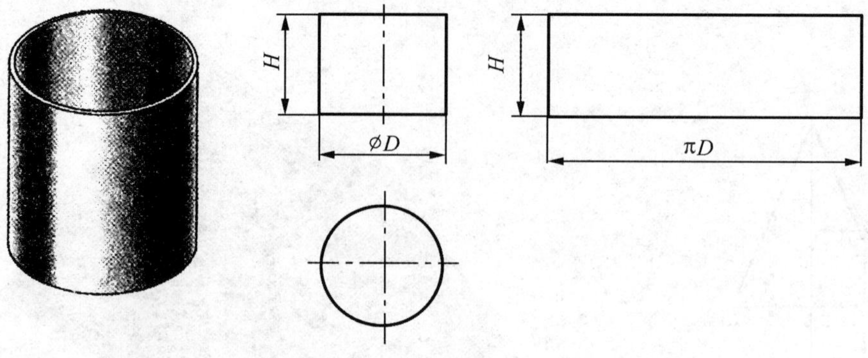

图 10-9　圆管的展开

2. 斜截口圆管

如图 10-10 所示，圆管被斜切后，表面素线的高度有了差异，但仍互相平行，且与底面垂直，其正面投影反映实长，斜截口展开后成为曲线。

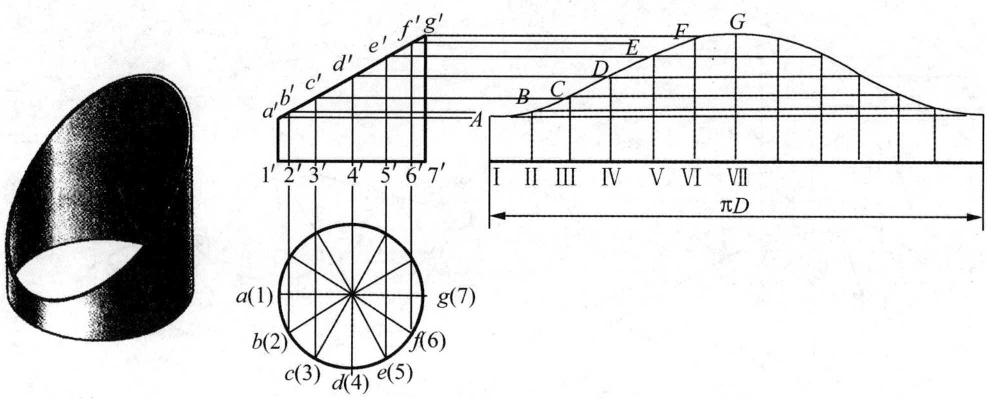

(a)　　(b)　　(c)

图 10-10　斜截口圆管的展开

作图步骤：

(1)在俯视图上将圆周分成 12 等份(分得越细，展开图就越准确)，过各分点在主视图上作出相应素线的投影 $1'a'$，$2'b'$，$3'c'$，…[见图 10-10(b)]。

(2)将底面圆展开成直线，其长度为 πD，量取 12 段等距离，使每段等于相应的弧长 $\overset{\frown}{\text{Ⅰ}\,\text{Ⅱ}}=12$，得Ⅰ，Ⅱ，Ⅲ，…诸点。过Ⅰ，Ⅱ，Ⅲ，…各点作直线的垂线，并在垂线上量取相应素线的长度 Ⅰ$A=1'a'$，Ⅱ$B=2'b'$，Ⅲ$C=3'c'$，…最后，将各素线的端点连成光滑的曲线，即为斜截口圆管的表面展开图，如图 10-10(c)所示。

3. 等径直角弯管

在通风管道中，如果要垂直地改变风道的方向，可采用直角弯管。根据通风要求，一般将直角弯管分成若干节，每节为一斜截正圆柱面，两端的端节是中间各节的一半，各中间节的长度和形状都相同，且各中间节与各自中部的横截面相对称，可按图 10-10 所示的展开画法画出每节展开图。

为了节省材料和提高工效，把三节斜口圆管拼合成一个圆管来展开，即把中间节绕其轴线旋转 180°，再拼合上节和下节，如图 10-11(a)主视图中两个端节和一个中间节的投影图所示，然后依次画出，即得到如图 10-11(b)所示的三节直角弯管的展开图。

作图步骤：

如图 10-11 所示，上、下两节均为一端是斜口的圆管，展开图画法与图 10-10 斜截口圆管的展开图画法完全相同，两曲线的中间部分(套红部分)则是中间节的展开图。

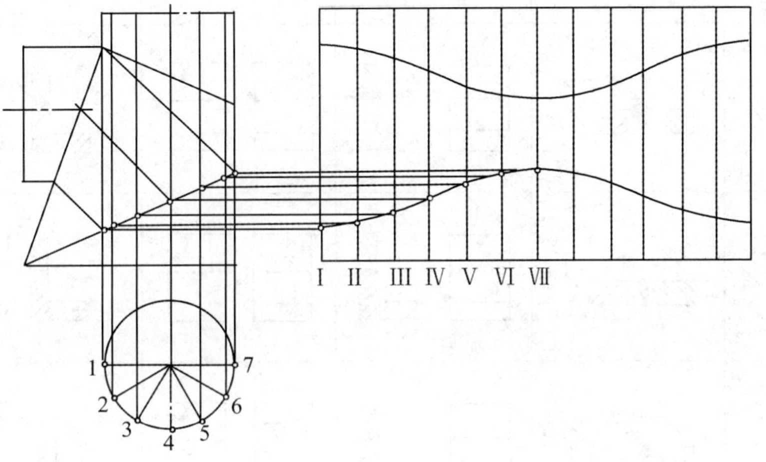

图 10-11　三节直角弯管的展开

第三节　焊接图

金属结构主要是通过焊接将型钢和钢板连接而成。所谓“焊接”，是指将工件连接处局部加热熔化或加热加压熔化，用或者不用填充材料，使零件连接处熔合为一体的一种连接方法。焊接为不可拆连接，因其工艺简单、连接可靠、节省材料，所以应用日益广泛。

金属结构件被焊接后形成的接缝称为焊缝。焊缝在图样上一般采用焊缝符号表示。

一、焊缝符号及其标注方法

焊缝符号由基本符号与指引线组成，必要时还可以加上辅助符号、补充符号和焊缝尺寸符号。

1. 基本符号

基本符号是表示焊缝横断面形状的符号，采用近似焊缝横断面形状的符号来表示。基本符号用粗实线绘制。常用焊缝的基本符号、图示法及标注方法示例见表 10-1，其他焊缝的基本符号可查阅 GB/T 324—1988。

表 10-1　　常用焊缝的基本符号、图示法及标注方法示例

(摘自 GB/T 324—1988)

名称	符号	示意图	图示法	标注法
I 形焊缝			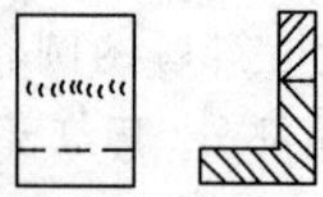	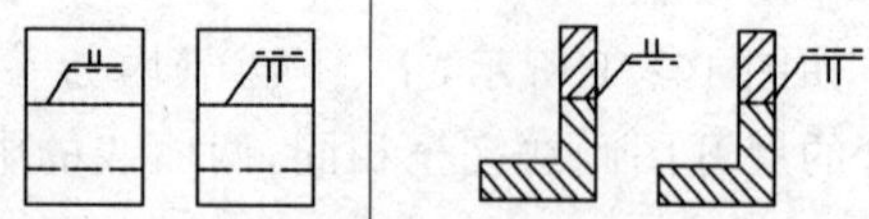
V 形焊缝			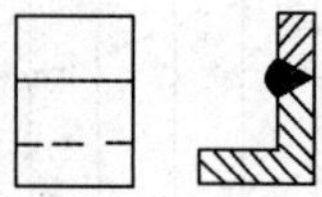	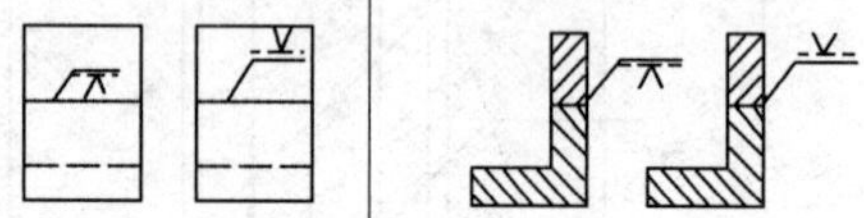
单边 V 形焊缝	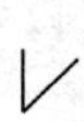		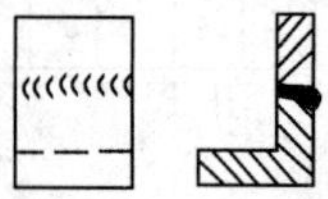	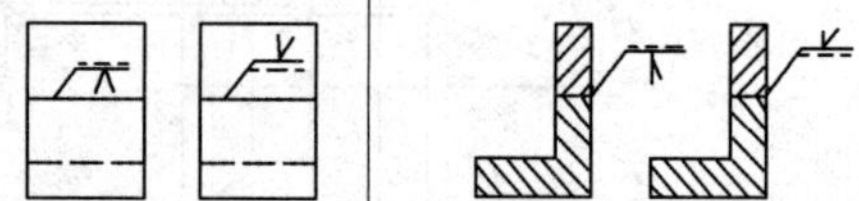
带钝边 V 形焊缝		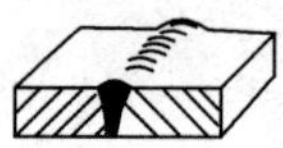	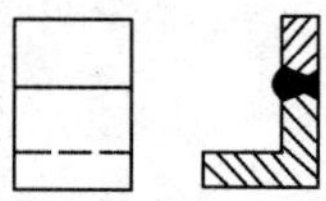	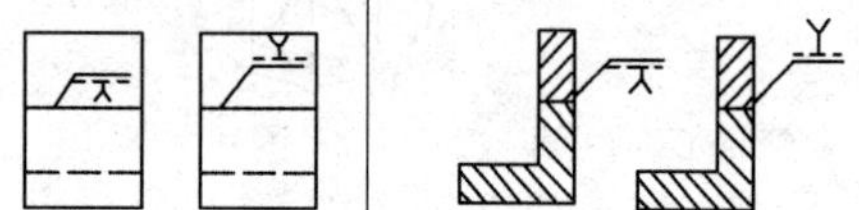
带钝边单边 V 形焊缝		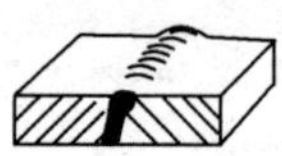	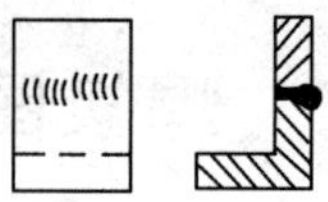	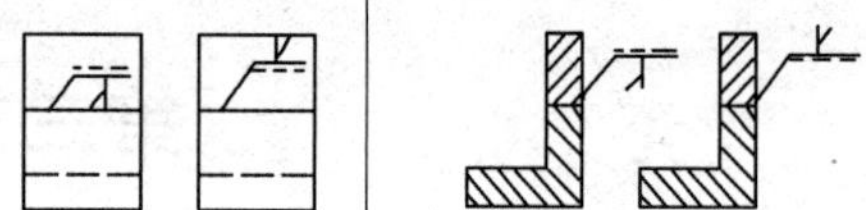
带钝边 U 形焊缝		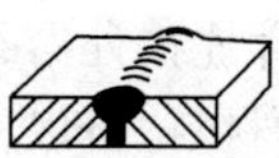	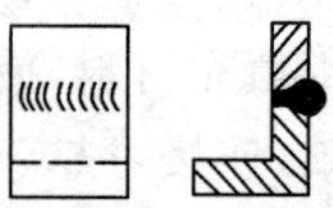	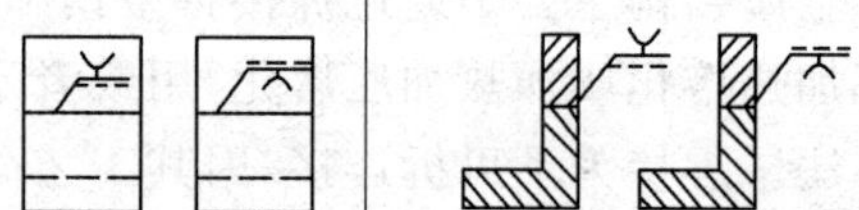
带钝边 J 形焊缝			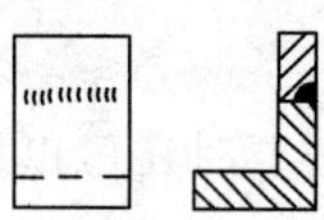	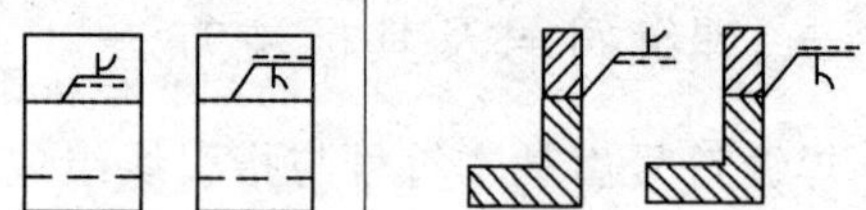
角焊缝		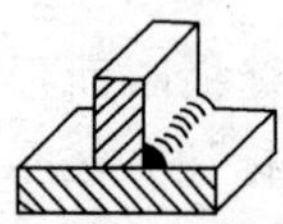	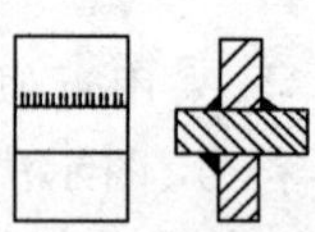	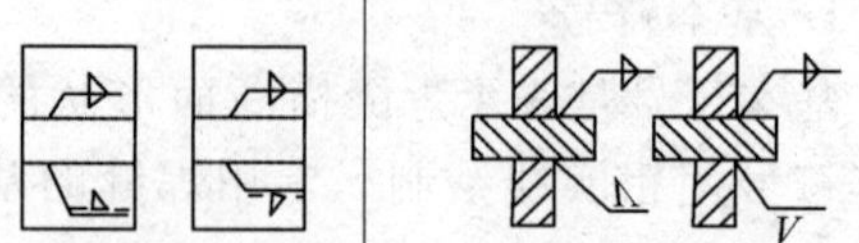

2. 辅助符号

辅助符号表示焊缝表面的形状特征，用粗实线绘制(见表 10-2)。

不需要确切说明焊缝表面形状时,可以不用辅助符号。

表 10-2 辅助符号及标注示例(摘自 GB/T 324—1988)

名称	符号	形式及标注示例	说明
平面符号	—	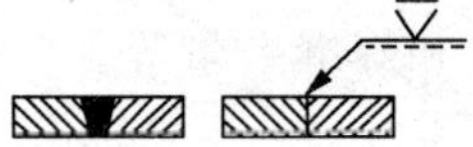	表示 V 形外接焊缝表面平齐(一般通过加工)
凹面符号	⌣	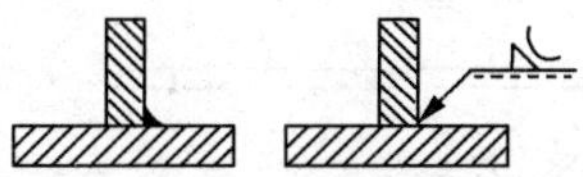	表示角焊缝表面凹陷
凸面符号	⌢	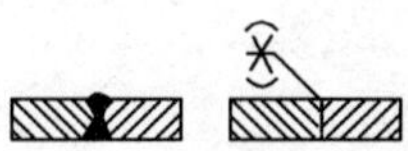	表示 X 形对接焊缝表面凸起

3. 补充符号

补充符号是补充说明焊缝的某些特征所使用的符号,用粗实线绘制(见表 10-3)。

表 10-3 补充符号及标注示例(摘自 GB/T 324—1988)

名称	符号	示意图	标注法	说明
带垫板符号	▭		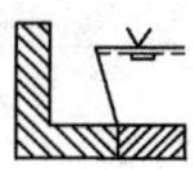	表示 V 形焊缝的背面底部有垫板
三面焊缝符号	⊏	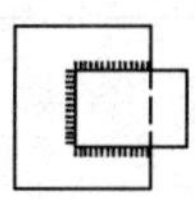	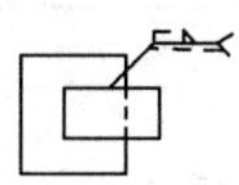	工件三面带有焊缝,焊接方法为焊条电弧焊
周围焊缝符号	○	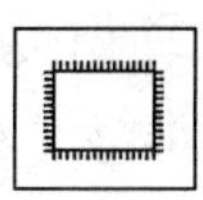		表示在现场带工件周车施焊
现场符号	⚑		同上	表示在现场或工地上进行焊接
尾部符号	<		同上	标注焊接方法等内容

4. 指引线

指引线一般会由箭头线和两条基准线(一条为细实线,一条为细虚线)组成,采用细实线绘制,如图 10-12 所示。箭头线用来将整个焊缝符号指引到图样上的有关焊缝处,必要时允许弯折一次。基准线应与主标题栏平行。基准线的上面和下面用来标注各种符号及尺寸,基准线的细虚线可画在基准线的实线上侧或下侧。必要时,可在基准线(细实线)末端加一尾部符号,作为其他说明之用,如焊接方法和焊缝数量等。

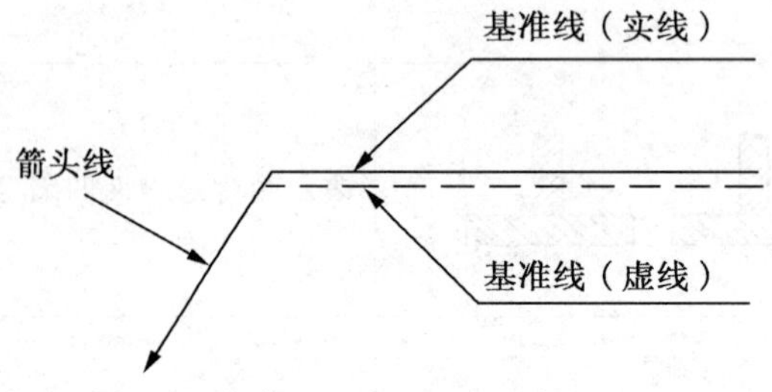

图 10-12 指引线的画法

5. 焊缝尺寸符号

焊缝尺寸符号用来表示坡口及焊缝尺寸,一般不必标注。如设计或生产需要注明焊缝尺寸时,可按 GB/T324—1988 焊缝代号的规定标注。常用焊缝尺寸符号见表 10-4。

表 10-4 常用焊缝尺寸符号

名称	符号	名称	符号
板材厚度	δ	焊缝间距	e
坡目角度	α	焊角尺寸	k
根部间隙	b	焊点熔核直径	d
钝边高度	p	焊缝宽度	c
焊缝长度	l	焊缝余高	h

二、焊缝标注示例

标注焊缝符号时,指引线的箭头应指向接头。在指引线的基准线上标注焊缝的各种符号和尺寸时,对于在箭头一面的焊缝应标注在基准线的上方,对于在箭头另一面(相对一面)的焊缝,则应标注在横线的下方。但不管是在基准线上方还是下方的符号指的都是单面焊缝,参见表 10-1 和表 10-5 中的标注示例。

表 10-5　　焊缝的标注示例

接头形式	焊缝形式	标注示例	说明
对接接头	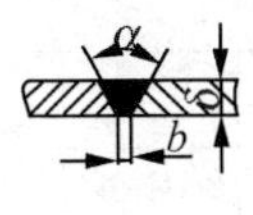	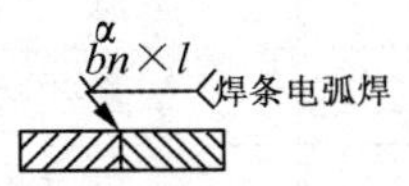	用焊条电弧焊，V 形焊缝，坡目角度为 α，对接间隙为 b，有 n 条焊缝，焊缝长度为 l
	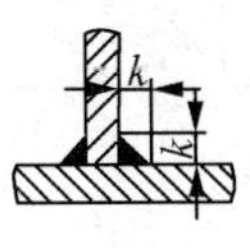	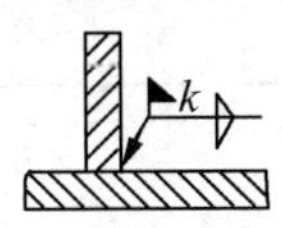	⚑表示在现场装配时进行焊接 ▷表示双面角焊缝，焊角高度为 k
T 形接头	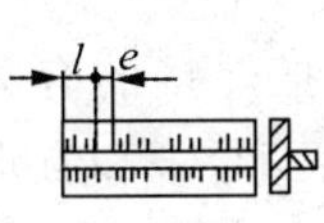	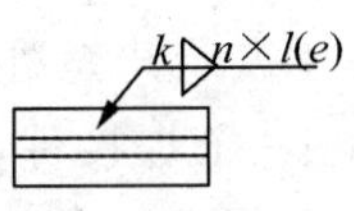	▷ $n\times l(e)$表示有 n 条断续双面链状角焊缝，l 表示焊缝长度，e 表示断续焊缝的间距
	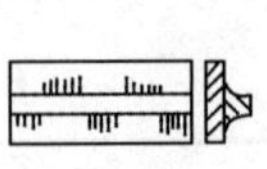	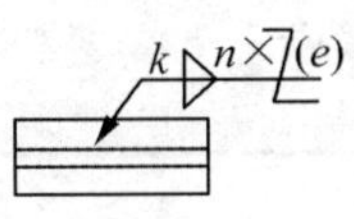	Z表示交错断续焊缝
	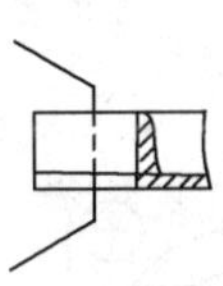	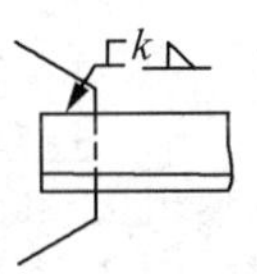	⊏表示二面焊接 ◺表示单面角焊缝
角接接头	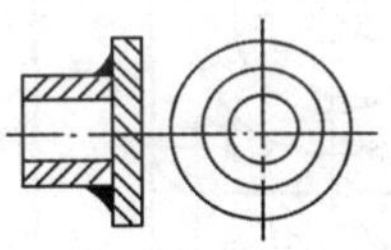	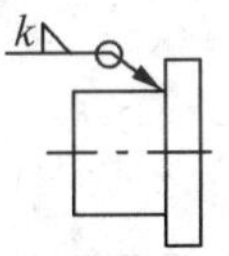	单面角焊缝，焊角高度为 k，表示周围焊缝，即圆周一圈均为单面角焊缝
	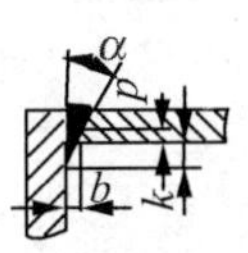	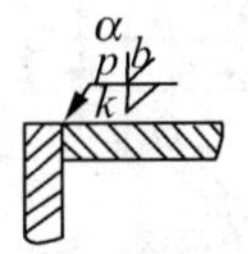	⊬表示双面焊缝，上面为单边 V 形焊缝，下面为角焊缝
	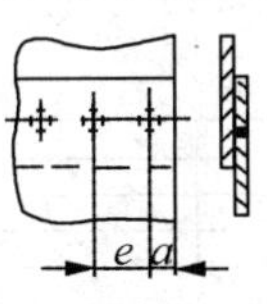	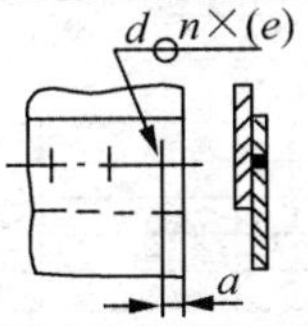	○表示点焊，d 表示焊点直径，e 表示焊点的间距，a 表示焊点至板边的间距

三、焊接方法及数字代号

焊接的方法很多，常用的有电弧焊、电渣焊、点焊和钎焊等，其中以电弧焊应用最广。焊接方法可用文字在技术要求中注明，也可以用数字代号直接注写在指引线的尾部。常用焊接方法及数字代号见表 10-6。

表 10-6　　常用焊接方法及数字代号

焊接方法	数字代号	焊接方法	数字代号
手工电弧焊	111	微光焊	751
埋弧焊	12	氧—乙炔焊	311
电渣焊	72	硬钎焊	91
电子束焊	76	点焊	21

四、读焊接图

金属焊接件图除了将机构的形状、尺寸表示清楚外，还要把焊接的有关内容表达清楚。如图 10-13 所示，弯头是化工设备上的一个焊接件，由底盘、弯管和方形凸缘三个零件组成。图样中不仅表达了各零件的装配和焊接要求，而且还表达了零件的形状、尺寸以及加工要求，因此不必另画零件图。

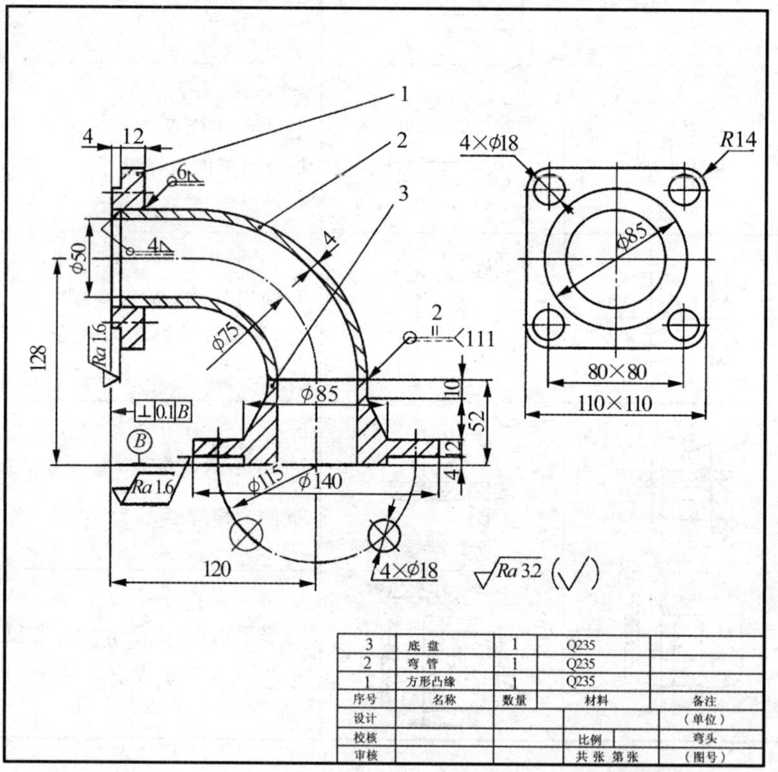

图 10-13　弯头焊接图

附　录

附录1　螺　纹

附表 1-1　　　　**普通螺纹(摘自 GB/T 193—2003)**

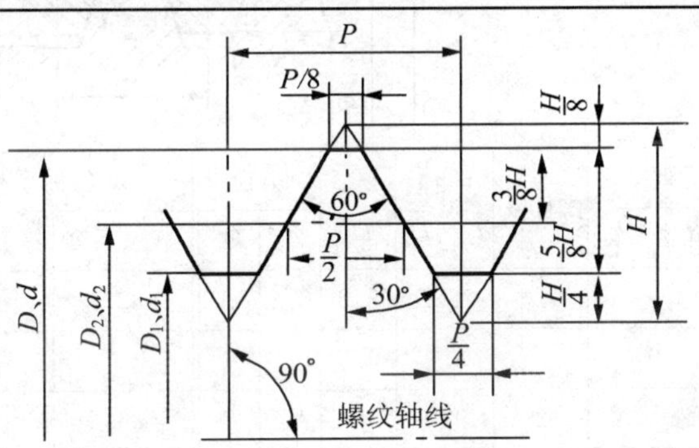

公称直径 D、d		螺距 P		粗牙中径 D_2、d_2	粗牙小径 D_1、d_1
第一系列	第二系列	粗牙	细牙		
3		0.5	0.35	2.675	2.459
	3.5	(0.6)		3.110	2.850
4		0.7	0.5	3.545	3.242
	4.5	(0.75)		4.013	3.688
5		0.8		4.480	4.134
6		1	0.75,(0.5)	5.350	4.917
8		1.25	1,0.75,(0.5)	7.188	6.647
10		1.5	1.25,1,0.75,(0.5)	9.026	8.376
12		1.75	1.5,1.25,1,0.75,(0.5)	10.863	10.106
	14	2	1.5,(1.25),1,(0.75),(0.5)	12.701	11.835

续表

公称直径 D、d		螺距 P		粗牙中径	粗牙小径
第一系列	第二系列	粗牙	细牙	D_2、d_2	D_1、d_1
16		2	1.5,1,(0.75),(0.5)	14.701	13.835
	18	2.5	1.5,1,(0.75),(0.5)	16.376	15.294
20		2.5		18.376	17.294
	22	2.5	2,1.5,1,(0.75),(0.5)	20.376	19.294
24		3	2,1.5,1,(0.75)	22.051	20.752
	27	3	2,1.5,1,(0.75)	25.051	23.752
30		3.5	(3),2,1.5,1,(0.75)	27.727	26.211

注:优先选用第一系列,括号内尺寸尽可能不用,第三系列未列入。

附表 1-2　　梯形螺纹(摘自 GB/T 5796.2—2005、GB/T 5796.3—2005)

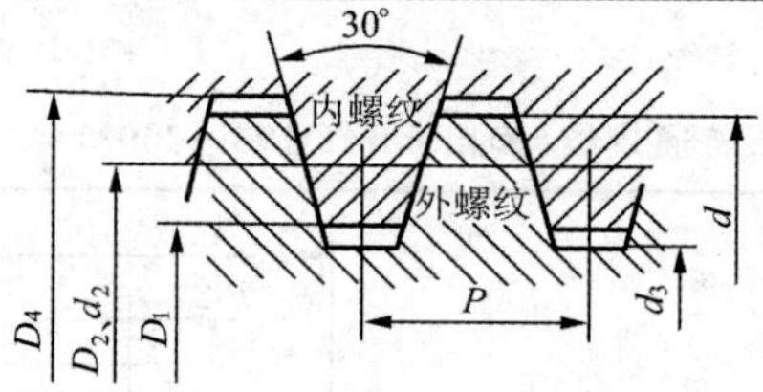

d 公称系列		螺距 P	中径	大径	小径		d 公称系列		螺距 P	中径	大径	小径	
第一系列	第二系列		$d_2=D_2$	D_4	d_1	D_1	第一系列	第二系列		$d_2=D_2$	D_4	d_1	D_1
8	—	1.5	7.25	8.3	6.2	6.5	32	—	6	29.0	33	25	26
—	9	2	8.0	9.5	6.5	7	—	34		31.0	35	27	28
10	—		9.0	10.5	7.5	8	36	—		33.0	37	29	30
—	11		10.0	11.5	8.5	9	—	38	7	34.5	39	30	31
12	—	3	10.5	12.5	8.5	9	40	—		36.5	41	32	33
—	14		12.5	14.5	10.5	11	—	42		38.5	43	34	35
16	—	4	14.0	16.5	11.5	12	44	—		40.5	45	36	37
—	18		16.0	18.5	13.5	14	—	46	8	42.0	47	37	38
20	—		18.0	20.5	15.5	16	48	—		44.0	49	39	40
—	22	5	19.5	22.5	16.5	17	—	50		46.0	51	41	42
24	—		21.5	24.5	18.5	19	52	—		48.0	53	43	44
—	26		23.5	26.5	20.5	21	—	55	9	50.5	56	45	46
28	—		25.5	28.5	22.5	23	60	—		55.5	61	50	51
—	30	6	27.0	31.0	23.0	24	—	65	10	60.0	66	54	55

注:1.优先选用第一系列直径。

2.表中所列螺距和直径是优先选择的螺距及与之对应的直径。

附表 1-3　　　　**55°非密封管螺纹(摘自 GB/T 7307—2001)**

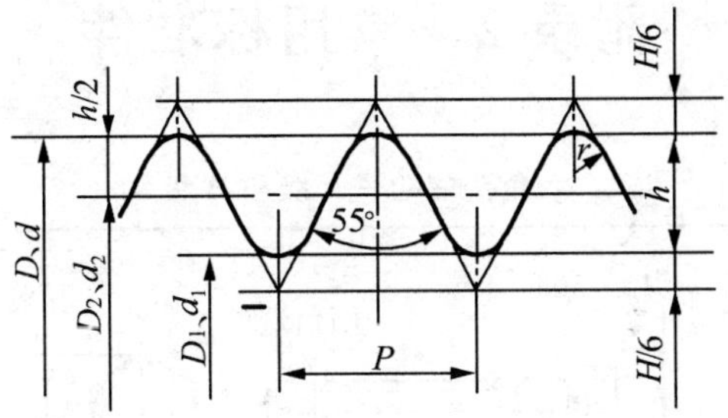

尺寸代号	每 25.4mm 内所含的牙数 n	螺距 P(mm)	牙高 h(mm)	基本直径		
				大径 $d=D$(mm)	中径 $d_2=D_2$(mm)	小径 $d_1=D_1$(mm)
1/16	28	0.907	0.581	7.723	7.142	6.561
1/8	28	0.907	0.581	9.728	9.147	8.566
1/4	19	1.337	0.856	13.157	12.301	11.445
3/8	19	1.337	0.856	16.662	15.806	14.950
1/2	14	1.814	1.162	20.955	19.793	18.631
3/4	14	1.814	1.162	26.441	25.279	24.117
1	11	2.309	1.479	33.249	31.770	30.291
11/4	11	2.309	1.479	41.910	40.431	38.952
11/2	11	2.309	1.479	47.803	46.324	44.845
2	11	2.309	1.479	59.614	58.135	56.656
21/2	11	2.309	1.479	75.184	73.705	72.226
3	11	2.309	1.479	87.884	86.405	84.926
4	11	2.309	1.479	113.030	111.551	110.072
5	11	2.309	1.479	138.430	136.951	135.472
6	11	2.309	1.479	163.830	162.351	160.872

附录 2　常用标准件

附表 2-1　　**六角头螺栓—A 级和 B 级**

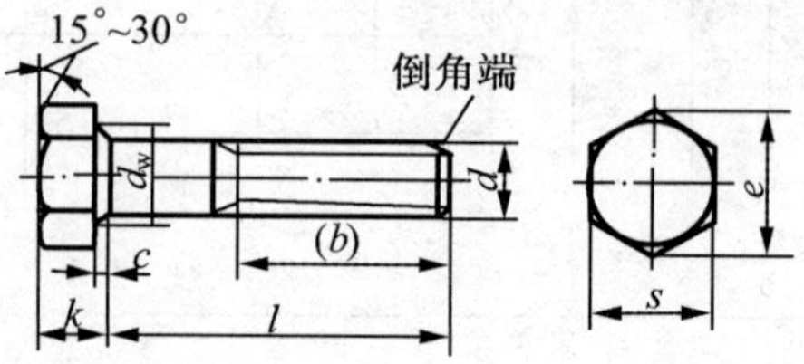

六角头螺栓—A 级和 B 级(GB/T 5782—2000)

六角头螺栓—细牙—A 级和 B 级(GB/T 5782—2000)

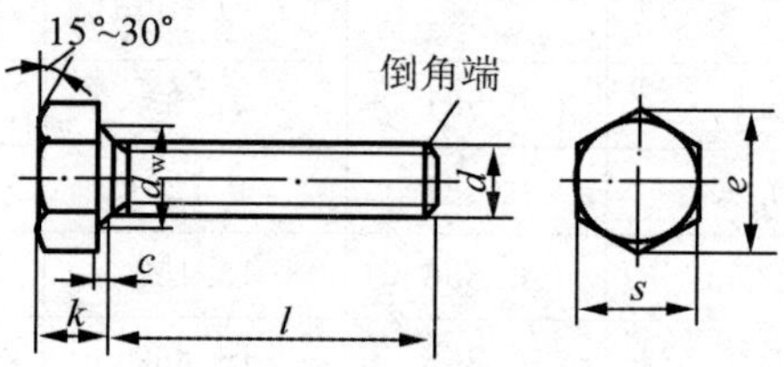

六角头螺栓—全螺纹—A 级和 B 级(GB/T 5783—2000)

六角头螺栓—细牙—全螺纹—A 级和 B 级(GB/T 5786—2000)

螺纹规格	d	M4	M5	M6	M8	M10	M12	M16	M20	M24	M30	M36	M42	M48
	$D\times P$	—	—	—	M8×1	M10×1	M12×1.5	M16×1.5	M20×2	M24×2	M30×2	M36×3	M42×3	M48×3
b 参考	$l\leqslant125$	14	16	18	22	26	30	38	46	54	66	78	—	—
	$125<l\leqslant200$	—	—	—	28	32	36	44	52	60	72	84	96	108
	$l>200$	—	—	—	—	—	—	57	65	73	85	97	109	121
c_{max}		0.4	0.5		0.6			0.8					1	
$k_{公称}$		2.8	3.5	4	5.3	6.4	7.5	10	12.5	15	18.7	22.5	26	30
s_{max}=公称		7	8	10	13	16	18	24	30	36	46	55	65	75
e_{min}	A	7.66	8.79	11.05	14.38	17.77	20.03	26.75	33.53	39.98	—	—	—	—
	B	—	8.63	10.89	14.2	17.59	19.85	26.17	32.95	39.55	50.85	60.79	72.02	82.6
$d_{w\,min}$	A	5.9	6.9	8.9	11.6	14.6	16.6	22.5	28.2	33.6	—	—	—	—
	B	—	6.7	8.7	11.4	14.4	16.4	22	27.7	33.2	42.7	51.1	60.6	69.4
$l_{范围}$	GB 5782	25～40	25～50	30～60	35～80	40～100	45～120	55～160	65～200	80～240	90～300	110～360	130～400	140～400
	GB 5785											110～300		
	GB 5783	8～40	10～50	12～60	16～80	20～100	25～100	35～100	40～100				80～500	100～500
	GB 5786	—	—	—			25～120	35～160	40～200				90～400	100～500
$l_{系列}$	GB 5782 GB 5785	20～65(5 进位)、70～160(10 进位)、180～400(20 进位)												
	GB 5783 GB 5785	6、8、10、12、16、18、20～65(5 进位)、70～160(10 进位)、180～500(20 进位)												

注：A 级用于 $d\leqslant24$ 和 $1\leqslant10d$ 或$\leqslant150$ 的螺栓；B 级用于 $d>24$ 和 $1>10d$ 或>150 的螺栓。

附表 2-2 　　　　六角头螺栓—C 级

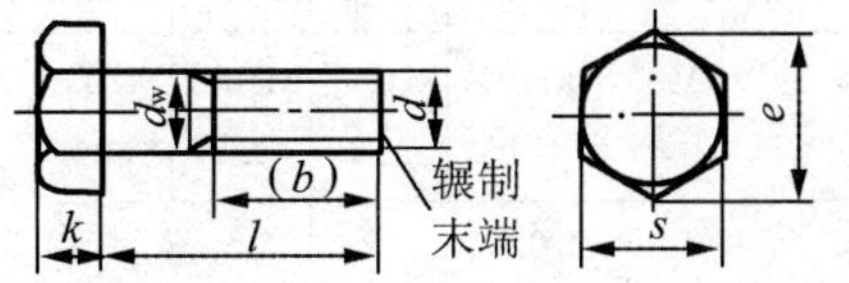

六角头螺栓—C 级(摘自 GB/T 5780—2000)

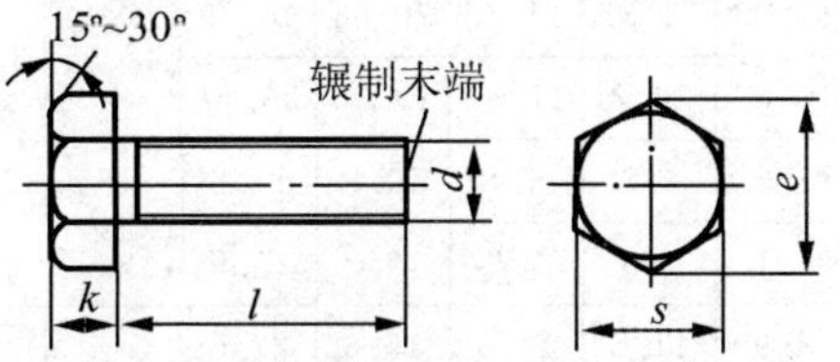

六角头螺栓—全螺纹—C 级(摘自 GB/T 5781—2000)

螺纹规格 d		M5	M6	M8	M10	M12	M16	M20	M24	M30	M36	M42	M48
$b_{参考}$	$l \leqslant 125$	16	18	22	26	30	38	40	54	66	78	—	—
	$125 < l \leqslant 200$	—	—	28	32	36	44	52	60	72	84	96	108
	$l > 200$	—	—	—	—	—	57	65	73	85	97	109	121
$k_{公称}$		3.5	4.0	5.3	6.4	7.5	10	12.5	15	18.7	22.5	26	30
s_{max}		8	10	13	16	18	24	30	36	46	55	65	75
e_{max}		8.63	10.9	14.2	17.6	19.9	26.2	33.0	39.6	50.9	60.8	72.0	82.6
d_{wmax}		5.48	6.48	8.58	10.6	12.7	16.7	20.8	24.8	30.8	37.0	45.0	49.0
$l_{范围}$	GB/T 5780—2000	25～50	30～60	35～80	40～100	45～120	55～160	65～200	80～240	90～300	110～300	160～420	180～480
	GB/T 5781—2000	10～40	12～50	16～65	20～80	25～100	35～100	40～100	50～100	60～100	70～100	80～420	90～480
$l_{系列}$		10、12、16、20～50(5 进位)、(55)、60、(65)、70～160(10 进位)、180、220～500(20 进位)											

注:括号内尽可能不选用,末端按照 GB/T 2—2000 规定。

附表 2-3 　　　　六角螺母

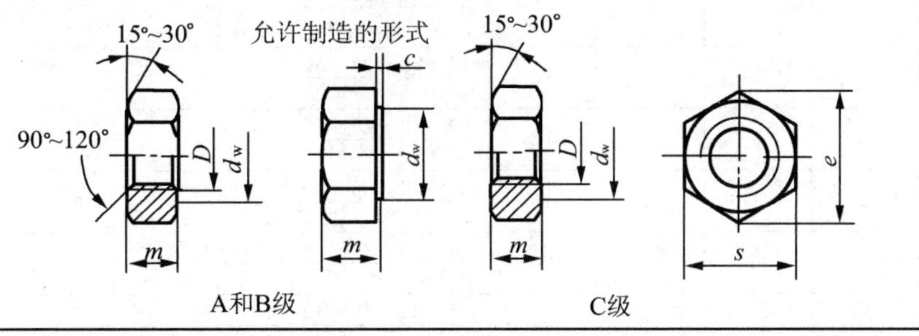

续表

螺纹规格		M4	M5	M6	M8	M10	M12	M16	M20	M24	M30	M36	M42	M48
螺纹规格	D	M4	M5	M6	M8	M10	M12	M16	M20	M24	M30	M36	M42	M48
	$D\times P$	—	—	—	M8×1	M10×1	M12×1.5	M16×1.5	M20×2	M24×2	M30×2	M36×3	M42×3	M48×3
c		0.4	0.5		0.6			0.8				1		
s_{max}		7	8	10	13	16	18	24	30	36	46	55	65	75
e_{min}	A、B级	7.66	8.79	11.05	14.38	17.77	20.03	26.75	32.95	39.95	50.85	60.79	72.02	82.6
	C级	—	8.63	10.89	14.2	17.59	19.85	26.17						
m_{max}	A、B级	3.2	4.7	5.2	6.8	8.4	10.8	14.8	18	21.5	25.6	31	34	38
	C级	—	5.6	6.1	7.9	9.5	12.2	15.9	18.7	22.3	26.4	31.5	34.9	38.9
$d_{w\ min}$	A、B级	5.9	6.9	8.9	11.6	14.6	16.6	22.5	27.7	33.2	42.7	51.1	60.6	69.4
	C级	—	6.9	8.7	11.5	14.5	16.5	22						

注：A级用于 $D\leqslant16$；B级用于 $D>16$。

附表 2-4　　**双头螺柱**

$b_m=1d$(GB/T 897—1988)

$b_m=1.25d$(GB/T 898—1988)

$b_m=1.5d$(GB/T 899—1988)

$b_m=2d$(GB/T 900—1988)

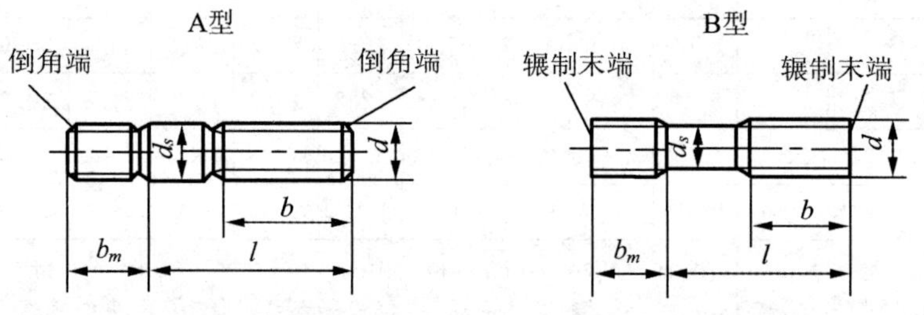

$d_{s\ max}=d$　　　　$d_s\approx$螺纹中径

螺纹规格 d	b_m(旋入机体端长度)				l/b(螺柱长度/旋螺母端长度)
	GB/T 897	GB/T 898	GB/T 899	GB/T 900	
M4	—	—	6	8	$\frac{16\sim22}{8}$　$\frac{25\sim40}{14}$
M5	5	6	8	10	$\frac{16\sim22}{10}$　$\frac{25\sim50}{16}$
M6	6	8	10	12	$\frac{20\sim22}{10}$　$\frac{25\sim30}{14}$　$\frac{32\sim75}{18}$
M8	8	10	12	16	$\frac{20\sim22}{12}$　$\frac{25\sim30}{16}$　$\frac{32\sim90}{22}$
M10	10	12	15	20	$\frac{25\sim28}{14}$　$\frac{30\sim38}{16}$　$\frac{40\sim120}{26}$　$\frac{130}{32}$
M12	12	15	18	24	$\frac{25\sim30}{14}$　$\frac{32\sim40}{16}$　$\frac{45\sim120}{26}$　$\frac{130\sim180}{32}$
M16	16	20	24	32	$\frac{30\sim38}{16}$　$\frac{40\sim55}{20}$　$\frac{60\sim120}{30}$　$\frac{130\sim200}{36}$

续表

螺纹规格 d	b_m（旋入机体端长度）				l/b（螺柱长度/旋螺母端长度）
	GB/T 897	GB/T 898	GB/T 899	GB/T 900	
M20	20	25	30	40	$\frac{35\sim40}{20}$ $\frac{45\sim65}{30}$ $\frac{70\sim120}{38}$ $\frac{130\sim200}{44}$
（M24）	24	30	36	48	$\frac{45\sim50}{25}$ $\frac{55\sim75}{35}$ $\frac{80\sim120}{46}$ $\frac{130\sim200}{52}$
（M30）	30	38	45	60	$\frac{60\sim65}{40}$ $\frac{70\sim90}{50}$ $\frac{95\sim120}{66}$ $\frac{130\sim200}{72}$ $\frac{210\sim250}{85}$
M36	36	45	54	72	$\frac{65\sim75}{45}$ $\frac{80\sim110}{60}$ $\frac{120}{78}$ $\frac{130\sim200}{84}$ $\frac{210\sim300}{97}$
M42	42	52	63	84	$\frac{70\sim80}{50}$ $\frac{85\sim110}{70}$ $\frac{120}{90}$ $\frac{130\sim200}{96}$ $\frac{210\sim300}{109}$
M48	48	60	72	96	$\frac{80\sim90}{60}$ $\frac{95\sim110}{80}$ $\frac{120}{102}$ $\frac{130\sim200}{108}$ $\frac{210\sim300}{121}$
$l_{系列}$	12、(14)、16、(18)、20、(22)、25、(28)、30、(32)、35、(38)、40、45、50、55、60、(65)、70、75、80、(85)、90、(95)、100～260(10 进位)、280、300				

注：1. 括号内尽可能不选用，末端按照 GB/T2—2000 规定。

2. $b_m=1d$ 一般用于钢对钢连接；$b_m=1.25\sim1.5d$ 一般用于钢对铸铁连接；$b_m=2d$ 一般用于铁对铝合金连接。

附表 2-5　　螺钉

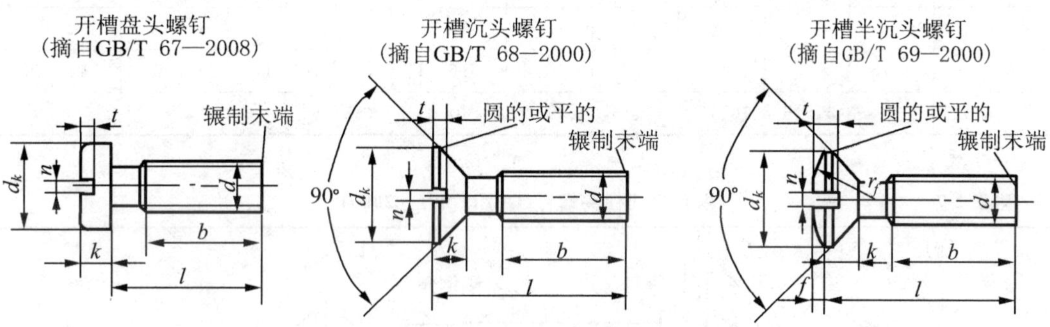

（无螺纹部分杆径≈中径或=螺纹大径）

螺纹规格 d	P	$b_{\min}$	n 公称	f	r_f	$k_{\max}$		$d_{k\max}$		$t_{\min}$			$l_{截图}$		全螺纹时最大长度	
				GB/T 69	GB/T 69	GB/T 67	GB/T 68 GB/T 69	GB/T 67	GB/T 68 GB/T 69	GB/T 67	GB/T 68	GB/T 69	GB/T 67	GB/T 68 GB/T 69	GB/T 67	GB/T 68 GB/T 69
M2	0.4	25	0.5	4	0.5	1.3	1.2	4	3.8	0.5	0.4	0.8	2.5～20	3～20	30	
M3	0.5		0.8	6	0.7	1.8	1.65	5.6	5.5	0.7	0.6	1.2	4～30	5～30		
M4	0.7	38	1.2	9.5	1	2.4	2.7	8	8.4	1	1	1.6	5～40	6～40	40	45
M5	0.8				1.2	3		9.5	9.3	1.2	1.1	2	6～50	8～50		
M6	1		1.6	12	1.4	3.6	3.3	12	12	1.4	1.2	2.4	8～60	8～60		
M8	1.25		2	16.5	2	4.8	4.65	16	16	1.9	1.8	3.2	10～80			
M10	1.5		2.5	19.5	2.3	6	5	20	20	2.4	2	3.8				
$l_{系列}$	2、2.5、3、4、5、6、8、10、12、(14)、16、20～50(5 进位)、(55)、60、(65)、70、(75)、80															

附表 2-6　　**紧定螺钉**

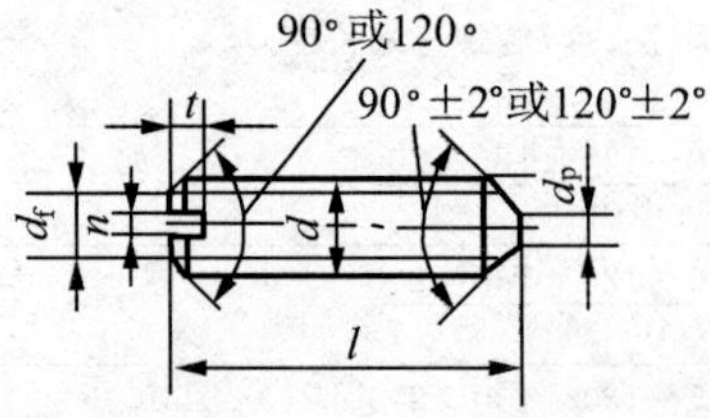

开槽锥端紧定螺钉(GB/T 71—1985)

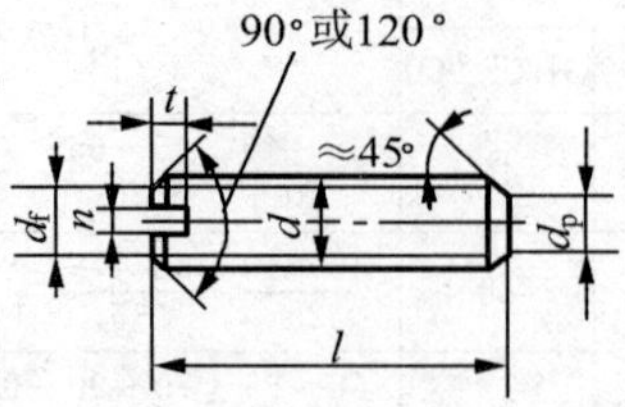

开槽平端紧定螺钉(GB/T 73—1985)

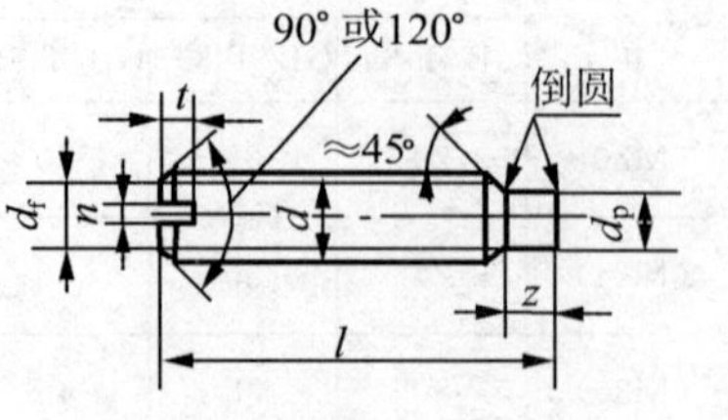

开槽长圆柱端紧定螺钉(GB/T 75—1985)

螺纹规格 d	P	d_f	d_{max}	$d_{p\,max}$	$n_{公称}$	t_{max}	z_{max}	$l_{范围}$		
								GB 71	GB 73	GB 75
M2	0.4	螺纹小径	0.2	1	0.25	0.84	1.25	3～10	2～10	3～10
M3	0.5		0.3	2	0.4	1.05	1.75	4～16	3～16	5～16
M4	0.7		0.4	2.5	0.6	1.42	2.25	6～20	4～20	6～20
M5	0.8		0.5	3.5	0.8	1.63	2.75	8～25	5～25	8～25
M6	1		1.5	4	1	2	3.25	8～30	6～30	8～30
M8	1.25		2	5.5	1.2	2.5	4.3	10～40	8～40	10～40
M10	1.5		2.5	7	1.6	3	5.3	12～50	10～50	12～50
M12	1.75		3	8.5	2	3.6	6.3	14～60	12～60	14～60
$l_{系列}$	2、2.5、3、4、5、6、8、10、12、(14)、16、20、25、30、35、40、45、50、(55)、60									

附表 2-7　　**内六角圆柱头螺钉(GB/T 70.1—2000)**

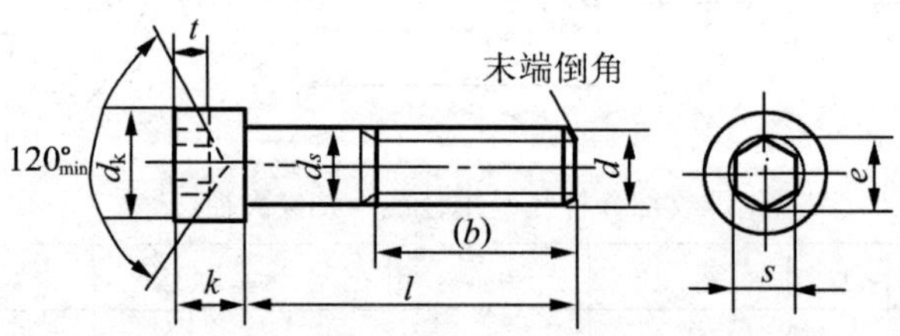

螺纹规格 d		M4	M5	M6	M8	M10	M12	M14	M16	M20	M24	M30	M36
螺距 P		0.7	0.8	1	1.25	1.5	1.75	2	2	2.5	3	3.5	4
$b_{参考}$		20	22	24	28	32	36	40	44	52	60	72	84
$d_{k\max}$	光滑头部	7	8.5	10	13	16	18	21	24	30	36	45	54
	滚花头部	7.22	8.72	10.22	13.27	16.27	18.27	21.33	24.33	30.33	36.39	45.39	54.46
k_{max}		4	5	6	8	10	12	14	16	20	24	30	36
t_{min}		2	2.5	3	4	5	6	7	8	10	12	15.5	19
$s_{公称}$		3	4	5	6	8	10	12	14	17	19	22	27
e_{min}		3.44	4.58	5.72	6.86	9.15	11.43	13.72	16	19.44	21.73	25.15	30.35

续表

螺纹规格 d	M4	M5	M6	M8	M10	M12	M14	M16	M20	M24	M30	M36
$d_{s\ max}$	4	5	6	8	10	12	14	16	20	24	30	36
$l_{范围}$	6～40	8～50	10～60	12～80	16～100	20～120	25～140	25～160	30～200	40～200	45～200	55～200
全螺纹时最大长度	25	25	30	35	40	45	55	55	65	80	90	100
$l_{系列}$	6、8、10、12、(14)、(16)、20～50(5 进位)、(55)、60、(65)、70～160(10 进位)、180、200											

附表 2-8　　垫圈

小垫圈—A 级(GB/T 848—2002)

平垫圈—A 级(GB/T 97.1—2002)

平垫圈—倒角型—A 级(GB/T 97.2—2002)

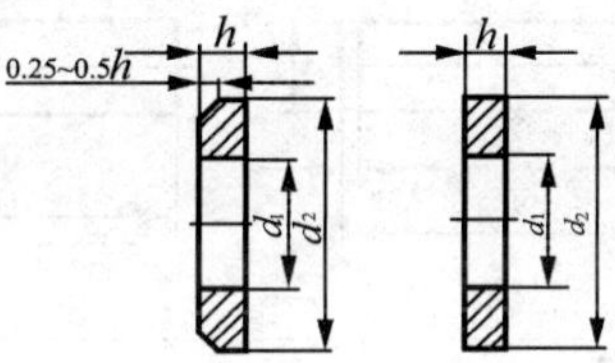

公称尺寸(螺纹规格 d)		1.6	2	2.5	3	4	5	6	8	10	12	14	16	20	24	30	36
d_1	GB/T 848	1.7	2.2	2.7	3.2	4.3	5.3	6.4	8.4	10.5	13	15	17	21	25	31	37
	GB/T 97.1																
	GB/T 97.2	—	—	—	—	—											
d_2	GB/T 848	3.5	4.5	5	6	8	9	11	15	18	20	24	28	34	39	50	60
	GB/T 97.1	4	5	6	7	9	10	12	16	20	24	28	30	37	44	56	66
	GB/T 97.2	—	—	—	—	—	10	12	16	20	24	28	30	37	44	56	66
h	GB/T 848	0.3	0.3	0.5	0.5	0.5	1	1.6	1.6	1.6	2	2.5	2.5	3	4	4	5
	GB/T 97.1																
	GB/T 97.2	—	—	—	—	—											

附表 2-9　　标准型弹簧垫圈(GB/T 93—1987)

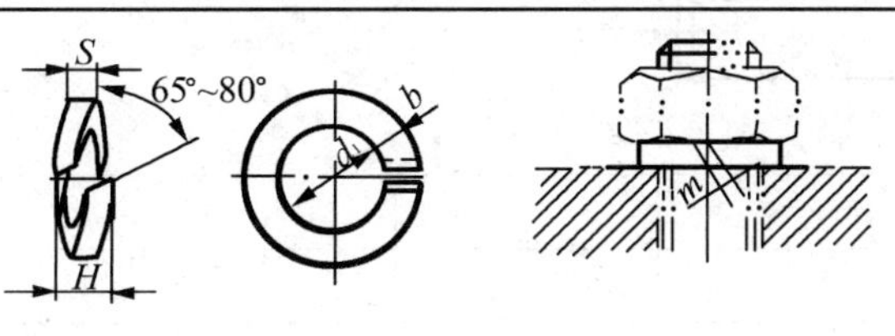

续表

规格（螺纹大径）	4	5	6	8	10	12	16	20	24	30	36	42	48
d_{1max}	4.1	5.1	6.1	8.1	10.2	12.2	16.2	20.2	24.5	30.5	36.5	42.5	48.5
$S=b_{公称}$	1.1	1.3	1.6	2.1	2.6	3.1	4.1	5	6	7.5	9	10.5	12
$m\leqslant$	0.55	0.65	0.8	1.05	1.3	1.55	2.05	2.5	3	3.75	4.5	5.25	6
H_{max}	2.75	3.25	4	5.25	6.5	7.75	10.25	12.5	15	18.75	22.5	26.25	30

附表 2-10　　圆柱销(GB/T 119.1—2000)

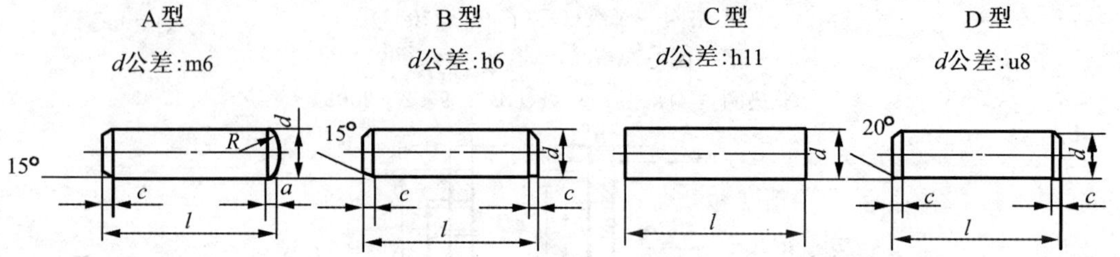

d(公称) m6/h8	2	3	4	5	6	8	10	12	16	20	25
a	0.25	0.40	0.50	0.63	0.80	1.0	1.2	1.6	2.0	2.5	3.0
c	0.35	0.5	0.63	0.8	1.2	1.6	2	2.5	3	3.5	4
$l_{范围}$	6～20	8～30	8～40	10～50	12～60	14～80	18～95	22～140	26～180	35～200	50～200
$l_{系列}$（公称）	2、3、4、5、6～32(进位)、35～100(5 进位)、120～200(按 20 递增)										

附表 2-11　　圆锥销(GB/T 117—2000)

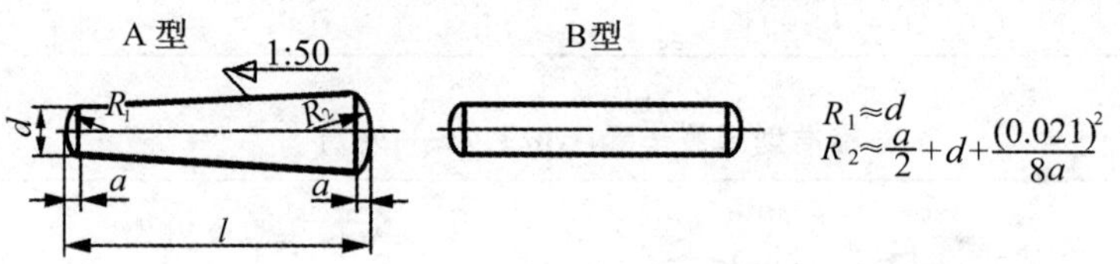

$d_{公称}$	2	2.5	3	4	5	6	8	10	12	16	20	25
$a=$	0.25	0.3	0.4	0.5	0.63	0.8	1.0	1.2	1.6	2.0	2.5	3.0
$l_{范围}$	10～35	10～35	12～45	14～55	18～60	22～90	22～120	26～160	32～180	40～200	45～200	50～200
$l_{系列}$	2、3、4、5、6～32(2 进位)、35～100(5 进位)、120～200(20 进位)											

附表 2-12　　普通平键键槽的尺寸及公差(GB/T 1095—2003)

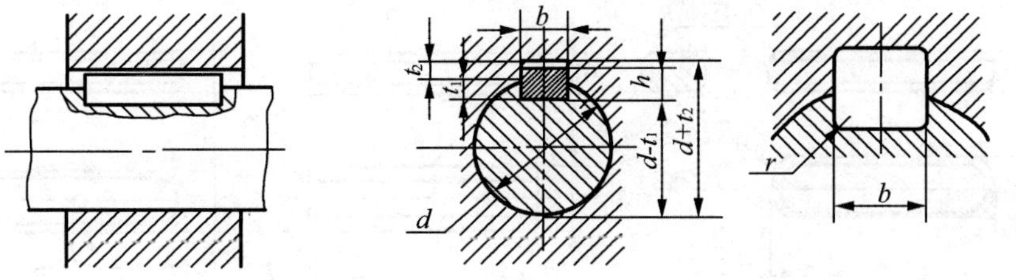

轴的直径 d	键尺寸 $b\times h$	键槽											
		宽度 b						深度				半径 r	
		基本尺寸	极限偏差					轴 t_1		毂 t_2			
			正常连接		紧密连接	松连接		基本尺寸	极限偏差	基本尺寸	极限偏差		
			轴 N9	毂 JS10	轴和毂 P9	轴 H9	毂 D10					min	max
自 6～8	2×2	2	−0.004 −0.029	±0.0125	−0.006 −0.031	+0.025 0	+0.060 +0.020	1.2	+0.1 0	1	+0.1 0	0.08	0.16
>8～10	3×3	3						1.8		1.4			
>10～12	4×4	4	0 −0.030	±0.015	−0.012 −0.042	+0.030 0	+0.078 +0.030	2.5		1.8			
>12～17	5×5	5						3.0		2.3		0.16	0.25
>17～22	6×6	6						3.5		2.8			
>22～30	8×7	8	0 −0.036	±0.018	−0.015 −0.051	+0.036 0	+0.098 +0.040	4.0	+0.2 0	3.3	+0.2 0		
>30～38	10×8	10						5.0		3.3		0.25	0.40
>38～44	12×8	12	0 −0.043	±0.026	+0.018 −0.061	+0.043 0	+0.120 +0.050	5.0		3.3			
>44～50	14×9	14						5.5		3.8			
>50～58	16×10	16						6.0		4.3			
>58～65	18×11	18						7.0		4.4			
>65～75	20×12	20	0 −0.052	±0.031	+0.022 −0.074	+0.052 0	+0.149 +0.065	7.5		4.9		0.40	0.60
>75～85	22×14	22						9.0		5.4			
>85～95	25×14	25						9.0		5.4			
>95～100	28×16	28						10.0		6.4			
>110～130	32×18	32	0 −0.062	±0.037	−0.026 −0.088	+0.062 0	+0.180 +0.080	11.0		7.4			
>130～150	36×20	36						12.0	+0.3 0	8.4	+0.3 0	0.70	1.0
>150～170	40×22	40						13.0		9.4			
>170～200	45×25	45						15.0		10.4			

附表 2-13　　普通平键的尺寸与公差(GB/T 1096—2003)

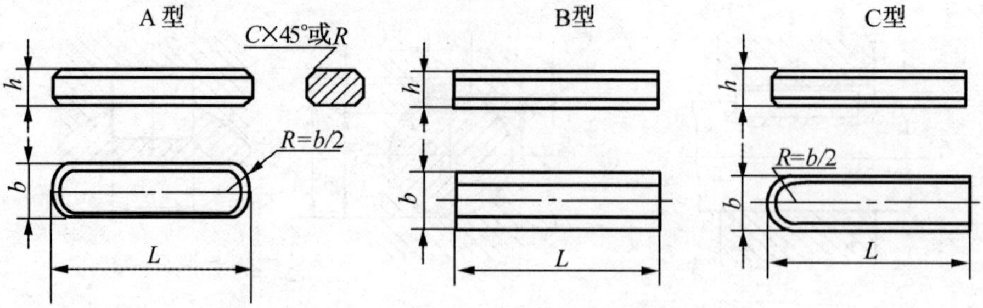

宽度 b	基本尺寸	2	3	4	5	6	8	10	12	14	16	18	20	22
	极限偏差 (h8)	0 −0.014		0 −0.018			0 −0.022		0 −0.027				0 −0.033	
高度 h	基本尺寸	2	3	4	5	6	7	8	8	9	10	11	12	14
	极限偏差 矩形 (h11)	—		—			0 −0.090					0 −0.110		
	极限偏差 方形 (h8)	0 −0.014		0 −0.018			—					—		
倒角或圆角 s		0.16～0.25			0.25～0.40			0.40～0.60					0.60～0.80	
长度 L 基本尺寸	极限偏差(h14)													
6	0 −0.36			—	—	—	—	—	—	—	—	—	—	—
8					—	—	—	—	—	—	—	—	—	—
10						—	—	—	—	—	—	—	—	—
12	0 −0.48					—	—	—	—	—	—	—	—	—
14							—	—	—	—	—	—	—	—
16							—	—	—	—	—	—	—	—
18								—	—	—	—	—	—	—
20	0 −0.52							—	—	—	—	—	—	—
22		—			标准				—	—	—	—	—	—
25		—							—	—	—	—	—	—
28		—								—	—	—	—	—

续表

宽度 b	基本尺寸	2	3	4	5	6	8	10	12	14	16	18	20	22
	极限偏差 (h8)	0 −0.014		0 −0.018			0 −0.022		0 −0.027				0 −0.033	
32	0 −0.62	—								—	—	—	—	—
36		—									—	—	—	—
40		—	—								—	—	—	—
45		—	—				长度					—	—	—
50		—	—	—									—	—
56	0 −0.74	—	—	—										—
63		—	—	—	—									
70		—	—	—	—									
80		—	—	—	—	—								
90	0 −0.87	—	—	—	—	—				范围				
100		—	—	—	—	—	—							
110		—	—	—	—	—	—							
125	0 −1.00	—	—	—	—	—	—	—						
140		—	—	—	—	—	—	—						
160		—	—	—	—	—	—	—	—					
180		—	—	—	—	—	—	—	—	—				
200	0 −1.15	—	—	—	—	—	—	—	—	—	—			
220		—	—	—	—	—	—	—	—	—	—	—		
250		—	—	—	—	—	—	—	—	—	—	—	—	

附表 2-14　　半圆键

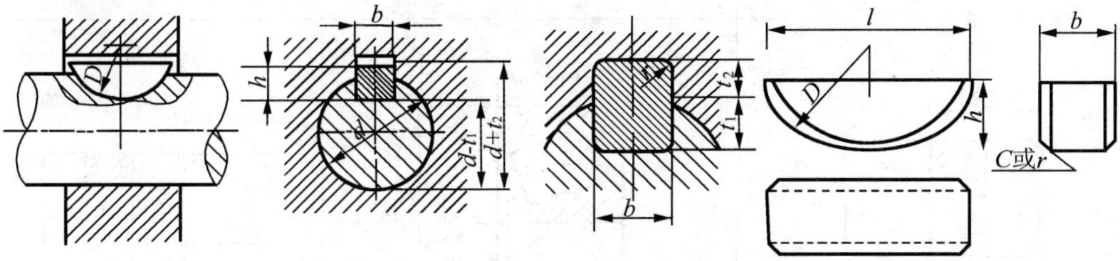

半圆键　键槽的剖面尺寸(GB/T 1098—2003)

普通型　半圆键(GB/T 1099—2003)

续表

<table>
<tr><th rowspan="3">轴的直径
d</th><th colspan="4">键尺寸</th><th colspan="5">键槽</th></tr>
<tr><th rowspan="2">b</th><th rowspan="2">h(h11)</th><th rowspan="2">D(h12)</th><th rowspan="2">c</th><th colspan="2">轴</th><th colspan="2">轮毂</th><th rowspan="2">半径 r</th></tr>
<tr><th>t_1</th><th>极限偏差</th><th>t_2</th><th>极限偏差</th></tr>
<tr><td>3～4</td><td>1.0</td><td>1.4</td><td>4</td><td rowspan="7">0.16～0.25</td><td>1.0</td><td rowspan="5">+0.1
0</td><td>0.6</td><td rowspan="13">+0.1
0</td><td rowspan="7">0.16～0.25</td></tr>
<tr><td>4～5</td><td>1.5</td><td>2.6</td><td>7</td><td>2.0</td><td>0.8</td></tr>
<tr><td>5～6</td><td>2.0</td><td>2.6</td><td>7</td><td>1.8</td><td>1.0</td></tr>
<tr><td>6～7</td><td>2.0</td><td>3.7</td><td>10</td><td>2.9</td><td>1.0</td></tr>
<tr><td>7～8</td><td>2.5</td><td>3.7</td><td>10</td><td>2.7</td><td>1.2</td></tr>
<tr><td>8～10</td><td>3.0</td><td>5.0</td><td>13</td><td>3.8</td><td rowspan="7">+0.2
0</td><td>1.4</td></tr>
<tr><td>10～12</td><td>3.0</td><td>6.5</td><td>16</td><td>5.3</td><td>1.4</td></tr>
<tr><td>12～14</td><td>4.0</td><td>6.5</td><td>16</td><td rowspan="7">0.25～0.40</td><td>5.0</td><td>1.8</td><td rowspan="7">0.25～0.40</td></tr>
<tr><td>14～16</td><td>4.0</td><td>7.5</td><td>19</td><td>6.0</td><td>1.8</td></tr>
<tr><td>16～18</td><td>5.0</td><td>6.5</td><td>16</td><td>4.5</td><td>2.3</td></tr>
<tr><td>18～20</td><td>5.0</td><td>7.5</td><td>19</td><td>5.5</td><td>2.3</td></tr>
<tr><td>20～22</td><td>5.0</td><td>9.0</td><td>22</td><td>7.0</td><td>2.3</td></tr>
<tr><td>21～25</td><td>6.0</td><td>9.0</td><td>22</td><td>6.5</td><td rowspan="4">+0.3
0</td><td>2.8</td></tr>
<tr><td>25～28</td><td>6.0</td><td>10.0</td><td>25</td><td>7.5</td><td>2.8</td><td rowspan="3">+0.2
0</td></tr>
<tr><td>28～32</td><td>8.0</td><td>11.0</td><td>28</td><td rowspan="2">0.40～0.60</td><td>8.0</td><td>3.3</td><td rowspan="2">0.40～0.60</td></tr>
<tr><td>32～38</td><td>10.0</td><td>13.0</td><td>32</td><td>10.0</td><td>3.3</td></tr>
</table>

附表 2-15　　滚动轴承

深沟球轴承 (GB/T 276—1994)	圆锥滚子轴承 (GB/T 297—1994)	推力球轴承 (GB/T 301—1995)
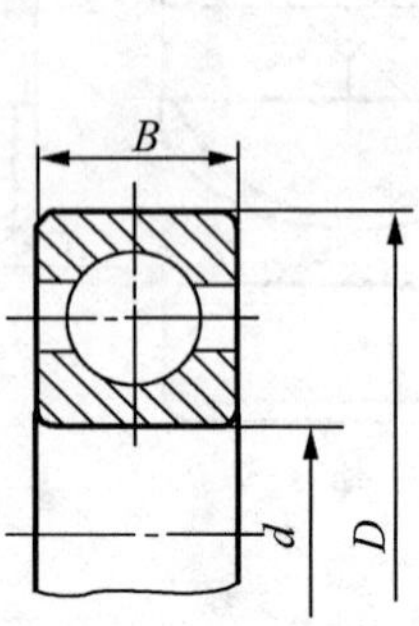	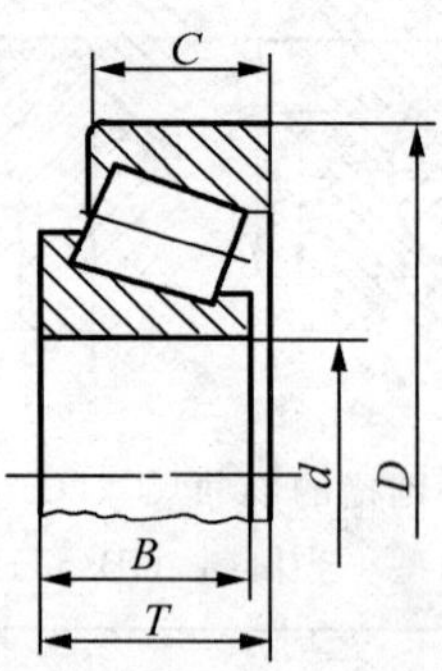	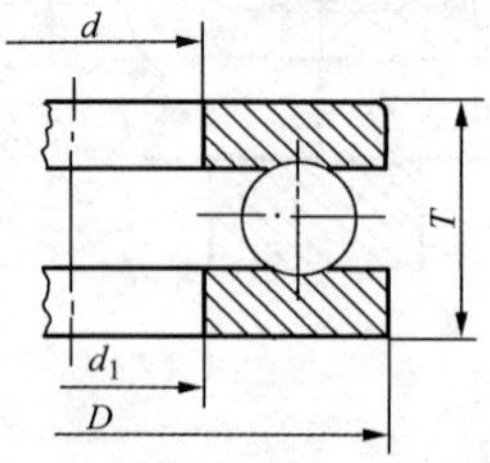

续表

轴承型号	尺寸(mm)			轴承型号	尺寸(mm)					轴承型号	尺寸(mm)			
	d	D	B		d	D	B	C	T		d	D	T	d_1
尺寸系列[(0)2]				尺寸系列[02]						尺寸系列[12]				
6202	15	35	11	30203	17	40	12	11	13.25	51202	15	32	12	17
6203	17	40	12	30204	20	47	14	12	15.25	51203	17	35	12	19
6204	20	47	14	30205	25	52	15	13	16.25	51204	20	40	14	22
6205	25	52	15	30206	30	62	16	14	17.25	51205	25	47	15	27
6206	30	62	16	30207	35	72	17	15	18.25	51206	30	52	16	32
6207	35	72	17	30208	40	80	18	16	19.75	51207	35	62	18	37
6208	40	80	18	30209	45	85	19	16	20.75	51208	40	68	19	42
6209	45	85	19	30210	50	90	20	17	21.75	51209	45	73	20	47
6210	50	90	20	30211	55	100	21	18	22.75	51210	50	78	22	52
6211	55	100	21	30212	60	110	22	19	23.75	51211	55	90	25	57
6212	60	110	22	30213	65	120	23	20	24.75	51212	60	95	26	62
尺寸系列[(0)3]				尺寸系列[03]						尺寸系列[13]				
6302	15	42	13	30302	15	42	13	11	14.25	51304	20	47	18	22
6303	17	47	14	30303	17	47	14	12	15.25	51305	25	52	18	27
6304	20	52	15	30304	20	52	15	13	16.25	51306	30	60	21	32
6305	25	62	17	30305	25	62	17	15	18.25	51307	35	68	24	37
6306	30	72	19	30306	30	72	19	16	20.75	51308	40	78	26	42
6307	35	80	21	30307	35	80	21	18	22.75	51309	45	85	28	47
6308	40	90	23	30308	40	90	23	20	25.75	51310	50	95	31	52

附录 3 极限与配合

附表 3-1 **标准方差表**

(根据国际标准,以下为基本尺寸 0～500mm,4～18 级精度标准公差表)

基本尺寸(mm)	公差等级																			
	IT01	IT0	IT1	IT2	IT3	IT4	IT5	IT6	IT7	IT8	IT9	IT10	IT11	IT12	IT13	IT14	IT15	IT16	IT17	IT18
≤3	0.3	0.5	0.8	1.2	2	3	4	6	10	14	25	40	60	100	140	250	400	600	1000	1400
>3～6	0.4	0.6	1	1.5	2.5	4	5	8	12	18	30	48	75	120	180	300	480	750	1200	1800
>6～10	0.4	0.6	1	1.5	2.5	4	6	9	15	22	36	58	90	150	220	360	580	900	1500	2200
>10～18	0.5	0.8	1.2	2	3	5	8	11	18	27	43	70	110	180	270	430	700	1100	1800	2700
>18～30	0.6	1	1.5	2.5	4	6	9	13	21	33	52	84	130	210	330	520	840	1300	2100	3300
>30～50	0.7	1	1.5	2.5	4	7	11	16	25	39	62	100	160	250	390	620	1000	1600	2500	3900
>50～80	0.8	1.2	2	3	5	8	13	19	30	46	74	120	190	300	460	740	1200	1900	3000	4600
>80～120	1	1.5	2.5	4	6	10	15	22	35	54	87	140	220	350	540	870	1400	2200	3500	5400
>120～180	1.2	2	3.5	5	8	12	18	25	40	63	100	160	250	400	630	1000	1600	2500	4000	6300
>180～250	2	3	4.5	7	10	14	20	29	46	72	115	185	290	460	720	1150	1850	2900	4600	7200
>250～315	2.5	4	6	8	12	16	23	32	52	81	130	210	320	520	810	1300	2100	3200	5200	8100
>315～400	3	5	7	9	13	18	25	36	57	89	140	230	360	570	890	1400	2300	3600	5700	8900
>400～500	4	6	8	10	15	20	27	40	68	97	155	250	400	630	970	1550	2500	4000	6300	9700

注:基本尺寸小于 1mm 时,无 IT14 至 IT18。

附表 3-2　　轴的极限偏差(GB/T 1008.4—1999)　　单位:μm

基本尺寸 (mm)	常用及优先公差带(带圈者为优先公差带)												
	a	b		c			d				e		
	11	11	12	9	10	⑪	8	⑨	10	11	7	8	9
>0~3	−270 −330	−140 −200	−140 −240	−60 −85	−60 −100	−60 −120	−20 −34	−20 −45	−20 −60	−20 −80	−14 −24	−14 −28	−14 −39
>3~6	−270 −345	−140 −215	−140 −260	−70 −100	−70 −118	−70 −145	−30 −48	−30 −60	−30 −78	−30 −105	−20 −32	−20 −38	−20 −50
>6~10	−280 −370	−150 −240	−150 −300	−80 −116	−80 −138	−80 −170	−40 −62	−40 −79	−40 −98	−40 −130	−25 −40	−25 −47	−25 −61
>10~14 >14~18	−290 −400	−150 −260	−150 −330	−95 −138	−95 −165	−95 −205	−50 −77	−50 −93	−50 −120	−50 −160	−32 −50	−32 −59	−32 −75
>18~24 >24~30	−300 −430	−160 −290	−160 −370	−110 −162	−110 −194	−110 −240	−65 −98	−65 −117	−65 −149	−65 −195	−40 −61	−40 −73	−40 −92
>30~40	−310 −470	−170 −330	−170 −420	−120 −182	−120 −220	−120 −280	−80 −119	−80 −142	−80 −180	−80 −240	−50 −75	−50 −89	−50 −112
>40~50	−320 −480	−180 −340	−180 −430	−130 −192	−130 −230	−130 −290							
>50~65	−340 −530	−190 −380	−190 −490	−140 −214	−140 −260	−140 −330	−100 −146	−100 −174	−100 −220	−100 −290	−60 −90	−60 −106	−60 −134
>65~80	−360 −550	−200 −390	−200 −500	−150 −224	−150 −270	−150 −340							
>80~100	−380 −600	−200 −440	−220 −570	−170 −257	−170 −310	−170 −390	−120 −174	−120 −207	−120 −260	−120 −340	−72 −109	−72 −126	−72 −159
>100~120	−410 −630	−240 −460	−240 −590	−180 −267	−180 −320	−180 −400							
>120~140	−460 −710	−260 −510	−260 −660	−200 −300	−200 −360	−200 −450	−145 −208	−145 −245	−145 −305	−145 −395	−85 −125	−85 −148	−85 −185
>140~160	−520 −770	−280 −530	−280 −680	−210 −310	−210 −370	−210 −460							
>160~180	−580 −830	−310 −560	−310 −710	−230 −330	−230 −390	−230 −480							
>180~200	−660 −950	−340 −630	−340 −800	−240 −355	−240 −425	−240 −530	−170 −242	−170 −285	−170 −355	−170 −460	−100 −146	−100 −172	−100 −215
>200~225	−740 −1030	−380 −670	−380 −840	−260 −375	−260 −445	−260 −550							
>225~250	−820 −1110	−420 −710	−420 −880	−280 −395	−280 −465	−280 −570							
>250~280	−920 −1240	−480 −800	−480 −1000	−300 −430	−300 −510	−300 −620	−190 −271	−190 −320	−190 −400	−190 −510	−110 −162	−110 −191	−110 −240
>280~315	−1050 −1370	−540 −860	−540 −1060	−330 −460	−330 −540	−330 −650							
>315~355	−1200 −1560	−600 −960	−600 −1170	−360 −500	−360 −590	−360 −720	−210 −299	−210 −350	−210 −440	−210 −570	−125 −182	−125 −214	−125 −265
>355~400	−1350 −1710	−680 −1040	−680 −1250	−400 −540	−400 −630	−400 −760							
>400~450	−1500 −1900	−760 −1160	−760 −1390	−440 −595	−440 −690	−440 −840	−230 −327	−230 −385	−230 −480	−230 −630	−135 −198	−135 −232	−135 −290
>450~500	−1650 −2050	−840 −1240	−840 −1470	−480 −635	−480 −730	−480 −880							

续表

基本尺寸(mm)	常用及优先公差带(带圈者为优先公差带)															
	f					g			h							
	5	6	⑦	8	9	5	⑥	7	5	⑥	⑦	8	⑨	10	⑪	12
>0～3	−6 −10	−6 −12	−6 −16	−6 −20	−6 −31	−2 −6	−2 −8	−2 −12	0 −4	0 −6	0 −10	0 −14	0 −25	0 −40	0 −60	0 −100
>3～6	−10 −15	−10 −18	−10 −22	−10 −28	−10 −40	−4 −9	−4 −12	−4 −16	0 −5	0 −8	0 −12	0 −18	0 −30	0 −48	0 −75	0 −120
>6～10	−13 −19	−13 −22	−13 −28	−13 −35	−13 −49	−5 −11	−5 −14	−5 −20	0 −6	0 −9	0 −15	0 −22	0 −36	0 −58	0 −90	0 −150
>10～14 >14～18	−16 −24	−16 −27	−16 −34	−16 −43	−16 −59	−6 −14	−6 −17	−6 −24	0 −8	0 −11	0 −18	0 −27	0 −43	0 −70	0 −110	0 −180
>18～24 >24～30	−20 −29	−20 −33	−20 −41	−20 −53	−20 −72	−7 −16	−7 −20	−7 −28	0 −9	0 −13	0 −21	0 −33	0 −52	0 −84	0 −130	0 −210
>30～40 >40～50	−25 −36	−25 −41	−25 −50	−25 −64	−25 −87	−9 −20	−9 −25	−9 −34	0 −11	0 −16	0 −25	0 −39	0 −62	0 −100	0 −160	0 −250
>50～65 >65～80	−30 −43	−30 −49	−30 −60	−30 −76	−30 −104	−10 −23	−10 −29	−10 −40	0 −13	0 −19	0 −30	0 −46	0 −74	0 −120	0 −190	0 −300
>80～100 >100～120	−36 −51	−36 −58	−36 −71	−36 −90	−36 −123	−12 −27	−12 −34	−12 −47	0 −15	0 −22	0 −35	0 −54	0 −87	0 −140	0 −220	0 −350
>120～140 >140～160 >160～180	−43 −61	−43 −68	−43 −83	−43 −106	−43 −143	−14 −32	−14 −39	−14 −54	0 −18	0 −25	0 −40	0 −63	0 −100	0 −160	0 −250	0 −400
>180～200 >200～225 >225～250	−50 −70	−50 −79	−50 −96	−50 −122	−50 −165	−15 −35	−15 −44	−15 −61	0 −20	0 −29	0 −46	0 −72	0 −115	0 −185	0 −290	0 −460
>250～280 >280～315	−56 −79	−56 −88	−56 −108	−56 −137	−56 −186	−17 −40	−17 −49	−17 −69	0 −23	0 −32	0 −52	0 −81	0 −130	0 −210	0 −320	0 −520
>315～355 >355～400	−62 −87	−62 −98	−62 −119	−62 −151	−62 −202	−18 −43	−18 −54	−18 −75	0 −25	0 −36	0 −57	0 −89	0 −140	0 −230	0 −360	0 −570
>400～450 >450～500	−68 −95	−68 −108	−68 −131	−68 −165	−68 −223	−20 −47	−20 −60	−20 −83	0 −27	0 −40	0 −63	0 −97	0 −155	0 −250	0 −400	0 −630

续表

基本尺寸(mm)	常用及优先公差(带圈者为优先公差带)														
	js			k			m			n			p		
	5	⑥	7	5	⑥	7	5	6	7	5	⑥	7	5	⑥	7
>0~3	±2	±3	±5	+4 0	+6 0	+10 0	+6 +2	+8 +2	+12 +2	+8 +4	+10 +4	+14 +4	+10 +6	+12 +6	+16 +6
>3~6	±2.5	±4	±6	+6 +1	+9 +1	+13 +1	+9 +4	+12 +4	+16 +4	+13 +8	+16 +8	+20 +8	+17 +12	+20 +12	+24 +12
>6~10	±3	±4.5	±7	+7 +1	+10 +1	+16 +1	+12 +6	+15 +6	+21 +6	+16 +10	+19 +10	+25 +10	+21 +15	+24 +15	+30 +15
>10~14 >14~18	±4	±5.5	±9	+9 +1	+12 +1	+19 +1	+15 +7	+18 +7	+25 +7	+20 +12	+23 +12	+30 +12	+26 +18	+29 +18	+36 +18
>18~24 >24~30	±4.5	±6.5	±10	+11 +2	+15 +2	+23 +2	+17 +8	+21 +8	+29 +8	+24 +15	+28 +15	+36 +15	+31 +22	+35 +22	+43 +22
>30~40 >40~50	±5.5	±8	±12	+13 +2	+18 +2	+27 +2	+20 +9	+25 +9	+34 +9	+28 +17	+33 +17	+42 +17	+37 +26	+42 +36	+51 +26
>50~65 >65~80	±6.5	±9.5	±15	+15 +2	+21 +2	+32 +2	+24 +11	+30 +11	+41 +11	+33 +20	+39 +20	+50 +20	+45 +32	+51 +32	+62 +32
>80~100 >100~120	±7.5	±11	±17	+18 +3	+25 +3	+38 +3	+28 +13	+35 +13	+48 +13	+38 +23	+45 +23	+58 +23	+52 +37	+59 +37	+72 +37
>120~140 >140~160 >160~180	±9	±12.5	±20	+21 +3	+28 +3	+43 +3	+33 +15	+40 +15	+55 +15	+45 +27	+52 +27	+67 +27	+61 +43	+68 +43	+83 +43
>180~200 >200~225 >225~250	±10	±14.5	±23	+24 +4	+33 +4	+50 +4	+37 +17	+46 +17	+63 +17	+51 +31	+60 +31	+77 +31	+70 +50	+79 +50	+96 +50
>250~280 >280~315	±11.5	±16	±26	+27 +4	+36 +4	+56 +4	+43 +20	+52 +20	+72 +20	+57 +34	+66 +34	+86 +34	+79 +56	+88 +56	+108 +56
>315~355 >355~400	±12.5	±18	±28	+29 +4	+40 +4	+61 +4	+46 +21	+57 +21	+78 +21	+62 +37	+73 +37	+94 +37	+87 +62	+98 +62	+119 +62
>400~450 >450~500	±13.5	±20	±31	+32 +5	+45 +5	+68 +5	+50 +23	+63 +23	+86 +23	+67 +40	+80 +40	+103 +40	+95 +68	+108 +68	+131 +68

续表

基本尺寸(mm)	常用及优先公差(带圈者为优先公差带)														
	r			s			t			u		v	x	y	z
	5	6	7	5	⑥	7	5	6	7	⑥	7	6	6	6	6
>0～3	+14 +10	+16 +10	+20 +10	+18 +14	+20 +14	+24 +14	—	—	—	+24 +18	+28 +18	—	+26 +20	—	+32 +26
>3～6	+20 +15	+23 +15	+27 +15	+24 +19	+27 +19	+31 +19	—	—	—	+31 +23	+35 +23	—	+36 +28	—	+43 +35
>6～10	+25 +19	+28 +19	+34 +19	+29 +23	+32 +23	+38 +23	—	—	—	+37 +28	+43 +28	—	+43 +34	—	+51 +42
>10～14	+31 +23	+34 +23	+41 +23	+36 +28	+39 +28	+46 +28	—	—	—	+44 +33	+51 +33	—	+51 +40	—	+61 +50
>14～18							—	—	—			+50 +39	+56 +45	—	+71 +60
>18～24	+37 +28	+41 +28	+49 +28	+44 +35	+48 +35	+56 +35	—	—	—	+54 +41	+62 +41	+60 +47	+67 +54	+76 +63	+86 +73
>24～30							+50 +41	+54 +41	+62 +41	+61 +48	+69 +48	+68 +55	+77 +64	+88 +75	+101 +88
>30～40	+45 +34	+50 +34	+59 +34	+54 +43	+59 +43	+68 +43	+59 +48	+64 +48	+73 +48	+76 +60	+85 +60	+84 +68	+96 +80	+110 +94	+128 +112
>40～50							+65 +54	+70 +54	+79 +54	+86 +70	+95 +70	+97 +81	+113 +97	+130 +114	+152 +136
>50～65	+54 +41	+60 +41	+71 +41	+66 +53	+72 +53	+83 +53	+79 +66	+85 +66	+96 +66	+106 +87	+117 +87	+121 +102	+141 +122	+163 +144	+191 +172
>65～80	+56 +43	+62 +43	+73 +43	+72 +59	+78 +59	+59 +59	+88 +75	+94 +75	+105 +75	+121 +102	+132 +102	+139 +120	+165 +146	+193 +174	+229 +210
>80～100	+66 +51	+73 +51	+86 +51	+86 +71	+93 +71	+106 +91	106 +91	+113 +91	+126 +91	+146 +124	+159 +124	+168 +146	+200 +178	+236 +214	+280 +258
>100～120	+69 +54	+76 +54	+89 +54	+94 +79	+101 +79	+114 +79	+110 +104	+126 +104	+136 +104	+166 +144	+179 +144	+194 +172	+232 +210	+276 +254	+332 +310
>120～140	+81 +63	+88 +63	+103 +63	+110 +92	+117 +92	+132 +92	+140 +122	+147 +122	+162 +122	+195 +170	+210 +170	+227 +202	+273 +248	+325 +300	+390 +365
>140～160	+83 +65	+90 +65	+105 +65	+118 +100	+125 +100	+140 +100	+152 +134	+159 +134	+174 +134	+215 +190	+230 +190	+253 +228	+305 +280	+365 +340	+440 +415
>160～180	+86 +68	+93 +68	+108 +68	+126 +108	+133 +108	+148 +108	+164 +146	+171 +146	+186 +146	+235 +210	+250 +210	+277 +252	+335 +310	+405 +380	+490 +465
>180～200	+97 +77	+106 +77	+123 +77	+142 +122	+151 +122	+168 +122	+186 +166	+195 +166	+212 +166	+265 +236	+282 +236	+313 +284	+379 +350	+454 +425	+549 +520
>200～225	+100 +80	+109 +80	+126 +80	+150 +130	+159 +130	+176 +130	+200 +180	+209 +180	+226 +180	+287 +258	+304 +258	+339 +310	+414 +385	+499 +470	+604 +575
>225～250	+104 +84	+113 +84	+130 +84	+160 +140	+169 +140	+186 +140	+216 +196	+225 +196	+242 +196	+313 +284	+330 +284	+369 +340	+454 +425	+549 +520	+669 +640
>250～280	+117 +94	+126 +94	+146 +94	+181 +158	+290 +158	+210 +158	+241 +218	+250 +218	+270 +218	+347 +315	+367 +315	+417 +385	+507 +475	+612 +580	+742 +710
>280～315	+121 +98	+130 +98	+150 +98	+193 +170	+202 +170	+222 +170	+263 +240	+272 +240	+292 +240	+382 +350	+402 +350	+457 +425	+557 +525	+682 +650	+822 +790
>315～355	+133 +108	+144 +108	+165 +108	+215 +190	+226 +190	+247 +190	+293 +268	+304 +268	+325 +268	+426 +390	+447 +390	+511 +475	+626 +590	+766 +730	+936 +900
>355～400	+139 +114	+150 +114	+171 +114	+233 +208	+244 +208	+265 +208	+319 +294	+330 +294	+351 +294	+471 +435	+492 +435	+566 +630	+696 +660	+856 +820	+1036 +1000
>400～450	+153 +126	+166 +126	+189 +126	+259 +232	+272 +232	+295 +232	+357 +330	+370 +330	+393 +330	+530 +490	+553 +490	+635 +595	+780 +740	+960 +920	+1140 +1100
>450～500	+159 +132	+172 +132	+195 +132	+279 +252	+292 +252	+315 +252	+387 +360	+400 +360	+423 +360	+580 +540	+603 +540	+700 +660	+860 +820	+1040 +1000	+1290 +1250

注:基本尺寸小于 1mm 时,各级的 a 和 b 均不采用。

附表 3-3　　**孔的极限偏差(GB/T 1800.4—1999)**　　单位:μm

基本尺寸(mm)	常用及优先公差带(带圈者为优先公差带)													
	A	B		C	D				E		F			
	11	11	12	⑪	8	⑨	10	11	8	9	6	7	⑧	9
>0~3	+330 +270	+200 +140	+240 +140	+120 +60	+34 +20	+45 +20	+60 +20	+80 +20	+28 +14	+39 +14	+12 +6	+16 +6	+20 +6	+31 +6
>3~6	+345 +270	+215 +140	+260 +140	+145 +70	+48 +30	+60 +30	+78 +30	+105 +30	+38 +20	+50 +20	+18 +10	+22 +10	+28 +10	+40 +10
>6~10	+370 +280	+240 +150	+300 +150	+170 +80	+62 +40	+76 +40	+98 +40	+130 +40	+47 +25	+61 25	+22 +13	+28 +13	+35 +13	+49 +13
>10~14 >14~18	+400 +290	+260 +150	+330 +150	+205 +95	+77 +50	+93 +50	+120 +50	+160 +50	+59 +32	+75 +32	+27 +16	+34 +16	+43 +16	+59 +16
>18~24 >24~30	+430 +300	+290 +160	+370 +160	+240 +110	+98 +65	+117 +65	+149 +65	+195 +65	+73 +40	+92 +40	+33 +20	+41 +20	+53 +20	+72 +20
>30~40	+470 +310	+330 +170	+420 +170	+280 +170	+119 +80	+142 +80	+180 +80	+240 +80	+89 +50	+112 +50	+41 +25	+50 +25	+64 +25	+87 +25
>40~50	+480 +320	+340 +180	+430 +180	+290 +180										
>50~65	+530 +360	+530 +340	+490 +190	+330 +140	+146 +100	+170 +100	+220 +100	+290 +100	+106 +6	+134 +80	+49 +30	+60 +30	+76 +30	+104 +30
>65~80	+550 +360	+390 +200	+500 +200	+340 +150										
>80~100	+600 +380	+440 +220	+570 +220	+390 +170	+174 +120	+207 +120	+260 +120	+340 +120	+126 +72	+159 +72	+58 +36	+71 +36	+90 +36	+123 +36
>100~120	+630 +410	+460 +240	+590 +240	+400 +180										
>120~140	+710 +460	+510 +260	+600 +260	+450 +200	+208 +145	+245 +145	+305 +145	+395 +145	+148 +85	+135 +85	+68 +43	+83 +43	+106 +43	+143 +43
>140~160	+770 +520	+530 +280	+680 +280	+460 +210										
>160~180	+830 +580	+560 +310	+710 +310	+480 +230										
>180~200	+950 +660	+630 +340	+800 +340	+530 +240	+242 +170	+285 +170	+355 +170	+460 +170	+172 +100	+215 +100	+79 +50	+96 +50	+122 +50	+165 +50
>200~225	+1030 +740	+670 +380	+840 +380	+550 +260										
>225~250	+1110 +820	+710 +420	+880 +420	+570 +280										
>250~280	+1240 +920	+800 +480	+1000 +480	+620 +300	+271 +190	+320 +190	+400 +190	+510 +190	+191 +110	+240 +110	+88 +56	+108 +56	+137 +56	+186 +56
>280~315	+1370 +1050	+860 +540	+1060 +540	+650 +330										
>315~355	+1560 +1200	+960 +600	+1170 +600	+720 +360	+299 +210	+350 +210	+440 +210	+570 +210	+214 +125	+265 +125	+98 +62	+119 +62	+151 +62	+202 +62
>355~400	+1710 +1350	+1040 +680	+1250 +680	+760 +400										
>400~450	+1900 +1500	+1160 +760	+1390 +760	+840 +440	+327 +230	+385 +230	+480 +230	+630 +230	+232 +135	+290 +135	+108 +68	+131 +68	+165 +68	+223 +68
>450~500	+2050 +1650	+1240 +840	+1470 +840	+880 +480										

续表

基本尺寸(mm)	常用及优先公差带(带圈者为优先公差带)																	
	C		H							JS			K			M		
	6	⑦	6	⑦	⑧	⑨	10	⑪	12	6	7	8	6	⑦	8	6	7	8
>0~3	+8 +2	+12 +2	+6 0	+10 0	+14 0	+25 0	+40 0	+60 0	+100 0	±3	±5	±7	0 −6	0 −10	0 −14	−2 −8	−2 −12	−2 −16
>3~6	+12 +4	+16 +4	+8 0	+12 0	+18 0	+30 0	+48 0	+75 0	+120 0	±4	±6	±9	+2 −6	+3 −9	+5 −13	−1 −9	0 −12	+2 −16
>6~10	+14 +5	+20 +5	+9 0	+15 0	+22 0	+36 0	+58 0	+90 0	+150 0	±4.5	±7	±11	+2 −7	+5 −10	+6 −16	−3 −12	0 −15	+1 −21
>10~14 >14~18	+17 +6	+24 +6	+11 0	+18 0	+27 0	+43 0	+70 0	+110 0	+180 0	±5.5	±9	±13	+2 −9	+6 −12	+8 −19	−4 −15	0 −18	+2 −25
>18~24 >24~30	+20 +7	+28 +7	+13 0	+21 0	+33 0	+52 0	+84 0	+130 0	+210 0	±6.5	±10	±16	+2 −11	+6 −15	+10 −23	−4 −17	0 −21	+4 −29
>30~30 >40~50	+25 +9	+34 +9	+16 0	+25 0	+39 0	+62 0	+100 0	+160 0	+250 0	±8	±12	±19	+3 −13	+7 −18	+12 −27	−4 −20	0 −25	+5 −34
>50~65 >65~80	+29 +10	+40 +10	+19 0	+30 0	+46 0	+74 0	+120 0	+190 0	+300 0	±9.5	±15	±23	+4 −15	+9 −21	+14 −32	−5 −24	0 −30	+5 −41
>80~100 >100~120	+34 +12	+47 +12	+22 0	+35 0	+54 0	+87 0	+140 0	+220 0	+350 0	±11	±17	±27	+4 −18	+10 −25	+16 −38	−6 −28	0 −35	+6 −48
>120~140 >140~160 >160~180	+39 +14	+54 +16	+25 0	+40 0	+63 0	+100 0	+160 0	+250 0	+400 0	±12.5	±20	±31	+4 −21	+12 −28	+20 −43	−8 −33	0 −40	+8 −55
>180~200 >200~225 >225~250	+44 +15	+61 +15	+29 0	+46 0	+72 0	+115 0	+185 0	+290 0	+460 0	±14.5	±23	±36	+5 −24	+13 −33	+22 −50	−8 −37	0 −46	+9 −63
>250~280 >280~315	+49 +17	+69 +17	+32 0	+52 0	+81 0	+130 0	+210 0	+320 0	+520 0	±16	±26	±40	+5 −27	+16 −36	+25 −56	−9 −41	0 −52	+9 −72
>315~355 >355~400	+54 +18	+75 +18	+36 0	+57 0	+89 0	+140 0	+230 0	+360 0	+570 0	±18	±28	±44	+7 −29	+17 −40	+28 −61	−10 −46	0 −57	+11 −78
>400~450 >450~500	+60 +20	+83 +20	+40 0	+63 0	+97 0	+155 0	+250 0	+400 0	+630 0	±20	±31	±48	+8 −32	+18 −45	+29 −68	−10 −50	0 −63	+11 −86

续表

基本尺寸(mm)	常用及优先公差带(带圈者为优先公差带)											
	N			P		R		S		T		U
	6	⑦	8	6	⑦	6	7	6	⑦	6	7	⑦
>0~3	−4 −10	−4 −14	−4 −18	6 −12	−6 −16	−10 −16	−10 −20	−14 −20	−14 −24	—	—	−18 −28
>3~6	−5 −13	−4 −16	−2 −20	−9 −17	−8 −20	−12 −20	−11 −23	−16 −24	−5 −27	—	—	−19 −31
>6~10	−7 −16	−4 −19	−3 −25	−12 −21	−9 −24	−16 −25	−13 −28	−20 −29	−17 −32	—	—	−22 −37
>10~14 >14~18	−9 −20	−5 −23	−3 −30	−15 −26	−11 −29	−20 −31	−16 −34	−25 −36	−21 −39	—	—	−26 −44
>18~24	−11 −24	−7 −28	−3 −36	−18 −31	−14 −35	−24 −37	−20 −41	−31 −44	−27 −48	—	—	−33 −54
>24~30										−37 −50	−33 −54	−40 −61
>30~40	−12 −28	−8 −33	−3 −42	−21 −37	−17 −42	−29 −45	−25 −50	−38 −54	−34 −59	−43 −59	−39 −64	−51 −76
>40~50										−49 −65	−45 −70	−61 −86
>50~65	−14 −33	−9 −39	−4 −50	−26 −45	−21 −51	−35 −54	−30 −60	−47 −66	−42 −72	−60 −79	−55 −85	−76 −106
>65~80						−37 −56	−32 −62	−53 −72	−48 −78	−69 −88	−64 −94	−91 −121
>80~100	−16 −38	−10 −45	−4 −58	−30 −52	−24 −59	−44 −66	−38 −73	−64 −86	−58 −93	−84 −106	−78 −113	−111 −146
>100~120						−47 −69	−41 −76	−72 −94	−66 −101	−97 −119	−91 −126	−131 −166
>120~140	−20 −45	−12 −52	−4 −67	−36 −61	−28 −68	−56 −81	−48 −88	−85 −110	−77 −117	−115 −140	−107 −147	−155 −195
>140~160						−58 −83	−50 −90	−93 −118	−85 −125	−127 −152	−119 −159	−175 −215
>160~180						−61 −86	−53 −93	−101 −126	−93 −133	−139 −164	−131 −171	−195 −235
>180~200	−22 −51	−14 −60	−5 −77	−41 −70	−33 −79	−68 −97	−60 −106	−113 −142	−105 −151	−157 −186	−149 −195	−219 −265
>200~225						−71 −100	−63 −109	−121 −150	−113 −159	−171 −200	−163 −209	−241 −287
>225~250						−75 −104	−67 −113	−131 −160	−123 −169	−187 −216	−179 −225	−267 −313
>250~280	−25 −57	−14 −66	−5 −86	−47 −79	−36 −88	−85 −117	−74 −126	−149 −181	−138 −190	−209 −241	−198 −250	−295 −347
>280~315						−89 −121	−78 −130	−161 −193	−150 −202	−231 −263	−220 −272	−330 −382
>315~355	−26 −62	−16 −73	−5 −94	−51 −87	−41 −98	−97 −133	−87 −144	−179 −215	−169 −226	−257 −293	−247 −304	−369 −426
>355~400						−103 −139	−93 −150	−197 −233	−187 −244	−283 −319	−273 −330	−414 −471
>400~450	−27 −67	−17 −80	−6 −103	−55 −95	−45 −108	−113 −153	−103 −166	−219 −259	−209 −272	−317 −357	−307 −370	−467 −530
>450~500						−119 −159	−109 −172	−239 −279	−229 −279	−347 −387	−337 −400	−517 −580

注:基本尺寸小于1mm时,各级的A和B均不采用。

附录 4　常用材料

附表 4-1　　**常用黑色金属材料**

名称	牌号		应用举例	说明
碳素结构钢	Q195	—	用于金属结构构件、拉杆、心轴、垫圈、凸轮等	1. 新旧牌号对照 Q215→A2 Q235→A3 Q275→A5 2. A级不做冲击试验 B级做常温冲击试验 C、D级重要焊接结构用
	Q215	A		
		B		
	Q235	A	用于金属结构构件、吊钩、拉杆、套、螺栓、螺母、楔、盖、焊拉件等	
		B		
		C		
		D		
	Q255	A		
		B		
	Q275	—	用于轴、轴销、螺栓等强度较高件	
优质碳素钢	10		屈服点和抗拉强度比值较低，塑性和韧性均高，在冷状态下，容易模压成形。一般用于拉杆、卡头、钢管垫片、垫圈、铆钉。这种钢焊接性甚好	牌号的两位数字表示平均含碳量，45 号钢即表示平均含碳量为 0.45%。含锰量较高的钢，必须加注化学元素符号“Mn”。含碳量小于或等于 0.25%的碳钢是低碳钢（渗碳钢）；含碳量为 0.25%～0.60%的碳钢是中碳钢（调质钢）；含碳量大于 0.60%的碳钢是高碳钢
	15		塑性、固性、焊接性和冷冲性均极好，但强度较低。用于制造受力不大、韧性要求较高的零件、紧固件、冲压件及不要热处理的低负荷零件，如螺栓、螺钉、拉条、法兰盘及化工储器、蒸汽锅炉等	
	35		具有良好的强度和韧性，用于制造曲轴、转轴、轴销、杠杆、连杆、横梁、星轮、圆盘、套筒、钩环、垫圈、螺钉、螺母等。一般不作焊接用	
	45		用于强度要求较高的零件，如汽轮机的叶轮、压缩机、泵的零件等	
	60		强度和弹性相当高，用于制造轧辊、轴、弹簧、离合器、凸轮、钢绳等	
	65Mn		性能与 15 号钢相似，但其淬透性、强度和塑性比 15 号钢都高些。用于制造中心部分的机械性能要求较高且须渗透碳的零件。这种钢焊接性好	
	15Mn		强度高，淬透性较大，脱碳倾向小，但有过热敏感性，易产生淬火裂纹，并有回火脆性。适宜做大尺寸的各种扁、圆弹簧，如座板簧、弹簧发条	
灰铸铁	HT100		属低强度铸铁，用于铸盖、手把、手轮等不重要的零件	“HT”是灰铸铁的代号，是由表示其特征的汉语拼音字的第一个大写正体字母组成。代号后面的一组数字，表示抗拉强度值（N/mm²）
	HT150		属中等强度铸铁，用于一般铸铁，如机床座、端盖、皮带轮、工作台等	
	HT200 HT250		属高强度铸铁，用于较重要铸件，如汽缸、齿轮、凸轮、机座、床身、飞轮、皮带轮、齿轮箱、阀壳、联轴器、衬筒、轴承座等	
	HT300 HT350		属高强度、高耐磨铸铁，用于重要的铸件，如齿轮、凸轮、床身、高压液压筒、液压泵和滑阀的壳体，车床卡盘等	

续表

名称	牌号	应用举例	说明
球墨铸铁	QT700-2	用于曲轴、缸体、车轮等	“QT”是球墨铸铁代号，是表示“球铁”的汉语拼音的第一个字母，它后面的数字表示强度和延伸率的大小
	QT600-3		
	QT500-7	用于阀体、汽缸、轴瓦等	
	QT450-10	用于减速机箱体、管路、阀体、盖、中低阀体等	
	QT400-15		

附表 4-2　　常用有色金属材料

类别	名称与牌号	应用举例
加工青铜	4-4-4 锡青铜 QSn4-4-4	一般摩擦条件下的轴承、轴套、衬套、圆盘及衬套内垫
	7-0.2 锡青铜 QSn7-0.2	中负荷、中等滑动速度下的摩擦零件，如抗磨垫圈、轴承、轴套、蜗轮等
	9-4 铝青铜 QAl9-4	高负荷下的抗磨、耐蚀零件，如轴承、轴套、衬套、阀座、齿轮、蜗轮等
	10-3-1.5 铝青铜 QAl10-3-1.5	高温下工作的耐磨零件，如齿轮、轴承、衬套、圆盘、飞轮等
	10-4-4 铝青铜 QAl10-4-4	高强度耐磨件及高温下工作的零件，如轴衬、轴套、齿轮、螺母、法兰盘、滑座等
	2 铍青铜 QBe2	高速、高温、高压下工作的耐磨零件，如轴承、衬套等
铸造铜合金	5-5-5 锡青铜 ZCuSn5Pb5Zn5	用于较高负荷、中等滑动速度下工作的耐磨、耐蚀零件，如轴瓦、衬套、油塞、蜗轮等
	10-1 锡青铜 ZCuSn10P1	用于小于 20MPa 和滑动速度小于 8m/s 条件下工作的耐磨零件，如齿轮、蜗轮、轴瓦、套等
	10-2 锡青铜 ZCuSn10Zn2	用于中等负荷和小滑动速度下工作的管配件及阀、旋塞、泵体、齿轮、蜗轮、叶轮等
	8-13-3-2 铝青铜 ZCuAlMn13Fe3Ni2	用于强度高、耐蚀重要零件，如船舶螺旋桨、高压阀体、泵体、耐压耐磨的齿轮、蜗轮、法兰、衬套等
	9-2 铝青铜 ZCuAlMn2	用于制造耐磨、结构简单的大型铸件，如衬套、蜗轮及增压器内气封等
	10-3 铝青铜 ZCuAl10Fe3	制造强度高、耐磨、耐蚀零件，如蜗轮、轴承、衬套、管嘴、耐热管配件
	9-4-4-2 铝青铜 ZCuAl9Fe4Ni4Mn2	制造高强度重要零件，如船舶螺旋桨、耐磨及 400℃以下工作的零件，如轴承、齿轮、蜗轮、螺母、法兰、阀体、导向套管等
	25-6-3-3 铝黄铜 ZCuZn25Al6Fe3Mn3	适于高强耐磨零件，如桥梁支承板、螺母、螺杆、耐磨板、滑块、蜗轮等
	38-2-2 锰黄铜 ZCuZn38Mn2Pb2	一般用途结构件，如套筒、衬套、轴瓦、滑块等
铸造铝合金	ZL301 ZL102 ZL401	用于受大冲击负荷、高耐蚀的零件 用于汽缸活塞以及高温工作的复杂形状零件 适用于压力铸造的高强度铝合金

附表 4-3 **常用非金属材料**

<table>
<tr><th>类别</th><th>名称</th><th>代号</th><th colspan="2">说明及规格</th><th>应用举例</th></tr>
<tr><td rowspan="7">工业用橡胶板</td><td rowspan="3">普通橡胶板</td><td>1608</td><td>厚度(mm)</td><td>宽度(mm)</td><td rowspan="3">能在－30℃～60℃的空气中工作，适于冲制各种密封、缓冲胶圈、垫板及铺设工作台、地板</td></tr>
<tr><td>1708</td><td rowspan="6">0.5、1.1、5.2、2.5、3、4、5、6、8、10、12、14、16、18、20、22、25、30、40、50</td><td rowspan="6">500～2000</td></tr>
<tr><td>1613</td></tr>
<tr><td rowspan="4">耐油橡胶板</td><td>3707</td><td rowspan="4">可在温度为－30℃～80℃之间的机油、汽油、变压器油等介质中工作，适于冲制各种形状的垫圈</td></tr>
<tr><td>3807</td></tr>
<tr><td>3709</td></tr>
<tr><td>3809</td></tr>
<tr><td>尼龙</td><td>尼龙 66
尼龙 1010</td><td></td><td colspan="2">有高的抗拉强度和良好的冲击韧性，一定的耐热性(可在100℃以下使用)，能耐弱酸、弱碱，耐油性良好</td><td>用以制作机械传动零件，有良好的灭音性，运转时噪音小，常用来做齿轮等零件</td></tr>
<tr><td rowspan="3">石棉制品</td><td>耐油橡胶石棉板</td><td></td><td colspan="2">有厚度为 0.4～3.0mm 的十种规格</td><td>供航空发动机的煤油、润滑油及冷气系统结合处的密封衬垫材料</td></tr>
<tr><td>油浸石棉盘根</td><td>YS450</td><td colspan="2">盘根形状分方形(F)、圆形(Y)、扭制(N)三种，按需选用</td><td>适用于回转轴、往复活塞或阀门杆上作密封材料，介质为蒸汽、空气、工业用水、重质石油产品</td></tr>
<tr><td>橡胶石棉盘根</td><td>XS450</td><td colspan="2">该牌号盘根只有方形(F)</td><td>适用于作蒸汽机、往复泵的活塞以及阀门杆上作密封材料</td></tr>
<tr><td></td><td>毛毡</td><td>112-32～44（细毛)、122-30～38(半粗毛)、132-32～36(粗毛)</td><td colspan="2">厚度为 1.5～25mm</td><td>用作密封、防漏油、防震、缓冲衬垫等，按需要选用细毛、半粗毛、粗毛</td></tr>
<tr><td></td><td>软钢板纸</td><td></td><td colspan="2">厚度为 0.5～3.0mm</td><td>用作密封连接处垫片</td></tr>
<tr><td></td><td>聚四氟乙烯</td><td>SFL-4-13</td><td colspan="2">耐腐蚀、耐高温(＋250℃)并具有一定的强度，能切削加工成各种零件</td><td>用于腐蚀介质中，起密封和减磨作用，用作垫圈等</td></tr>
<tr><td></td><td>有机玻璃板</td><td></td><td colspan="2">耐盐酸、硫酸、草酸、烧碱和纯碱等一般酸碱以及二氧化硫、臭氧等气体腐蚀</td><td>适用于耐腐蚀和需要透明的零件</td></tr>
</table>

附表 4-4　　常用的热处理和表面处理名词解释

名词		代号及标注示例	说明	应用
退火		Th	将钢件加热到临界温度以上(一般是710℃～715℃，个别合金铜 800℃～900℃)30℃～50℃，保温一段时间，然后缓慢冷却(一般在炉中冷却)	用来消除铸、锻、焊零件的内应力，降低硬度，便于切削加工，细化金属晶粒，改善组织，增加韧性
正火		Z	将钢件加热到临界温度以上，保温一段时间，然后用空气冷却，冷却速度比退火快	用来处理低碳和中碳结构钢及渗碳零件，使其组织细化，增加强度与韧性，减少内应力，改善切削性能
淬火		C C48-淬火、回火(45～50)HRC	将钢件加热到临界温度以上，保温一般时间，然后在水、盐水或油中(个别材料在空气中)急速冷却，使其得到高硬度	用来提高钢的硬度和强度极限。但淬火会引起内应力，使钢变脆，所以淬火后必须回火
回火		回火	回火是将淬硬的钢件加热到临界点以下的温度，保温一段时间，然后在空气中或油中冷却下来	用来消除淬火后的脆性和内应力，提高钢的塑性和冲击韧性
调质		T T235-调质至(220～250)HB	淬火后在 450℃～650℃进行高温回火，称为调质	用来使钢获得高的韧性和足够的强度。重要的齿轮、轴及丝杆等零件是调质处理的
表面淬火	火焰淬火	H54[火焰淬火后，回火到(52～58)HRC]	用火焰或高频电流将零件表面迅速加热至临界温度以上，急速冷却	使零件表面获得高硬度，而心部保持一定的韧性，使零件既耐磨又能承受冲击。表面淬火常用来处理齿轮等
	高频淬火	G52[高频淬火后，回火到(50～55)HRC]		
渗碳淬火		S0.5-C59[渗碳层深 0.5mm，淬火硬度(56～62)HRC]	在渗碳剂中将钢件加热到 900℃～950℃，停留一定时间，将碳渗入钢表面，深度为 0.5～2mm，再淬火后回火	增加钢件的耐磨性能、表面硬度、抗拉强度及疲劳极限 适用于低碳、中碳(含量小于0.40%)结构钢的中小型零件
氮化		D0.3-900(氮化深度为 0.3mm，硬度大于850HV)	氮化是在 500℃～600℃通入氨的炉子内加热，向钢的表面渗入氮原子的过程。氮化层为 0.025～0.8mm，氮化时间需 40～50 小时	增加钢件的耐磨性能、表面硬度、疲劳极限和抗蚀能力 适用于合金钢、碳钢、铸铁件，如机床主轴、丝杆以及在潮湿碱水和燃烧气体介质的环境中工作的零件
氰化		Q59[氰化淬火后，回火至(56～62)HRC]	在 820℃～860℃炉内通入碳和氨，保温 1～2 小时，使钢件的表面同时渗入碳、氮原子，可得到 0.2～0.5mm 的氰化层	增加表面硬度、耐磨性、疲劳强度和耐蚀性 用于要求硬度高、耐磨的中、小型及薄片零件和刀具等
时效		时效处理	低温回火后，精加工之前，加热到100℃～160℃，保持 10～40 小时。对铸件也可用天然时效(放在露天一年以上)	使工件消除内应力和稳定形状，用于量具、精密丝杆、床身导轨、床身等
发蓝 发黑		发蓝或发黑	将金属零件放在很浓的碱和氧化剂溶液中加热氧化，使金属表面形成一层由氧化铁所组成的保护性薄膜	防腐蚀、美观。用于一般连接的标准件和其他电子类零件
硬度		HB(布氏硬度)	材料抵抗硬的物体压入其表面的能力称“硬度”。根据测定的方法不同，可分布氏硬度、洛氏硬度和维氏硬度 硬度的测定是检验材料经热处理后的机械性能——硬度	用于退火、正火、调质的零件及铸件的硬度检验
		HRC(洛氏硬度)		用于经淬火、回火及表面渗碳、渗氮等处理的零件硬度检验
		HV(维氏硬度)		用于薄层硬化零件的硬度检验

参考文献

[1]林晓新.工程制图.北京:机械工业出版社,2007.

[2]中华人民共和国国家标准.机械制图(GB/T 4457～4467—1984).北京:中国标准出版社,2001.

[3]中华人民共和国国家标准.技术制图 图线,图样画法,视图,剖视图和断面图,剖面区域的表示法(GB/T 17450～17453—1998),简化表示法(GB/T 16675.1—1996)、(GB/T 16675.2—1996),技术产品词汇,投影法术语(GB/T 16948—1997).北京:中国标准出版社,1999.

[4]中华人民共和国国家标准.产品几何技术规范(GPS)技术产品中表面结构表示法(GB/T131—2006).北京:中国标准出版社,2007.

[5]戴立玲,杨世平.工程制图. 北京:中国林业出版社,2006.

[6]马义荣.工程制图及 CAD.北京:机械工业出版社,2005.

[7]郭建尊.机械制图.北京:中国劳动社会保障出版社,2007.

[8]徐健,唐树忠.工程制图基础教程.天津:天津大学出版社,2003.

[9]何铭新,钱可强.机械制图.第 5 版.北京:高等教育出版社,2004.

[10]钱可强.机械制图.第 5 版.北京:中国劳动社会保障出版社,2007.

[11]郑风.机械制图及计算机绘图.北京:清华大学出版社,2005.

[12]郭建尊.机械制图及计算机绘图.北京:中国劳动社会保障出版社,2009.

[13]吕思科,周宪珠.机械制图.北京:北京理工大学出版社,2008.

[14]徐玉华.机械制图.北京:人民邮电出版社,2010.

[15]窦金平.机械制图.北京:人民邮电出版社,2010.

[16]李勤伟,贺爱东.机械制图.广州:华南理工大学出版社,2006.

参考文献